Philip R. Berke
David R. Godschalk
Edward J. Kaiser
Daniel A. Rodriguez 著

薩支平 譯

都市土地使用規劃
Urban Land Use Planning (5e)

五南圖書出版公司 印行

PREFACE

作者中文版序

　　我們誠摯地向台灣的規劃師、同學和師長們，呈獻這一本最新版的「都市土地使用規劃」。在這第五版新書中，反映從 1957 年第一版發行之後，土地使用規劃概念與方法在過去 50 年間的演變。最早版本的書中就已結合了社會科學的研究見解和實務規劃的概念，建構出系統性的土地使用方法論。新的版本則是以現今的觀點，將此持續演進的方法論呈現出來。雖然我們間有文化和語言的隔閡，我們相信這本最新的、更好、更精進版本的傳統規劃書籍，對我們在台灣的工作夥伴亦能夠提供助益。

　　我們所提出的計畫研擬方法，基於一個四海皆準的目標：「永續發展」。就如聯合國世界環境與發展委員會提出的，永續發展是要滿足當前世代的各種需求，同時還不損及未來世代滿足他們需求之能力。當台灣因都市人口大量增加、經濟變遷和環境壓力，面對著嚴峻的土地使用挑戰，永續發展對台灣而言是極其重要，並具有遠見的目標。

　　各位的挑戰，是要將此計畫研擬方法應用到您自己的組織機構與法律規範中。本書中的討論內容、法律規範與機構的執行機制是以美國為背景。但是，像計畫的標準格式、規劃支援系統，和研擬計畫中的各個項目，較能容易地套用到不同的政治社會背景；當然，您仍然需要配合您的國家之都市發展架構，創造出合用的開發規範與誘因。

我們由衷地感謝台灣長榮大學的薩支平老師承擔這本書極具挑戰的翻譯工作，也要謝謝在教堂山北卡羅萊納大學從事土地使用教學與研究的宋彥教授，幫忙校閱翻譯的稿件。

在此致上來自本書作者們的祝福，也希望各位能夠順利地引導您所服務的區域、城市、鄉鎮，與村落，朝向永續的未來。

Philip R. Berke

David R. Godschalk

Edward J. Kaiser

Daniel A. Rodriguez

ABOUT THE AUTHORS

作者簡介

PHILIP R. BERKE，教堂山的北卡羅萊納大學 (University of North Carolina at Chapel Hill) 城市與區域規劃學系教授，也是卡羅萊納環境方案 (Carolina Environmental Program) 的環境研究主席。在他的教學與研究工作中，探討影響土地使用決策的因素、這些決策是如何衝擊環境，最終影響及人類聚落。他最終的目的，是要為複雜的都市開發問題找出解決方案，協助社區能夠永續地生活。Berke 擔任紐西蘭國際全球變遷機構 (International Global Change Institute) 的合作研究學者。他最近被任命至國家研究委員會 (National Research Council) 災害與環境風險執行委員會，也擔任林肯土地政策研究院 (Lincoln Institute of Land Policy) 研究員。在 1993 年，他以資深富爾布萊特學者的身分前往紐西蘭 Waikato 大學。他的著作包括 50 篇個人撰寫，或共同撰寫的期刊論文，以及七本關於土地使用與環境規劃的書籍。他於 1974 年畢業於帝國州立大學，取得經濟與環境科學學士學位，於 1977 年於佛蒙特大學獲得自然資源規劃碩士學位，並於 1981 年在德州農工大學得到哲學博士學位。

DAVID R. GODSCHALK，美國註冊規劃師協會榮譽會員，教堂山北卡羅萊納大學城市與區域規劃學系的 Stephen Baxter 名譽退休教授、Kenan-Flagler 管理學院的合聘教授。他曾經擔任該系的主任、「美國規劃師學會學刊」(*Journal of the American Institute of Planners*) 編輯、教

堂山的鎮民代表、佛羅里達州甘斯維爾市的規劃主管，並在一家位於坦帕市的顧問公司擔任副理事長。他的研究與著作涵蓋了三個規劃的領域：1) 成長管理與土地使用規劃；2) 自然災害減災與海岸管理；3) 爭議解決與公共參與。他曾經參與本書第四版的撰寫工作，並共同撰寫 *Natural Hazard Mitigation: Recasting Disaster Policy and Planning* (Island Press, 1999)，和 *Pulling Together: A Planning and Development Consensus-Building Manual* (Urban Land Institute, 1994) 兩本書籍。在 2002 年，美國規劃學院聯盟 (Association of Collegiate Schools of Planning) 頒贈其傑出教育家獎；並曾獲得美國規劃師協會 (American Institute of Planners) 服務獎章，與美國規劃學會 (American Planning Association) 北卡羅萊納州分會的首長獎與傑出專業成就獎。他也在若干個專業機構中擔任董事，包括美國規劃學會、美國規劃學院聯盟，和美國規劃官員聯合會 (American Society of Planning Officials)。他是在佛羅里達州的註冊 (未開業) 建築師，畢業於達特茅斯學院，於佛羅里達大學獲得建築學士，於北卡羅萊納大學取得規劃領域之碩士與哲學博士學位。

EDWARD J. KAISER，美國註冊規劃師協會榮譽會員，是教堂山北卡羅萊納大學城市與區域規劃學系名譽退休教授，他曾在此教授土地使用計畫與計量方法超過三十年。擔任過該系的系主任、美國規劃師協會學刊之共同編輯、美國規劃學院聯盟的副主席，以及於美國規劃學會北卡羅萊納州分會中主事若干職務。他曾經就土地使用與環境規劃、災害減災，發表過數百篇學術性文章和多本專書，並共同撰述本書的第三版與第四版，與搭配本書使用的「假想都市練習」(*Hypothetical City Workbook*) 第二版與第三版。Kaiser 博士於伊利諾理工學院得到建築學士學位，於教堂山北卡羅萊納大學獲得規劃領域之哲學博士學位。

DANIEL A. RODRIGUEZ 博士，是教堂山北卡羅萊納大學城市與區域規劃學系的助理教授。他在研究所教授的課程包括都市空間結構、運輸政策，和公共運輸規劃。他的研究與著作方向，主要是著重在運輸與土地使用規劃的結合；曾經探討過迄點可及性與運輸行為、大眾運輸系統的投資與土地開發，以及土地使用計畫對於旅行造成的影響。在 2000 年得到運輸研究委員會的 Fred Burggraff 獎，1998 年得到 Eno 基金會研究獎，現正於國家研究院 (National Academies) 運輸研究所的三個執行委員會中擔任委員。

譯者序

　　與 Philip Berke 教授認識是在 1992 年，那一年我負笈美國德州農工大學修習都市與區域科學博士學位，當時他是該年的博士班新生導師。在德州農工大學修課期間所受到的文化衝擊，猶如震撼彈般地駭人，在美國的規劃環境下所呈現的景象，才讓我真正體會到書中敘述的「複雜與動盪」。在 1995 年，Philip 離開德州農工大學，赴北卡羅萊納大學任教去了。時至 2002 年，長榮大學土地管理與開發學系準備當年度「土地管理與開發學術研討會」時，希望能邀請一位學者發表專題，討論 911 恐怖攻擊事件之後的都市重建與災害管理。當時，我再與 Philip 聯絡，邀請他在長榮大學發表專題演講，他也欣然應允。我在他訪台期間得知，他當時正著手改寫這本「都市土地使用規劃」。

　　前一個版本，「都市土地使用規劃」第四版是在 1995 年出版，中譯版在 1997 年出版，是我在中興大學都市計畫研究所的老師李瑞麟教授所翻譯的。這個版本應該可以算是台灣的都市規劃界中近年來最為廣泛使用的經典教材書籍之一，也是我在長榮大學過去幾年的「土地使用規劃」課程中使用的教材。然而，對這個快速演進的規劃領域而言，最近十餘年產生了近乎革命的急遽變化，進入到了二十一世紀之後，前一個版本的「都市土地使用規劃」似乎顯得有些不足；在授課的過程中，我亦一直苦於尋找適當的補充教材提供學生們學習參考之用，我相信許

多教授土地使用規劃的老師們應該也有同感。「都市土地使用規劃」原文版第五版在2006年發行之後，我非常榮幸，也極為樂意能參與這本書的中文翻譯出版工作。

在這本書翻譯之前、翻譯中，甚至在翻譯完成之後，許多師長與同儕們都還諄諄告誡：翻譯書籍是要付出可觀的時間與精力，遠超出我所想像的規模。然而，我抱持著義無反顧的態度，莽撞地認為這份工作是要提供學生們迫切需要的參考資料，時間與精神的付出都是必要的。的確，在翻譯工作的進行中，在學校教學、研究、行政工作的交互影響下面臨到了許多困難，再加上翻譯出版的時間壓力，這本書幾乎難產。

非常感激在本書翻譯工作的過程中，許多人的協助和參與。長榮大學土地管理與開發學系的老師們都曾就他們的專業領域，提供許多關鍵字辭的翻譯意見。許多長榮大學的研究生們也在不同的工作階段協助我翻譯這一本書，其中包括長榮大學翻譯所的林忠憲、劉芹君、林雍智，和土地管理與開發研究所的曾奕筑、章國恩，和甄冠傑等多位研究生。北卡羅萊納大學的宋彥教授花費了許多時間，校閱了原始的翻譯草稿，在此致上由衷的謝忱。我也要感謝五南出版社的編輯群，他們不但在專業上處理了從版權、編排、印刷、出版等所有工作，還在我處處潛藏錯誤的稿件中，幫助我逐字校核。儘管如此，我仍擔心翻譯時無法貼切地用字遣辭，或有詞不達意的譯文，讓讀者無法體會原著者欲求傳達的意涵；或有似是而非的謬誤翻譯，造成讀者們的錯誤解讀。譯者才疏學淺，我自當為所有譯文錯誤負所有責任，也期望各位學、業界的先進們在閱讀時不吝指正其中謬誤。最後，感謝家中女主人旭娟的耐心與容忍；這本書的翻譯工作時間遠超乎我原先的預期，她自己的工作壓力已是不可言喻，兩年多來，再兼顧打理繁瑣的家中大小事竟未成為煎熬。

就如美國都市所面臨的狀況，台灣都市的土地使用也充滿了各種價值衝突。我深切地期望這規劃經典著作的中文翻譯本，能有助於我們經由學習多元的美國都市土地使用規劃經驗，刺激台灣規劃師的視野與思維，透過省思專業規劃工作的未來方向，促進台灣都市土地使用的永續發展。

薩支平

PREFACE

前言

　　社區需要規劃師協助塑造社區未來的願景，再利用計畫來達成這個願景；這種需求從未如今日之甚。社區面臨複雜、多面向的課題，在這些課題中，許多就如同「兩面刃」一般：全球化與新通訊科技，意味著活化都市的新財富、新的工作，和機會可以快速地流入社區之中；但這些機會流出的速率並不見得會亞於前者。人口的變動不僅刺激了導向多元與正向改變的展望，也同時創造了環境、交通、基磐設施系統，和住宅供應的壓力；此外，更加深了貧富差距及城鄉差距。

　　對規劃師而言，這些課題是艱鉅的工作挑戰。規劃師的工作是幫助社區辨識逐漸浮現的改變趨勢與課題、塑造未來願景，並製作計畫來達成這些願景。規劃師要將創造力、專業能力，和決斷力應用在工作中。他們需要有建立正確資訊的能力，能夠創造出經過仔細思考的解決方案，並且在各個受土地使用影響的利益團體中尋求共識。他們必須不斷地應用新觀念、技術和實際方案，來解決出現在日常生活中的規劃與開發問題。

　　在規劃中常遇到的質疑是：我們要如何才能創造出永續、適合居住的未來生活地點？在此，就引導到下一個問題：土地使用規劃會如何影響到人類聚落的都市開發過程？什麼樣的方法與技術可以應用在規劃工作中，創造與執行高品質的計畫並有效地引導土地使用的變遷，得到更永續的產出結果？這些問題架構，就是第五版「都市土地使用規劃」採用的取向：我們主要的目的是要呈現製作土

地使用計畫的方法與技術，並解釋何以計畫能夠在都會地區、都市、城鎮和鄉村地區，創造出增進人類永續發展的聚落。

第五版是從 1957 年 F. Stuart Chapin 撰寫「都市土地使用規劃」第一版之後，土地使用規劃方法不斷演進迄今的部分結果。這五個版本，就是美國土地使用規劃方法變遷的重要歷史記錄。在第一版當中，組織與綜合了 1950 年代的規劃技巧與實務，並探索這個年輕但正逐漸成長之專業領域，逐漸浮現出的理論基礎。在 1965 年出版的第二版也是由 Chapin 所撰寫的，所討論的重點從應用規劃方法在實務工作中，轉移到基於自動化資料處理、數學模型等較為科學的方法。該版本中對規劃理論與都市理論有較多著墨，尤其是人類活動模式之理論性論述，並以此作為土地使用規劃的基礎。第三版出版於 1979 年，由 Chapin 和 Kaiser 共同撰寫，強調聯邦與州政府在規劃工作對地方規劃的影響逐漸增加、整合的資訊系統，及開發指導系統來引導規劃。第四版在 1995 年出版，由 Kaiser，Godschalk，和 Chapin 共同執筆，這個版本的焦點主要集中在微電腦技術的崛起與應用、民眾參與和協調溝通領域的興起、增加了對開發管理的關注，以及州政府規劃影響地方性規劃的變遷。

在第五版中，著重幾個重要的主題。其中最全面性的主題，就是討論土地使用規劃在促進永續發展中所扮演的角色。其他相關的主題還包括：開發分析性的規劃支援系統、建立共識應用在規劃中，以及整合設計與都市型態目標於製作計畫的過程中。

「規劃支援系統」(Planning Support Systems) 依循著規劃地區既有條件與趨勢的資訊，建立關於成長開發課題與趨勢的在地知識；透過奠基於人口、經濟、環境、土地使用，與基磐設施的在地知識，提升集體決策的品質。「共識建立」是把主要的利害關係人聚集在一起，討論具有爭議的課題，可以對未來的規劃願景與目標達到一致的看法；透過資訊分享和創造新的想法，得到具創意的解決方法。「設計」處理土地使用型態與混合的土地使用、整合運輸系統與基磐設施系統於未來土地使用型態的願景中；並考慮建築物量體、建築物的組織與配置，及建築物之間的空間。這幾個主題將方向引導至創造社區未來的正面意象──就是一個具紮實根基、受廣泛支持的規劃願景。

在本書之中，我們強調規劃要依賴理性、共識建立，和前瞻性的都市設計。我們探索規劃技術，使社區有能力準備、執行與選用計畫；透過計畫積極地引導都市變遷，平衡多元化目標並塑造永續的聚落型態。我們強調在這個當代的規劃模型中，結合著理性分析、共識建立和參與式的設計。在此模型中，規劃師是幫助社區發現願景，並找出方法來達成願景的推手；規劃師同時是個分析師，提供客觀的資訊；規劃

師也是個創新者，提出具創意的替選方案，明確呈現改變的機會；規劃師更是個共識建立者，確保規劃過程是開放的、可以接納各方的意見。

　　為了創造與執行好的計畫，在書中我們嘗試涵蓋廣泛的理論與技術內容。然而，不能期待一本書可以完整地權衡應用於當代規劃實務中所有的理論與技術。我們的目的並不是創造一個大規模、整體的理論，而是要辨識出重要的觀念、想法和技術，提升規劃師與規劃工作的績效。

　　在第五版中包括了三個主要的部分。第一部分，回顧地方性土地使用規劃與社會的關聯，並展現規劃的概念性架構，這個概念性的架構建構出了這本書的格式與內容。第一部分中，介紹永續性三稜鏡模型 (Sustainability Prism Model)，這個模型協助我們了解及調和土地使用工作領域中利害關係人之間的歧異；同時，檢視評估計畫的標準，用來製作高品質的計畫。第二部分，涵蓋了構成規劃支援系統中關鍵資料的輸入，與人口、經濟、環境、土地使用、交通，和基礎設施的分析技術。第三部分，詳細地解釋關於準備與執行計畫的概念，和工作安排的順序。

　　我們在此感謝協助完成這個新版本的人們。我們的同事，F. Stuart Chapin 不論在理論上或在實務工作中，持續地在建立系統的土地使用規劃方法上提供新的靈感。北卡羅萊納大學教堂山校區都市與區域規劃學系 (the Department of City and Regional Planning, University of North Carolina at Chapel Hill) 的研究生們對本書提出評論、新觀念，以及在許多方面協助提升稿件的品質；尤其是感謝 Aurelie Brunie，Joel Mann，Bhavna Mistry，Helen O'Shea，和 Julie Stein 的幫忙。我也由衷地感激協助閱讀草稿，並且提供了改進建議的幾位同事，包括：佛羅里達太平洋大學 Ann-Margaret Esnard；喬治亞理工大學 Steve French；依利諾大學厄巴納——香檳校區 Lew Hopkins；南加州大學 Dowell Meyers；以及，卡地夫大學 Chris Webster。我們也感謝在處理稿件的各個階段當中，在圖片處理上提供行政與技術協助的 Udo Reisinger。北卡羅萊納大學教堂山分校「教師夥伴方案」(Faculty Partners Program) 的財務支援，提供了撰寫這份文稿重要的協助。許多規劃實務工作者幫忙提供的計畫案例、圖片與研究，把我們的文字敘述轉變成為圖像描繪的實際狀況，並允許這本書中援引他們的工作成果。最後，我們深深地感謝 Jane. Lallie. Pat，和 Pia 在整個撰寫工作中的支持與在思考上的砥礪，以及來自於家庭的耐心與支持。

CONTENTS

目錄

PART I

土地使用規劃的
概念架構

　　本書中最主要的重點是解釋：如何利用土地使用規劃創造都會、城市、鄉鎮，和村莊的人類聚落型態，並達到永續的成果。一開始先探討地方性土地使用規劃與社會背景的關聯，並展現規劃的概念性架構；這個架構建構出本書的內容與格式。接下來提出一個模型，這個模型協助我們了解及調和土地使用工作領域中，利害關係人之間對解決問題優先順序的歧異；同時，檢視評估計畫的標準，這些標準對製作計畫和引導未來土地使用變遷具有重要的影響。

　　在第一章「建構土地使用規劃的程序」，敘述進行土地使用規劃時所在的動態社會背景。我們把土地使用規劃視為具高度利害對立關係、多黨參與的競爭賽局，又因賽局參與者間有合作之必要，調和了賽局中的競爭。規劃師的角色必須是公共利益的守護者；規劃師需要能夠調停衝突、建立合作聯盟，並鼓吹代表性不足團體之利益。規劃師需要有遠見，看到的不僅是眼前的問題，也要考慮到後

代子孫的需要；規劃師要和人們溝通長遠的願景，啟發人們的信心，才能具體實現永續的土地使用型態。

第一章進一步提出說明地方土地使用規劃賽局的概念性架構，這個架構基本上就是本書討論到土地使用規劃概念、方法和技巧的組織。規劃賽局的概念性架構包括了三個概念向度：其一，利害關係人團體 (賽局參與者) 會嘗試影響地方性土地使用規劃，透過各種影響方式來滿足個人利益；其二，地方性土地使用規劃師 (賽局管理者)，利用他們的規劃方案，來幫助社區建立具共識基礎的未來願景，並透過計畫來達成這些願景；第三，規劃過程所形成的永續土地使用型態 (賽局的結果)。

第二章「透過永續三稜鏡模型來制定計畫」中，介紹永續三稜鏡模型。為了完整說明在公共領域中面臨到的複雜與動盪，規劃師可以利用這個模型了解，何以問題對不同人會有分歧的優先順序，並調和各參與者在土地使用賽局中之衝突。這個三稜鏡模型之所以重要，是因為它強調如果規劃師只關注單一的衝突，他們就會忽略其他所有的衝突，使得其製作的計畫所考量之綜合性不足；這說明了所有透過協調取得的政策方案間是互相依存的，並且都是支持公共利益的。

在第二章中也討論到，何以規劃師務必要具備綜合的規劃能力，方能有效地於土地使用規劃工作領域中使用三稜鏡模型。本書挑選了部分規劃過程理論與都市型態理論進行文獻回顧，藉此提出一些合用的觀念來調和衝突，並推動具體的永續願景。這些理論涵蓋：1) 理性規劃理論；2) 共識建立；3) 都市設計。我們的目的並不是創造一個又大又完整的理論，而是想提出一些有用的想法，來提升規劃師與規劃工作之績效。

第三章「優質的計畫要包括什麼？」著重在討論這本書最核心的主題——計畫。雖然第二章討論的永續開發三稜鏡模型，可以在土地使用規劃賽局中引導與塑造計畫的方向、設定願景，計畫仍然需具有良好品質才會有影響力，並促使未來願景和其他方向設定功能 (目標與政策) 能有效執行。在這一章中回顧一系列不同類型的計畫；這些計畫類型可以單獨使用，或整合運用若干種計畫的類型來處理土地使用與開發議題。接下來，本章討論用以指引創造 (及評估) 高品質計畫之關鍵的評估準則。文中討論到兩種計畫品質評估準則的向度：內部計畫品質主要是關於計畫組成成分的內容與格式；外部計畫品質則是討論相關計畫觀點與範疇，以及計畫涵蓋的內容，是否適合地方的狀況。

第一章
建構土地使用規劃的程序

　　有人要求你為你居住的社區準備一份全新的土地使用計畫。你的第一個工作是要建立一套概念架構,藉以引導你和你的社區備妥這本計畫,並推動計畫的執行。設計此架構的基本假設是:規劃是個在複雜、動盪的決策制定背景下,反映著高度利害得失的賽局,而規劃參與者則試圖利用土地使用決策,讓他們本身能獲得最大的利益。此架構必須指導你的社區執行下列工作:1) 因為利益團體之權益會受到土地開發過程的影響,所以需辨識並說明這些利益團體的目標與價值觀;2) 建立一個土地使用規劃方案,以統合社區資訊和協力的規劃過程,創造具共識基礎的計畫以邁向永續的未來;3) 監督與評估土地開發之產出結果,以提升永續之進展程度。這個概念架構的關鍵向度為何?在此架構之下,地方規劃方案的主要功能是什麼?要達到這些功能,你必須具備哪些工作能力?

　　地方性土地使用規劃被視為具高度利害關係,影響社區或區域未來土地使用形式的競爭賽局。從狹隘的利益團體角度來看,要贏得這個賽局就是指採納執行的土地使用計畫、開發規範,和開發決策,能使特定團體得到最大的利益。土地使用規劃師在賽局中擔任重要的參與者和賽局管理者,扮演維繫公共利益的角色。有效率的規劃師同時要擔任協調者以調解爭議衝突,也是合作聯盟的建造者促成多元團體之利益,更要鼓吹與增進代表性不足團體的利益。他們必須是具有遠見的思想家,他們的視界必須超越眼前的考量,進而滿足未來世代的需求;必須是能有效溝通未來願景的人,激勵人們,使他們對永續土地使用形式

之存在具有信心。規劃師必須小心觀察與反映利益、行動，和其他賽局參與者結盟。假使無法了解賽局的每個階段，規劃師就得冒著喪失誠信、工作職權，與未來社區廣泛公共利益的風險。

　　本章之目的主要是敘述地方性土地使用規劃動態的內涵、規劃方案的功能，以及引導規劃朝向更為永續、更適合人們居住的幾種觀點。首先，針對土地使用規劃工作領域的基本前提進行討論；接下來，提出地方性土地使用規劃中包括各項元件之概念性架構。此架構是由三個概念向度所構成的：1) 規劃利害關係人所抱持的土地使用價值觀；2) 地方性土地使用規劃方案，協助社區塑造出基於共識的願景，並透過計畫達成這些願景；3) 永續的土地使用形式。最後，本章整理出規劃師最應具備的核心工作能力，藉以有效推動可平衡多元利害團體價值觀的規劃產品。

土地使用規劃的工作領域

　　即使對有經驗的規劃師而言，土地使用規劃的工作領域常讓人覺得混淆和挫折。我們往往認為規劃是透過系統性研究，經由秩序和理性過程選用土地使用計畫，進而朝向整體公共利益；實際上，規劃經常是基於錯誤的認知、受少數利益團體影響的政治活動，成為服務特定目的之過程。在學校學到的理想都市型態理論、政策干預的策略、統計模型等方法，在民選官員心目中的份量永遠小於在公聽會中追求自我利益、慷慨激昂的意見陳述者。於是，長期推計資料在複雜與持續變動的決策環境中，無法用來引導決策制定。利用規劃干預土地使用變遷的效果，在這個複雜的系統當中無法確實地找到手段與結果間之關聯；干預土地使用變遷，也不見得能夠解決社會、經濟、環境條件所無法預期的變動。

　　複雜、動盪的土地規劃工作領域，形成具有挑戰性的決策制定環境，同時也為了創新與調適性的土地使用方案提供機會。土地使用規劃工作領域經常處在變動的狀態下，而非持續、穩定的 (Innes and Booher 1999)。靜態的系統沒有能力應付變遷和新的環境條件；相對地，動態組織具有適應的能力。具適應能力的規劃方案在歷經變遷後，仍能在協調複雜利益團體活動和追求新願景的行動當中，扮演關鍵角色。

　　土地使用規劃與決策制定的工作領域，被視為一個地區針對未來土地使用形式，進行具高度利害關係的競爭。然而，因為參與者有彼此相互合作的需要，使競爭關係變得節制。在規劃架構中的參與者勢必需要互相倚賴；必須得到其他參與者的同意，才可能達成自己的目標。於是，所有規劃參與者必須參與多元組織黨派的共識建立過程，從以往行動中的成功與失敗來汲取經驗，並嘗試解決問題的新方法和行動。規劃被定位為包含競爭與合作的嚴肅賽局，這個定位幫助我們了解規劃過程的動態，並協助發掘提升賽局產出結果的機會。

　　因此，土地使用計畫是協調社區土地使用與開發行動的關鍵工具。規劃並不僅僅是一個過程，而是一個由計畫引導的過程。這個計畫可以滿足許多需求；在傳統的計畫功能中，包括引導都市基磐設施的設置、設定都市土地使用分區管制，和其他公私部門產業的土地使用規範。此外，計畫也要滿足新的目的：在準備計畫的過程中，透過參與使賽局競爭者成為協力合作者；計畫中記錄了一系列關於達成不同參與者協議目標的途徑；計畫也是社區建立共識的工具。基於妥善的計畫，多元利益可透過協調找出大家都能同意的政策。此計畫也設定以事實為基礎的未來圖像，來激勵受到規劃影響的人，讓他們參與規劃行動。市民與利益團體願意支持的計畫是，讓他們親眼「看見」問題解決方案的計畫 (Neuman 1998)。

　　在土地使用的賽局中，規劃師不僅是參與者，同時也是賽局的管理者；他們提供資訊使決策制定具有知識的基礎，把意見和事實轉變為共同的願景，同時草擬計畫與規則引導賽局達成願景。因為規劃師具有這些責任，使他們可以在土地使用賽局的中心扮演特殊的工作角色。他們擁有規劃的內線資訊，具有與其他參與者接觸的特權，土地使用規劃師要仔細地檢視所有利害關係人的利益、行動，和合作結盟。規劃師也必須不斷地整合、分析，和監督規劃情報，包括：人口與經濟、土地使用、環境品質，和交通與基磐設施等各種資訊系統，使規劃所需的資訊納入社區參與和檢討計畫的過程中，以協助製作計畫。假使無法掌握規劃賽局的變化，規劃師就得冒著失去身為專家的誠信、具遠見思想家的角色、土地使用變遷管理者權責的風險，以及失去在競爭的利益團體間建立合作關係，以打造更好、更永續社區的機會。

　　實際上，土地規劃工作領域潛在的衝突與緊張狀態，是受到法律與行政管理體系——意即「遊戲規則」(the rules of the game)——所制約的。遊戲規則把衝突轉變為受到規範的競爭與合作；憲法條款、法律、管制規範和規劃權，保護整體大眾利益，避免最大化的市場價值不受約束地極度擴張，以及避免過度約束社會與環境價值觀的最大化。規劃師要依賴法律與行政管理體系，以平衡不同價值觀之間的衝突、協助決定社區問題的優先順序，和確保土地使用決策的公平性。規劃師同時是草擬和執行遊戲規則 (在形式上，遊戲規則包括計畫目標、政策與開發規範) 的人，但不是最終的仲裁者。仲裁者的角色是留給社區民選官員來擔任的；當民選官員的決策也受到挑戰時，則是由法院擔任。但是規劃師一定要了解法律與憲法對土地使用計畫中各個權利的約束與制衡，以達到社區的目標。

價值觀、規劃，與永續的社區

　　規劃工作中，利害關係人具有的土地使用價值觀、規劃方案，和規劃產出結果三者間的兩兩關係，構成了土地使用規劃賽局；請參考圖 1-1 中描述之土地使用規劃賽局的概念架構。本書內容與章節，就是依

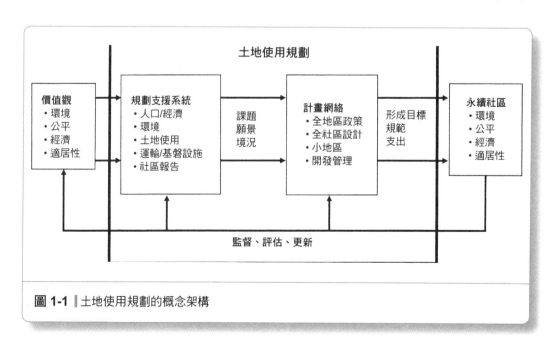

圖 **1-1** ▏土地使用規劃的概念架構

據這個概念架構呈現的三個概念向度，及三者間的關聯所建構出來的。

先由規劃產出的結果開始討論，目標是要達成永續社區的土地使用形式，在環境、經濟、社會，和適居性這四個價值間達到適當的平衡。如稍後會討論到的，幾種替選趨勢和願景，被不同人聲稱能得到最受青睞的規劃結果（例如：傳統低密度土地開發、聰明成長、新都市主義）。規劃輸入是由利害關係人團體的互動影響所造成的，他們透過自己土地使用價值觀的「有色鏡片」來詳細檢視「開發」，試圖影響地方規劃決策，改變未來都市型態和變遷以支持他們的利益。土地使用規劃方案是位於中間的概念向度，協助社區辨識既有與逐漸浮現的課題；塑造願景、目標，和境況；創造計畫；選擇採用開發管理計畫、規範，和基磐設施的支出方案；同時監督執行成果能達成計畫目標之程度。

在這一章接下來的部分中，我們將完整地對土地使用規劃領域各向度的定義做詳細敘述。在每個向度之中，我們會由各種不同的理論與實務方向，探討應該如何去完成規劃，以及規劃師應該要做什麼。在結論中，我們要檢視規劃師所面臨的壓力，以及規劃師本身應該具備哪些特別的工作能力，才得以在土地使用賽局中充分發揮。

永續社區：另類的趨勢和願景

地方性土地使用賽局反映出土地使用趨勢是不斷地在改變的；技術的提升可以幫助規劃師具體看到現實狀況、發掘未來的可能方向，並且表現在新的、具想像力的都市設計概念上。在二十一世紀初，土地使用賽局的運作接續並延伸了前一世紀最後幾年的趨勢：傳統的低密度開發形式（或稱之為「蔓延」）主導了地表的景觀；然而在此同時，永續開發 (sustainable development)、聰明成長 (Smart Growth)、新都市主義 (New Urbanism) 也逐漸浮上檯面，試圖抗衡都市蔓延造成的影響。

傳統的低密度開發

美國社區與都會地區面臨多重的挑戰，大部分問題是與都市蔓延相關的：低密度的開發形式是由都市邊緣向市郊擴展，加上沿著連接都市中心與市郊的公路的帶狀商業地區開發。傳統低密度開發的社會成本與利益是具爭議的，支持低密度開發的人認為這種強勢的開發形式，是受

到社區深層文化價值對下列幾個項目的強烈渴望而產生的：1) 獨戶獨棟住宅的所有權；2) 每個基地有寬裕的空間，具有如鄉村或田園般的吸引力；3) 私人汽車的所有權，提供了個人自由與移動能力；和 4) 不會和窮人住在同一個社區中 (Gordon and Richardson 1997)。這些訴求的確對個人或家戶產生正面的影響效果。

所有的評論都是集中在傳統低密度開發的負面效果，一份研究綜合回顧整理 500 篇討論此土地使用形式造成的衝擊，Burchell 等人 (1998) 總結出：傳統低密度開發的負面效果超越了它的利益，同時這些負面效果是分散在所有的地區。都市蔓延負面效果最明顯的證據，就是土地需求增加以滿足新的人口成長。在圖 1-2 中顯示 1982 和 1997 年間，涵蓋全美國的四個分區中，都市土地成長的百分比均遠超過人口的成長。這種消耗土地的速率，不但造成環境敏感地區的壓力，也使公共基磐設施成本大幅增加，主要是因為低密度開發需要更多的道路、自來水供應管線、污水管線，來服務每個開發基地 (Burchell et al. 1998; Speir and Stephenson 2002)。各個土地使用類別間更加分散，造成對汽車的依賴程度提升。在 1982 和 2000 年間，在都會地區中每個乘客的旅行距離增加了 85% (Texas Transportation Institute 2002)，平均每人每年尖峰延滯時間從 16 小時增加到 62 小時。傳統低密度開發也造成社會不公平現象惡化，因為部分分析者相信，財務和人力資源從老舊的都市核心

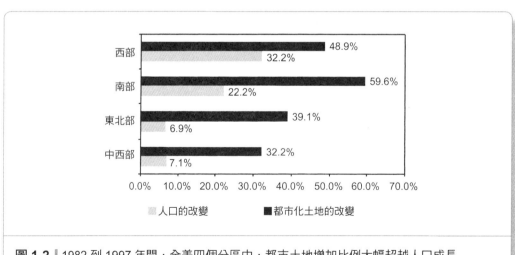

圖 1-2 ▏1982 到 1997 年間，全美四個分區中，都市土地增加比例大幅超越人口成長

資料來源：Fulton et al. 2001. 資料複製使用經 Brookings Institution 授權。

地區流失，轉向在都市邊緣逐漸擴張的郊區 (Downs 1994, 1999; Lucy and Phillips 2000)。

都市蔓延也與健康議題有關。公共衛生專家一再發現，建成環境對人類活動力是有影響的；人類活動力降低，會造成慢性疾病、骨質疏鬆症、精神健康問題和肥胖等問題 (Frank, Engelke, and Schmid 2003, 1)。傳統的低密度開發形式，由於將住宅與商業土地使用分開配置，造成對汽車運輸的依賴，在缺乏提供適合騎自行車和步行的基磐設施時，阻礙或限制了人們身體的活動。類似的研究證據正不斷增加中，都指出交通運輸、土地使用，和都市設計與居民是否應用身體進行活動有關。[1] 因此交通運輸、土地使用，和都市設計等計畫，都可能影響鄰里實質環境的構成內容，進而鼓勵人們增加身體活動。舉例來說，研究者發現在亞特蘭大區域中，土地使用比較密集、密度較高，和較適合行人步行、有大眾運輸服務的地區，居民的體重明顯低於其他地區居民 (Frank, Engelke, and Schmid 2003, 185)。有一項探討都市蔓延和健康的全國性研究，涵蓋了 75% 美國人口居住的 448 個郡，該研究發現，標示為都市蔓延地區的居民較少走路、體重較重，受到較大生活壓力的困擾 (如：高血壓)(McCann and Ewing 2003)；此項研究應用的蔓延指標，包括了六個關於住宅區密度與街道網路連接特性的變數。[2] 另一項全國性研究中，假設人口為常數，也發現土地開發面積的變化與肥胖症增加率有關 (Vandegrift and Yoked, 2004)。

在美國只要提到土地使用規劃，基本上指的就是支持傳統低密度開發過程的規劃。像彩帶一般地沿公路發展的商業區開發，和每棟住宅外觀皆神似的大基地郊區住宅開發，全都是依循著標準土地使用分區規範。這種大規模地將開放空間地景轉變為都市郊區開發方案，通常是依循著標準的土地細分規定所產生的。芝加哥地區向外擴張的都市形式，就展現出這種改變形式 (見參考資料 1-1，和圖 1-3、圖 1-4)。圖 1-3 顯示出兩幅探地衛星 (Landsat) 影像，土地使用在 1972 到 1997 年的 25 年當中，從舊有的都市中心向外擴張，取代農業使用的土地。計畫中指出，開發範圍的成長速率遠超過人口成長速率，造成了低密度都市蔓延和社會分化。

為了試圖減緩這種開發過程造成的後果，「芝加哥都會區 2020 計

參考資料 1-1
芝加哥都會區 2020 計畫

都市的快速擴張

「芝加哥都會區 2020 計畫」(Johnson 2001) 分析了區域開發的社會、經濟、環境，和適居性的面向。芝加哥區域的都市形式，是與土地使用形式反映出來的相同。圖 1-3 中顯示都市土地在 1972 到 1997 年間，已經從以往的中心地區向外擴張到了鄉村地區。這種空間擴展的速率遠超過人口成長，造成了低密度都市蔓延與社會分化。雖然這種空間的轉變對家戶和企業提供了相當多的好處，同時也造成不可小覷的成本。這些成本包括：公共運輸服務的活動力降低、空氣品質惡化、基礎設施成本增加、社區意識 (sense of community) 低落、農業土地和具重要環境特性之開放空間減少。最糟糕的是，這種空間的轉變造成了窮人集中及社會分化問題，達到前所未有的規模 (Johnson 2001, 48)。

1909 柏罕計畫，和 2020 區域發展對策

以著名的「1909 芝加哥柏罕計畫」(*1909 Burnham Plan of Chicago*) 來和「都會區 2020 計畫」(*Metropolis 2020*) 比較，可以發現一些有趣的事。兩個計畫都是由芝加哥商業俱樂部贊助；兩者都尋求駕馭兩個似乎格格不入的力量：私有主義與公共控制 (Miller 2001, ix)；兩者都從區域的觀點檢討土地使用和運輸。柏罕計畫中最著名的部分，就是沿著湖岸二十英里長的公園系統，和放射狀與同心圓的林蔭大道，造就了今日的地標。柏罕計畫是依照企業人士願景所進行的都市改造，最後演變成為尋求都市美化，而非提供住宅和為人群服務。

就如同 Donald Miller (2001) 在他的書中序言指出，「都會區 2020 計畫」最具影響力的部分，是在企圖連結就業訓練、運輸和住宅政策。「都會區 2020 計畫」「把整個芝加哥區域當成一個互相關聯的生態系統，宣告要回到過去使用電動街車的年代，讓都市與市郊之間存在著如同生物間的依存關係」。這個計畫「要使芝加哥維持資本主義強權的同時，承諾縮短經濟的不公平，並導正社會的平衡」(Miller 2001, xvi)。「都會區 2020 計畫」提出的都會區域發展對策，是多運具通勤村落以路網銜接至運輸轉運站之中心，再連結到連續的公共綠道；請參考圖 1-4。為了維繫芝加哥既有的行政倫理，計畫中表明這個對策無需強制執行，而是在區域協調委員會的推動和提供誘因之下，自然而然地，地方權責單位就會看到機會並組織起來。因此，「都會區 2020 計畫」提供了一個區域的願景，計畫之執行則要視未來地方計畫互相影響的結果，以試圖達到其目標。

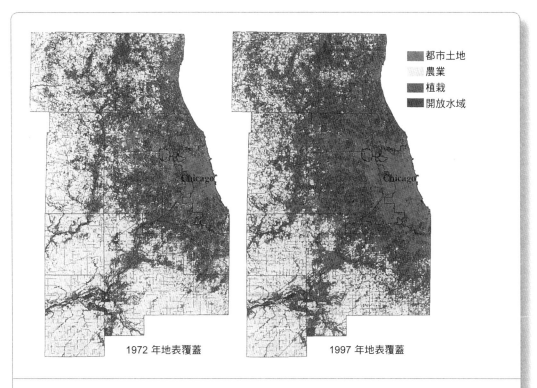

都市土地
農業
植栽
開放水域

1972 年地表覆蓋　　　　　1997 年地表覆蓋

圖 1-3 ｜ 芝加哥都市土地在 1972 到 1997 年的 25 年間，向外擴張取代農業土地

畫」(*Chicago Metropolis 2020*) 提出一系列推動永續發展之建議，而不再採用傳統土地使用規劃的操作方法。這個計畫的長期目標不只是容納市場需求，滿足個別開發者與房屋持有者而已，而是要引導每個單獨的市場決策朝向更永續的都市形式。這個計畫的企圖是要同時達成更務實的工作方向，也要確實達成公共利益目標。建議內容中的方向包括了：提升教育、開發工作人力、政府治理、解決都市更新造成關於種族與窮人不公平的生存條件、市區和舊市郊未開發土地的填入式使用 (infilling)、建成地區的環境品質，及保留具價值的自然土地和人文景觀。在這個例子中，土地使用分區管制只是個管理的機制，如同利害關係人在芝加哥都會區規劃中所學到的，土地使用分區可以用來保護我們的環境、推動建築類型混合的鄰里、為不同收入者提供負擔得起的住宅，並使都市中心和郊區的配置更為密集、適合步行。

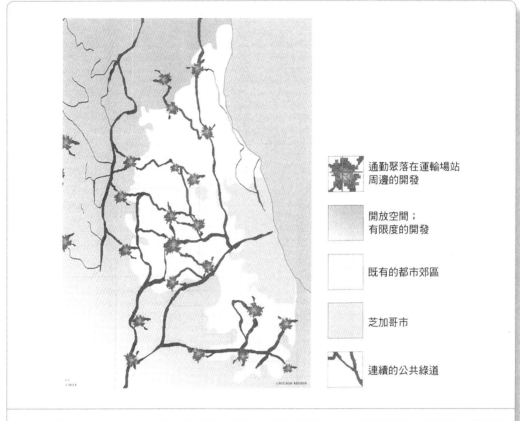

圖 1-4 ▎以路網銜接多元運具通勤村落之對策無需強制執行；區域協調委員會的推動和提供誘因，地方權責單位看到機會並組織之後，自然地就會發展起來

永續發展

　　「永續發展」(sustainable development) 一詞得到廣泛的支持，因為它暗示了生產與消耗財貨與服務、建成環境的開發，不需要以降低自然環境品質做為代價。1987 年，聯合國世界環境與開發委員會 (WCED) 在「我們共同的未來」(*Our Common Future*) 報告中，界定出最為廣泛接受的定義，「永續發展是滿足現今世代的需要，而不會犧牲未來世代滿足他們需要的能力」。(43) 就在 WCED 發表這篇報告十年之後，永續願景的影響從全世界、國家，一直擴及到地方政府計畫與管理方案的形成 (Krizek and Power 1996; Lindsey 2003; Porter 2002)。在表 1-1 當中，敘述美國規劃與政策實務工作一系列永續的定義。為了要透過多元的方

表 1-1
永續發展在實務案例中的定義

全國政策

「我們的願景是要有一個能夠維繫生命的地球。我們要致力於達到尊嚴、和平和公平的存在。一個永續的美國將會擁有成長的經濟，提供公平的機會滿足生活需要，以及提供現在及未來世代安全、健康和高品質的生活。我們的國家將會保護所有生命都依賴生存環境、自然資源，和自然系統的生命力和功能。」(President's Council on Sustainable Development 1996, i)

州的規劃政策

「永續發展把環境、經濟，和社會公平性連結在實務工作中，使現在和未來的世代均能獲得利益。」(North Carolina Environmental Resource Program 1997, 1)

「永續發展是能維持和增進經濟與社區福祉的開發，同時保護與重建人類與經濟賴以生存的自然環境。」(Minnesota Planning and Environmental Quality Board 1998)

區域計畫

永續發展是關於，「……提升南佛羅里達州和它的社區所依賴的生態、經濟和社會的系統，成就正面的變遷。執行這些策略可以提升增進區域的經濟、推動高品質的社區，保護南佛羅里達州生態系統的健康，並確保現在的成長與進步不會變成未來的支出成本。」(Governor's Commission for a Sustainable South Florida, 1996, 2)

地方計畫與方案

永續性包括：生態完整性以滿足人類的基本需求；經濟安全性，包括地方的再投資、就業機會、地方企業所有權；授權與責任，包括對多元價值觀的尊重與容忍和公平的參與機會；社會福祉，包括穩定的食物供應、住宅與教育、藝術的創意表現和地點感。(City of Burlington [Vermont] 1996, 2-3)

永續性，是指長期的文化、經濟和環境的健康與生命力。(City of Seattle [Washington] 1994, 4)

永續發展是「……社區使用它的自然、人文和技術資源的能力，來確保所有現在和未來的社區成員，可以得到高品質的健康與福祉、經濟安全，同時在維繫所有生命和生產所依賴的生態系統完整性之同時，對他們自己的未來有表達意見的權利。(City of Cambridge [Massachusetts] 1993, 30)

所謂永續性，就是指使用、開發和保護資源是在居民能夠滿足他們現有需求的程度，同時也能提供未來世代的需求。(Multinomah County [Oregon] 2003, 1)

做為一個社區，我們需要同時在地方和全球尺度，保護並提升我們的資源，並避免自然環境和人類健康的危害，來創造讓生命得以永續的基礎。(City of Santa Monica [California] 1995, 1)

法來達成永續，這些定義試著結合各種不同的社會價值觀，就是最早由 WCED 推動的三個 *E* (環境、經濟，和公平；environment, economy, and equity) 中所表達的 (Berke 2002)。第四個社會價值觀，適居性 (livability) 在規劃實務工作中尤其重要，因為它討論到人的行為與實質環境互相影響，著重在創造符合人類需求與期望的地點。這些永續的定義反映在全國、州、區域，地方層級規劃師與政策制定者的工作中，嘗試引導人類聚落的形式來平衡核心價值，在此過程中，揭露價值觀並解決價值觀間既有的張力。

永續發展的核心目標就是跨世代的公平性，暗示現在和未來世代間的平等關係。也就是說，現在與未來的世代必須盡力達到全人類適當的生活水準，並且在自然環境系統的限制內生活。永續發展的概念促使我們重新思考生活中的每個向面，不僅包括思考二次世界大戰後，主導都會地區向郊區與都市邊緣開發的傳統低密度開發形式，以及其他面向。要界定社區和區域永續土地使用形式的關鍵元素，需要依賴許多人的貢獻，因為每個人的定義都有其重要之處。[3] 舉例來說，Berke 和 Manta-Conroy (2000) 指出，製作土地使用計畫應使用以下六個長期永續發展原則為基礎：

- **與大自然的和諧關係**：土地使用與開發能支持生態系統的過程。
- **適合居住的建成環境**：開發能增進人類活動與都市型態的配合。
- **以地方為基礎之經濟**：滿足地方需求的經濟活動運作，是要在當地自然環境系統的限制之下。
- **公平性**：土地使用型態提供公平使用社會與經濟資源的管道。
- **污染者付費**：製造污染的人必須負擔污染的成本。
- **負責的區域主義**：社區在追求地方性目標的同時，要把對其他行政區造成的傷害降到最低。

在分析三十個 1985 到 1995 年之間高品質地方計畫的研究中，Berke 和 Manta-Conroy (2000) 發現，這些計畫並不是利用平衡、整體的取向，將開發引導向永續。然而，這些計畫關注的焦點是在於創造更適合人居住的建成環境，尚未擴展到在規劃領域所導引的各種形式之永續目標 (如，與自然環境的和諧關係、地區基礎的經濟，公平性、污染者

付費和責任區域主義) 的非規劃傳統之主題。這個研究發現，應用永續的概念必須採用更新、更廣泛的規劃方向，才能徹底地改革在規劃實務中製作計畫的方式。

本書主要是解釋如何使土地使用規劃能應用於創造人類聚落形式，在都會區、城市、城鎮、鄉村，推動永續的產出結果。兩個當今最重要的規劃概念——聰明成長和新都市主義都與永續發展相關，並提升不同面向的永續性；雖然這兩者與永續的概念不同，且尚無法取代永續性。[4]

 ## 聰明成長 (Smart Growth, 或稱智慧成長)

從 1990 年代初期開始，「聰明成長」概念逐漸成形，成為傳統開發方式的替代方法 (Porter 2002)。聰明成長方案試圖找出一個共同的基礎，社區依此基礎探索容納成長的方式；這個基礎透過接納與參與的過程，建立開發決策的共識。聰明成長推動密集 (compact, 或稱高密精巧、集約、緊湊) 和混合使用的開發，透過土地使用和運輸的協調，促使旅行方式 (步行、腳踏車、捷運和汽車) 的多元化、使用較少的開放空間，並優先維護與更新既有的鄰里和商業中心。州政府和地方的「聰明成長」提案包括政策誘因和開發需求，引導公共和私人投資到不需要開發新基礎設施的地點，也避免開發遠離既有的開發地區 (Porter 1998)。

「聰明成長」運動是由州政府的成長管理提案所衍生出來的，這個名稱是由馬里蘭州的立法與方案中擷取來的 (詳見參考資料 1-2，和圖 1-5)。此方案指定經地方政府 (郡) 認證的既有開發或規劃地區，把開發集中，並且找出具有價值的開放空間 (例如，優良農業生產地區；自然地區，例如森林；地下水補注區)，利用州政府的基金進行收購。有些州政府積極地要求和鼓勵社區選擇使用「聰明成長」，如德拉威、馬里蘭、奧勒岡、賓夕法尼亞、田納西和華盛頓，都已為此開發了新的方案 (Godschalk 2000)。

雖然「聰明成長」主要關切的是改革州政府的成長管理立法 (Meck 2002)，但這個觀念也影響到地方性的計畫，在專業與企業利益團體的政策中也受到認可，如美國規劃協會 (American Planning Association)，

願景

馬里蘭州 1997 年「聰明成長地區法案」的通過使用，就是為了對抗都市郊區的蔓延。在此願景中的核心元素是：把開發集中在適合開發的地點；保護敏感的地區；引導鄉村的成長在既有的鄉村聚落中，以維持和創造密集的都市型態。

優先投注經費地區

州政府只會在州政府和郡政府指定的優先投注經費地區 (priority funding areas; PFAs)，提供經費來建造配合成長的基磐設施。劃設郡政府指定的優先投注經費地區，是要基於該地點必須適合規劃的成長內容、已經具備基磐設施服務，並有充分面積來滿足未來的開發需求。

所有的郡要備妥指定優先投注經費地區的計畫。計畫中指定的土地類型包括：接受污水處理與自來水服務的既有社區、做為工業與就業使用的土地分區、在地方綜合計畫中指定的鄉村社區，和反映郡的長程政策，促進有條理的開發，規劃污水與自來水供應服務的地區。為了符合州政府核撥經費的要求，郡政府必須同時選擇誘因與規範，來促進推動優先投注經費地區的開發。圖 1-5 展現出馬里蘭州 Montgomery 郡的優先投注經費地區。此優先投注經費地區的主要核心是這個郡既有與規劃的成長廊道；小型的優先投注經費地區，是未與主要核心連結的鄉村社區。

鄉村傳承方案

鄉村傳承方案著重於辨識與保護優先投注經費地區之外，最具價值的農場土地與自然資源，利用方案的經費向土地所有人購買地役權和開發權。方案之目標是要在 2001 年前保存 200,000 英畝的土地。在 Montgomery 郡，這些土地是座落在鄰接優先投注經費地區成長走廊旁的楔型土地 (參考圖 1-5)。

相關的方案

「居住鄰近工作方案」(Live Near Work Program) 提供被雇用者一次的支付費用，使他們可以在鄰近工作的地點購買房屋；「創造就業減稅方案」(Job Creation Tax Credit Program) 提供座落在優先投注經費地區的企業稅務的減免；「自願清理與棕地方案」(Voluntary Cleanup and Brownfields Program) 是為了荒地再開發或低度利用的開發基地所設計的。

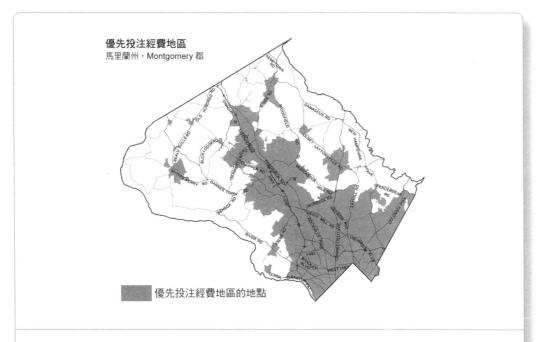

圖 1-5 ▌ 馬里蘭州 Montgomery 郡的優先投注經費地區

資料來源：Maryland Department of Housing and Urban Development 2003.

國際市郡管理協會 (International City County Management Association)，全國住宅建商協會 (National Association of Homebuilders)，以及都市土地研究院 (Urban Land Institute)。「聰明成長」主張的觀念，也受到「聰明成長網路」(Smart Growth Network; www.smartgrowth.org) 和「永續社區網路」(Sustainable Communities Network; www.sustainable.org) 之推動。

新都市主義

　　相對於聰明成長，「新都市主義」較偏向建築規範和細部的做法，設定社區的實質環境配置；主要的思考元素包括：設計、尺度、混合的土地使用，和街道的網路 (Calthorpe 1993; Calthorpe and Fulton 2001; Duany and Plater-Zyberk 1991; Duany, Plater-Zyberk, and Speck 2000)。主導的非政府組織，「新都市主義議會」(Congress for the New Urbanism; CNU) 強調社會的結合力量和地點感 (sense of place) 對於都市設計決策的潛在影響。在 1996 年，該議會成員在簽署的憲章中 (Leccese and

McCormick 2000) 陳述：

> 我們強力支持在都會地區重建既有的都市中心和市鎮，把
> 蔓延的都市郊區，重新改變成為能實際運作的鄰里和多元的地
> 區、保育自然的環境，和保存我們既有的傳承。我們了解僅依
> 靠實質解決方案，並無法解決社會和經濟的問題；然而，經濟
> 活力、社區穩定性，和健康的環境唯有在具一致性的實質方案
> 架構支持之下才得以延續， ……(v)

新都市主義的憲章基本上是設計工作的宣示，為三種不同尺度的開
發鋪陳出 27 項原則 (Calthorpe and Fulton 2001, 279-285)：1) 區域、都
會區、都市和城鎮；2) 鄰里、地區和廊道；3) 街廓、街道和建築物。
舉例來說，在憲章中陳述：社區應透過設計來創造密集、混合使用的都
市型態，透過公共和私人空間的互動，使社區的社會脈絡更加密切，
同時增進社區的辨識度和地點感 (參考圖 1-6)。街道是對行人 (而非汽
車) 友善的空間，相對於傳統都市郊區開發使用環狀的囊底道 (參考
圖 1-7)，應使用網格式的配置來減少旅行距離。在商業區、辦公室、
住宅區和運輸的設施中，設置連結的路線；社區共用的土地做為空間

圖 1-6 | Southern Village 新都市開發的道路景觀 (左) 和北卡羅萊納州 Chapel Hill 的
Parkside 的傳統開發 (右)。新都市開發的街道較窄 (26 英尺，傳統開發是 32 英尺)，
其他的特色包括減少不透水鋪面、較小的基地面積、較短的建物退縮距離，臨街面是
門廊而非車道或車庫。同時，人行道位在新都市開發的街道兩側。

照片來源：Philip R. Berke 2002.

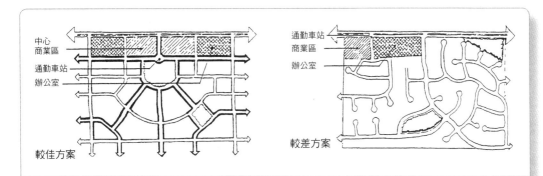

圖 1-7 | 不同於傳統開發的環狀囊底道，對行人友善的配置概念，是使用網格形狀以減少旅行
距離。

資料來源：Sacramento County Planning and Community Development Department 1990.

的焦點；每個社區設計為二分之一哩寬的「鄉村社區尺度」。這些特
色不由得讓人想起，1920 年代美國區域規劃協會 (Regional Planning
Association of America) 推動的「鄰里單元」(Perry 1939)。

　　獨立的「新都市」開發方案，被視為建造區域尺度「新都市主義」
的建構單元 (Calthorpe and Fulton 2001; Duany and Talen 2002)。許多建
構單元交互組合就能構成混合土地使用、高密度開發節點的網路，接
下來再以運輸廊道連結 (參考圖 1-8)。在此網路中，區域的開放空間創
造了大尺度的公共土地和生態特色，可以做為公園使用，也可以當作限
制都市開發向外圍擴張的屏障，並保護農地和環境敏感的土地。這種區
域主義的「新都市」願景，彷彿就像是建立在十九世紀末英國規劃師
Patrick Geddes 和 Ebenezer Howard，和 1920 年代的美國區域規劃協會
的規劃傳統上 (Wheeler 2002)。

聰明成長和新都市主義與永續發展的關係

　　相對當今主流的傳統低密度開發，聰明成長和新都市主義可以提供
不一樣的願景，產出較能讓人接受的規劃結果，但仍讓人質疑：是否真
的能達到永續發展的廣泛目標。聰明成長刻劃出巨觀尺度的社區土地使
用，和基礎設施政策架構。與新都市主義相比，其基礎與都市規劃和公
共政策原則較為接近，雖然聰明成長的內容也涵括都市設計的原則。然
而，聰明成長並未提出實質的設計意象，也沒有以社區型態鋪陳的展現

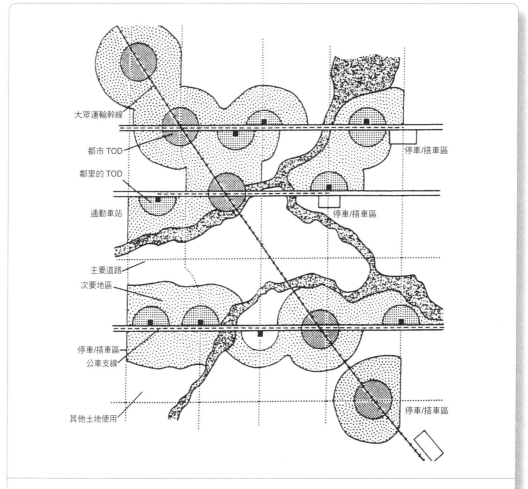

圖 **1-8** │ 運輸導向的開發概念，每個約 50 － 100 英畝運輸導向的開發 (transit-oriented development; TOD) 簇群，包括住宅、辦公室、市民使用，以通勤車站為中心。許多 TOD 像珠子一樣連結在通勤路線上。

資料來源：Sacramento County Planning and Community Development Department 1990.

做為引導土地使用與都市開發的決策指導。新都市主義之設計原是更詳細、針對基地的，也運用了許多聰明成長的政策，[5] 但是對開發的引導仍然有限，接續就會影響到環境敏感地區的保護、都市中心和都市化地區的活化，和平價住宅的規範。

在前述諸多的限制下，有必要建立更全面且整合的社區願景。永續發展的願景可以延伸聰明成長和新都市的概念，掌握自然系統、地區基

礎經濟、社會公平性，和更廣泛的區域 (以及全球) 關切的考量。在永續的願景之下，聰明成長和新都市可以扮演的主要角色，是做為中程的願景來持續引導永續的長期產出。更有甚者，永續願景需要具有彈性和適應性，滿足多元利益團體的需求，在各種不同的背景之下都能適用，並且引導以共識為基礎的議題，在規劃程序中進行公開的溝通。(在第二章當中，我們在土地使用變遷管理上進行更深度的討論，並且提供永續三稜鏡模型，來引導計畫製作的過程。) 把這個願景和土地使用規劃結合在一起，會需要好幾種協力合作的技巧。

土地使用的價值觀

　　要能在土地使用賽局中擔任有效率的參與者和管理者，規劃師一定要了解，其他受賽局結果影響的重要參與者們所抱持的目標與價值。所有的利害關係人用自己土地使用價值詮釋開發，是規劃工作的輸入項 (參考圖 1-1)。規劃師必須要在互相競爭的利害關係中，找出能形成共識的機會，藉以推動支持建立更永續社區的公共利益與公眾目的。他們必須有能力追蹤、辨別，與釐清這些團體多元和互補的價值觀。從達到解決土地課題的共識或新議題浮現中，我們發現，團體和結盟的構成是隨時間而改變的 (Jenkins-Smith and Sabatier 1994)。如前面討論的，幾個主要的利害關係團體試圖影響未來都市成長與變遷的方向，每個團體會在四組土地使用價值觀中進行選擇：經濟開發、環境保護、社會公平和適居性，並給予其中之一最大的權重。這四組價值觀可以是分開、互相競爭，或是結合且相輔相成的。

經濟開發價值觀

　　經濟開發價值觀把土地視為協助生產、消費、分配產品，和提供服務以獲得報酬的財貨。此價值觀是建造社區的主要動力來源，因而透過投資工業、商業、和住宅建物的開發對土地加值。從此價值觀的角度來看，最能衡量土地使用賽局成敗的方式，就是計算銷售土地與建物所得到的利潤。

　　Logan 和 Motoloch (1987) 區分三種尋求利益的實業家，來解釋土

地開發市場之運作：具偏財運的實業家透過土地繼承，意外地獲得財富；主動積極的實業家依賴他們良好的預測能力，和睿智的投資獲得財富；結構性投機者 (structural speculators) 尋求透過影響土地使用，與基磐設施投資的政治決策，來建構市場。結構性投機者偏好利用結盟的組織運作，或稱「成長機器」(growth machines)，是三者中影響地方成長最重要的實業家。成長機器包括：銀行家、律師、不動產經紀人、開發商、民選官員，為了推動主導開發的議程，他們協調配合彼此的工作。他們會評論土地政策、規範和計畫，因為這些管理土地的措施會影響土地價格。這個團體有時也會納入那些在理念上鼓吹政府應減少干預市場的人。

經濟開發投資所得到的報酬，是受到土地規劃和市場需求的限制。為了要獲利，成長機器的方案必須通過政府的考驗和市場試煉：要滿足地方民選官員選擇採用的政府計畫與規範，才可能得到開發許可；他們要滿足消費者的品味，才能夠透過銷售得到報酬。他們在買方與賣方的市場中操作，但這個市場是受到公部門計畫和服務方案的影響，而不是受成長機器主導。因此，對於這些利益團體而言，實際主導需求和資本取得的力量是地方性的人口成長、經濟和利率。

土地使用規劃會影響開發市場，在規劃中先找出可取得或可規劃開發的土地；接下來，限制允許使用的類型、地區、時程和開發密度；再透過設計基磐設施方案配合開發，並將設施成本在公私部門間進行分攤；接著於開發計畫書中，設定審查方案時要檢查的開發標準。以上各個行動決定了適合開發的土地供給，稱為「市場管理」(managing the market)。雖然這敘述對多數案例而言太過簡略，然而卻明白揭示出：主動的土地規劃師，試圖依據社區目標引導土地使用變遷過程。因此，土地規劃師可以同時被視作「開發管理者」和「變遷管理者」。

環境保護價值觀

環境保護價值觀是把都市當作資源與土地的消費者，在消費過程中會產生廢棄物。環境團體應用此價值觀的範疇很廣：保護環境可以是為了人類實際的使用價值，也強調更深層的自然內生價值。通常環保團體是指全國鼓吹保護環境團體，如山岳俱樂部 (Sierra Club)、終極雁鴨

(Ducks Unlimited，一個在北美洲保護海鳥與濕地的組織)，和依薩華頓聯盟 (Isaac Walton League，保護環境與鼓吹戶外遊憩活動的團體) 的地方性分支機構。他們透過生態的觀點檢視土地政策與計畫，試圖保護既有的自然環境特色，例如：濕地、溪流和森林。有時他們也會與地方鄰里團體合作，反對都市的擴展。

實務工作對規劃師而言，環境價值觀通常是以三種觀點呈現出來：直接效用價值觀、間接效用價值觀，和內生價值觀。直接效用價值觀 (direct utility values) 詢問：「這個東西好在哪裡？」許多人只有在自然對他有直接的正面效用時，才感覺到自然環境的重要。直接效用價值觀主張「自然環境是生產導向的」(例如，森林所生產的木材、魚當作食物的來源) 的強力論點。在某些情況之下，採用此價值觀的團體或許能提升大眾對保護部分生態系統的支持；但是，這個價值觀無法用來說明保護無經濟用途生命型態之理由。

間接效用價值觀 (indirect utility values) 著重在生態系統對人類社區提供的服務。它們認為在生態系統中所具有之互相依賴關係價值，是在直接效用價值觀中無法被納入考慮的。其中包括的例子如：土壤形成與分解功能對食物生產的貢獻；濕地和水獺的攔水壩，對人類提供了減緩洪災和過濾污染的服務。間接效用的觀點，可以協助說明如何選擇制定開發管理方式，例如用河川緩衝區用來保護水質，保存樹木以提供野生生物生存和美麗的景緻。

內生價值 (intrinsic) 是指為了彌補直接、間接效用觀點之不足，強調對所有生命型態更深層、從內心底生成的感動。在 1948 年，Aldo Leopold 在其經典著作「沙郡年記」(*A Sand County Almanac*) 中主張人類只是廣大生態系統或社區的一部分，認為「假使保育是依據在自利的經濟基礎上，真是無可救藥的偏頗。這種觀念會忽視社區中缺少商業價值，但扮演重要功能的土地，終將導致這些土地不再存在。這個想法錯誤地假設生物環境中有經濟價值的部分，縱使沒有不具經濟價值土地的支援，也能完整地發揮功能」(Leopold 1948, 251)。Leopold 在土地護持 (land stewardship) 的觀點，協助美國聯邦政府於 1973 年通過了「瀕臨絕種物種法案」，以及拯救鯨魚和禁止象牙交易的國際條約。

當環境系統的科學研究逐漸累積，並轉換成為可用於土地使用規劃

的知識，社區土地使用與環境品質間的關聯會越來越強。結果會促使環境團體要求更複雜的環境品質監測、設定更精確的績效標準，並在地方性土地使用規劃過程中，應用新的土地使用適宜性分析與環境衝擊分析方法。

公平價值觀

社會公平價值觀將社區視為衝突產生的地點，而衝突的起源都是與資源、服務，和機會分配相關的。鼓吹這些價值觀的人認為決定土地使用形式時，應該要了解並提升低收入與少數族裔的生活條件，不應剝奪他們最基本的環境衛生與人類尊嚴。公平地使用社會與經濟資源，對於掃除貧窮和滿足弱勢團體需求很重要。鼓吹環境正義的人，反對不公平地配置危害性廢棄物處理設施、反對高速公路建設方案連結到富裕郊區時截斷都市中心的鄰里、在少數族裔居住的社區附近傾倒垃圾，及都市住宅市場的歧視。他們認為消費社會的利益與負擔分配並不公平；有錢人社區變得更富有，往往是因限制其他人進入這些乾淨、安全和充滿經濟機會的社區所造成的。

女性的都市學者 (Spain 1992, 2001) 指出，就如同階級與種族，性別也構成一組獨特的社會公平價值觀。性別雖然不會造成空間區隔 (spatial segregation)，卻會在有特定階級和種族的地區形成不同的都市形式。依照此觀點，我們可以了解傳統開發形式是導向男性活動的，無法滿足女性的每日活動，包括工作、家務，和照顧小孩的需要。傳統的開發區隔了工作和住宅地點，使女性的活動空間不能連在一起，工作與家庭活動間的旅行時間因此增加。

研究同性戀及其他非常規團體 (nonconformist groups) 的學者，提出另外一種關於社會公平價值的觀點：性 (sexuality) 是影響社區形成與土地使用變遷的因子。研究指出，文化與社會因素使非常規團體遷入，並提升都市的鄰里品質，所造成之影響往往等同於經濟因素的影響程度，或更有甚之。Castells (1997)，Forsyth (2001)，Lauria 和 Knopp (1985) 及許多其他學者指出，同性戀社區之形成是與團體的支持 (group support)、安全，和認同的形成有關聯。並非全部，甚至未及多數的非常規團體成員，是高收入或中產階級的專業工作者；為了要居住在非常

規團體所形成的鄰里中，許多人勢必要在經濟上做出重大的犧牲。

除了這些在傳統上被邊緣化的團體會影響土地使用變遷外，規劃師也學到何以非常規團體價值觀的影響力正逐漸增加。規劃師基本上是反映一般團體的需求 (例如：提供住宅給異性婚姻的家庭)，但在規劃上對非常規團體就沒有經驗可依循。當人群越來越多元，規劃師面對的挑戰是要再次思考家庭、文化、社區的核心價值，透過都市的形式來配合逐漸浮現的需求。

適居性價值觀

適居性價值觀是基於人們的社會與社區利益，從土地使用變遷中所反映出來的。鼓吹這個價值觀的人，一般來說，都是要保存及增進社會與社區實質環境的寧適，支持他們所想要的活動形式、安全、生活型態及審美觀。他們批判土地政策與計畫，因為這些行動影響到他們的生活品質；在此同時，也關注這些行動對於其擁有財產的市價所造成的影響。當缺少對未來成長的社區共識時，居民權衡他們自己的價值觀，修改或杯葛未來的開發。

鄰里團體成員常包括那些反對所有新開發的人，或至少會反對鄰接的開發密度超過鄰里現有的開發密度。這些團體杯葛開發的力量，經常會造成無解的地方性問題。常用詞彙包括：「不要放在我家後院」(not in my backyard; NIMBY，鄰避)，「地方不要的土地使用」(local unwanted land uses; LULU)，「絕對不要蓋在任何有人的地方」(build absolutely nothing anywhere near anyone; BANANA)，還有許多其他類似的名詞，也都成為鄰里適居性價值觀的表徵。市民參與規劃者 Randy Hester 對 1980 年代之後鄰里的保存運動事務下結論，指出當代的公共參與特色是自利的、短視的、種族與階級區隔，在法律上是複雜的，並且令人退避三舍 (1999, 19)。

Hester 的敘述對多數社區來說，是有些太過極端，因為地方規劃方案的定位，能打破自我服務之行為藩籬。規劃師可以用參與式的都市設計技巧，來教育居民哪些都市形式可以反映多數民眾的利益，把狹隘的適居性轉變為更廣泛、更包容的觀點。規劃師也可以開發溝通與共識建立的策略，透過鄰里內各團體合作，創造出提升共同利益的計畫。

土地使用價值觀的合縱連橫

在土地使用規劃的工作場所，當人們有一致的價值觀時，組織間會形成特定的結盟關係。結盟之間則通常是敵對的；兩個最傳統的敵對結盟是：「反對成長」，及「支持成長」聯盟。反對成長的聯盟包括鄰里組織，主要的成員包括家戶所有權人，他們希望保存都市地區以往具有的鄉村色彩，於是透過限制開發來達到這個目的；鄰里組織限制開發的主張會受到環境團體的支持，因為環境團體希望保護環境景觀的生態完整性。支持成長的聯盟包括開發商、地主，及建築相關產業；他們關切透過土地開發獲得的利潤。他們推動開發的觀點也受到都市中心的企業、市郊的企業，及商會的支持，這些人相信開發會引進新的居民，同時成為生意上的客戶，提高他們的富裕程度，並間接提高社區整體的富裕程度。

第三個聯盟為「社會提倡」(social advocacy) 聯盟，通常是與「反對成長」及「支持成長」兩者相對的。這群人包括低收入團體、少數族裔的族群，關注的議題是健康的居住環境及經濟開發，兩者間的利益分配應該要更為平衡。為了解決此聯盟中面臨的衝突，許多困難的議題需要逐一解決。這個聯盟中核心的議題是，當因環境保護行動而降低經濟成長的同時，社會的底層人士如何尋求較多的經濟機會。貧窮的社區經常在經濟存活和環境品質之間，面臨「零贏」(no-win) 的選項，他們唯一的機會往往只剩下掩埋場、垃圾焚化爐，和污染性的工業設施，這些土地使用是其他優渥的社區所反對的 (Bryant 1995)。許多案例顯示出，貧窮社區常是由少數族裔族群所組成的，因此「環境種族主義」(environmental racism) 成為「社會提倡」聯盟中共通的衝突項目。

規劃師也需要了解，利益團體間不一定都是相互競爭的；相反地，多元利益團體間的關係經常是互相倚賴的。例如，都市中心的居民和雇用低工資工人的郊區老闆，可能在推動便捷的公共運輸服務、轉運站地點上，有相同的利害關係。當他們在推動大眾運輸上的共同利益，也會受到鼓吹環境品質團體的支持，而降低了對會造成嚴重空氣污染的私人運具之倚賴。因為利益團體有彼此合作的需要，因而降低了土地規劃工作領域的競爭。

在土地使用賽局中，規劃師的工作是在社區內透過建立彼此信賴和合作，提升土地使用規劃產出的整體品質。為了要達到「可接受」且「有效」的水準，土地使用計畫必須了解與結合各類利害關係人和市場的多元利益。規劃師的工作要激勵和推動每一個團體，讓他們了解互相依賴的重要，並對能達到共同利益與公共目的具有信心。Amitai Etzioni 在「社區的精神」(*The Spirit of Community*) 一書中，提及「用社會網絡凝聚獨立的個人，把單獨的個人轉變成一群會關心別人的人，協助維繫文明、社會和道德秩序」(Etzioni 1993, 248)。一個地點具有的「連結性」(connectedness)，像是接合社會與自然社區的膠水。規劃師應該要引導社區，試圖創造與重置提升社區社會網絡的元素，其中包括如：辨識具文化意義的建築物與自然地標，來喚起社區和社區歷史的連結；創造可以增加面對面互動機會的建成環境 (如小型的鄰里公園、為行人使用設計的街道)；鼓勵小型企業創造活動的空間，於是在私人地點上就會有公共的活動 (例如人行道旁的咖啡店、書店、小餐館)，而不是僅有像百貨公司或主題樂園之類的大規模、主題式空間；並且提升社區參與的機會，使所有團體都能參與他們永續未來的規劃。

土地使用規劃方案

這一節的重點是土地使用規劃方案，這是土地使用賽局中核心的面向 (請參考圖 1-1)。

地方性規劃方案提供三個關鍵的功能：1) 規劃支援系統；2) 計畫的網絡架構；和 3) 監督與評估。因為這本書的內容是著重於計畫和計畫的製作，所以強調建立規劃支援系統的概念和過程。在本書第二部分 (第四章到第九章) 中涵蓋關鍵資料輸入和分析技術，和規劃支援系統內容中應包括的項目：人口、經濟、環境、土地使用、交通，和組成基盤設施的元素。在第三章中總覽計畫網絡架構，和評估製作高品質計畫的準則；第三部分 (第十章到第十四章) 將針對準備計畫的概念，和接續的一系列工作做詳細介紹。第三部分的第十五章，針對規劃師在日常執行計畫工作中其他的兩個功能，做一般性的探討；包括準備新的或修訂既有的土地使用規範，為資本改進方案 (capital improvement projects)

編列預算，檢討開發方案的敷地計畫，並建立監督、評估，和計畫更新的主要組成元素。

 ## 規劃支援系統

土地使用規劃方案的第一個功能是建立規劃支援系統，用來收集、分類，及分析與空間相關等的資料。這個系統記錄規劃地區現有的條件與變遷趨勢，並檢查規劃結果是否能符合聯邦與州的政策，以避免處分或為了能得到經費補助。此系統同時也提供資訊，建立關於趨勢、課題、提升決策品質的在地知識；這些知識包括規劃地區的人口、經濟、環境、土地使用和基磐設施，都是要滿足參與土地使用賽局成員在規劃、問題解決，和許可過程中的資訊需求。規劃支援系統的產品，包括一本「社區狀況報告」(*State of Community Report*)，在報告書中彙整議題、潛在境況，以及將應用於製作計畫過程的願景。

透過模擬土地使用形式各替選境況的影響，規劃支援系統可以協助增進規劃知識和共識建立的能力，在模擬中就能檢討不同利益團體的價值觀，能否和社區共同願景相容 (Klosterman 2000, Wachs 2001)。以下利用 1996 年 San Jose 市主要計畫建構過程為例，討論在塑造境況時滿足不同價值觀之組合。在此計畫中考慮到一系列不同的土地使用情境，包括將過去發展實務趨勢隨時間推演——這個假想境況在環境與都市基磐設施上是社區不能接受的；包括禁止都市地區外任何新的開發——這個境況在政治與經濟上是無法被接受的。折衷方案則允許擴展都市地區，但只有在部分鄰接既有都市開發的地區，因此都市服務成本可以減到最小，同時也能適當地舒緩環境衝擊 (City of San Jose 1994)。

計畫的網絡架構：地區土地政策計畫、社區土地使用設計計畫、小地區計畫，與開發管理計畫

土地使用規劃方案的第二個功能是準備並選用一個長期計畫。有時候我們把這個計畫稱為主要 (master) 計畫、整體 (general) 計畫，或綜合 (comprehensive) 計畫；這個計畫是長期的政策文件 (policy document)，引導社區發展之區位、設計、密度、速率和類型，時程上往往跨越二、三十年。這個計畫的核心目的是提供共識為基礎的社區願景，引導未來

開發；提供事實、目標和政策，把長期願景轉變為實際的土地使用形式；把長期的考量加諸於短期行動中，使未來的土地使用形式能夠具有社會正義、經濟活力和環境相容性；並展現出在更大範圍區域的趨勢下（可能是全球），社區未來的大方向 (big picture)。為了要能貼切地滿足這個功能，這個計畫要隨時因應地方的開發趨勢、自然系統條件，和政策目標改變。

規劃師和社區可以選擇三種空間尺度的計畫，也可以組合不同尺度的計畫，形成整合計畫的網絡架構來引導開發。地區土地政策計畫 (areawide land policy plan) 設定一般性的空間形式，劃設由鄉村轉變為都市開發的土地，做為未來開發、再開發，或填入式開發的地點。同時，在此計畫中也標示出不應開發的環境敏感地區。社區土地使用設計計畫 (communitywide land use design plan) 包括土地使用形式特定的排列方式，主要重點是針對「地區土地政策計畫」中劃定的都市地區，強調人類的使用價值 (例如商業與就業地區、混合使用地區、主要活動中心，都市開放空間系統)。預計做為農業、林業、環境保護使用的土地，也可以在此時劃定出來，同時設定開發密度。一個小地區 (或特定地區) 計畫 (small or specific area plan)，是在地區土地政策和社區土地使用設計的架構下，提供最詳細的都市土地使用編定和自然系統的保護。前述三種計畫都是著重中心商業區、鄰里、運輸廊道，和提供環境保護與遊憩用途開放空間的網絡。

開發管理計畫 (development-management plan) 是第四種計畫類型，可以應用在不同的地理規模尺度，並經常與其他計畫結合而非單獨執行的計畫。開發管理計畫包括許多不同管理工具 (如土地使用規範、資本改善方案、開發誘因) 的組合，來影響土地使用變遷。此計畫要仔細斟酌都市化的時序，確保公共基盤設施的擴充和私人開發的步調一致。

建立開發管理方案，就是為了要提供開發管理的功能。開發管理方案將開發管理計畫轉變成為執行行動，雖然計畫本身就是設定社區期待未來土地使用形式的正式文件，但計畫並沒有實際地管理土地使用開發。一個開發管理方案就是一系列執行行動達成「基於形式的目標」(form-based goals)，是將計畫網絡架構的產出成品，經方案的引導以達成永續社區 (請參考圖 1-1)。地方性的開發管理方案，要依賴各種傳統

和創新的工具，包括警察權規範 (police power regulations)、基磐設施的公共支出、稅賦，和土地徵收與取得。這些工具促使或鼓勵公、私部門，將土地使用與開發標準結合。

在許多例子中，普通市民、民選官員，甚至許多規劃師把擬定與採納土地使用計畫 (或綜合計畫)，視為管理土地使用變遷的解決方案。他們並不了解土地使用管制條例、基磐設施品質提升，及其他政府行動必須在社區具備一個有效的土地使用方案前，就應訂定完成。此外，除採納土地使用管制條例外，開發管理方案還要評估與審核計畫開發的地點、類型、大小、密度、時序、混合度、基地設計；這包括了管制條例的執行，或是用其他方式在此土地使用賽局中扮演積極的角色。此外還包括為自來水管線與污水下水道延伸、交通運輸廊道與交通設施、公園遊憩，及其他公共設施制定決策。最後，開發管理要回饋到規劃支援系統、計畫，與問題解決功能，也要將從致力推動永續過程所學到的經驗回饋，以調整土地使用管制。簡言之，我們把開發管理視為規劃的延伸，它把規劃變為行動；行動是政策設計的最後一個步驟。

計畫網絡架構的概念是基於美國規劃機構具有的多元性而產生的；它並不是一個層級性的權責結構，也不認為計畫網絡下某種特定組合計畫能適用於所有的社區。我們不是為通用制式的規劃取向作辯護，某些社區應該要能自行選擇不同的計畫類型，其他的社區則可以在此計畫網絡架構之下，整合不同類型計畫的元素，製作複合的計畫。不論如何選擇，社區的計畫網絡架構要依社區的特定議題進行修改，透過多元價值的引導找到均衡的解決方案。如第二章我們將討論丹佛市的個案，不同的機構經常會備妥個別的功能性或地方性計畫，然而當規劃師與決策者了解這些計畫存在著持續溝通的機會，就能夠被更有效地執行。在第三章，及第十到十五章中將討論，許多計畫的類型都曾經成功地應用過，包括從最一般性的到特定性的計畫、從區域規模到鄰里尺度、從願景設計到每天執行的開發管理。這些計畫類型是經規劃師調和廣泛、且多樣的替選向度後所做的選擇；其實，每個社區都可以找到最合於社區需要與社區能力的組合。[6]

本書討論到的實質土地使用計畫，常被人認為太過重視社區實質特色，因而對規劃過程和自由市場的力量不夠重視。依此觀點，實質規

劃建立了太多的規則，干擾了個人的自由，無法提升廣泛參與並且妨害消費者之選擇。對於實質規劃更進一步的批判，還包括後現代主義 (Harvey 1990) 與自由至上的權利 (libertarian right)，其中後者認為規劃功能擴張對社會是危險的 (Gordon and Richardson 1997)。

如前面討論的，我們認為過程觀 (procedural perspective) 有其優點；同樣地，實質計畫也有其必要。我們不認為規劃師接受既有、由上而下的權力授權，集權地構思土地使用與都市型態。這種規劃方式隨著現代主義 (modernism) 而沒落；此後，規劃師已經能敏銳地了解到，計畫應該是開放與參與過程的成果。同時，計畫也應該展現支持公共利益、以共識為基礎的都市型態願景。過去研究顯示出，高品質計畫都有明確的目標與政策，並且能從影響土地使用形式諸多的影響中，整理出紮實的事實基礎 (fact base)，如此才能夠達到各種公共目標，包括自然災害減災、經濟發展，和環境保護。[7] 尤有甚者，在規劃實務中許多例子顯示出願景、實質計畫，和兩者未來的圖像，會對土地使用造成明顯、正面的改變。華盛頓特區都會區的「楔形地和廊道」(wedges and corridors，指的是楔形的開放空間與開發廊道) 願景，在馬里蘭州 1969 年蒙哥馬利郡計畫 (1969 Montgomery County Plan) 中成型，並且被成功地執行 (參考圖 1-9，圖 1-10，圖 1-11)。在計畫中涵括的願景原則和關聯圖，建立要求私人利益能顧及公共責任的地方文化。[8] 這個計畫成為城市、郊區，和鄉村聚落的溝通媒介，和定義利益分享與共同目標的方法。在 1993 年的計畫中，還利用了更新版本的願景做為核心的組織架構。

新型態規劃和參與式民主在歐洲也引導出以設計為基礎的計畫。草根性規劃的興起創造出具願景的實質計畫，這些計畫引導西班牙巴塞隆納與馬德里進行歷史中心的重建，義大利波隆那 (Bologna) 的更新，和在英國泰晤士河通道策略 (Thames River Gateway Strategy)。在 1970 年代到 1990 年代，整個西歐地區都經歷了長程願景和實質計畫的復甦重生 (Neuman 1996, 1998)。

監督與評估

第三個功能是監督因土地使用變遷，在環境、經濟和社會面影響的產出結果，如圖 1-1 所描繪的。把監督資料匯入規劃支援系統，持續地

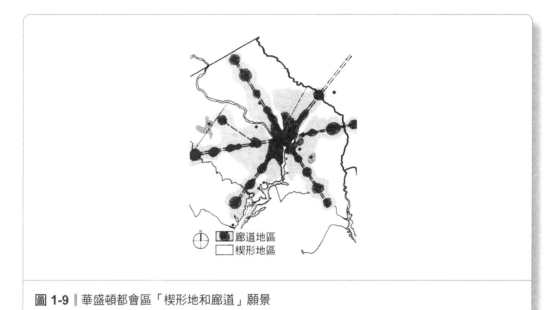

圖 **1-9** ▏華盛頓都會區「楔形地和廊道」願景

圖 **1-10** ▏華盛頓都會區中馬里蘭州各郡的地區地圖

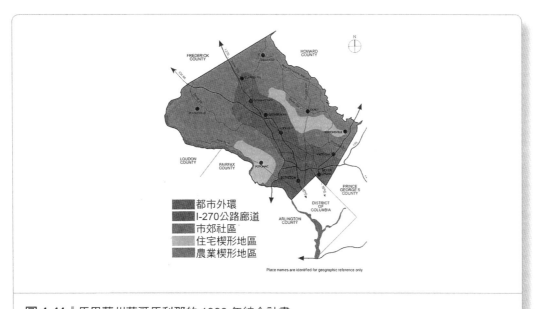

圖 1-11 ┃ 馬里蘭州蒙哥馬利郡的 1993 年綜合計畫

圖片來源：1-9, 1-10, 1-11 is Maryland-National Capital Park and Planning Commission 1993.

追蹤計畫執行的進展，同時按照達成計畫目標的規模，來評估計畫成敗。監督工作提供給規劃支援系統的事實基礎，可以協助爾後的計畫修改。監督工作也能將重要資訊傳達給市民與利益團體，當未來每五到十年的期間進行例行計畫修訂時，他們就能參與評估與修改計畫的工作。

越來越多的社區著手開發都市的永續指標，監督計畫達成跨世代經濟、社會、環境健康目標之成效。三種衡量的方式可用來區分都市永續指標和衡量典型的計畫進展之標的 (Maclaren 1996)。首先，永續指標整合 (integrate) 社區之社會、環境和經濟三者間的連結向度 (例如：土地使用變遷影響旅行距離，造成空氣品質降低，尤其是在都市中心區的低收入地區)。其次，永續指標是具前瞻性的 (forward-looking)，達到目標前有許多參考點，協助界定中介的步驟。第三，永續指標是分配性的 (distributional)，這個指標不僅要考慮跨世代的公平，同時也要針對人群中具有之年齡、性別、種族、收入，和居住地點條件，來考量分配。

整體來說，規劃支援系統、計畫網絡架構和監督，是地方政府管理複雜、動盪土地使用規劃策略中之核心，在追求永續發展時，能平衡社區中的社會、環境、經濟，和適居性的價值觀。要達到永續，就需要地

方民選官員和居民,共同提出參與執行策略的明確承諾。規劃師一定要準備隨著時間做持續的調整,在土地使用規劃工作中,反映出執行與環境變遷中學得的教訓 (Hopkins 2001)。地方土地使用規劃方案的設計務必要有彈性,要隨系統條件不斷地改變與適應。規劃師也要了解建立規劃支援系統方法的精度與廣度;要提供充分細節,才能處理計畫的土地使用排列,並隨著地方政府建立計畫的氛圍,混合地使用執行計畫之開發管理工具。

規劃的核心功能

土地計畫只有在壓力下才會進行改變,以此改變來調整多元的公、私利益與趨勢;因此,地方規劃師要能強烈體認到其角色之價值,才能維繫規劃過程的正當性。當其他參與規劃者不害臊地鼓吹自身利益,濫用所有可用的方法來達成欲求之目的,在此同時,規劃師被期待著推動整體的公共利益,並受限於專業的方法、倫理和教條,促進其他參與者之目的得以達成。即使規劃師為公共目的提出具體的建議,這些建議還是會受到強烈的質疑和其他參與者的攻擊。此外,因為規劃師訂定與執行遊戲規則,他們經常承受壓力,被要求偏袒參與規劃的某一方,讓某些人成為管理規則的例外。

為了反制這些壓力,規劃師應具備一些特別的能力,藉以有效地在土地規劃領域中執行工作。參考資料 1-3 刻劃出規劃師的能力;其中建議規劃師應具有的能力包括:*遠見、綜合性、技術能力、公平、尋求共識和創新性*。整體來說,這些能力是一般大眾和規劃專業中期待規劃師應具備的專業技能。接下來的幾章,就是關於規劃師要如何利用這些專業技能,在製作計畫工作中扮演重要角色,使社區變得更為永續。

參考資料 1-3
規劃師應具備的核心能力

規劃師應該要具備:

- **遠見。**他們的視野必須要超越眼前、立即的考量,要擴及未來的後代子孫。規劃師一定要有前瞻的能力:塑造未來開發的視野與特色,辨識現在和逐漸浮現

的需求，建立的計畫能確保這些需求得以被滿足。具遠見之思考也需要有創造強烈意象的能力，以提升未來都市型態的願景。

- **綜合性。**規劃師應該要能連結具類似目標的地方團體，雖然這些團體間往往沒有交集。綜合性的思考可以打破地域性、階級、理念，和文化的狹隘思考藩籬，有助於形成著重更寬廣公共視野的聯盟。實際上，規劃師要能察覺都市系統的連結，每個系統其實都是整體交互關聯的一部分；不要屈從外界壓力，而僅著眼於單一向度計畫，而忽視此系統與其他系統之間的關聯。

- **技術能力。**假使強調政治的效果，規劃師就不會充分地著重技術分析；規劃師此時應該期待某個利益團體，鼓吹推動以政黨分析為基礎來改寫計畫。但事實並非如此，規劃師應具備執行技術工作的能力，這個工作必須精確、客觀，並且敏銳的思考分析之假設。技術能力包括應用推計方法來推測未來需求與可能衝擊，探索未來趨勢，並得到奠基於研究的政策建議。

- **公平。**公平的規劃過程中，所有受到計畫影響的利益團體，都必須有機會影響計畫內容。公平性包括分析計畫的替選方案時，要考慮對不同團體之影響，試著公平分配成本與利益。法院判決或許會推翻忽略公平原則的計畫，但是還是會有許多不公平的計畫能避開法律的檢驗。公平的規劃過程與規劃內容，是土地使用規劃對社會負責的重要特色。

- **尋求共識。**規劃師應該要能確保計畫的製作過程是基於開放、包容，和負責的共識建立上，平衡所有利害關係人之需求。這個過程不僅僅是參與、努力尋求具建設性的共識，解決爭議並創造共同利益；計畫製作過程也要開放地接納民眾提供的資訊，和專業分析者建立的技術資訊。

- **創新性。**民眾與地方政府官員會向規劃師尋求解決人類聚落問題的新方法。雖然有複製他人成功經驗 (tried-and-true solutions) 的壓力，也要考量新政策的創新。創新思考會刺激規劃師考量以往未曾考慮過的行動，讓他們的視野更寬廣、重新檢視社區價值；創新思考讓未來世代成為我們共同希望的一部分，因此行動時也會以未來世代的角度設想。應用創新觀念通常需要更多的努力，並且要比以往使用的方法承擔更高之風險。為了要創造出更永續生活地點，必然要持續地做出改變；這些改變需要新的、更具創意的解決方法。所以規劃師在規劃過程和計畫當中，不應怯於鼓吹改變。

結論

　　我們觀察到，當代的土地使用規劃是在複雜與動盪的決策領域中進行的，可以視為關係著高度利害的賽局。賽局的參與者試圖在土地使用決策中滿足自己的最大利益，而規劃師則在賽局中擔任重要的中心角色，同時是調解者、建立合作聯盟者、溝通者、具遠見的人，才能讓自己成為有效的管理者以維護公共利益。

　　在這一章當中提出的土地使用規劃概念架構，可以幫助規劃師引導社區，達成更永續的土地使用形式。這個架構設定三個主要的工作：1)辨識與說明受土地開發過程影響的利益團體之目標和價值觀；2)建立土地使用規劃方案，塑造具共識基礎的社區願景，並透過規劃來達成這些願景；3)監測土地開發產生的結果，決定這些成果是否逐漸導向規劃目標。最後，本章整理出規劃師應具備的核心工作能力，在考量多元利益團體價值觀的同時，得以支持公共利益。

　　下一章介紹永續三稜鏡模型，規劃師可以應用此模型來了解與調和問題分歧的優先順序，和不同參與者的衝突。為了要有效地應用這個模型，將分析、共識建立，和設計實務結合的操作，也會一併在下一章中做介紹。

註解

1. 關於既有證據之文獻回顧，請參考 Ewing and Cervero, 2001；Frank and Engelke, 2001；Humpel et al., 2002；Saelens et al., 2003；和 Trost et al, 2002。

2. 郡的蔓延指標變數，包括：人口密度、生活在小於每平方哩 1,500 人(市郊低密度)的人口百分比、生活在大於每平方哩 12,500 人(有大眾運輸系統服務的)的人口百分比、都市土地淨人口密度、平均街廓大小，小街廓(少於 0.01 平方哩)之比例。

3. 永續發展有許多不同的定義，舉例來說，可以參考 Beatley and Manning 1998, Berke and Manta-Conroy 2000, Laurence 2000, Wheeler 2002。

4. 從許多方面來看，永續發展議程是規劃歷史演進的下一個進程。從 1970 年以來，規劃學門將規劃的觀念逐漸擴張，包括從狹義的土地分區管制和土地細部計畫，到著重成長管理的廣義公共利益目標。

5. 有些文件對「新都市」的發展計畫提出詳細、特定的指導方針與標準 (Calthorpe 1993, Duany and Plater-Zyberk 1991, Duany, Plater-Zyberk, and Speck 2000)。

6. Donaghy 和 Hopkins (2004) 批判計畫網絡架構觀念：他們認為這個觀念是建立在命令－控制 (command-and-control) 的規劃與決策結構上，忽略市場和多元規劃所做的努力。對於滿足不同類型計畫的需求，這種規劃網絡架構是太過僵硬並且反應遲緩。他們認為網絡的觀念錯誤地假設存在著具階級權力的組織，因此能在不同的空間尺度中，和諧地建立精準、一致的計畫網絡架構。相反地，我們相信網絡理論能適當地展現民主社會中，土地使用規劃中經常呈現的雜亂、重疊，和協調鬆散的規劃機構、規劃提案與程序。

7. 研究指出，計畫對支持舒緩自然災害 (Nelson and French 2002)、經濟發展 (Knapp, Deng, and Hopkins 2001)，和保護集水區 (Berke et al. 2003) 的土地使用形式，具有正面的影響。

8. 這個觀察是基於 2000 年 10 月 6 日與 Montgomery 郡 (馬里蘭州) 規劃人員的訪談。

參考文獻

Beatley, Timothy, and Kristy Manning. 1998. *The ecology of place: Planning for environment, economy, and community*. Washington, D.C.: Island Press.

Berke, Philip, and Maria Manta-Conroy. 2000. Are we planning for sustainable development? An evaluation of 30 comprehensive plans. *Journal of the American Planning Association* 66 (1): 21-33.

Berke, Philip. 2002. Does sustainable development offer a new direction for planning? Challenges for the twenty-first century. *Journal of Planning*

Literature 17 (1): 22-36.

Berke, Philip, Joseph McDonald, Nancy White, Michael Holmes, Kat Oury, and Rhonda Ryznar. 2003. Greening development for watershed protection: Does new urbanism make a difference? *Journal of the American Planning Association* 69 (4): 397-413.

Bryant, Bunyan, ed. 1995. *Environmental justice: Issues, policies and solutions.* Washington, D.C.: Island Press.

Burchell, Robert, George Lowenstein, William Dolphin, Catherine Galley, Anthony Downs, Samuel Seskin, Katherine Gray Still, and Terry Moore. 1998. *Costs of sprawl——2000.* Washington, D.C.: National Academy Press.

Calthorpe, Peter. 1993. *The next American metropolis: Ecology, community, and the American dream.* Princeton, N.J.: Princeton Architectural Press.

Calthorpe, Peter, and William Fulton. 2001. *The regional city.* Washington, D.C.: Island Press.

Castells, Manuel. 1997. *The power of identity.* Maiden, Mass.: Blackwell.

City of Burlington. 1996. *Burlington municipal development plan.* Burlington, Vt.: Planning and Zoning.

City of Cambridge. 1993. *Toward a sustainable future: Cambridge growth policy document.* Cambridge, Mass.: Planning Board.

City of San Jose. 1994. *Focus on the future: San Jose 2020 General Plan.* San Jose, Calif.: Department of Planning, Building and Code Enforcement.

City of Santa Monica. 1995. *Santa Monica sustainable indicators program.* Santa Monica, Calif.: Planning Department.

City of Seattle. 1994. *The City of Seattle comprehensive plan: Toward a sustainable Seattle: A plan for managing growth 1994-2014.* Seattle, Wash.: Planning Department.

Donaghy, Kieran, and Lewis Hopkins. 2004. Particularist, non-positivist, and coherent theories of planning are possible...and even desirable. Paper presented at the Association of Collegiate Schools of Planning conference, Portland, Oreg., October 22, 2004.

Downs, Anthony. 1994. *New visions of metropolitan America*. Washington, D.C.: Brookings Institution and Lincoln Institute of Land Policy.

Downs, Anthony. 1999. Some realities about sprawl and urban decline. *Housing Policy Debate* 14 (4): 955-74.

Duany, Andres, and Elizabeth Plater-Zyberk. 1991. *Towns and townmaking principles*. New York: Rizzoli Press.

Duany, Andres, Elizabeth Plater-Zyberk, and J. Speck. 2000. *Suburban nation: The rise of sprawl and the decline of the American dream*. New York: North Point Press.

Duany, Andres, and Emily Talen. 2002. Transect planning. *Journal of the American Planning Association* 68 (3): 245-66.

Etzioni, Amitai. 1993. *The spirit of community: Reinvention of American society*. New York: Touchstone.

Ewing, Reid, and Robert Cervero. 2001. Travel and the built environment. *Transportation and Research Record* 1780: 87-114.

Frank, Lawrence D., and Peter O. Engelke. 2001. The built environment and human activity patterns: Exploring the impacts of urban form on public health. *Journal of Planning Literature* 16 (2): 202-18.

Frank, Lawrence D., Peter O. Engelke, and Thomas L. Schmid. 2003. *Health and community design: The impact of the built environment on physical activity*. Washington, D.C.: Island Press.

Forsyth, Ann. 2001. Sexuality and space: Nonconformist populations and planning practice. *Journal of Planning Literature* 15 (3): 339-58.

Fulton, William, Rolf Pendall, Mai Nguyen, and Alice Harrison. 2001. *Who sprawls most? How growth patterns differ across the U.S*. Washington, D.C.: Survey Series, Brookings Institution.

Godschalk, David. 2000. Smart Growth around the nation. *Popular Government* 66 (1): 12-20.

Gordon, Peter, and Harry Richardson. 1997. Are compact cities a desirable planning goal? *Journal of the American Planning Association* 63 (1):

95-106.

Governor's Commission for a Sustainable South Florida. 1996. *Eastward ho! Revitalizing southeast Florida's urban core*. Hollywood, Fla.: Author.

Harvey, David. 1990. "Postmodernism in the city: Architecture and urban design. In *The condition of postmodernity*, 66-80. Oxford, England: Blackwell.

Hester, Randolph T. 1999. A refrain with a view. *Places: A Forum of Environmental Design* 12 (2): 12-25.

Hopkins, Lewis. 2001. *Urban development: The logic of making plans*. Washington, D.C.: Island Press.

Humpel, Nancy, Neville Owen, and Eva Leslie. 2002. Environmental factors associated with adults' participation in physical activity. *American Journal of Preventive Medicine* 22 (3): 188-99.

Innes, Judith, and David Booher. 1999. Consensus building and complex adaptive systems: A framework of revaluating collaborative planning. *Journal of the American Planning Association* 65 (4): 460-72.

Jenkins-Smith, Hank, and Paul Sabatier. 1994. Evaluating the advocacy coalition framework. *Journal of Public Policy* 14 (2): 175-203.

Johnson, Elmer W. 2001. Chicago Metropolis 2020: *The Chicago plan for the twenty-first century*. Chicago: University of Chicago Press.

Klosterman, Richard. 2000. The what if planning support systems. In *Planning support systems: Integrating geographic information systems, models, and visualization tools*, Richard Brail and Richard Klosterman, eds. Redlands, Calif.: ESRI Press.

Knapp, Gerrit, Chengri Deng, and Lewis Hopkins. 2001. Do plans matter? The effects of light rail plans on land values in station areas. *Journal of Planning Education and Research* 21 (1): 32-39.

Krizek, Kevin, and Joe Power. 1996. *A planners' guide to sustainable development*. Planning Advisory Service 467. Chicago: American Planning Association.

Laurence, Roderick, ed. 2000. *Sustaining human settlement: A challenge for the new millennium*. North Shields, UK: Urban International Press.

Lauria, Mickey, and Lawrence Knopp. 1985. Toward an analysis of the role of gay communities in the urban renaissance. *Urban Geography* 6: 152-69.

Lindsey, Greg. 2003. Sustainability and urban greenways: Indicators in Indianapolis. *Journal of the American Planning Association* 69 (2): 165-80.

Leopold, Aldo. 1948. *A Sand County almanac*. New York: Oxford University Press.

Logan, John, and Harvey Motoloch. 1987. *Urban fortunes: The political economy of place*. Berkeley: University of California Press.

Leccese, M., and K. McCormick. 2000. *Charter of the new urbanism*. New York: McGraw-Hill.

Lucy, William, and David Phillips. 2000. *Confronting suburban decline: Strategies and planning for metropolitan renewal*. Washington, D.C.: Island Press.

Maclaren, Virginia. 1996. Urban sustainability reporting. *Journal of the American Planning Association* 62 (2): 184-202.

Maryland Department of Housing and Urban Development. 2003. Smart Growth Program. Retrieved from www.dhcd.state.md.us/images, accessed June 21, 2004.

Maryland-National Capital Park and Planning Commission. 1993. General plan refinement of the goals and objectives for Montgomery County. Silver Springs, Md.: Author.

McCann, Barbara A., and Reid Ewing. 2003. *Measuring the health effects of sprawl: A national analysis of physical activity, obesity and chronic disease*. Washington, D.C.: Smart Growth America.

Meek, S. 2002. *Growing Smart legislative guidebook: Model statutes for planning and the management of change*. Chicago: American Planning Association.

Miller, Donald L. 2001. "Foreword." In *Chicago metropolis 2020: The*

Chicago plan for the twenty-first century, Elmer W. Johnson. Chicago: University of Chicago Press.

Minnesota Planning and Environmental Quality Board. 1998. Mission statement. Retrieved from www.eqb.state.mn.us/SDI/index.html, accessed October 15, 2004.

Multinomah County. 2003. Sustainable community development program. Retrieved from www.co.multinomah.or.us, accessed October 15, 2004.

Nelson, Arthur, and Steven French. 2002. Plan quality and mitigating damage from natural disasters: A case study of the Northridge earthquake with planning policy considerations. *Journal of the American Planning Association* 68 (2): 194-207.

North Carolina Environmental Resource Program. 1997. *Guidelines for state level sustainable development*. Chapel Hill: Center for Policy Alternatives, University of North Carolina.

Neuman, Michael. 1996. Images as institution builders: Metropolitan planning in Madrid. *European Planning Studies* 4 (3): 293-310.

Neuman, Michael. 1998. Does planning need the plan? *Journal of the American Planning Association* 64 (2): 208-20.

Perry, Clarence. 1939. *Housing for the machine age*. New York: Russell Sage Foundation.

Porter, Douglas. 1998. *ULI on the future － Smart Growth: Economy, community, and environment*. Washington, D.C.: Urban Land Institute.

Porter, Douglas. 2002. *The practice of sustainable development*. Washington, D.C.: Urban Land Institute.

President's Council on Sustainable Development. 1996. *Sustainable America: A new consensus for prosperity, opportunity, and a healthy environment for the future*. Washington, D.C.: U.S. Government Printing Office.

Sacramento County Planning and Community Development Department. 1990. *Transit oriented development design guidelines*. Sacramento: Author (prepared by Calthorpe and Associates).

Saelens, Brian E., Jim F. Sallis, and Lawrence D. Frank. 2003. Environmental correlates of walking and cycling: Findings from the transportation, urban design, and planning literatures. *Annals of Behavioral Medicine* 25 (2): 80-91.

Smart Growth Communities Network. 2004. *Smart Growth online*. Retrieved from www.smartgrowth.org, accessed December 14, 2004.

Sustainable Communities Network. 2004. *Smart Growth*. Retrieved from www.sustainable.org, accessed December 14, 2004.

Spain, Daphne. 1992. *Gendered spaces*. Chapel Hill: University of North Carolina Press.

Spain, Daphne. 2001. *How women saved the city*. Minneapolis: University of Minnesota Press.

Speir, Cameron, and Kurt Stephenson. 2002. Does sprawl cost us all? Isolating the effect of housing patterns on public water and sewer costs. *Journal of the American Planning Association* 68 (1): 56-70.

Texas Transportation Institute. 2002. *2002 urban mobility study*. College Station, Tx.: Author.

Trost, Steward G., Neville Owen, Adrian E. Bauman, Jim F. Sallis, and W. Brown. 2002. Correlates of adults' participation in physical activity: Review and update. *Medicine Science and Sports Exercise* 34 (12): 1996-2001.

Vandegrift, Donald, and Tommer Yoked. 2004. Obesity rates, income, and suburban sprawl: An analysis of U.S. states. *Health and Place* 10 (3), 221-29.

Wachs, Martin. 2001. Forecasting versus envisioning: A new window on the future. *Journal of the American Planning Association* 67 (1): 367-72.

Wheeler, Stephen. 2002. The new regionalism: Characteristics of an emerging movement. *Journal of the American Planning Association* 68 (3): 267-78.

World Commission on Environment and Development (WCED). 1987. *Our common future*. Oxford, England: Oxford University Press.

第二章
透過永續三稜鏡模型來制定計畫

　　準備一個試圖促進永續土地使用型態的計畫，你務必要先了解構成利益團體信念的深層價值，這些價值觀左右利益團體，讓他們體認到不同的都市開發願景會如何影響他們，和他們居住的社區。我們試著用概念性的永續三稜鏡模型，來說明在土地使用賽局中人們對事務重要程度的看法不同，尋求解決問題的關鍵點也有差異。為了有效建造大家都能接納之規劃方案以成就永續的目標，你必須建立以理性規劃、共識建立，和社區設計為基礎的一套規劃手段。在此概念模型中，包括了哪些最關鍵的向度？這些向度如何說明各種利益團體間價值觀的張力？你要如何結合理性、參與和設計三者不同的需求？

　　十一世紀土地使用規劃所面臨的主要挑戰，就是要讓未來的人類聚落型態，能達成生產、都市治理，和執行計畫的核心任務。規劃師要面對越來越多元的利益團體需求，這些利益團體試圖影響地方土地使用決策來成就他們自己的價值觀。規劃師的社區在保護環境、鼓吹公平性、推動適居的城市，和經濟成長的立場上，都面臨了困難的抉擇。這些價值觀間的張力，其實就是當代土地和土地使用的衝突戰場之最前線。

　　這一章，我們首先討論管理土地使用變遷的挑戰。接下來介紹永續三稜鏡模型，規劃師可以用來了解在土地使用賽局當中，賽局參與者所

關切事務優先順序的差別與衝突。接下來，透過實際在丹佛都會區應用計畫網絡架構 (network of plans) 為例，說明此三稜鏡模型在解決衝突與引導土地使用變遷上之用途。然後我們依據土地使用規劃的傳統概念——理性、參與，和設計——來展現在土地使用規劃工作領域中，得以有效工作的核心策略。這些策略包括：預測變遷與滿足變遷的技術能力、用都市設計手法指引計畫的重心、用建立共識的技巧解決衝突並建立聯盟。最後，說明這些策略何以能成功地應用在西雅圖的長期規劃方案中。

管理土地使用的變遷

　　管理土地使用變遷不僅是備妥和採用一份「最終狀態」的綜合計畫，也期待二十年後可以建設出計畫所擘畫的情境。雖然變遷管理的確需要一份技術先進的土地使用計畫，但是也需要使之成為公共規範、將公權力應用在計畫執行上、監督計畫的成效，並與市民和利益團體建立持續的對話。

　　複雜性與動盪使管理變遷的工作變得更為繁雜。美國的規劃歷史就顯示出規劃工作是在動盪的狀態下持續運作，而實務工作者就在複雜與動態的決策環境下，解決開發與土地使用的問題。此環境中，不僅社會與技術變遷的速率變快，而且預測變遷的能力正逐漸降低 (Wachs 2001)。規劃師不斷地面臨需要解決當下發生事件的壓力。在土地使用規劃領域中，複雜與動盪的特色包括：擁有土地使用管轄權限的特定目的管理單位越來越多，也越來越分化；人群變得更多元，利益經過組織之後創造出各式各樣的對立勢力；雖有日益完善的資料庫、數學模型、分析邏輯，對於預測未來的能力卻逐漸降低 (Meyers 2001)。Innes 和 Booher 在討論動盪時，提到「政策經常無法達成建立政策時想達到的水準，不只是因當時的技術方法、發生無法預期的重大事件，或經濟結構的變遷超出人們的預測和控制能力，同時也因為有太多的賽局參與者 (1999a, 150)。」

　　社區成長與衰退的循環過程，使變遷管理變得更為複雜。規劃師一定要定期地監督、理解這個過程來了解都市化的趨勢，並且估計公共政

策干預所能產生的衝擊。他們一定要與其他土地使用賽局參與者進行對話，針對他們需求的變遷來調整規則與策略。

　　規劃師與社區建立的土地使用計畫，鮮少是為了創造一個嶄新的社區。有時候，會因聯邦政策、對地方條件不同的詮釋，或新的政策議題，使規劃師涉入土地開發方案的重大改變。一般來說，規劃師多是在處理都市土地和基磐設施於都市邊緣漸進的增加，及在都市中心老舊社區和公共設施的再開發。土地使用賽局的挑戰，就是要確保這些逐漸變遷的加總效果不會影響到社區的延續，而是持續推動朝向進步的改變。

　　規劃師在面對公領域全方位的複雜與動盪時，可以用永續開發的概念協助了解對問題重要程度分歧，及土地使用規劃賽局參與者的衝突。永續是當代規劃工作中的重要概念，當試圖解決衝突並引導變遷，以創造適合居住並永續的聚落型態時，可以做為規劃師的中心組織原則。

規劃與永續發展的張力

　　如第一章敘述的，在 1987 年世界環境與開發高峰會 (World Commission on Environment and Development; WCED) 推動永續觀念之定義，讓永續成為全世界的關注焦點 (WCED 1987)。表面上來看，WCED 的定義非常簡單，強調跨世代公平的目標——現在和未來世代，都要在自然系統的限制之下，致力於讓全體人類的生活能達到適當水準。WCED 的願景影響到爾後的計畫與方案，試圖透過平衡土地使用賽局參與者的核心價值，以引導人類聚落的類型。

　　雖然永續概念提出了大量應許要達成的約定，地方性規劃方案也早在實驗與應用其他規劃方案前就已成形，管理環境、經濟和公平三者之間的衝突，是非常難以追尋其問題根源的。過去經驗顯示，這些目標產生的衝突，並非從抽象的烏托邦社會思維中要求合於社會需要、調和生態、具經濟活力造成的膚淺問題。相反地，目標的衝突是基於每個人深層的價值觀，塑造出每個人看待不同開發觀點，及土地使用變遷如何影響自己和社區的信念。

　　幾種為永續發展進行規劃的不同概念被開發出來，就是為了協助了解規劃師所面對的決定問題優先順序差異。[1] 在一篇評論永續規劃的文

章中，Campbell (1996) 在永續發展的目標間，刻劃出三種主要的對比，於是衝突就在兩兩相對的目標中產生。[2]

- 「財產衝突」(property conflict) 存在於經濟成長與機會公平之間，因為對財產使用的不同訴求而形成衝突：私人財貨 (如土地) 是用來獲利的；在此同時，為了要確保此財貨能提供社會之利益 (例如，為窮人提供廉價住宅)，其使用會受到政府的干預。
- 「資源衝突」(resource conflict) 存在於經濟開發與生態永續之間，因為在使用自然資源和保存自然資源再生的能力這兩者有相對的訴求。在此課題中要決定：我們可以消耗多少已接近耗竭的資源，來確保永續的產出。
- 「開發衝突」(development conflict) 在社會公平和環境保存兩者之間浮現；保護環境和透過經濟成長使窮人生活品質提高，在兩者間有需求的衝突。環境不正義 (environmental injustice) 在貧窮的少數族裔社區中是衝突的核心，常在經濟存活和環境品質兩者間面臨選擇 (參考 Bullard, Johnson, and Torres 2000)。

由上述內容闡釋出：假使規劃師狹隘地只注重單一的衝突事件，他們就會忽略許多其他的衝突，而無法開發出綜合的、與其他配套政策方案互相配合，並能支持公共利益的計畫。然而，這個模型尚無法掌握適居社區目標的相關衝突，此目標是與聰明成長和新都市運動等現今越來越具影響的規劃實務工作有關聯的。

永續發展與適居社區

適居社區 (livable communities) 的願景在永續發展的規劃中，是個重要的工作項目。適居性 (livability；亦稱之為宜居、可居) 著重在每天生活地點的塑造，包括公共空間的設計 (街道、人行道、公園) 以鼓勵市民使用；混合的建築物類型，來提升可及性並容納多元的活動；保存歷史建築物，來提升地點感 (Barnett 2003; Bohl 2002)。適居性超越建成環境的二度空間，同時強調永續開發的三個 E (經濟、生態，和公平；economy, ecology, equity)，和三度空間的公共空間、活動系統和建築設

計。適居性於是把土地使用的永續模型再加上了都市設計，從微觀尺度的街廓、街道、建築物，到整個城市、都會區，和區域的巨觀尺度。

如第一章討論過的，適居性的概念中還包括了兩個主要的方法：新都市主義和聰明成長。新都市主義 (new urbanism) 是個都市設計運動，主要是關切建成環境的設計，來減少低密度都市蔓延造成的影響。將都市中心及住宅鄰里社區的土地混合使用，而不是把它們分散開來。形成優先服務行人的道路，而非為汽車設計的寬廣大道。恢復成為合於人們使用的尺度，而非像大型購物中心、高樓集合住宅般的現代建築結構體。新都市主義認為「我們所面臨的課題不是密度，而是設計、地點的品質、尺度、土地混合使用和其間之關聯」(Calthorpe and Fulton 2001, 274)。

新都市主義受到的評論，是在於新都市主義中隱藏著重要的價值衝突。因為大部分的開發都在原為農地之綠野地 (greenfields) 上，Pollard (2001) 認為在綠野地的「新都市主義」，其實不過就是「新市郊主義」(New Suburbanism)。按照這個觀點，這些新都市開發就和傳統都市郊區蔓延沒有什麼兩樣，因為兩種類型的開發都造成綠色空間減少、景觀品質降低。Beatley 和 Manning (1998) 進一步指出，新都市主義並不是以環境導向的，因為大部分的管理事務都沒有減少對生態足跡和環境的衝擊，同時也未考量從景觀生態學領域中所開發出的空間保育概念 (在第六章會介紹這些概念)。

聰明成長是個結盟的運動 (aligned movement)，與規劃和開發管理有較密切的關聯，同時也應用都市設計的原則。聰明成長的價值衝突，就在於聰明成長被定義的方式中 (Avin and Holden 2000)。開發導向的利益團體因為是由市場導向所形成的，提出的聰明成長定義是為了提升開發過程和誘因，如加速計畫審查、彈性的設計標準和密度獎勵。追求社會公平的團體把聰明成長定義為提高住宅的選擇機會和機動能力，和透過減低少數族裔與種族面對的環境污染來提升公共衛生。環境團體所定義的聰明成長，主要是指保存環境及保護公共空間。規劃師與政府官員界定的成長，則是指為密集城市提供基礎設施時的成本節省，和重新建立老舊市區生命力的機會。因為聰明成長是個涵括性的名詞，它實際的意義是因著不同利害關係人透過他們選擇之有色鏡片來過濾的。因此，

除非各個團體對於聰明成長的定義、優先順序和執行策略有相同的看法，不然有多少個利害關係人就會有相同數量的內在衝突。

雖然在新都市主義和聰明成長的適居性願景中，包括了許多內在衝突，這些衝突和永續規劃模型的三個 E 來比，其實是很類似的。這兩種方法在特性上的相同之處，是著重在對抗都市蔓延的影響，而非整合對立的價值觀。透過檢討適居性的價值觀，新都市主義和聰明成長都與三個 E 的價值觀有嚴重的衝突。為了要了解其間的緊張關係，我們提供了一個概念模型，幫助辨識與評估永續價值觀和適居性價值觀的相互關聯。

永續的三稜鏡模型

永續三稜鏡把永續核心價值中的互相關聯做出明白的闡示。這個三稜鏡的重點描繪出的主要價值包括：公平、經濟、生態和適居性。每個相聯接的軸線展現出這些價值的互相關聯。在這個三稜鏡的核心就藏著像烏托邦理想般的永續 (和適合居住的) 都市地區。這個三稜鏡不僅提醒我們土地使用規劃一定要考慮空間世界的三個向度，也幫助我們辨識與處理潛藏在各種不同願景中的價值衝突。

適居性和經濟、環境和公平價值中間的衝突，就在三稜鏡的每個軸線上：

- 在適居性和經濟成長間的張力，須歸諸於「成長管理衝突」(growth management conflict)，這個衝突的產生原因是在「只要依照市場原則，開發無須管理就能提供高品質居住環境」之中，諸多信念的衝突而來的。此論爭的焦點在於找出讓每個人都有機會與自由來成就自我目標的不同路徑 (請參考 Ewing 1997，他的論點是支持成長管理來達成適居性，相較於 Gordon and Richardson 1997 年的論點，是支持依賴自由市場來達成適居性)。
- 在適居性和生態中間的張力，產生了「綠色城市衝突」(green cities conflict)，這個衝突的起源是來自相關自然或建成環境孰輕孰重之信念互相牴觸。這方面的爭論在於生態系統可以影響都市形式到何

種程度 (請參考 Duany, Plater-Zyberk, 和 Speck 2000 的論點，支持建成環境的重要性，相對於 Beatley 2000 以及 Beatley and Manning 1998 傾向支持自然環境的論點)。

- 在適居性和公平間之張力，造成了「中產階級化衝突」(亦稱為仕紳化衝突 ; gentrification conflict)，衝突起源自應該保存都市的貧窮鄰里，讓當地居民獲得利益，還是要進行都市再開發，提升品質以吸引中高階層的族群，回到都市中心 (請參考 Smith 1996 關於支持保存貧窮社區的觀點，比較 Bragado, Corbett, and Sprowls 2001 支持填入式開發和再開發，以取得經濟利益的觀點)。

當我們的視線穿過三個 E 的規劃概念三稜鏡，來檢視永續、新都市主義和聰明成長 (適居性的思維方向)，我們發現三者都無法同時呼應四個目標，也不能解決前述六個價值衝突到相同的水準。儘管這三個思維趨勢下已經創造出各種不同類型的計畫，但我們可以從已經出版的敘述與評論中，推論出一些重要的趨勢 (Campbell 1996; Duany and Talen 2002; Owens and Cowell 2002)。

永續發展的三角形模型，傾向於最注重生態及解決經濟與生態間的資源衝突。雖然永續發展的定義就是指跨世代的公平，這種公平是要透過為了未來世代維持環境資源與經濟活力才能達成。新都市主義的最高價值就是適居性，同時也著重在解決成長管理之衝突，和透過都市設計整合適居性與經濟價值。聰明成長最高的價值也是適居性，然而它著重在透過土地使用規劃與設計，解決成長管理與綠色城市衝突。

價值衝突會影響規劃、設計方案和後續的政策。舉例來說，所有的方法都反對都市蔓延這個共同的敵人，但是卻又尋求不同的規劃手段來反映問題。因此，三角形模型的永續發展概念，傾向把環境視為受經濟成長造成的都市蔓延最嚴重威脅的項目，因此最需要政府的干預來保護生態系統。新都市主義主張在每天生活中，最具吸引力的空間就是抵抗都市蔓延的最佳防衛工具；只要透過都市設計密集的都市型態和具吸引力的公共空間，各種價值觀就會自動調整與組織起來。[3] 最後，聰明成長鼓吹透過重新建立成長管理之法律規範來抵抗都市蔓延，這些立法工作包括改革州和地方政府的決策過程，以引導計畫製作、公共設施、基

磐設施,以及放鬆會限制市場創新之僵化的土地使用規範管制,以創造多元、密集,和以步行導向的都市型態。

　　三稜鏡模型也讓規劃師得以辨識出各個願景反映不同利害關係人利益程度的限制。以社會公平為例,管理土地使用與都市型態的方法並不強調社會公平目標,也不強調要解決相關於都市公平的衝突。從這模型顯示出,若要提升永續性,規劃師一定要擴展當前使用的方法來面對都市蔓延造成的不公平,並積極反映出邊緣團體之需求。他們應推動使都市中心居民便利地前往都市郊區就業的公共運輸投資選項,在都會區公平地分配國民住宅的機會,並且增進都市中心區的環境衛生。

　　規模是評估價值衝突的關鍵因子。世界環境與開發高峰會推動永續的方法強調連結全球與地方思維,就如同大家熟知的「全球思維,在地著手」(think globally, act locally.)。[4] 然而,這個課題在美國引導土地使用的實務,主要還是在區域與地方性的規模尺度。從三稜鏡中看去,縱使是類似的課題,區域規模和鄰里規模還是相當不一樣的。舉例來說,中產階級化衝突在區域尺度,是有錢的市郊社區會排除較窮的家庭搬到他們社區的問題;在鄰里規模尺度,中產階級化之課題是關於在都市中保留一些容納低收入家戶的小地區,或是都市再開發 (redeveloping) 和階級提升 (upscaling) 為高收入社區。

　　當尺度改變,規劃的工具也在改變。舉例來說,公共參與過程在區域尺度是比都市和鄰里尺度較為分散的。同時區域的土地使用、環境和基磐設施規劃,一定要透過協商來達到許多個行政轄區都能同意的決策。一個在尺度議題上有效管理價值衝突的方法是,為每個適當的尺度準備計畫,在每個計畫中進行協調,但設計計畫時,每個計畫要能獨立的運作。

　　越來越多的社區把新都市主義和聰明成長的想法,在社區計畫中結合永續發展概念。這些計畫能配合不同的建成與自然環境架構,服務多元的社區。1995 到 2002 年丹佛區域計畫的提案,透過永續三稜鏡角度來看是個創新的案例。這個地區在 2000 到 2020 年間將會有 900,000 個新居民;計畫提案的長遠目標是要抗衡快速成長造成之負面影響,和丹佛地區的都市蔓延。在成長上的挑戰,產生出一系列願景及整合的計畫,這些計畫的連結跨越了地理尺度,就在參考資料 2-1 中提及之丹佛

參考資料 2-1
丹佛地區的計畫網絡

區域、城市和小地區的整合願景

丹佛的區域規劃提案把過去個別的區域、都市和小地區的各種計畫，包括土地使用、經濟開發、住宅、交通和環境計畫，創造了一個整合的脈絡架構。都會願景 2020 計畫 (*Metro Vision 2020 plan*；在 1995 年通過) 為區域進行規劃，包括納入永續願景的一些元素：「平衡的交通網絡，連結到混合使用的都市中心；都市社區是由明顯的開放空間來界定的；鼓勵文化的多元，和對自然環境的尊重」(Denver Regional Council of Governments 2000a, 1)。

區域規劃

在區域的規模，包括兩個規劃的提案。都會願景 2020 計畫是長期的區域策略，引導成長並提供地方成長決策的區域的架構。其中包括六個整合的元素：

- 都市成長範圍 (urban growth boundary; UGB)：747 平方哩的範圍包括了 6 個郡，43 個城市，來限制都市蔓延；
- 都市中心：在都市成長範圍內劃定出混合使用、高密度的都市中心，能支持公共運輸、住宅和就業；
- 獨立的社區 (free-standing communities)：辨識出既有和都市地區區隔的社區，盡可能提升內部的運輸系統、就業與住宅的均衡，以及社區設施。
- 平衡的、多種形式運具的運輸：提供機動性和可及性；
- 開放空間：劃設都市成長範圍外的土地，做為社區的區隔、景觀、公園和棲息地；
- 環境品質：在都市成長範圍內提升水質和洪水平原保育，並創造開放空間網絡系統。

「一英里高的密集城市」(*Mile High Compact*；譯者註：丹佛市的海拔高度約為 1 英里) 是在 2000 年建立自願的區域成長管制協議，參與地方政府一定要建立綜合的土地使用計畫，配合都會區 2020 計畫的核心元素 (Denver Regional Council of Governments 2000b)。地方政府簽署了這份協議書，假若未依照這些核心元素進行，會被鄰接的行政轄區控告。參與的郡和城市包括了此地區中 80% 的人

口。但是，其中三個成長最快速的郡，因為擔心私人財產的權利受到損害而拒絕簽署協議。

城市計畫

有兩份文件是丹佛市的規劃核心。在 2000 年「丹佛市綜合計畫」(*The Denver Comprehensive Plan*) 中指出，其有「透過有效的土地使用政策來管理成長和變遷，來維繫丹佛市的高生活品質」的需求 (City and County of Denver 2000, 1)。這個計畫包括四個核心的永續目標：經濟機會、守護具價值的自然資源、高生活品質機會的公平性、著手建立協力合作的夥伴關係。這份報告書中指出，因為過度的都市蔓延造成交通擁擠和空氣污染，是對丹佛市高生活品質的主要威脅。因此建議開發整合的土地使用與運輸計畫，重新改寫這個城市已有 50 年歷史的傳統土地使用分區管制規則。

所造成的結果就是 2002 年「丹佛藍圖：土地使用與運輸計畫」(*Blueprint Denver: Land Use and Transportation Plan*)，其中設定了改寫與修正這個過時的分區管制之程序 (City and County of Denver 2002)。這個計畫把城市分成：穩定地區 (已建成為住宅鄰里的地區)，和改變地區 (空地和曾受擾動的填入式基地)。區分地區的意圖是為了保護前者，同時以後者引導在 2025 年預計的 132,000 名居民成長。這個計畫同時建議透過創造「新都市」的開發，未來的建設必須要與丹佛市逐漸擴大的輕軌系統做連結。

小地區計畫

為執行區域和都市計畫，創造出三種類型的小地區計畫：地區 (district)、廊道 (corridor) 和鄰里 (neighborhood)。舉例來說，1995 年「史塔普頓開發計畫」(*Stapleton Development Plan*) 是針對丹佛市廢棄的史塔普頓國際機場基地所做的地區計畫，要在未來 30 年提供 30,000 個就業機會，和 25,000 名居民居住。這個計畫密切地與「新都市」設計原則配合，目標是要「整合就業、環境和社區」。「2000 史塔普頓設計報告」(*Stapleton Design Book 2000*) 要求建商基於「新都市」開發細部的標準，利用多種歷史的建築形式 (Stapleton Development Corporation 2000)。

區域計畫網絡。推動平行規劃提案的意圖是為了把都市、鄰里社區，以及區域的型態進行整合，而不是維持丹佛地區現況沒有定型、個別的，和分散的土地使用形式。參考資料 2-2 顯示出利用永續三稜鏡模型評估丹佛區域計畫的適用性，其中的討論是關於計畫在與適居性相關的三種衝突上之表現程度。

參考資料 2-2
把永續三稜鏡模型應用在丹佛市的區域計畫：衝突與依賴

成長管理衝突

丹佛市在城市和小地區規模的成長管理衝突上，處理得比區域尺度的衝突好。經由指定城市地區的穩定地區和變遷地區，「丹佛藍圖」(*Blueprint Denver*)提供開發市場充分的資訊，關於哪些地區可以開發，和哪些地區要限制開發。在史塔普頓計畫中 (Stapleton Project)，經由公私部門建立夥伴關係，丹佛市的「市鎮中的新鎮」(new-town-in-town) 策略，著眼於都市中心地區的更新與活化。但是在區域的尺度上，成長管理卻受限於三個地方政府不願意將他們部分的土地使用管理權責，轉讓給「一英里高的密集城市」。這些促進區域密集成長的努力，也因丹佛市外環的高速公路 (C-470 和其延伸路線) 把大面積的都市外圍土地暴露在開發壓力下，而受到挫折。

綠色城市衝突

在綠色城市衝突部分，丹佛市在城市和小地區尺度上，自然系統的保護是非常有效的。在城市尺度上，丹佛市維持大的公園系統，把洛磯山化學武器廠 (Rocky Mountains Arsenal) 轉變成為國家野生動物地區 (National Wildlife Area)，並且試圖在洛磯坪 (Rocky Flats) 鈽元素工廠創造野生動物保護區。在史塔普頓計畫中，三分之一的土地將會做為開放空間，並再次引入原生的高原景觀。做為區域的就業中心，史塔普頓計畫將鼓勵「綠色」企業以減少自然資源的消費。但是都市蔓延仍是全區域的問題，在整個區域 5,076 平方哩的土地，只有 6% 是受地方政府保護的開放空間 (雖然還有額外 20% 的土地是州和聯邦政府的土地)，和三個大的、重要的郡還沒簽署加入「一里高的密集城市」計畫。

中產階級化 (地區高級化,或仕紳化) 衝突

在 2025 年之前,利用填入式開發安置 132,000 新居民的同時,丹佛市和小地區計畫使用幾種不同的策略,來處理產生的中產階級化衝突。許多大型的都市中心填入式計畫所使用之土地,原先並不是住宅使用的土地,在指定變遷地區中似乎不會有大量的貧窮居民遷移。史塔普頓有 4,700 英畝的土地,以往設置飛機場的地點,是全國最大的填入式開發基地。為了滿足平價住宅 (affordable-housing) 的需要,史塔普頓將要提供 4,000 個出租公寓的 20%,給收入為全地區平均收入 60% 以下的居民,並提供 10% 的公寓單元銷售給收入為全區平均收入 80% 或以下的居民。

後續的挑戰

丹佛市尚未解決區域的協調問題。科羅拉多州尚未通過成長管理的法案,社會公平的達成,被限制在市民參與和平價住宅的規範上。水的供應仍是個重要的永續議題。然而,一些關鍵議題上已經顯示出重要的進展,並且能夠在區域的計畫網絡中,辨識出成長管理、綠色城市,和中產階級化的衝突。

達到永續三稜鏡的中心

假使這個三稜鏡的四個角是代表規劃的關鍵目標,四個軸線代表目標之間的衝突,我們就把三稜鏡的中心定義為:平衡四個目標的永續發展。要達到這個中心並不容易;簡要的討論永續是一回事,另一方面又要改變利益團體的政治、計畫、規則、傳統開發的實務決策,最後還需促成土地使用型態達到永續。除了要提升土地使用賽局挑戰邁向進步的方向,也要確保變遷累積的影響不會改變社區之延續。

要促進土地使用賽局邁向進步的變遷方向,其實並無法從概念的土地使用規劃傳統中找到某個獨一無二的方法,可以讓規劃師應用在渾沌的土地使用規劃領域中。也沒有哪些強調接納、邏輯應用,和現今被證實是最佳的程序性概念,能提供給決策制定使用,也沒有哪個都市型態實際的理論,能橫跨實務工作的所有向度。大部分規劃師借用許多不同的概念傳統,設定自己的執行事務的綱領。這種整合一定要依賴基於理

性規劃、共識建立，和社區設計的實務，來有效地塑造出透過協商的規劃解決方案。我們不需要創建一個大而無當的策略，而是要指出某些有用的觀念來提振規劃實務的績效，包括解決衝突，和推動能夠平衡永續三稜鏡四個目標的務實願景。

我們引用了規劃的重要概念傳統：理性規劃、共識建立和都市設計，來展現在土地使用規劃領域中能有效工作的核心策略。我們先回顧各個規劃傳統的優點與限制，接下來討論每個傳統在集體式、草根式和參與式方法，引導土地使用變遷的重要特色。接下來我們闡述西雅圖的市區與鄰里規劃方案如何應用這些策略。

理性規劃

理性規劃概念的優點是在於其透過社會科學與工程師的分析性思考。歸納在理性下的策略包括：資料分析、模型、預測與監督；這些內容將會在本書第二部分規劃支援系統中 (第四章到第九章)，第三章計畫製作概念，以及在第三部分 (第十章到第十五章) 的計畫網絡架構中進行討論。

理性規劃提供了系統性的思考進程，從目標設定、到預測替選方案的影響、選擇可以達到公共目標的最佳替選方案、執行，到再從頭來過的回饋迴路。這是大多數規劃過程都試圖依循的：基於步驟所敘述的，理性規劃的概念設定正式的行動方向來達成目標。[5] 參與者在計畫製作過程中依循理性規劃的進程，他們要：

1. 辨識出課題、機會和假設；
2. 經由社區領導者與市民提出的願景，形成目標；
3 收集與分析所有潛在替選方案的資料；
4. 修正目標，並決定標的；
5. 開發替選計畫，與評估替選計畫是否能夠達成規劃師與顧問團體的願景；
6. 選擇與採用偏好的方案，這是社區參與者與規劃師共同都能接受的計畫；
7. 執行計畫，採用並執行土地使用計畫，這通常是綜合計畫的一部分；

8. 監督計畫執行並將產出的結果回饋，將所有的改變與開發，和計畫
標的之間進行比較以修正計畫。

許多規劃師相信提升決策過程的理性，是規劃師的主要貢獻之一。
理性規劃模型在目標與政策之間建立了內部的一致性，從目標設定到執
行逐步進行，使用可取得的最佳資訊，來分析相關課題並提出政策草
案。理性規劃模型是個引人注目的方法，因為選擇手段和預設目的間之
關係明確，並且連接到後續設計的行動，可以讓人們理解其中的思維，
用以預期未來之狀態。

在 1950 年代之後，對理性規劃模型的支持，使得此模型被廣泛應
用。如圖 2-1 所描繪的，1950 年代，典型的加州綜合計畫 (California
General Plan) 過程替每一個步驟製作出範例，協助社區依照這個模型製
作與執行計畫。在此規劃的狀態下，計畫通常要反映出潛在問題的預期
狀況：例如，除非採行一些行動，平價住宅的供應將會短缺；除非規劃
管理暴雨逕流問題的行動，否則水質將會受到嚴重污染；假使沒有適當
的運輸計畫，將會出現嚴重交通阻塞的狀況。現在大部分的計畫強調理
性主義，因為計畫主要是包括一整套行動方案的敘述，列舉出設施和土
地需求以滿足預期的人口、經濟、旅運模式、住宅需求，和自然資源條
件變遷。

對理性規劃的批評認為，此模型沒有在土地使用計畫務必得到社區
接納的部分，進行必要之調整。他們同意不論是否使用複雜的技術，模
擬未來狀況和選擇政策方案的假設條件是很關鍵的。Wachs 指出，規劃
師感受到他們使用的方程式、電腦，和資料庫之正確性是不容懷疑的，
「對未來預測所提出的重要假設，對預測結果的影響往往比繁複的模型
更具決定性」(2001, 369)。因此，假使預測之假設條件沒有公諸於世且
明白解釋，由專家主導之計畫執行常會面臨反對意見，因為此計畫與公
共價值、公眾關切的事項並不一致。

另一個對理性規劃的評論，是其沒有充分的思考未來都市型態的願
景。對未來的預測，只是趨勢與條件在數字上的計算，並沒有在我們心
中對於未來的狀況刻劃出一個願景。計畫提供對未來條件的分析解釋，
和以事實為基礎的一套行動；就此而言，他們只是提供了死板、技術性

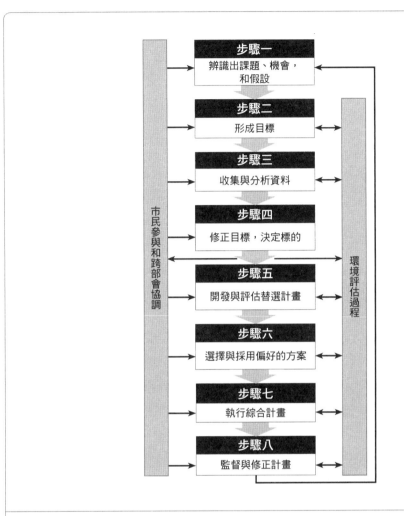

市民參與和跨部會協調

環境評估過程

步驟一
辨識出課題、機會，和假設

步驟二
形成目標

步驟三
收集與分析資料

步驟四
修正目標，決定標的

步驟五
開發與評估替選計畫

步驟六
選擇與採用偏好的方案

步驟七
執行綜合計畫

步驟八
監督與修正計畫

圖 2-1 ▎美國加州的地方性綜合規劃過程

資料來源：Governor's Office of Planning and Research, Sacramento, California.

的未來印象，不能把人民關聯到他們所居住的土地。尤有甚者，這種計畫並沒有辦法幫助人民看到未來，並刺激他們做出反應。這些計畫並沒有展現出都市型態的圖像，用來幫助人們了解各種方案會對實質環境造成的改變，協助達成和諧的共同未來展望。因此依照這個評論，具願景的計畫會試圖引導與塑造未來，但是技術性的計畫只不過是為了配合變遷而已。

　　若理性規劃模型能納入共識建立、參與式設計規劃模型等各種不同的觀點，前述的評論似乎並不公正。在實務工作中，許多規劃師和他們的社區在規劃的工作前線，把理性、共識建立和設計的規劃模型，結合在一起使用。稍後會討論到西雅圖的個案分析，就是個應用理性模型，同時考慮到前述數個規劃模型的成功案例。

 ## 共識建立

　　從 1990 年代開始，共識建立成為規劃理論中最重要的範型。在共識建立理論之下的實務工作包括：公共參與、資訊分享、論述討論與協商。除了在這一章討論共識建立之外，第二、三、四章和第九章都有論及。

　　共識建立是讓主要的利害關係人在具爭議的議題上進行討論，並達成共識的解決方案，而非利用多數決規則來做決定。共識為基礎之方法需要代表廣泛利益之參與，因為許多規劃議題是多元的、複雜的，互相關聯的。透過辨識出共同的目標，參與者會試圖努力地促成期待的政策產出；分享資訊的過程及利害關係人之間的互動，是為了找出創新的機會，創造出新的想法，最後得到具創意的解決方案。

　　這種規劃模型並沒有如以往理性規劃模型中為了達到目標，實務規劃師設定推理邏輯的先後順序，或為了找出最佳替選方案進行仔細的計算做為手段。共識建立強調在關切公共利益的議題上，經驗的、主觀的，和集體共享知識的重要。依照 Innes (1996) 的看法，共識建立規劃模型中，論述與討論就是其「計算」之工具。

　　規劃師在共識建立中扮演核心的角色，在利害關係人之間同時擔任溝通者、協商者和調解者 (Godschalk et al. 1994; Healy 1997; Innes and Booher 1999b)。規劃師一定要學習了解不同人的觀點，協助形成共識。規劃師不應該擔任技術的領導角色，而是透過聆聽每個人的主觀意見，擔任有經驗的學習者，提供資訊給參與者幫助他們慎重思考，並在沒有特定利益主導之下讓意見聚焦。

　　從文獻中所引出來的評估標準，可以幫助引導規劃師工作並判斷共識建立過程的品質，如下所述：

- 涵括所有代表相關利益的人士；
- 具體與務實地定義共有問題，或分攤之工作；
- 是自我組織的，由參與者來決定基本規則、議程、標的、工作和工作團體；
- 透過深度的討論來探索議題和利益，增進具創意的思考；
- 納入各種類型的高品質資訊，確認每個人皆認同此資訊的內容；
- 透過共識來達成協議 (Innes and Booher 1999b; Margerum 2002)。

雖然共識建立在開放和多元性上不會受到責難，但其一直受到的批評就是共識建立的最終無法聚焦。共識建立強調過程重於空間地點，因此造成意圖增進都市型態品質的執行計畫，無法聚焦在重點上。因此，採行之行動無法著重在都市空間地點的實質問題，反而集中在參與者與參與機構。尤有甚者，強調過程、包容和妥協，似乎是與多元利益藉由願景的激勵，再透過競爭、協調，找出一致同意的政策之做法相違背的 (McClendon 2003)。縱使共識建立也是一種願景，它的開放、參與，和充滿爭議的過程，在計畫中缺乏了刺激設計未來都市願景的動力。

都市設計

都市設計是考慮建成環境的適居性，並且保護正常的土地景觀與自然資源。在都市設計下的實務工作包括社區土地使用設計計畫的準備，和小地區計畫。這些內容會在第十二、十三章和第十四章中討論。

在規劃中的都市設計傳統，結合了土地使用規劃和建築與景觀建築領域。都市設計處理土地使用的形貌，結合運輸系統和未來的土地使用型態、建築量體和建築間的空間組織，但不包括單獨建築物的設計。主要目的是創造未來社區外觀的正面意象。這是以最終成果為導向，利用具創意的願景來吸引大眾的注意，刺激民眾支持正面的土地使用變遷，並激勵規劃師能在每日的工作中引導朝向長期的未來願景。

在當代規劃工作的早期，規劃專業把都市與區域的設計視為最重要的工作。在十九世紀中葉，Frederick Law Olmstead 製作非常多元的計畫，如紐約中央公園、芝加哥附近自給自足的河畔社區 (Riverside Community)、波士頓的翡翠項鍊 (Emerald Necklace) 等一系列結合自

然排水系統的公園與綠道。Ebenezer Howard 的明日花園城市 (1902) 是
在十九世紀英國工業城市讓人不滿的狀況下，刻劃最佳都市型態的原
始草案之一。Howard 的願景是個極具影響力的二維土地使用設計，由
綠道環繞著的自給自足的密集社區。Daniel Burnham 和 Edward Bennet
在 1909 年芝加哥計畫 (Plan for Chicago) 中開創的都市美化運動，也是
第一個得到當代規劃師注意的美國城市計畫，處理的議題包括土地使
用、住宅、環境、交通運輸，健康與安全條件。這些規劃先驅者在實務
上都著重規劃之設計模型 (design model of planning)，立場上與 Daniel
Burnham 在 1907 年的聲明一致，「不要做小計畫，因為它們沒有攪動
人們血液的魔法……做大計畫，把你的期望拉高再來動手，想望那至高
無上的、一旦被記錄將永遠不會磨滅的邏輯圖像……」(引自 Hall 1988,
174)。規劃之設計模型的影響跨越多個世代，例如當今的「新都市主
義」就是將花園城市和都市美化運動中的最佳原則進行結合，在都市中
心配置具紀念性建築物與公園，周圍環繞著小型的密集城市、鄉村，和
綠色空間。

以往在烏托邦式規劃中提出願景，被批評為過度依賴不實際的迷
思，忽略了實際的狀態。過去的歷史顯示，都市和區域不會被某個設計
者或某個特定設計理念重新塑造。就如同當代的規劃師，早期規劃師也
必須對政治、利益團體的需求，和土地規劃領域的複雜與動盪所造成之
不確定性做出回應。雖然這些提出願景的人試圖有效地創造具影響力的
計畫，不管這些想法多麼具誘導和啟發性，這些計畫應該都沒能全然地
付諸實現。

現今，規劃的設計模型強調集體思考和共同參與過程。Kevin
Lynch (1981) 提出了優良都市形式理論 (theory of good urban form)，是
設計和實質規劃中較廣義的論點。Lynch 提出幾個優良都市形式的向
度，優良都市形式可以用每個向度在程度上的差異來表示，包括：活力
(vitality)、地點感 (sense of place)、適合度 (fit)、可及性 (accessibility)、
控制 (control)、效率 (efficiency) 和正義 (justice)。他的優良都市形式論
點，鼓勵持續發展而造成的都市形式改變，而持續發展是受到個人、小
團體及其文化產生之需求與目標所引導的。

　　……好的聚落是個開放的聚落：可及的、分工的、多
元的、適應性的，和能容忍實驗的。在此強調的動態開放
(dynamic openness) 是與多數擁護烏托邦主義者 (早期都市的
大思想家，例如 Howard 和 Burnham 等人) 主張的，城市是否
應如圖面般實際呈現和穩定上，有明顯的差異。只要都市開發
是在時間與空間連續性的限制之下，都市開發就是值得稱道
的。一個不穩定的都市生態可能會受到災害並危及都市的富
足，因此彈性是重要的，有學習和快速適應能力也都是重要
的。(Lynch 1981, 116-17)

　　近年來，Barnett (2003) 提出一個都市設計的參與理論，理論之緣
起是來自於居民對於都市蔓延開發類型的不滿所形成的。他的理論把實
質環境變遷連結到多元的的市民觀感，以及關切都市與區域設計而數量
逐漸增加的政治團體。他提出五個基本的設計原則，這些原則無關乎任
何設計理論，但試著由這幾個原則引導規劃師和社區，塑造更永續和適
合居住的地點 (引用自 Barnett 2003)：

1. **社區**，是創造的公共空間，能增加人際間的互動與社區意識。
2. **適居性**，是保存與重建自然與建成環境的品質，重置既有的鄰里，
   設計與住宅區連結的密集商業區，街道的配置鋪陳為公共環境的核
   心。
3. **機動性**，是創造能利用公共運輸服務的都市型態，並設計使人們可
   以從一個地點步行前往別的地點。
4. **公平性**，是不使貧窮集中在少數人和地點，提供平價的住宅，設計
   的土地使用型態有助於提升政治代表力不足人群的狀況，不要剝奪
   這群人的環境健康和尊嚴之基本水準。
5. **永續性**，是不鼓勵在都會區邊緣的鄉村土地轉變為都市土地使用，
   鼓勵填入式的開發並且重置老舊都市地區，利用運輸系統來整合都
   會區內的分區，減少對私人車輛的依賴。

　　Barnett 認為設計永續和適居城市的工作，不是受到特定規劃者的
具體想法所影響。而是「設計地點就好像是玩拼圖的工作，工作中會新

發明一些拼貼內容，然而多半還是重新整理與安排手邊既有的項目」(2003, 45)。依此觀點，當代規劃的設計模型需要規劃師扮演多重的角色，要結合理性與共識建立活動在工作中。規劃師要成為一個推動者，幫助社區開發社區願景，尋找途徑來達成這些願景；成為技術分析者提供優良的資訊；是個創新者，創造新的方案、釐清潛在的改變機會；也是個共識建立者，確保設計是個開放的過程並且廣納各方意見。

 ## 結合理性、共識建立和設計

利用理性、共識建立，和設計等規劃模型優點，規劃師和社區可以利用協力的規劃過程來引導都市變遷。此目的是為了建立社區具有創造、實行，和修正計畫的能力，找出手段平衡永續三稜鏡模型的多元目標，循序漸近地引導變遷。此外，這個方法可以反映地方歷史、經濟、文化，和景觀特色等獨特的地方狀況。

在此用西雅圖的案例來解釋規劃者如何找出規劃對策，藉以有效的消弭衝突，推動致力於平衡永續三稜鏡四個目標的具體願景 (詳見參考資料 2-3 關於西雅圖的都市與鄰里規劃，及圖 2-2)。西雅圖的案例中提到 1994 到 1999 年間鄰里規劃的過程。此過程系統性地納入市民團體的互動、技術分析結果，和都市設計提案。市民們在初期背景分析報告中主動提出評論，也塑造境況和設計的提案來滿足規劃目標。因此這個過程成功地納入多元的價值觀，並把價值觀轉變為都市形式，來滿足鄰里所界定的目標和期望，在此同時還與全市的計畫保持一致。雖然這個過程從開始建立時就很小心，但此過程本身並不是連貫、循序的。在所有團體的參與過程中，有許多創新和衝突。這個過程反映出都市和鄰里在鄰里規劃過程中，辨識與克服困難的調適過程與相互學習。

參考資料 2-3
西雅圖的都市與鄰里規劃方案

城市規劃：永續，和都市村策略 (Urban Village Strategy)

在 1994 年，西雅圖採納了「永續西雅圖」(*Toward a Sustainable Seattle*) 20 年期的綜合計畫 (City of Seattle 1994)。這個計畫的長期願景就是用永續三稜鏡模型所反映之核心價值，導向永續的發展。這個計畫是在「都市村策略」前提之下，來容納未來的成長。計畫中辨識出 37 個鄰里地區為市區內的都市村，主要是為了引導基盤設施的投資、大眾運輸系統、提升開發密度，和混合土地使用。這種「都市村策略」透過多元的政策指導，來回應隱藏在都市成長與變遷過程中的衝突 (參考三稜鏡模型)。

- **成長管理衝突**：這個計畫指定主要為獨戶住宅和都市村的鄰里為穩定鄰里。目標是為了提供開發市場擴張的機會，維繫既有的鄰里，和活化需要變遷的鄰里。

- **綠色城市衝突**：都市村對於私人汽車的依賴將會降低，對大眾運輸的依賴會增加；因汽車釋放較少的污染物所以空氣品質得以增進；因汽車需要的道路鋪面減少，對水質的影響也因而降低。

- **中產階級化的衝突**：對都市村的投資可以活化沒落中的鄰里，但是將使居住單元的類型更多元，其中包括低收入戶能負擔的居住單元。

鄰里規劃方案

許多社區的成員表達出對都市村策略的關切與反對，相信這個策略會造成無法控制的都市成長，並且會使既有的鄰里特色消失。都市規劃官員立刻針對這些考量做出反應，他們與社區成員一起工作，並且把城市計畫中的都市村策略轉變成為鄰里規劃方案。在 1994 年秋天，這個城市建立了鄰里規劃方案 (Neighborhood Planning Program; NPP)，「基本的想法是當鄰里接受市府的協助與資源，鄰里就有能力在全市計畫的願景、目標和政策架構下，來辨識與滿足他們自己的需求」(City of Seattle 2001, 10)。在 1995 年，市政府編列了 475 萬美元的預算執行鄰里規劃方案。

圖 2-2 是西雅圖鄰里規劃過程的四個階段，在 1995 到 1999 年間執行完成，每個階段主要使用的方法，是從理性規劃、共識，和都市設計的規劃模型中得到

的。鄰里規劃方案的主要特色,貫穿此過程所有的階段,包括:

- **鄰里組織委員會** (neighborhood organizing committee)。在每個規劃地區建立組織委員會以管理與監督整個過程。每個委員會組成的成員需要能代表地區內多元和獨特的特色。

- **推廣計畫** (outreach plan)。鄰里規劃方案要創造、執行推廣計畫,藉以動員鄰里。鄰里組織委員會使用市府官員提供的人口資訊,來辨識關鍵的族群和他們在鄰里中的地點。舉辦許多鄰里活動來吸引人們的注意,進而參與這些鄰里活動;活動中鼓勵參與的人提出他們的想法,辯論重要的議題,並且用投票決定草擬的願景說明和政策草案。市府官員則透過鄰里組織委員會記錄推廣方法和參與程度的報告,持續地監督鄰里規劃的推廣工作。

- **市民代表會的協助** (council steward)。市民代表會指派民選的代表會成員,擔任服務員,在規劃過程中協助每個鄰里社區,並做為與市民代表會聯絡的窗口。

- **鄰里支援方案** (neighborhood support program),是都市規劃官員創造的支援方案。重要的活動包括,例如分析鄰里的條件和未來需求、訓練地方民眾參與鄰里規劃、建立「推廣工具組」(Outreach Tool Set) 藉以在多元的規劃區中建立聯繫的方法,和土地使用規劃、分區、住宅與都市設計簡單的指導手冊。市政府官員在此檢視草擬的計畫,確認計畫能夠配合全市的計畫。

- **確認方案** (validation program)。每個鄰里在計畫定案之前,必須透過收集社區對計畫的回饋意見,建立鄰里會支持計畫的確認過程。設計計畫確認過程是為了避免少數團體主導所有的規劃工作,同時確保計畫中能反映出廣泛的意見。計畫確認的方法包括:透過郵件通知、設計確認計畫的活動,和修正草擬的方案。

- **設計審查委員會** (design review boards)。西雅圖在 1994 年由志願工作者建立了七個常設的設計審查委員會,和一個委員大會 (City of Seattle 2002)。每個委員會審查住宅與商業開發方案,確保這些開發與鄰里計畫、全市的設計能具有一致性。設計審查委員會要考慮一般民眾的意見,建立公共教育與推廣措施。都市的規劃官員也在此提供意見、技術支援和訓練,給這些自願參與的審查委員。

鄰里規劃的階段	理性技術	共識建立與參與技術	都市設計技術
1. 辨識出議題和機會，提出願景的宣言	• 使用人口資料來辨識出人口團體 • 衡量市民參與的程度 • 評估既有的條件與趨勢	• 建立組織委員會 • 建立與執行「推廣」計畫 • 指派市民代表會的委員為連絡人，在整個規劃過程中，協助市民代表會與鄰里間聯繫	• 將願景轉變成為手繪的地點意象 • 用照片具像展現地點的現況條件 • 進行鄰里的討論會 • 調查視覺偏好
2. 準備計畫	• 分析並排定問題的優先順序 • 產生和測試潛在的政策方案 • 衡量市民參與的程度	• 收集社區對計畫草案的回饋意見，來「確認」方案 • 與市政府部門進行協調 • 使用衝突管理的技巧	• 用集體腦力激盪來形成未來土地使用圖 • 利用三維圖形展示計畫中設計政策
3. 執行計畫	• 建立行動矩陣，決定優先順序、設定時限、投資金額，並分派執行行動的責任	• 使用行動距陣做為與西雅圖市協調溝通的工具，修正全市計畫、修改分區管制，並尋求基磐設施的資本改善預算	• 建立設計審議委員會
4. 監督與回饋	• 建立指標 • 觀察因計畫而產生的變遷，並與計畫標的比較	• 發放報告書	• 用圖形表達指標的趨勢

圖 2-2 ║ 西雅圖整合鄰里規劃的過程

結論

　　永續發展構成的挑戰激勵了現代規劃實務。這個觀念不斷地進化，並隨聰明成長與新都市主義等運動之影響，延伸到社區適居性這些全新的願景。如永續三稜鏡模型所呈現出來的，這些願景已成為當代規劃實務中主要的論述方向。

　　為了回應永續開發的挑戰，規劃者應該要帶頭定義、整合、試驗，和測試與這些願景相關的各種可能的方向。然而，要觸碰到這個三稜鏡的核心絕非易事。我們觀察到都市土地使用規劃工作正在尋找適合的策略，將永續概念轉換為實際的工作；其中，充滿了潛在的衝突、不確定性和複雜性。

　　規劃者可以用永續三稜鏡模型揭露出為永續規劃時所面臨到的張力，也可以利用此模型來調和這些張力。然而，仍然無法直接觸及此三稜鏡模型的中心，只能長期地面對三稜鏡揭露出的衝突，逐一解決之後，才能間接、逐漸地接近永續。我們提供了一個過程性的規劃架構，來幫助規劃師結合技術分析與都市設計的實際規劃能力，再利用共識建立能力來面對與調和主要的土地使用規劃衝突。此方法的主要特性是整體性的考量，利用資料分析來預測都市系統的變遷，社區參與來增進相互的學習與認同，用都市設計進行的實驗幫助利害關係人找到方向和置於實際情境當中，因此他們就能評量計畫滿足他們期待與希望的程度。這個目標是要創造協力的規劃過程，此過程結合技術性的規劃資訊、價值觀和地點塑造。未來不會是個獨一無二的偉大願景，也不是一系列可預期的趨勢，而是我們可以期待、討論的、詮釋的，或許是大家都能認可的。

註解

1. Owens 和 Cowell (2002) 完整地回顧整理永續發展進行的規劃中，為了理解潛藏目標與衝突之概念架構。他們發現此概念化的過程，所依據的理論包括：環境資產理論、永續倫理觀、政治向度的永續性，和溝通行動。

2. 類似的說法也出現在「搖籃到搖籃」中 (*Cradle to Cradle*, McDonough and Braungart 2002, 150)。在此提出的是個視覺工具，協助分析計畫方案的設計，此計畫方案可以是產品和建築物，城鎮和城市。在規劃階段中，此工具可以協助提出問題，包括：此設計是否能滿足經濟、生態，和公平等單純的指標，以及經濟與生態、經濟與公平等混合的指標。McDonough 和 Braungart (2002, 157-65) 認為，使用這些指標，可以讓設計者在三個向度中都能創造價值，就如同他們在重整福特汽車公司，位於密西根州 Dearborn 市的 River Rouge 大規模工廠中所展示的。

3. Alexander Garvin (2002, 24) 指出「新都市」最重要的計畫之一，Kentlands 的失敗之處，包括無法減少對汽車的倚賴或推動混合土

地使用，或當地開發者無法在短期內透過土地銷售回收 7,000 萬美金的初期投資，銀行因此取消了開發者贖回抵押品的權力。

4. 在一些國家如紐西蘭、荷蘭，地方性的計畫需要關聯到全球的課題，像是地方土地使用變遷對臭氧層的破壞、全球氣溫暖化，和跨越國界的污染問題等影響 (Beatley 2000; Ericksen et al. 2003)。

5. Edward Banfield (1955) 可能是第一位定義理性規劃模型的人。

參考文獻

Avin, Uri, and David Holden. 2000. Does your growth smart? *Planning* 66 (1): 26-28.

Banfield, Edward. 1955. Note on conceptual scheme. In *Politics, planning and the public interest*, Martin Meyersen and Edward Banfield, eds., 303-36. Glencoe, Ill.: Free Press.

Barnett, Jonathon. 2003. *Redesigning cities: Principles, practice and implementation*. Chicago: American Planning Association.

Beatley, Timothy, and Kristi Manning. 1998. *The ecology of place: Planning for environment, economy and community*. Washington, D.C.: Island Press.

Beatley, Timothy. 2000. *Green urbanism: Learning from European cities*. Washington, D.C.: Island Press.

Bohl, Charles. 2002. *Place making: Developing town centers, main streets, and urban villages*. Washington, D.C.: Urban Land Institute.

Bragado, N., J. Corbett, and S. Sprowls. 2001. *Building livable communities: A policymaker's guide to infill development*. Sacramento, Calif.: Center for Livable Communities, Local Government Commission.

Bullard, Robert, Glenn S. Johnson, and Angel O. Torres. 2000. *Sprawl city: Race, politics, and planning in Atlanta*. Washington, D.C.: Island Press.

Burnham, Daniel, and Edward Bennet. 1909. *Plan of Chicago*, Charles Moore, ed. New York: Princeton Architectural Press.

Calthorpe, Peter, and William Fulton. 2001. *The regional city*. Washington, D.C.: Island Press.

Campbell, Scott. 1996. Green cities, growing cities, just cities? Urban planning contradictions of sustainable development. *Journal of the American Planning Association* 62: 296-312.

City of Seattle. 1994. *Toward a sustainable Seattle: The City of Seattle comprehensive plan*. Retrieved from http://www.cityofseattle.net/dclu/ planning/comprehensive/ homecp.htm, accessed May 2, 2004.

City of Seattle. 2001. *Seattle's neighborhood planning program, 1995-1999: Documenting the process*. Retrieved from http://www.cityofseattle.net/ planningcommission/docs/ finalreport.pdf, accessed April 29, 2004.

City of Seattle. 2002. *Design review program evaluation*. Retrieved from http:// www.cityofseattle.net/dclu/CityDesign/ProjectReview/DRP/pdf, accessed April 29, 2004.

City and County of Denver. 2000. *Denver comprehensive plan*. Retrieved from http://admin.denvergov.org/CompPlan2000/start.pdf, accessed June 9, 2004.

City and County of Denver. 2002. *Blueprint Denver*. Retrieved from http:// www.denvergov.org/Land_Use_and_Transporation_Plan/Blueprint/ Blueprint%20denver/start_TOC.pdf, accessed Jun 9, 2004.

Denver Regional Council of Governments. 2000a. *Metro Vision 2020 Plan*. Retrieved from http://www.drcog./downloads/2020_Metro_Vision_ Plan-l.pdf, accessed June 9,2004.

Denver Regional Council of Governments. 2000b. *Mile high compact*. Retrieved from http:www.drcog.org/pub_news/releases/MHC%20 signature%20page%20811pdf, accessed June 8, 2004.

Duany, Andres, E. Plater-Zyberk, and J. Speck. 2000. *Suburban nation: The rise of sprawl and the decline of the American dream*. New York: North Point Press.

Duany, Andres, and Emily Talen. 2002. Transect planning. *Journal of the American Planning Association* 68 (3): 245-66.

Ericksen, Neil, Philip Berke, Jan Crawford, and Jenny Dixon. 2003. *Planning for sustainability: The New Zealand experience*. London: Ashgate Publishers.

Ewing, Reid. 1997. Is Los Angeles — style sprawl desirable? *Journal of the American Planning Association* 63: 107-26.

Garvin, A. 2002. The art of creating communities. In *Great planned communities*, J. A. Guase, ed., 14-29. Washington, D.C.: Urban Land Institute.

Godschalk, David, David Parham, Douglas Porter, William Potapchuk, and Steven Schukraft. 1994. *Pulling together: A planning and development consensus-building manual*. Washington, D.C.: Urban Land Institute.

Godschalk, David. 2004. Land use planning challenges: Coping with conflicts in sustainable development and livability community visions. *Journal of the American Planning Association* 70 (1): 5-13.

Gordon, Peter, and Harry Richardson. 1997. Are compact cities a desirable planning goal? *Journal of the American Planning Association* 63: 95-106.

Hall, Peter. 1988. *Cities of tomorrow*. Oxford, England: Blackwell.

Healy, Patsy. 1997. *Collaborative planning*. Hampshire, UK: Macmillan.

Hoch, Charles. 2000. Making plans. In *The practice of local government planning*, 3 rd., Charles Hoch, Linda Dalton, and Frank So, eds., 19-40. Washington, D.C.: International City/County Managers Association.

Howard, Ebenezer. 1902. *Garden cities of to-morrow*. London: Schwan Sonnenschein. Originally published as *ToMorrow: A peaceful path to real reform* (1898).

Innes, Judith. 1996. Planning though consensus building: A new view of the comprehensive planning model. *Journal of the American Planning Association* 62 (4): 460-72.

Innes, Judith, and David Booher. 1999a. Metropolitan development as a complex system: A new approach to sustainability. *Economic Development Quarterly* 13 (2): 141-56.

Innes, Judith, and David Booher. 1999b. Consensus building and complex adaptive systems: A framework of revaluating collaborative planning. *Journal of the American Planning Association* 65 (4): 460-72.

Krizek, Kevin, and Joe Power. 1996. A *planners' guide to sustainable development*. Planning Advisory Service 467. Chicago: American Planning Association.

Lindsey, Greg. 2003. Sustainability and urban greenways: Indicators in Indianapolis. *Journal of the American Planning Association* 69 (2): 165-80.

Lynch, Kevin. 1981. *A theory of good city form*. Cambridge: MIT Press.

Margerum, Richard. 2002. Evaluating collaborative planning: Implications from an empirical analysis of growth management. *Journal of the American Planning Association* 68 (2): 179-93.

McClendon, Bruce. 2003. A bold vision and brand identity for the planning profession. *Journal of the American Planning Association* 69 (3): 221-32.

McDonough, M., and M. Braungart. 2002. *Cradle to cradle: Remaking the way we make things*. New York: North Point Press.

Meyers, Dowell. 2001. Demographic futures as a guide to planning: California's Latinos and the compact city. *Journal of the American Planning Association* 67 (4): 383-97.

Owens, Susan, and Richard Cowell. 2002. *Land and limits: Interpreting sustainability in the planning process*. London: Routledge.

Pollard, Trip. 2001. Greening the American dream: If sprawl is the problem, is new urbanism the answer? *Planning* 67 (9): 10-15.

Porter, Douglas, ed. 2000. *The practice of sustainable development*. Washington, D.C.: Urban Land Institute.

Smith, N. 1996. The new urban frontier: Gentrification and the revisionist city. New York: Routledge.

Stapleton Development Corporation. 2000. *Stapleton design book*. Denver: Author.

Wachs, Martin. 2001. Forecasting versus envisioning: A new window on the future. *Journal of the American Planning Association* 67 (4): 367-72.

World Commission on Environment and Development. 1987. *Our common future*. Oxford, England: Oxford University Press.

第三章
優質的計畫要包括什麼？

　　一份優質的計畫為了要能影響土地使用，必須滿足地方社區的特定需求和社區關切的事務，同時計畫內容與格式也要有相當的品質。當有人請你指導製作一份優質的計畫，其中需要包括兩個相關的工作：其一，選擇一種最能解決地方土地使用與開發課題的計畫類型（或是結合多種計畫類型）；其次，界定出一組計畫品質原則，應用於引導計畫的準備工作中。你的工作中所生產之產品是某種類型的計畫，它要能最有效地處理地方性的議題和需求，並能掌握計畫品質的標準。為你的社區進行規劃，你會考慮使用哪種計畫類型？你會提出哪些建議來找出計畫品質的核心原則，並實際應用之？

　　計畫和計畫製作的方法是這本書最核心的焦點。計畫可以提供土地使用規劃方案三個向度最基本的功能，如第一章所述：規劃資訊系統、計畫，監督與評估。第二章介紹了永續發展三稜鏡模型，可以在複雜與動盪的土地使用規劃領域中，為計畫建立方向——設定計畫願景的指導方針。為了引導未來土地使用的變遷，計畫必須具備高品質，才能有效地推動願景和其他方向設定（目標與政策）功能。在這一章當中，我們將介紹幾種計畫類型，可以獨立或混合使用這些計畫類型來處理土地使用與開發的課題，並找出關鍵的評估標準做為創造高品質計畫的指導方針。

我們首先闡述計畫的核心目標。接下來在多階段決策過程中，每個階段會產出特定計畫類型的產品，從其中區別出四種計畫類型。在「Davis 市 2001 年綜合計畫」(*The City of Davis General Plan 2001*) 的案例中，顯示出分階段執行規劃的過程中，結合數種計畫類型形成了一份複合式計畫 (hybrid plan)。接下來，我們介紹計畫品質評估指標的兩個概念向度，包括：內部計畫品質，是關於計畫關鍵成分的內容與格式；外部計畫品質，則是關於配合地方狀況的計畫視野 (scope) 和涵括範圍 (coverage)；應用這些評估準則來檢討「2002 年丹佛的藍圖計畫」(*2002 Blueprint Denver Plan*) 之案例。最後，我們討論製作高品質計畫的潛在困難。

計畫的核心目標

不論是否被稱為主要計畫、整體計畫，或綜合計畫，這個計畫就是一份長期的政策文件，為了社區的開發管理方案提供了法律、政治，和邏輯上的支持，最終會形成地方管轄範圍 20 到 30 年後的聚落型態。如第一章所討論的，地方性計畫的核心目標是：

- 為未來開發提出具共識基礎的社區願景，依此願景產生行動；
- 提供事實、目標和政策，把願景轉變成為實質的開發形式；
- 將長期考量投注在短期的行動當中，使未來的開發型態是適合居住的、社會公平的、具經濟活力，並且與環境限制是相容的；
- 展現出社區的大方向 (big picture)，此方向是與趨勢和地方政府所在的區域利益 (甚至全球利益) 相關的。

規劃師擔任土地使用賽局的管理者和協調者，計畫就是規劃師在社區開發過程中所使用的重要工具。在準備高品質計畫的過程中，利害關係人之參與可以在互相競爭的利益團體中，協助政策辯論和推動協力合作。計畫記載賽局參與者在努力朝向永續聚落型態的過程中，為了解決價值衝突所達成的協議。計畫也可以同時做為官員手邊的參考資料，確保公共利益目標不會因為追求狹隘的利益而被忽視，避免「共有資源的悲劇」(tragedy of the commons)——使具有價值的社區資源因私人無止境的追求利益而被破壞。

多階段過程產出的各種計畫類型

計畫製作過程需要先選擇適當的計畫類型 (Kaiser, Godschalk, and Chapin 1995)。在多階段過程的每個階段都會產生特定類型的計畫，所以我們必須區別各種不同的計畫類型。這些階段間的差異是從一般性 (地區的土地政策)、中介階層 (社區土地使用設計)，到特定階層 (小地區計畫和開發管理計畫)。整個過程是由地區性土地政策開始，到社區土地使用設計計畫，再朝向小地區計畫和開發管理計畫 (參考表 3-1)。在這些計畫階段之間的連貫不是固定的、無彈性的；每個階段和各階段的工作也不是分開的、不連續的。實際上，各階段之間互相依賴，前後的連續階段間還存在著許多回饋與連結。

地區性土地政策計畫

地區性土地政策計畫提供未來土地使用與開發決策的一般性指導原則。此計畫是基於土地使用適宜性分析，及分析都市與開放空間的土地需求。計畫最重要的組成元素，是三種一般性的土地政策地區 (保育區、鄉村區和都市區) 地圖。

表 3-1
土地使用計畫的類型

1. 地區性土地政策計畫
   - 一般性政策分區地圖
     － 保育區、鄉村區、都市區
2. 社區土地使用設計計畫
   - 土地使用的特定空間組織
     － 地點、類型、混合程度和密度
3. 小地區計畫
   - 社區內的都市土地
     － 運輸廊道，中心商業區，鄰里地區
   - 社區內的開放空間
     － 集水區流域、棲息地、農地和洪泛區
4. 開發管理計畫
   - 計畫執行的行動方案

資料來源：Kaiser and Davies 1999.

　　保育區 (conservation districts) 是環境敏感的土地，包括具有高度價值但受土地使用變遷影響的重要土地，應限制這些土地的開發 (例如濕地、濱海海岸線、瀕臨滅絕物種棲息地)。鄉村區 (rural districts) 包括適合允許低密度開發的土地，這些土地包括資源生產土地 (例如：農業地區與森林)、小型社區中心，和中度環境敏感地區 (例如陡坡、風景地區、可以容受低密度開發的水資源集水區)。都市區 (urban districts) 包括主要接納都市成長的地區，這些地區包括允許開發，將鄉村轉換為都市的地點；社區希望維持穩定的鄰里；適合未來填入開發 (infill) 的空地；及未充分使用，指定為都市再開發之土地。

　　地區性土地政策計畫也包括每種政策地區所訂定的執行政策。圖 3-1 是北卡羅萊納州 Winston-Salem 市和 Forsyth 郡的地區性土地政策計畫之政策地區地圖。整體來說，為每種地區所設計的政策是為了達成計

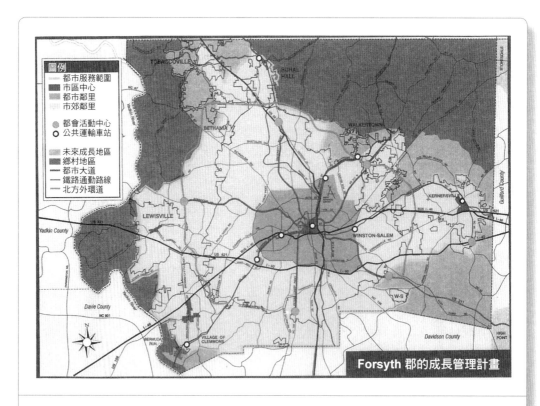

圖 3-1 北卡羅萊納州 Winston-Salem 市和 Forsyth 郡的地區性政策計畫
資料來源：Forsyth County 2000.

畫願景，支持永續發展的核心原則。在此計畫中，永續發展原則明白地指出：市中心地區要充滿活力、多元豐富的鄰里地區有多樣的住宅可供選擇、密集的都市型態、保留農地和開放空間，及行人和公共通勤導向的運輸系統。

　　這個地圖指出三類「都市的已開發地區」(都市中心、都市鄰里，和市郊鄰里)，可做為都市再開發及填入開發之用；一類的「開發中」地區 (未來的成長地區)，做為鄉村轉變為都市的用途；以及一類「鄉村地區」，指定保留為農業地區。這個「鄉村地區」同時也包括未顯示在圖面上的保育地區，其中包括水資源供應的集水區，和稀有動植物的自然保留地點。

社區的土地使用設計計畫

　　社區的土地使用設計計畫，是建立在地區性土地政策計畫的基礎之上。在地區性土地政策計畫中已經區別出各類地區，因此都市開發用地不會影響到保育和農業使用地區；土地使用設計則是在土地使用類型、混合程度，其使用密度上更為特定。土地使用設計更著重於空間的組織，在社區的尺度上調整住宅、商店、辦公室、工業、開放空間、學校、公園，和運輸等土地使用，構成了市、鎮和郡。計畫中關鍵的成分，是在地區性土地政策計畫中所指定的都市化範圍之內，一張用以安排都市使用、特定的空間組織地圖。土地使用設計計畫的焦點是利用空間的安排，維繫都市日常的功能；這些功能包括：土地使用效率、適居性、環境品質、經濟成長，和公平地分配土地使用與設施。

　　土地使用設計的另一個特點，是其展現人們期待的土地使用之空間分佈成果；但地區性土地政策計畫還是強調管理都市變遷及保護自然環境資源為主。地區性政策闡明未來五年、十年，或二十年，哪些土地將轉變成為都市化土地；哪些鄉村和保育區土地不應改變；哪些都市土地要進行再開發；或許還可以包括一些都市土地應該回復為鄉村或保育土地。

　　圖 3-2 展示出「1990 年馬里蘭州 Howard 郡的綜合計畫：2010 年的土地使用」(*1990 Howard County, Maryland, General Plan, Land Use 2010*) 的土地使用設計地圖，這是一個獲得美國規劃協會獎的計畫。地

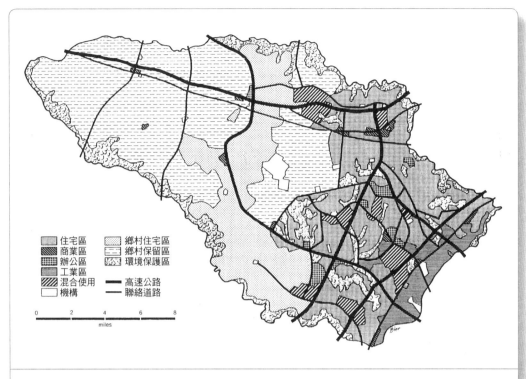

圖 3-2 馬里蘭州 Howard 郡土地使用政策地圖 2000/2010，從計畫中彙整的策略地圖
資料來源：Howard County, Maryland 1990.

圖展現了在計畫中設計要達成的六個廣泛主題：責任區域主義、鄉村地區保存、平衡的成長、與自然共存、社區之強化，和分階段的成長。圖 3-3 展示該計畫的政策地圖，顯示計畫中用基礎設施與受到保護的開放空間，來連結既有都市中心和未來「新都市」之核心。

地區性和社區計畫之連結是基於兩個步驟的過程。首先開始進行的是地區性土地政策計畫；接下來，社區的土地使用設計計畫在地區性計畫中指定的地區，提出特定的土地使用排列、運輸系統，和社區基礎設施。此過程之結果將形成兩個計畫，在許多社區個案中只有形成單一的複合計畫，將土地政策地區和土地使用設計結合在一起。

區域和郡政府通常採用地區性土地政策計畫及執行政策。在區域或郡內的市鎮，會承續上位計畫再利用社區土地使用設計計畫。或者，都市社區可以準備土地使用設計計畫，但不一定要依據既存的地區性土地政策計畫。

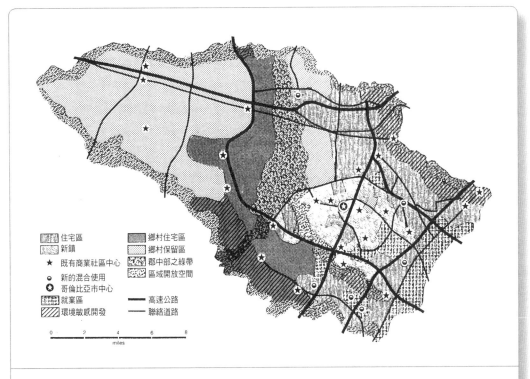

圖 3-3 ▌馬里蘭州 Howard 郡土地使用設計格式之 2010 年土地使用圖
資料來源：Howard County, Maryland 1990.

 小地區計畫 (或特定地區計畫)

　　小地區計畫 (small area plan)，或特定地區計畫 (specific area plan)
之焦點是在於社區內部的地區。涵蓋在這類計畫的都市地區包括，舉例
來說，交通運輸廊道、中心商業區和鄰里地區。需要保護的開放空間地
區也可以包括供給飲用水的集水區、野生動物棲息地、農地和濕地。小
地區計畫可以補充地區性土地政策計畫和社區土地使用設計計畫的不
足，在前述兩種計畫的管轄範圍內，策略性地關注特別重要之地點。這
些計畫在土地使用的空間安排、建成環境的設計、自然資源保護政策與
標準，和政策與行動執行上，可以非常明確且具體的進行規範。

　　圖 3-4 之地圖顯示奧勒岡州波特蘭市 Goose Hollow 車站社區計畫
的細部都市設計特色。這個規劃地區包括五個都市街廓，都在通勤導向
開發 (transit-oriented development) 基地 1,300 英尺的半徑內。土地使用

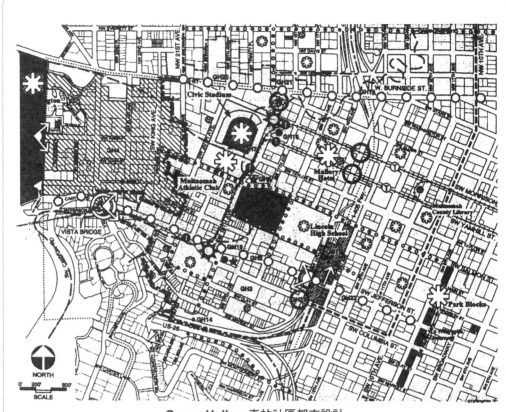

Goose Hollow 車站社區都市設計

圖例

〰〰〰	市中心計畫區	●	公共廣場
▬ ▬ ▬	Goose Hollow 車站社區範圍	✴	鄰里中心點
··········	Goose Hollow 車站鄰里範圍	Ⓣ	輕軌車站 (未來Ⓣ)
◎ 主要地區通道　○ 次要地區通道		+++++	輕軌路線走廊
○○ 公園大道/大道		✹	小公園
▨ 既有的 Kings Hill 歷史地區		■	開放空間
✳ 主要景點　　✺ 次要景點		▨	高速公路上之平台
〰 歷史性的 Tanner 溪河道		GH9	行動表的參考號碼
★ Tanner 溪之白天水景		•••• ⇒	步道與自行車道
		⇄	景觀之視線方向

圖 3-4 ▎奧勒岡州波特蘭市 Goose Hollow 車站社區特定計畫
資料來源：City of Portland 1996.

地圖 (未在本文中展示) 顯示細部的土地使用的空間排列，在既有的土地使用形式中結合住宅、就業、零售和服務。計畫主要的目標是要使 Goose Hollow 能提供有效、具吸引力的場站開發，讓使用各種運輸工具的人都能輕鬆的轉乘，以使輕軌捷運使用量極大化。

開發管理計畫

開發管理計畫強調在執行時，是依據一組特定的行動手段來引導開發。這個計畫著重在短期的行動 (例如 5 至 10 年)；它引導開發的地點、類別、速率，開發的設計品質。可以包括許多種使用工具，例如：協調多種規範的開發標準，用公共投資方案購買土地，及延伸基礎設施與服務。可以經由立法單位通過成為管制規則。開發管理計畫補強了地區性土地政策計畫、社區土地使用設計計畫和小地區計畫，有時候也會被納入成為這些計畫中的一部分。

「2001 年 Davidson 規劃規範」是一個能單獨運作的開發管理計畫案例 (Town of Davidson 2001)。與美國許多社區的流行風潮類似，創製 Davidson 計畫是為了從開發管理的角度推動新都市主義。如標題中所示，此計畫之通過實行就是執行具規範權力的管制規則。這個管制規則中包括了反映新都市主義原則的願景陳述 (例如，可供行人步行的混合使用社區；用設計來塑造社區感；由街道與綠道連結的鄰里)，和一組綜合的管制標準與過程 (參考表 3-2)。這個計畫並沒有特定範圍內的土地使用設計地圖，僅僅包括一張規劃地區地圖。這些地區並沒有區分土地使用，無法使用傳統的分區管制規範。反而這些地區的劃定是基於過去社區的成長形式，與「新都市橫斷」(New Urban Transect) 的組織系統類似，把人類居住地點視為是從都市核心延伸到鄉村地區的延續 (Duany and Talen 2002)。此規劃區具有與分區管制地區相同的規範權力，為每個地區過往的都市設計和景觀特色列出允許的土地使用和詳細的開發標準。

雖然在開發管理計畫中要有特定的、詳細的行動方案引導開發，地區性土地政策、社區土地使用設計，和小地區計畫三者都要面對開發管理議題。實務上，因為執行工具必須與計畫的趨向、概念一致，在選用後面三種計畫類型時需非常清楚應該如何執行。

表 3-2

開發管理計畫的例子：北卡羅萊納州 Davidson 鎮規劃規則之內容

1. 介紹
　　　規劃的一般原則
　　　目的和適用性
2. 規劃地區
　　　村落的填入式規劃
　　　村落中心
　　　湖岸
　　　大學校園
　　　鄉村地區
　　　特殊使用
3. 設計規範
　　　工作地點
　　　商店之臨街面
　　　公寓
　　　獨棟住宅
　　　公共建築
　　　道路和綠道
4. 進行開發審議的程序
　　　開發審議過程
　　　提出開發計畫的規定
5. 公共設施
　　　適當的公共設施規則
6. 行政管理

資料來源：摘錄自 Town of Davidson 2001.

 複合式計畫的個案研究：Davis 市 2001 年綜合發展計畫

　　　　在規劃實務中，規劃者和社區可以選擇使用一種計畫類型，或是將多種計畫類型做組合。「Davis 市 2001 年綜合發展計畫」(*City of Davis General Plan 2001*) 在一個分階段過程中，結合地區性土地政策、社區土地使用設計和小地區計畫 (請參考圖 3-5、圖 3-6，及圖 3-7)。地區性土地政策與社區土地使用設計計畫是包括在綜合階段中。三種類型的「一般規劃地區」(既有開發地區、規劃開發地區，和開發影響範圍)

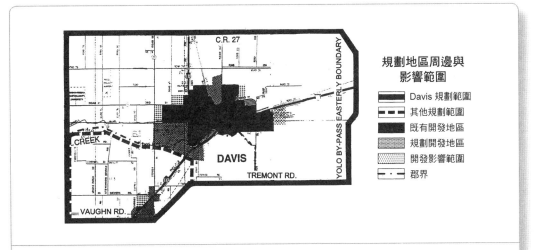

圖 3-5 ┃ 加州 Davis 市地區土地政策計畫的案例

資料來源：City of Davis 2001.

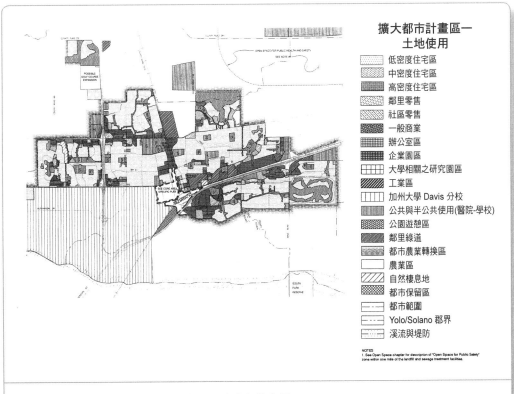

圖 3-6 ┃ 加州 Davis 市社區土地使用設計計畫的案例

資料來源：City of Davis 2001.

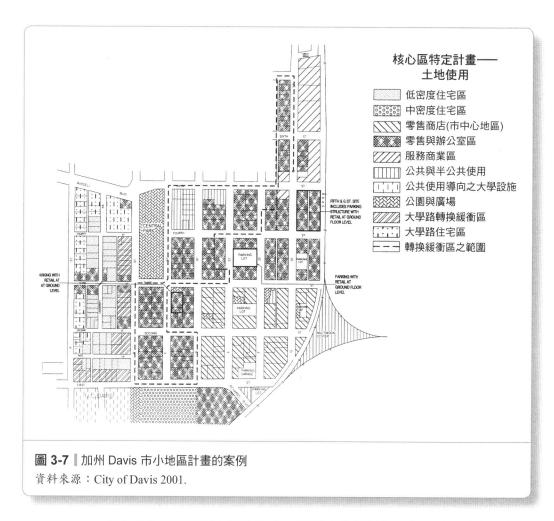

圖 3-7 加州 Davis 市小地區計畫的案例
資料來源：City of Davis 2001.

從全市的規劃範圍中劃分出來，接下來就針對每個規劃地區決定更細部的土地使用政策。

Davis 綜合計畫中包括「特定計畫地區」(specific-plan areas) 地圖。舉例來說，「核心區特定計畫」(Core Area Specific Plan) 為每個市中心區的街廓確認出細部的土地使用排列。雖然 Davis 市綜合計畫並沒有包括可獨立運作的開發管理計畫，綜合計畫中已提供了明確的政策架構，其中可利用開發管理工具引導未來的成長。使用這些工具是為達成全市的願景，包括密集都市形式、保護農地與綠帶、鼓勵能配合此都市有如小鎮般風格的都市設計、活化都市中心，以及能增加公共運輸使用與行人徒步之旅行形式。

評估計畫品質的準則

依照 Bruce McClendon 所述，「在一份優良之綜合計畫當中，最好的部分就是，此綜合計畫能找出可以傳達未來願景的方式，利用此方式來結合與激勵社區，讓願景能付諸實現。因為提供民眾一個如圖像般明確的遠景，所以可以避免計畫只是放在書架上蒙塵」(McClendon 2003, 228)。創造一個有意義的計畫之關鍵課題是：要讓人們了解計畫的品質。一個優質計畫提供了具明確說服力的未來前景，能強化計畫的影響力。

規劃師要如何區別好計畫和壞計畫？在規劃專業領域中，過去一直在避免這種規範性問題。雖然規劃師可以從許多計畫中找到高品質的計畫，但明確地辨識計畫品質之關鍵原則還是有困難的；因此，過去在此專業領域一直較為重視製作計畫的方法和過程。

雖然在評估計畫品質上的學術知識並不充分，計畫終究還是影響未來開發與變遷的主要工具；這個專業一定要有更妥善的方法來評估計畫，才能執行民眾所賦予規劃者的重要責任。雖然每個計畫都包括許多公共的選擇，但滿足特定社區獨一無二的需求，仍然有共同能接受的原則，可以做為決定是否為好計畫的評估準則。不管規劃工作如何進行、產生哪種形式的計畫，其實都有可以評估計畫的方法。

本章接下來的部分，討論製作與評估綜合計畫需考量的規範性評估準則。過去學者在決定計畫品質的適當標準上已具備一些共識，Kaiser、Godschalk 和 Chapin (1995)，及 Kaiser 和 Davies (1999) 辨識幾個不同的概念向度，來界定計畫中各成分的品質，包括目標、政策，和事實基礎的品質。Baer (1997) 提出計畫品質的定義，又增加了幾個概念向度，包括像是溝通品質、對執行工作之指導和過程效度。Hopkins (2001) 進一步擴大計畫品質的概念，建議計畫外部效度一定要成為計畫品質概念的一部分；外部效度主要是討論計畫範疇和計畫涵蓋內容，是否適合當地的狀況。[1]

整體來說，以往計畫品質與評估的工作建議了計畫品質兩個關鍵的概念向度，在所有的計畫評估中都應納入：其一，內部的計畫品質，包括計畫關鍵成分的內容與格式；第二，外部的計畫品質，考量計畫範疇

與涵蓋內容要能配合地方狀況。以下針對可以作為計畫品質評估指標的各個向度的主要特色,進行簡短的定義和說明。

 內部的計畫品質

與內部品質相關的評估準則,使用在計畫的四個基本組件——課題與願景的說明、事實基礎、目標與政策架構、計畫提案——包括空間設計、執行,和績效之監督。

課題與願景的說明

計畫應辨識出市民具有的公共價值、大家都關切的事務、社區擁有的重要資產、和未來會影響到的社區趨勢。它包括社區想要達到的願景,包括未來的實質景象,和社區的形式。在計畫願景中主要包括的關鍵項目,如同美國規劃師協會出版「*聰明成長的立法手冊:規劃與管理變遷的標準法令*」(2002) 建議的,包括:

1. 對規劃年期中預期變遷的主要趨勢和影響,進行初步的評估。此評估應包括:
   - 現有與推計的人口、經濟預測;
   - 現有和推計的各種土地使用、公共基磐設施需求;
   - 現在和推計對自然環境的影響;
2. 敘述推動理想的開發時,社區面臨的主要機會和威脅;
3. 回顧檢討地方政府當前或潛在的重要問題與課題;
4. 用文字與整體意象來表達社區想要或想達成之願景。

事實基礎

計畫的事實基礎,是再次檢視及擴張前一個計畫所要建立的事實基礎。在此過程中澄清所有的課題與問題,提升後續工作的效度。這個事實基礎應該包括兩個重要屬性。第一,敘述與分析規劃範圍內的特色,包括:

1. 現在和未來的人口與經濟;
2. 現況土地使用、未來土地使用需求,和提供未來開發使用之現況土地供給量;

3. 現有 (和未來需求的) 社區設施和基磐設施，為社區的人口與經濟提供服務，並能影響不動產市場的開發決策；

4. 自然環境的狀態，呈現出具價值或易受傷害的資源，及其他土地使用與開發的實質限制。

　　第二，這個事實基礎必須明確地辨識、解釋，和支援在計畫中，課題和管理對策間的邏輯推理，這是透過：

1. 用地圖具體呈現發現的事實；
2. 表格和彙整的資料；及
3. 使用相關的參考資料、方法，和模型。

目標與政策架構

　　在計畫目標與政策架構中辨識和仔細思考基於價值、問題，和期望的社區目標，並提供政策的引導來達成目標。目標是針對期待的社區未來狀況，所做的一般性表達。開始時可以從願景的陳述中引申出目標，接下來則仔細地分析需求和期望，來加以補強。政策是建立起來讓人依循的原則，引導公共與私人決策，藉以達到期待的未來土地使用和開發的形式。舉例來說，政策針對使用類型、地點、時序、密度、混合程度，和其他未來開發 (和再開發) 特性來管理以達成目標。

計畫提案

　　計畫提案部分是展現與解釋區域、社區，或社區內特定地區未來之永續形式；勾勒出開發管理方案的機制與行動以產生這些形式；以及敘述監督與評估的方案，檢討執行工作的成就及社區條件，用以更新與調整計畫和執行方法。也就是說，計畫提案包括空間設計、開發管理方案，及監督方案。

- **空間設計**。在空間設計當中，利用二、三維的觀點詳細說明未來社區土地使用、基磐設施、交通，和開放空間網絡。空間設計的關鍵成分是在計畫中納入，例如未來的土地使用圖；考量交通運輸、自來水供應與污水處理改善的土地使用構想；配合未來成長調整的土地使用面積；以及依照適宜性和景觀特性規劃之土地使用地點。

- **開發管理方案**。這些方案說明社區應如何執行計畫以達成社區目標。將這些行動排列優先順序，引導決定是否需要新的土地使用規範、修訂現有的土地使用規範、資金投入至公共設施，和準備接續的特定地區計畫。在行動中也說明執行行動之時間表，並為每個行動指派執行之權責單位 (公共或私人)。
- **監督與評估**。在監督評估工作中追蹤考核計畫之執行，和此計畫於滿足需求、舒緩問題，和達成目標之績效。也就是說，此工作評估社區在執行計畫政策上表現得如何；開發和土地使用變遷與計畫一致的程度；達成標的 (目標的量化指標) 的程度。基於監督工作的成果，得以持續評估計畫達成的效果，計畫也可藉此做定期的更新。

總而言之，前述之計畫基本組件是綜合性地方計畫必須具備的部分，引導未來的土地使用與開發。在如何滿足內部計畫品質評估標準上，是隨著這四個計畫組件的設計而有相當大的彈性。創造計畫使用方法的精度和深度，及計畫展現的細部成果，都會隨著特定的地方狀況而有差異。

外部的計畫品質

依據外部計畫品質的評估準則，來評估計畫對地方狀況的適用性；這是從計畫務必展現出的關鍵特色——要極大化計畫之使用與影響力——所引申出來的 (Hopkins 2001)。這些評估準則包括：促進使用計畫的機會；建立對計畫明確的看法和了解；考量行動間的交互影響；顯示出規劃參與者的公共參與。

了解計畫並鼓勵使用計畫的機會

各種計畫應該被設計為：在使用計畫時，人們要能認同計畫是引導開發的重要文件。在制定決策、形成課題，或在每天的行動中回應各種提案時，計畫中的資訊和邏輯應該要能夠契合實際的狀況。計畫中關鍵的整體向度，可以提升計畫被使用的機會和影響，這些整體向度包括：

- **激勵性的**。計畫如果能激發新的想法，就可以被更廣泛地使用。假使計畫具想像力並提出讓人耳目一新的行動，就可以激勵人們採取

提升共同利益之行動，接下來計畫就有更大的潛力改變人的態度和信念，並促使人更努力工作、投入以動員資源。

- **行動導向的**。計畫若清晰地展現出行動導向的議程 (例如，明確界定的課題和整體解決方案)，有助於提醒人們應該採取什麼行動，以及採取這些行動的共同承諾早已存在了。

- **彈性的**。能明確解釋政策之計畫，會允許採用替代的行動來達成目標，更能增加社區在面對複雜狀況下，適應、解決問題的彈性。

- **法律上可以辯護的**。計畫中包括立法與管理權責單位的說明，在說明中要求計畫成為開發和土地使用決策的指導。

建立對計畫明確的看法和了解

　　塑造一個能服務規劃範圍和相鄰社區的計畫，此計畫必須切合當地條件，並且從其他政府單位 (例如，郡和特別行政地區) 觀點而言都是能夠理解的。規劃師應該要明白解釋計畫中如何提供有用的資訊和完整邏輯，藉以產生洞察力、了解課題，和提出合於地方狀況的潛在解決方法。這個解釋要能配合問題的視野、範圍，和多元的政府管理權責。民選官員和居民能否明白理解計畫是重要的工作，如此就能增進問題的認知，並支持社區整體的公共利益，同時提升民主決策和執行社區土地使用與開發政策的期望。

考量計畫行動間的交互影響

　　計畫得以成功執行達成終極影響，需要掌握計畫中不同組織執行行動間的交互影響。舉例來說，地方性污水處理單位用污水管線延伸來滿足未來的開發，就必須和地方政府的土地使用分區決策進行協調：未來設置污水管線的集流地區可以劃為高密度住宅區，未接受服務的集流地區可設定為低密度住宅區。處理交通道路投資和收購公園土地組織，也要思考他們所採取的行動會與污水管線之延伸互相影響。舉例來說，不應該在污水下水道服務的範圍區內，購買大面積開放空間土地做為公園使用。因此，假使計畫視野能充分掌握政策領域中，管理開發與土地使用變遷行動間可能的交互影響，就能提升成功執行計畫政策、達成目標的前景。

顯示正式與非正式規劃參與者 (或機構) 的參與

計畫應該要能顯示準備計畫的工作中，參與過程的關鍵特色。這些特色應該要說明：誰應該參與？他們如何參與計畫製作過程？他們在計畫演進的過程中產生什麼影響效果？他們的意見對計畫的影響程度？在界定課題和形成政策方案中，若能妥善說明規劃工作如何考量各種利害關係人利益之計畫，則較可能被經常引用，並具有影響力。

參與工作應該考慮受計畫產出影響的規劃參與者。這些參與者分成三類。他們包括關鍵的地方政府機構，具有管理計畫課題、制定管理決策之權力與責任。也包括私部門機構 (開發商、建造商和銀行)，這群人具有相當的影響力、充分的資源、良好的組織；這群人會在公有土地使用與開發政策決策中，發揮大規模的影響力 (Rudel 1989)。能夠確實考慮政府部門和私人部門參與者偏好的計畫，都比較可能具有影響力。第三種參與者指的是單獨的市民，他們通常未能適當地組織，也不能夠彙整充分的資源來提升他們的利益。社區中的弱勢成員 (低收入、少數族裔) 一般來說沒有能力影響土地使用與開發政策。過去的一個研究檢討了 30 個地方綜合計畫的品質，發現大部分計畫未能充分考量這群參與者的利益 (Berke and Manta-Conroy 2000)。若沒有給居民充分參與的機會，尤其是這一群弱勢者，就不能了解他們的需求與條件，也無法在計畫中討論說明對這一群人最佳的政策方案。

上述八個計畫品質的評估標準和其衍生的細項，就是用在「計畫品質評估的標準程序」(參考在本章後的附錄) 分別的評估準則。然而這些評估準則並非最終的標準答案，這些評估準則不應被視為聯邦和州政府授權規劃的必要項目。而是，這些準則所提供的指引，要由使用者判斷它們能否適用於特定的地方性環境中。它們反映出起草規劃時的基本想法，幫助規劃者系統性的思考：哪些內容應包括在優質的計畫中。在地方性目標和環境的差異下，應用各種評估標準的適用性也會有差異，地方性的規劃師與他們的社區可以修改這些評估準則，以配合他們的需要。

利用個案討論計畫品質評估標準：丹佛市

為了展示這份評估準則在決定計畫品質上的幫助，我們在此評估

構成丹佛市規劃核心工作中的兩份重要文件，包括：「丹佛市綜合計畫」(City and County of Denver 2000) 和「丹佛的藍圖：土地使用與運輸計畫」(City and County of Denver 2002)。在這些計畫文件中，包括三種計畫的形式：地區性計畫、土地使用設計和開發管理計畫。「丹佛綜合開發計畫」於 2000 年通過，在其政策架構中建議建置一個土地使用和運輸的計畫，並修訂老舊的土地使用分區管制。「丹佛的藍圖：土地使用與運輸計畫」在 2002 年通過。計畫中訂定地區性的土地政策，包括穩定發展地區的地圖，和提供未來發展使用的變遷地區地圖 (請參考圖 15-5)。未來土地使用地圖展示土地使用設計的成果，在未來的空間分佈中訂定 19 種土地使用分類，這個設計結果是與地區性土地政策一致的。計畫也包括修訂土地使用分區和都市設計標準的過程。如第二章所討論的，丹佛的計畫推出創新和具想像力的解決方法，處理土地使用規劃領域中隱藏的多元衝突，並致力於推動永續土地使用與開發之成果 (參考圖 2-3，和參考資料 2-1、2-2 中，丹佛區域的計畫網絡架構及解決衝突的永續方法)。

記錄計畫品質的標準程序 (請參考本章後的附錄) 是要用來引導評估工作；在分為八類的計畫品質評估準則中，包括了 60 個項目 (或問題)。在評估中，顯示規劃的核心文件「丹佛市綜合計畫」和「丹佛的藍圖：土地使用與運輸計畫」，在內部和外部計畫品質準則上的優劣。表 3-3 中，整理了每個內在和外在規劃品質評估準則的評估結果。

整體來說，丹佛市的規劃核心文件中，展現規劃實務工作具備高品質的水準，因為在多數內在與外在計畫評估準則上，都得到了最佳的成績。在內在評估準則方面，這些計畫在未來的土地使用和開發形式上有明確願景；對現狀和未來條件提出充分的事實基礎；具有明確、綜合，和一致的目標與政策架構；並且，一份良好的土地使用設計，緊密地協調未來的交通運輸計畫。缺少計畫執行的監督方案，是內部評估準則中比較不足的部分。丹佛的計畫在滿足外部評估準則上也表現卓越。在這些計畫中展示了一套引人注目的行動、易於了解、考慮其他組織的交互影響行動、揭露出這些計畫依據強力的市民參與方案，來鼓勵其他人也使用這些計畫。外部評估準則中較欠缺的部分，是在其計畫中並沒有解釋支持規劃的法律架構，和計畫的行政管轄權力。

表 3-3
應用內部評估準則的個案：丹佛市計畫

內部的計畫品質評估準則	評論
1) 課題和願景的說明	仔細地辨識問題；明確的願景陳述；確實的檢討趨勢、機會，和威脅；
2) 事實基礎	
A. 敘述與分析事實	明確且切合實際地分析人口、經濟，和未來的土地使用需求；概略地評估社區設施需求，和自然環境狀況
B. 展現事實	清楚利用地圖展現出事實的情況，而不是用未經整理過的資料；確實參考與明確地解釋分析方法；無需縝密檢討過去的預測資料，但推測資料都要清楚地關聯到政策
3) 目標與政策架構	目標和政策是明確的、內容一致的、行動導向的，和強制的
4) 計畫提案	
A. 土地使用設計	清晰的未來土地使用地圖，要考量運輸的需求，但無需考慮自來水和污水下水道需求；土地使用的規模可以適切地配合未來之成長；概略地關聯到土地使用需求與土地使用適宜性
B. 執行	找出行動，但並不排列優先順序；設定執行時間，指派管理組織之責任；排定計畫修訂的時序表
C. 監督	無

外部的計畫品質評估準則	評論
5) 鼓勵計畫的使用機會	具想像力並能刺激新的想法；列舉要執行之行動；明確的指出替代行動方案；不要區別規劃與行政管理單位的法律定位
6) 計畫清晰性	仔細地撰寫，妥善的組織文章；清晰的地圖和圖形；提供清晰的行政摘要；不要交互引用參考文獻；編撰字詞參照；加上其他的參考資料 (網站、CD、錄影資料)
7) 考慮行動間的交互影響	明確辨識出所有水平或垂直連結組織間交互影響的行動；辨識出區域、郡、城市，和鄰里間，跨政府層級協調的過程
8) 參與	明白地解釋市民的公共參與方案；明確地辨識市民參與的方法，參與過程中納入廣泛的利害關係人和政府機構

資料來源：摘錄自 City and County of Denver 2000, 2002.

潛在的限制

　　創造出高品質的計畫絕非簡單容易的事。創造高品質計畫經常會面臨到的限制包括：薄弱的事實基礎、使用不適當的規範來監督與執行工作，和不易閱讀與通盤理解。

　　薄弱的事實基礎經常是製作高品質計畫的主要障礙。缺乏充分的事實基礎，計畫就無法在辨識課題和排列課題的優先順序上找到充分的邏輯依據，進而選擇政策、引導特定管理行動或土地使用形式。舉例來說，假使沒有提供哪些區位的土地最適合某種特定的土地使用、提供特定生態服務的重要自然地區(地下水補注地區、過濾污染物進入河川的緩衝區)、提供居住寧適(景觀之視線範圍)，或自然資源(食物、木材)的相關資訊，土地使用適宜性分析大概也只能包括洪水平原或重要自然地區範圍了。

　　在計畫中通常不會規範監督計畫達成目標的程度。一項常見的缺失是計畫中沒有可以衡量之標的，反映計畫希望達成的目標。計畫中也經常未納入達成目標進度之指標，用來衡量所設計之政策可以達成目標的水準。即使標的、指標都已納入計畫中，計畫經常還是不會依照時間向度，訂出達成指標和組織責任的時間標竿。

　　以往的計畫往往**不易閱讀、了解**，難以被一般人甚至專家們實際應用。撰寫計畫的文筆有時過度拙劣，又未能妥善的組織文章；這種狀況包括：列了一大堆的目標、標的，和政策，難以通盤的理解；使用過度專業、冗長和難以理解的語彙；只列出各章的清單，但缺少了詳細的目錄；也常缺少用來展現計畫政策空間分佈意涵的圖形資料(例如：表格和圖形)。假使計畫中沒有包括明確願景和視覺的政策意象，便無法讓人願意了解，進而支持推動促進公共利益的計畫，這些計畫就只剩下些許的影響了。

結論

　　這一章是把計畫視為一個成品，而不是把計畫當作規劃過程附帶產生的結果。我們把討論的焦點集中在計畫類型和計畫內容的品質，而非

計畫的政策方向。如第二章中所討論的，丹佛都會區個案分析中也曾指出：政策方向是以共識為基礎的方案，來解決永續三稜鏡模型價值間的衝突，這些衝突是潛藏在土地使用規劃的工作領域中。

製作計畫的過程中，要選擇適當的計畫類型。本章中討論到四階段的計畫階層，並不是讓每個社區務必遵守的僵化程序，也非所有案例中都有必要奉行的。像是社區土地使用設計計畫，經常被整合在地區性的土地政策計畫中；其他例子還包括：一個郡的規劃者可以在地區性計畫之後，跳過土地使用設計直接進入開發管理計畫。都市規劃者或許可以跳過兩個階段，地區性計畫和土地使用設計；話又說回來，假使缺乏對城市所處大環境的空間架構有充分了解，我們並不鼓勵這種操作方法。

此外，把計畫製作過程分成為數個階段，似乎會讓人認為每個階段的主要工作是完全不同、不連貫的。其實並非如此，每個階段是彼此互相影響的，在整個過程中會有大量回饋與修正。舉例來說，土地使用設計計畫的內容或許需要修改與調整，以反映小地區計畫或開發管理階段的觀點；重要的是，各個階段之間皆要能夠一致。

計畫品質評估準則在引導計畫內容品質與格式品質之決策上，是重要的。我們特別關注計畫品質的評估，及製作與評估計畫使用的評估準則。這些評估準則必須是清晰的、容易使用的，對民選官員和參與土地使用工作的利害關係人而言是容易了解的。在準備或修正計畫過程中，必要的修正工作是必然的；然而我們建議這些評估準則不應被視為一份檢查的清單，或不具彈性的指導原則。假使規劃師能夠不受應用評估準則的方法和專門技術的束縛，這些評估準則對規劃師而言才是有用的。規劃師應該在規劃的起始階段使用這些評估準則，但是在後續製作計畫的過程中，他們必須逐漸調整這些準則，並創造出他們自己的準則，來滿足規劃環境的現實狀況。

最後，在這一章中我們敘述了計畫製作的過程，過程中整合了分析與設計。雖然分析工作在整個過程中是重要的，在後面幾章我們也將充分解釋分析工作的內容，但是只利用分析並不能幫助規劃師找出解決問題方案。在此，解決方案要經由參與式的設計工作：從分析開始，跳進創造與整合的領域中，創造具共識基礎，並在社區環境、經濟、社會公平性，和適居性價值間，努力達到平衡的問題解決方案。

附錄

計畫品質評估的標準程序

內部的計畫品質評估準則 (1 － 4)

1. 課題與願景的說明　　　　　　　　　　　　　　編碼類別

　　　　　　　　　　　　　　　　　　　　　　　2 = 詳細辨別

　　　　　　　　　　　　　　　　　　　　　　　1 = 粗略辨別

　　　　　　　　　　　　　　　　　　　　　　　0 = 未辨別

　1.1 有沒有初步的評估重要趨勢和在未來規劃期程中預測變
　　　遷之影響？　　　　　　　　　　　　　　　　　____

　1.2 有沒有敘述居民偏好之開發所面臨的主要機會與威脅？　____

　1.3 有沒有回顧地方政府現在或潛在面臨的問題與課題？　____

　1.4 有沒有願景的陳述，其中用文字明白指出社區想要達到
　　　之整體意象？　　　　　　　　　　　　　　　　____

　　最高分數：8

　　小計　　　　　　　　　　　　　　　　　　　　____

2. 事實基礎　　　　　　　　　　　　　　　　　　編碼類別

　　　　　　　　　　　　　　　　　　　　　　　2 = 詳細、中肯的辨別

　　　　　　　　　　　　　　　　　　　　　　　1 = 粗略的辨別

　　　　　　　　　　　　　　　　　　　　　　　0 = 未辨別

　A. 敘述與分析地方規劃轄區的關鍵特色

　2A.1　現況和未來的人口、經濟　　　　　　　　____

　2A.2　既有之土地使用、未來的土地使用需求，和提供
　　　　未來使用的現況土地供給量　　　　　　　____

　2A.3　服務社區人口與經濟的既有 (也包括未來需求) 之
　　　　社區設施與基礎設施　　　　　　　　　　____

　2A.4　自然環境的狀態，包括有價值和脆弱的資源，及對
　　　　土地使用形成之實質限制　　　　　　　　____

　　最高分數：8

　　小計　　　　　　　　　　　　　　　　　　　____

B. 明確辨識與解釋事實所使用之技術

2B.1 用來展示資訊的地圖是否清晰、切題,並容易理解? ＿＿＿＿

2B.2 在研究規劃地區時所整理的資料圖表,是否切題且
具有意義? ＿＿＿＿

2B.3 解釋課題時有沒有使用具體事實資料做推論? ＿＿＿＿

2B.4 解釋政策方向時有沒有使用具體事實資料做推論? ＿＿＿＿

2B.5 解析事實資料的方法有沒有引用理論為根據? ＿＿＿＿

2B.6 是否資料的來源都有根據? ＿＿＿＿

2B.7 基本的空間資料與資料登錄是否合理? ＿＿＿＿

2B.8 有沒有仔細檢視與校估正式推計資料之內容? ＿＿＿＿

2B.9 推計資料有沒有明確的關聯到計畫政策? ＿＿＿＿

最高分數:18

小計 ＿＿＿＿

3. 目標與政策架構　　　　　　　　　　　　　　編碼類別

2 = 多數如此

1 = 有些是如此

0 = 無

3.1 有沒有明確的陳述目標? ＿＿＿＿

3.2 政策是否與目標有內部的一致性,讓每個政策都明確連結
到特定目標? ＿＿＿＿

3.3 政策有沒有關聯到特定的行動,或是開發管理的工具?
(例如:粗略的政策──降低洪水風險;詳細的政策──
在洪水平原上降低開發密度) ＿＿＿＿

3.4 政策是否具有強制性? (包括的文字,如:應該、需要、
務必,相對於其他建議性的文字,如:考慮、得、可) ＿＿＿＿

最高分數:8

小計 ＿＿＿＿

4. 計畫提案

編碼類別

2 = 詳細的辨別

1 = 粗略的辨別

0 = 未辨別

A. 空間設計：

4A.1 計畫中有沒有未來的土地使用圖？ ＿＿＿

4A.2 土地使用地區有沒有考慮到運輸的草案？ ＿＿＿

4A.3 土地使用地區有沒有考慮到自來水供給和污水下水道的草案？ ＿＿＿

4A.4 土地使用地區的面積規模是否能滿足未來成長？ ＿＿＿

4A.5 土地使用的計畫地點，是否能夠配合景觀特色之適宜性？ ＿＿＿

最高分數：10

小計 ＿＿＿

編碼類別

2 = 多數如此

1 = 有些是如此

0 = 無

B. 執行：

4B.1 是否執行計畫之行動都已明確辨識出來？ ＿＿＿

4B.2 是否已排出執行計畫行動之優先順序？ ＿＿＿

4B.3 有沒有訂定執行的時間表？ ＿＿＿

4B.4 是否已辨識出具有權責執行政策的組織？ ＿＿＿

4B.5 是否已找到執行計畫的經費來源？ ＿＿＿

4B.6 有沒有檢討和更新計畫的時間表？ ＿＿＿

最高分數：12

小計 ＿＿＿

C. 監督：

4C.1 目標是否依照標的進行量化的衡量 (例如，60% 的居民住在有大眾運輸服務的 1/4 英里範圍內) ？ ＿＿＿

4C.2 是否包括了每個標的之指標 (居住在大眾運輸服務
的 1/4 英里範圍之內的居民人數百分比，按年來計
算) ？ ＿＿＿

4C.3 是否辨識出負責監督之組織，和提供衡量指標資料
的組織？ ＿＿＿

4C.4 是否依照監督得到的變遷狀況，酌予修改計畫更新
之時間表？ ＿＿＿

最高分數：8

小計 ＿＿＿

外部的計畫品質評估準則 (5 － 8)

5. 鼓勵增加使用計畫的機會　　　　　　　　編碼類別

2 = 詳細的辨別

1 = 粗略的辨別

0 = 未辨別

5.1 計畫是否具有想像力，提出引人注目之行動方案促使人們
的參與？ ＿＿＿

5.2 計畫中有沒有展現出明確界定、行動導向的工作項目 (例
如，排定優先順序與具彈性的替選行動，能明確展現完整
的解決方案) ？ ＿＿＿

5.3 計畫中有沒有明白解釋替選的行動方案，以增進社區面對
複雜情況的彈性與適應性？ ＿＿＿

5.4 有沒有解釋清楚何以要規劃的法律意義 (例如，滿足聯邦
和州政府的要求、辨識應該最優先解決的議題讓法律上的
說服力增加) ？ ＿＿＿

5.5 有沒有指出規劃的管理權責單位 (規劃委員會之決議，州
政府法案，聯邦的要求) ？ ＿＿＿

最高分數：10

小計 ＿＿＿

6. 建立對計畫明確的看法和了解

編碼類別

2 = 詳細、中肯的辨別

1 = 粗略的辨別

0 = 未辨別

6.1 有沒有包括詳細的目錄 (不只是表列各章名稱)？ ＿＿＿＿

6.2 有沒有包括字詞的定義？ ＿＿＿＿

6.3 計畫中有沒有行政摘要報告？ ＿＿＿＿

6.4 有沒有交叉參照課題、目標、標的和政策？ ＿＿＿＿

6.5 有沒有使用淺顯易懂的文字與敘述 (避免用字遣詞不當、
文法錯誤、冗長、過多的技術詞彙，和不清晰的語彙)？ ＿＿＿＿

6.6 有沒有納入明白易懂的圖示 (例如表格與圖形)？ ＿＿＿＿

6.7 空間資訊有沒有明白地繪製在地圖上？ ＿＿＿＿

6.8 計畫中有沒有加入其他的支持文件 (錄影資料、光碟資
料、電腦資訊系統、網站)？ ＿＿＿＿

最高分數：16

小計 ＿＿＿＿

7. 考量計畫行動間的交互影響

編碼類別

2 = 詳細的辨別

1 = 粗略的辨別

0 = 未辨別

7.1 有沒有解釋配合其他地方性計畫與方案之水平連結？ ＿＿＿＿

7.2 有沒有解釋配合州、區域政府政策與方案之垂直連結？ ＿＿＿＿

7.3 有沒有解釋提供基磐設施與服務、保護自然系統，和抒
解自然災害損失的跨部會協調過程？ ＿＿＿＿

最高分數：6

小計 ＿＿＿＿

8. 規劃參與者之參與	編碼類別
	2 = 詳細、中肯的辨別
	1 = 粗略的辨別
	0 = 未辨別

8.1 有沒有辨識出參與準備計畫的組織與個人？ ____

8.2 有沒有解釋為什麼計畫中要納入這些組織或個人？ ____

8.3 參與準備計畫的利害關係人，是否能夠代表在計畫中受到政策與執行行動影響的所有團體？ ____

8.4 有沒有解釋計畫中使用的參與技術？ ____

8.5 有沒有明確地解釋利害關係人在計畫中的參與方式，如何關聯到以往的規劃行動？ ____

8.6 有沒有敘述計畫的演進過程，包括對市民與私部門利害關係團體的影響效果？ ____

8.7 計畫中有沒有解釋重要公部門組織 (工務、經濟開發、公園) 的協助與參與？ ____

8.8 計畫中有沒有納入廣泛的利害關係人之意見？ ____

最高分數：16

小計 ____

整體的最高分數：120

總分數 (1 － 8 項的加總)

註解

1. 從不同角度探討計畫品質概念的研究數量有限；這些研究檢測地方計畫的品質，並解釋影響計畫品質變異的因果關係。這些變數包括如：是否有州與聯邦計畫的授權、地方性的社會經濟條件、地方上對計畫的投入和能力。美國相關參考文獻如 Berke and French 1994；Godschalk et al. 1999 的第九章；Nelson and French 2002；紐西蘭的相關文獻參考 Berke, Ericksen, and Dixon 1997。

參考文獻

American Planning Association (APA). 2002. *Growing smart legislative guidebook: Model statutes for planning and the management of change.* Chicago: APA Planner's Press.

Baer, William. 1997. General plan evaluation criteria: An approach to making better plans. *Journal of the American Planning Association* 63 (3): 329-44.

Berke, Philip, and Steven French. 1994. The influence of state planning mandates on local plan quality. *Journal of Planning Education and Research* 13 (4): 237-50.

Berke, Philip, Neil Ericksen, and Jennifer Dixon. 1997. Coercive and cooperative intergovernmental mandates: Examining Florida and New Zealand environmental plans. *Environment and Planning B* 24 (3): 451-68.

Berke, Philip, and Maria Manta-Conroy. 2000. Are we planning for sustainable development? An evaluation of 30 comprehensive plans. *Journal of the American Planning Association* 66 (1): 21-33.

City of Davis. 2001. *City of Davis general plan.* Davis, Calif.: Planning and Development Department.

City and County of Denver. 2000. *Denver comprehensive plan.* Retrieved from, http://admin.denvergov.org/CompPlan2000/start.pdf accessed June 9, 2004.

City and County of Denver. 2002. *Blueprint Denver: Land Use and Transportation Plan.* Retrieved from http://www.denvergov.org/Land_Use_and_Transportation_Plan/Blueprint/Blueprint%20denver/start_TOC.pdf, accessed June 11, 2004.

City of Portland. 1996. *Goose Hollow Station community plan.* Portland, Oreg.: Portland Bureau of Planning.

Duany, Andres, and Emily Talen. 2002. Transect planning. *Journal of the American Planning Association* 68 (3): 245-66.

Forsyth County. 2000. *The legacy comprehensive plan: A guide for shaping the future of Winston-Salem and Forsyth County*. Winston Salem, N.C.: City-County Planning Board.

Godschalk, David, Timothy Beatley, Philip Berke, David J. Brower, and Edward S. Kaiser. 1999. *Natural hazard mitigation: Recasting disaster policy and planning*. Washington, D.C.: Island Press.

Hopkins, Lewis, D. 2001. *Urban development: The logic of making plans*. Washington, D.C.: Island Press.

Howard County. 1990. *Howard County, Maryland, General Plan, Land Use 2010*. Ellicot City, MD: Department of Planning and Zoning.

Kaiser, Edward, David Godschalk, and Stuart Chapin. 1995. *Urban land use planning*, 4th ed. Champaign: University of Illinois Press.

Kaiser, Edward, and John Davies. 1999. What a good plan should contain: A proposed model. *Carolina Planning* 24 (2): 29-41.

McClendon, Bruce. 2003. A bold vision and brand identity for the planning profession. *Journal of the American Planning Association* 69 (3): 221-32.

Nelson, Arthur, and Steven French. 2002. Plan quality and mitigating damage from natural disasters: A case study of the Northridge earthquake with planning policy considerations. *Journal of the American Planning Association* 68 (2): 194-207.

Rudel, Thomas. 1989. *Situations and strategies in American land use planning*. New York: Cambridge University Press.

Town of Davidson. 2001. *The Town of Davidson planning ordinance*. Davidson, N.C.: Author.

PART II

總覽規劃支援系統的建立

　　在土地使用規劃者能有效管理都市變遷、追求更永續都市土地使用形式之前，他們需要了解造成變遷的實質、社會，和經濟系統及系統之間的影響。面對都市人口、經濟、環境、土地使用、運輸，和基礎設施間的複雜性與關聯性。要充分了解這些項目的變遷絕非易事。

　　為了要提升對都市系統和系統間交互影響的了解，規劃師建立規劃支援系統以儲存、分析和檢視資料，同時評估政策選擇和未來的狀況，和用於辨識課題、創造願景、形成目標及比較境況。如圖 II-1 所示，規劃支援系統於土地使用計畫的製作過程中，在人口與經濟、環境、土地使用、交通和基礎設施部分，提供關鍵資料和課題輸入；整體來說，就是一份社區狀態的報告。

　　規劃支援系統主要的功能是提供規劃情報——策略性決策支援資訊，讓社區能夠辨識、了解，和處理開發變遷及選擇之政策 (Klosterman 2001; Malczewski 2004)。一個好的規劃支援系統應該要能準確、即時地回答關鍵的開發

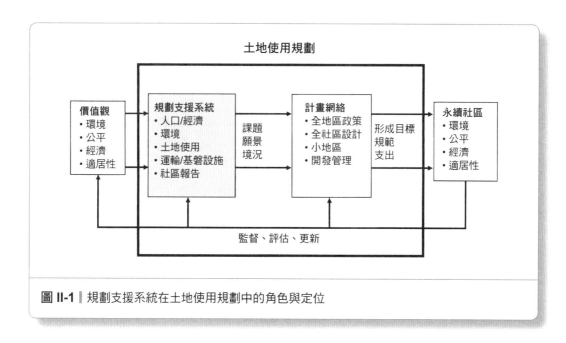

圖 II-1 規劃支援系統在土地使用規劃中的角色與定位

問題,這些問題包括社區土地使用變遷的地點、特性、開發速率和數量。它應該要能提供關於人口與經濟的知識,尤其是在規模和組成上可能的改變,以及這些改變對於土地使用的潛在影響。規劃支援系統要能解釋環境系統的運作,預測不同土地使用方案對環境的影響,以及環境對土地使用的衝擊。它應該要辨識及推計運輸系統和基盤設施的容受力與地點,以及它們對未來土地使用的影響。

　　一個好的規劃支援系統,要能幫助規劃師針對未來開發趨勢,向民眾與決策者提出建言;利用計畫、政策,和成長管理工具干預引導可能的影響。它要能幫助人們了解從不同的替選開發方案中,誰會因而獲利和哪些人會承受損失,再提出公平的措施來平均分配利益與損失。規劃支援系統要能支持社區討論他們關切的土地使用變遷議題,並透過圖形與分析方法比較不同開發方案,以協助解決規劃的爭議。

　　最後,一個好的規劃支援系統要隨著時間改變,持續地比較社區實際的狀態和長期的永續目標,同時指出在開發過程中應用聰明成長原則的影響效果。它也要納入永續性操作指標與過程,來評估計畫和成長政策造成的正、負面影響。

第二部分的預覽

　　本書的這個部分著重在各種規劃情報的類型，這些情報幫助我們充分了解都市地區，並建立有助於土地使用規劃方案之規劃情報。在此部分中敘述規劃支援系統的本質，討論準備土地使用計畫時，會用到的各個單獨支援系統組成成分之細節。因為都市與環境系統的複雜性，以下使用獨立的章節，來分別說明每個主要支援系統的組成 (圖 II-2)。

　　第四章「規劃支援系統」，敘述規劃支援系統使用的技術，包括：地理資訊系統、分析模型、網際網路、及視覺方法和溝通方案。本章勾勒出綜合性規劃支援系統的基本功能，並敘述規劃支援系統在研擬計畫過程中提供的情報功能。

　　第五章「人口與經濟」，說明收集與分析人口、經濟資料的方法和技巧。這一章中討論如何將這些資訊轉換為規劃需要的情報類型，用來準備未來的土地使用計畫。

　　第六章「環境系統」，討論登錄與分類自然環境系統之元素，包括地形、土壤、濕地、景觀、棲息地、集水區和災害區。這一章敘述的分析方法包括——土地使用適宜性分析、環境衝擊評估和容受力分析——用以分析環境資訊並整合分析結果。

　　第七章「土地使用系統」，提供登錄、分類，和監督土地供給需求與都市活動系統的方法。本章中提出分析土地使用資訊的技術，包括開

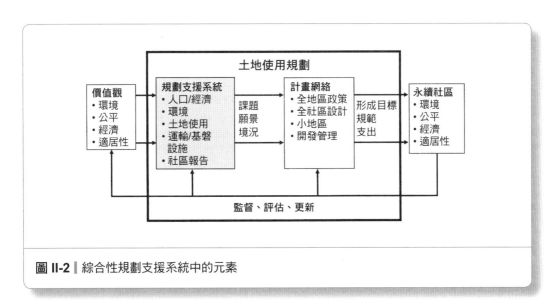

圖 II-2│綜合性規劃支援系統中的元素

發力分析、意象分析、相容性分析,並敘述將土地使用資訊轉換成視覺
內容進行溝通的方法。

　　第八章「運輸與基磐設施系統」,說明了整合重要運輸,和其他公
共基磐設施資訊於土地使用規劃支援系統的技術。首先,這一章討論到
運輸服務階層、機動性和可及性指標,也討論到土地使用規劃師需要了
解的運輸規劃方法和指導原則,把運輸的元素納入計畫的基本資訊中。
接下來,在這一章討論自來水供應、污水處理,和學校基磐設施需求與
指標,以及為了這些系統進行規劃的基本方法。

　　第九章「社區狀態報告」,介紹兩個平行進行但又彼此關聯的工
作。其中之一是將人口、經濟、環境、土地使用,運輸和經濟系統的規
劃策略情報進行整合與分析;另一個工作則將前述的規劃情報結合社區
基礎資訊和參與,依照建立之共識撰寫應用於計畫研擬之社區願景報
告。這一章接下來進行課題、規劃境況和願景的彙整,這些都將應用在
本書第三部分討論之計畫研擬過程中。

參考文獻

Klosterman, Richard. 2001. Planning support systems: A new perspective
　　on computer-aided planning. In *Planning Support Systems: Integrating
　　Geographic Information Systerns, Models, and Visualization Tools*,
　　Richard Brail and Richard Klosterman, eds., 1-23.　Redlands, Calif.:
　　ESRI Press.

Malczewski, Jacek. 2004. GIS-based land suitability analysis: A critical
　　overview. *Progress in Planning* 62 (l): 3-65.

第四章
規劃支援系統

　　給你的規劃作業是設計一套規劃支援系統，這個系統必須能在你負責規劃轄區的土地使用規劃過程中提供資訊。你需要想出方法，來整合規劃的檔案資料、規劃工作的電腦軟硬體，和參與規劃的工作者。為了有效地完成此工作，你應該仔細思考整個規劃過程中，應如何使用規劃資訊、收集與分析資訊的技術，和資訊如何傳遞到需要資訊者的手中。你擔任土地使用賽局管理者的角色，在工作中的重頭戲是要建立用於製作計畫的社區情報。你要從哪裡開始著手？你要如何進行？

　　規劃支援系統包括電腦軟硬體、資料庫和嫻熟的操作人員，來提升整體的社區規劃與設計；[1] 參考圖 4-1。透過有組織地收集空間資訊、研究、分析、模型和視象化，它們創造的規劃情報，可以支援公共事務之對話和變遷管理。規劃支援系統的目的，是要針對公共利益課題創造知識來支持公共討論與決策，而這些課題的來源，往往是地區的人口、經濟、環境、土地使用、運輸，和基磐設施之間互相影響所造成的。規劃支援系統提供社區需要的策略性決策支援情報。如 Klosterman (2001a, 14) 陳述的，規劃支援系統「理應要設計來增進集體共同設計 (collective design)、社會互動、人際溝通、社區辯論，這些都是試圖要

都
市
土
地
使
用
規
劃

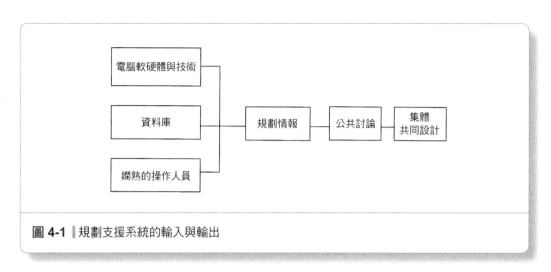

圖 4-1 ▍規劃支援系統的輸入與輸出

達成集體目標、處理共同關切的問題」。支持前述這些活動是非常重要的，如此才能在都市開發導向永續目標過程中，建立具共識基礎的計畫、調和土地使用的衝突並引導變遷。

設計規劃支援系統是用來提供互動、整合，及參與的過程，以處理非日常的、不易適當建構的決策，特別關注長期的問題和策略性議題(Klosterman 200la; Malczewski 2004)。[2] 它們包括關於結構化的都市系統資訊，再加上分析工具、預測，和決策制定。它們能支援持續的設計與評估過程，結合新資訊於社區的規劃情報基礎當中。它們幫助社區了解導向長期永續的決策所產生之衝擊效果，並且衡量達成永續的程度。好的土地使用規劃工作，需要倚賴妥善維護的規劃支援系統。

如之前的圖 II-1 所示，人口和經濟、環境、土地使用、運輸和基礎設施系統的情報，配合公共參與的意見輸入製作社區狀態報告。社區狀態報告中將規劃課題、願景和境況，傳達給參與製作土地使用計畫的人。有時候會把它稱為「課題和機會部分」(Meck 2002, 7-73 to 7-77)，社區狀態報告辨識社區所面臨的主要趨勢和問題，刻劃出一個或多個社區希望爾後能達成、以價值為基礎的願景，並彙整出潛在發展境況可能的後果。

規劃支援系統的技術

　　土地使用規劃工作明顯受惠於電腦技術之提升。現今的規劃師可以使用豐富的資料和資訊，分析從街廓到區域各種尺度的條件與趨勢；此即所謂的快速變遷、高度不均衡的「資訊地景」(landscape of information; Harris and Batty 2001, 30)。當今的規劃師可以從資訊地景中操作具創意的分析，並與社區分享不同的見解；在速度上較以往更快、更有效。資訊技術已經使規劃的影響力倍增，把規劃從封閉、專家主導的過程，轉變成為開放的、社區為主導的過程 (Malczewski 2004)。

　　然而在此同時，為了學習應用這些新開發工具之技巧，資訊技術對規劃師增加了工作壓力。假使規劃工作者無法熟悉電腦的操作，這些新技術是毫無用處的。人力資源是有效應用規劃支援系統技術的先決條件；應用電腦輔助規劃，最大的限制並非硬體技術，而是在「軟性」的工作人員能力：技術、組織和知識 (Klosterman 2001a, 4)。雖然本書著重討論建立並使用規劃支援系統，然而，建立與維持訓練完善規劃人員來創造與操作這些系統，才是這兩個平行的工作中具關鍵重要性的。

　　基本的規劃支援系統技術之類型，包括地理資訊系統 (GIS)、分析模型、網際網路，和視覺化與溝通方案 (Batty et al. 2001; Cohen 2000; Klosterman 2000)。以下對每種類型的技術做概括的整體介紹，依照功能的詳細敘述，會在後續的人口與經濟、環境、土地使用、運輸，和基礎設施等章節中分別介紹。

地理資訊系統

　　規劃支援系統的核心要素是電腦化的地理資訊系統 (O'Looney 2000)。GIS 的組成包括特別設計的電腦硬體、軟體和地理資料，以有效收集、儲存、更新、轉換、分析，和展示地理相關的空間資訊 (Chou 1997, 2)。GIS 保存維護社區變遷資料；分析空間關聯性；製作地圖；協助建立模型、視覺化，並做為溝通工具 (參考圖 4-2)。

　　地理資訊系統的硬體包括電腦主機和周邊配備，用來儲存、處理，和展示地理資訊。最新的地理資訊系統是在網路伺服器中運作。在工作站的伺服器中進行大量的運算，在個人電腦主機用戶端中，提供連結到

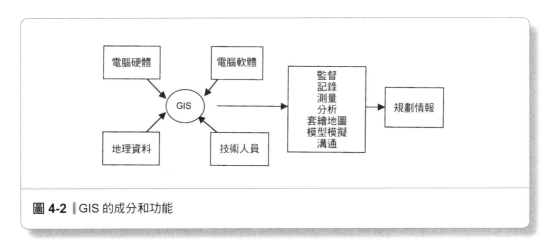

圖 4-2 GIS 的成分和功能

伺服器的圖形介面。只要能連結網路的電腦，就可以透過網際網路連結工作站伺服器，當作用戶端機器操作。

電腦軟體負責地理資料的處理。現今的套裝軟體是物件導向，能在資料庫中同時儲存圖形和敘述性資料。依據 Lo 和 Yeung (2002, II) 指出，使用物件導向技術已經把 GIS 從自動的檔案管理，轉變為地理知識的智慧機器。最新的 GIS 軟體發展的趨勢已脫離專利的商用套裝軟體，轉而用開放的工業標準建立應用軟體模組，再整合到商業套裝軟體中。

在地理資料中記載地表上的自然特徵、人為活動，和建築結構的位置與特性 (Lo and Yeung 2002)。為了要能交叉比對資料，地理資料的建立要依照測地線的控制網絡。資料以三種基本型態呈現：由點、線、面 (polygon) 組成的向量 (vector) 資料；網狀排列的小方格、包括屬性資料的網格系統 (raster)；以及標示出等值點或線的平面。一般來說，地理的資料是分層來進行組織的，因此各圖層可以透過圖形套疊來結合。

土地使用規劃師從許多不同的來源，包括公、私部門，來收集資料。許多有用的資料是透過政府機構或私人組織分別進行維護工作，可以透過網路下載 (表 4-1、表 4-2，和表 4-3)。Decker (2001) 提供了一份綜合的 GIS 資料來源清單，還介紹取得與使用 GIS 資料的規則和指南。Decker 同時也創製維護線上 GIS 資料來源網站，包括連到 GIS 資料來源的連結 (www.gisdatasources.com)。規劃師面臨的挑戰，是要為其規劃地區在許多可供使用的資料庫當中選擇最適當的資料。

表 4-1
聯邦政府的 GIS 資料來源

運輸統計局 (Bureau of Transportation Statistics; BTS)：www.bts.gov。運輸統計局收集、分析，和提供美國交通部的資料，包括全國運輸與地圖資料 (National Transportation Atlas Data; NTAD)。它可以連結到州政府 GIS 的資料提供網址，及連向某些即時交通地圖。

地球資源觀測系統 (EROS) 資料中心 (USGS-EDC)：www.edc.usgs.gov。EROS 是彙整美國地質調查所 (USGS) 和其他聯邦機構遙測資料的中心，包括衛星資料和相片。EROS 提供數位的資料 (DOQs, DEMs, DLGs)，可以在其中找到美國航空照片和全世界的衛星影像。它支援「全球土地資訊系統」(Global Land Information System; GLIS) 和 EROS EOS 資料管道。

聯邦緊急管理署 (Federal Emergency Management Agency; FEMA)：www.fema.gov。聯邦緊急管理署擁有關於災害應變和減災的地理資訊。洪水保險費率圖 (Flood Insurance Rate Maps; FIRMs) 顯示出潛在受到 100 年和 500 年重現期的洪水平原範圍。

航空與太空總署 (National Aeronautical and Space Administration; NASA)：www.nasa.gov。NASA 管理民間太空探索、太空相關研究，和收集地球觀察的資料。要搜尋 NASA 資料，請參考他們在「地球科學產業」(Earth Science Enterprise; ESE) 介紹應用之網址，在其中提供連結到其分佈在各區域的太空中心。

全國大地測量局 (National Geodetic Survey; NGS)：www.ngs.noaa.gov。美國大地測量局提供大地測量、座標系統、全球定位系統 (GPS)，和航空照片資訊。

國家公園管理局 (National Park Service; NPS)：www.nps.gov。提供國家公園土地地圖的測繪服務。

美國普查局 (U.S. Bureau of the Census)：www.census.gov。普查局提供各式各樣的社會經濟資料，其中許多種資料是與地理相關。普查局的「地形資料整合地理編碼與座標系統」(Topologically Integrated Geographic Encoding and Referencing system; TIGER) 在美國道路與地址資料中結合了人口與社會資料。它的「普查看門道」(Census Gateway) 提供了許多通往 GIS 資源的連結。

美國魚類與野生動植物管理局 (U.S. Fish and Wildlife Service)：www.fws.gov。「魚類與野生動植物管理局」主掌美國全國「濕地登錄地圖」(National Wetlands Inventory; NWI)。管理局維護 GIS 和空間資料網址，也包括一些其他的地理資料。

美國林務局 (U.S. Forest Service; USFS)：www.fs.fed.us。USFS 提供全國森林地圖，及其他農業部所屬土地的地圖。

美國地質調查所 (U.S. Geological Survey; USGS)：www.usgs.gov。USGS 是美國提供地圖的主要的公務單位，包括數位正向投影照片 (digital ortho photography; DOQs)，數位線型圖 (digital line graphs; DLGs)，數位高度模型 (digital elevation models; DEMs) 地表覆蓋資料，數位網格圖形 (digital raster graphics; DRGs)，和衛星資料 (AHVRR, Landsat)。

摘錄自 Decker 2001. 使用以上資料經 John Wiley & Sons, Inc. 授權。

表 4-2

州與地方政府的 GIS 資料來源

美國聯邦地理資料委員 (Federal Geographic Data Committee; FGDC)：www.fgdc.gov。這個聯邦政府的跨組織委員會維護「全國空間資料架構」(National Spatial Data Infrastructure; NSDI) 網站，可以連接到所有州政府的資料庫。它的角色是支援公私部門應用地理空間資料，應用的範圍包括運輸、社區開發、農業、緊急應變、環境管理及資訊科技。

地理社區資料庫 (GeoCommunity)：search.geocomm.com。這是一個以地理資料為主的搜尋引擎，專門擷取難以搜尋的 GIS 網站，包括地方性和區域性的資料來源。

全國郡政府協會 (National Association of Counties; NACO)：www.naco.org。NACO 代表郡政府，協助找尋與取得郡的 GIS 資料。

全國區域委員會協會 (National Association of Regional Councils; NARC)：www.narc.org。NARC 服務區域層級的政府團體，也是 GIS 資訊的重要來源。與運輸相關的資訊，請參考「都會規劃組織協會」(Association of Metropolitan Planning Organizations; AMPO) 的網址，www.narc.org/ampo/index.html。

全國城市聯盟 (National League of Cities; NLC)：www.nlc.org。NLC 擁有連往地方、區域，和技術性團體的連結。

全國州政府地理資訊委員會 (National States Geographic Information Council; NSGIC)：www.nsgic.org。NSGIC 是州政府的 GIS 支援服務團體，並提供資訊的來源。在其網站上面有列出各州的合約。

摘錄自 Decker 2001. 使用以上資料經 John Wiley & Sons, Inc. 授權。

表 4-3

私部門的 GIS 資料來源

環境系統研究機構 (Environmental Systems Research Institute; ESRI)：www.esri.com。ESRI 的網站中，包括地方政府和州政府應用 GIS 的範例。它的資料獵犬 (Data Hound) 服務可以記錄與搜尋網路，提供免費、可下載的資料。

GIS 資料站 (GIS Data Depot)：www.gisdatadepot.com。GIS 資料站提供涵蓋全美國的 USGS 數位產品，下載資料是免費的。

地形特區 (TopoZone)：www.topozone.com。地形特區專精於掃描 USGS 四方圖 (數位的網格資料)。每個標準的四方圖都可以提供公眾使用，不收取費用。

摘錄自 Decker 2001. 使用以上資料經 John Wiley & Sons, Inc. 授權。

　　除了表 4-1、表 4-2，和表 4-3 列出大量的 GIS 資料來源，大部分的美國城市和郡政府的機關都已經開發了自己的 GIS 資料庫，許多私人的組織也進行類似的工作。假使無法透過聯邦或是州政府取得地方資料，規劃師可以試著查詢公私部門的資料庫。這些資料中，例如土地使用與開發方案狀態資料是由規劃單位維護的，其他有用的地方資料類別和來源包括：

- 宗地地價資料、使用和建築物 (稅收單位)
- 結構狀況 (建管和建築物檢查單位)
- 基磐設施狀況和容量 (工務單位)
- 住宅狀況 (社區發展單位)
- 運輸系統 (運輸單位)
- 災害地點 (緊急管理單位)
- 意外與犯罪事件 (公共安全單位)
- 能源使用和容量 (公用設備公司)
- 企業指標 (商會)
- 土地保育 (土地信託)

　　最後，規劃機構與政府可以自行收集，或是利用合約來收集不同類型的資料。現地調查可以使用全球定位系統 (global positioning system; GPS) 接收器在現地記錄詳細的地點資料。GPS 是一個全球通用、以太空技術為基礎的無線電導航系統，透過美國國防部建立的若干繞地衛星和地面接收站所構成的 (Falconer and Foresman 2002)。它在世界各地任何地點都可以透過計算衛星訊息到達地面接收器的時間，再轉換計算時間和距離，利用三角幾何的計算找到所在位置的精確資訊。GPS 接收器可以解碼來自所接收到的衛星時間訊號，計算接收器的經緯度、高度和時間。這些資料可以在接受器上儲存與展示，或是傳送到手提電腦中。GPS 可以協助建立正確、即時的 GIS 資料庫。

　　規劃資料也可以使用遙測衛星對地球的探測資料。規劃者可以使用遙測來研究、繪製地圖、並且以各種尺度，不論地方、區域，甚至對全球的範圍，監測地球的表面 (Falconer and Foresman 2002)。遙測工作偵測物體反射或散發出的電磁輻射，反映出這個物體的特定性質或屬性。

遙測資料可以整合在 GIS 資料中，提供做為分析的用途。

操作並維護 GIS，是由技術工作人員負責。這群人包括：GIS 管理者、資料庫管理人員、應用軟體專家、系統分析師和程式規劃師。他們提供的技術支援可以服務一般 GIS 使用者，包括：規劃師，及規劃師製作 GIS 產品所提供之參考對象，意即一般大眾。技術專家建立應用程式，並執行進階的空間分析與模擬 (Lo and Yeung 2002)。

為了達成基本的規劃支援系統工作，每個規劃組織需要維持最新的 GIS 資料檔案和規劃圖。在此可能還需要再加上航空照片與模型的補充。擁有越多資源，或在比較大行政轄區的規劃機構，往往可以得到較完整成熟的規劃支援系統，其中能整合 GIS、土地使用與運輸模型，並具視覺化的展示能力。

GIS 的資料檔案包括兩種類型的資料：地理的位置 (這個地方在哪裡？) 和屬性或特性資料 (它是什麼？)，這兩種資料再連結到地理辨識值 (辨識名稱或編號)。地理資料用於空間地點位置時，包括點、線、面和區塊。屬性資料則包括地理的特性，例如密度、土地使用類型或位址，這些特性都是利用數字和文字符號，儲存在表格中。地理辨識值使用標準式樣的座標，把圖形或屬性資料登錄到地表的地點；這些座標的式樣包括平面座標系統、經緯度，以及通用橫式麥卡托座標，把地點屬性精確地繪製在規劃地圖上。

各種規劃地圖是為不同的用途而設計的。主題式地圖是基於穩定地區的範圍，如普查分區或規劃地區，用來進行基本的比較工作和資訊展示。電腦輔助設計 (Computer-assisted design; CAD) 圖是用在精確的建築與工程設計、展示。網格式的 GIS 地圖採用標準化的方格格式，適用於收集、展示，和模擬遙測資料。向量式的 GIS 地圖則是利用多邊形來複製實際的土地或自然特色範圍，像是如進行都市土地使用規劃時繪出財產的邊界範圍。

把所有空間資料與地圖連結到地圖登錄系統中的最大好處，就是可以把各圖層資訊準確地進行疊圖，來分析各圖層間之關聯性。舉例來說，土地使用分析可以把土地使用分區、公共設施與設備、地形資料、土地權屬和基本圖，利用平面座標格網與大地測量控制點進行疊圖。透過此疊圖工作，舉例來說，分析者可以整理出一份清單，在清單中包

括所有具備道路與公共設施服務的每一筆土地，其分區類型和面積 (圖 4-3)。

　　航空照片可以記錄規劃地區的基本條件。透過航空照片製作之基本圖，可以是線繪地圖或是相片影像的正投影地圖。線繪地圖展示平面的城市特徵，例如名稱、都市與村鎮的範圍；圖上可標示河川、溪流、鐵路、公路，以及土地使用、水文，和結構物資料。線繪地圖的優點是其利用清晰簡單的格式，把人們關切的事物明確標示出來。

　　利用航空照片地圖修正製作的正向投影地圖，只利用到每張航空照片最中間部分，以減少圖像的誤差。就如同線繪的地圖，正向投影地圖上的距離可以用比例尺進行計算，它們的特點是在圖中顯示實際的地表特徵，例如植被、道路和結構物。

　　地形圖可以是正向投影圖或線繪圖，包括等高線和地表各點之高度，展示地表垂直高度的變化。地形圖可以從美國地質調查所取得，地質調查所用航空照片或由光達系統 (Light Detection and Ranging; LIDAR) 製作地形圖。光達系統是一種新開發的測量技術 (Lo and Yeung

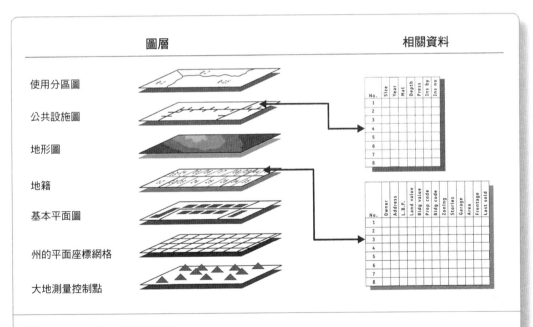

圖 4-3 ┃ 分層的土地資訊系統

資料來源：O'Looney 2000. 使用以上資料經 Carl Vinson Institute of Government, University of Georgia 授權。

2002)；用飛機做為載具，使用雷射掃描來獲取地形的高度資料，它結合了高度資料和全球定位系統 (GPS) 地點資料，加上計算航行的慣性，產生數位的三維地表模型 (DEM)。

　　地籍圖描繪土地所有權的坵塊，每個坵塊都有其特定的坵塊辨識碼 (parcel identification number; PIN)。地籍圖是由管理財產評價的辦公室負責維護更新，私人土地之內容包括姓名、範圍、土地細部計畫與地區之辨識碼；公部門土地要包括政府單位名稱，和政府單位範圍；此外，也包括街道、鐵路、河川、步道、運河、港口和機場，與水平控制界標。這些圖形的內容與財產資料檔案相連結，標示每個坵塊的所有權人、面積、土地使用和評定之價格。

　　土壤圖是透過各郡的土壤調查，繪製出的土壤類型圖。這些地圖是由美國農業部自然資源保育處 (Department of Agriculture's Natural Resources Conservation Service) 出版，其前身是土壤保育局 (Soil Conservation Service)。土壤類型在規劃中的用途可以用來辨識優良農業與森林土地、決定是否可以在當地設置廢棄物處理系統、找出濕地和洪水平原，並且評估土地是否適合做為各種類型的都市使用 (Marsh 1998)。

分析模型

　　規劃模型最基本的角色，是用來描繪一個都市或環境系統在運作的同時，評估規劃產生的改變和效果。因此，土地使用或運輸模型可以描繪若增加新的運輸設施後，對未來土地使用形式所產生的影響；或是用來描繪土地使用隨運輸網絡路線的變遷。一個環境模型可以用來評估集水區土地使用轉變為都市使用時，河川水質和水量的改變。分析模型通常會輔以利用 GIS 資料庫繪製地圖，但一般來說，分析模型的分析工作是比操作一般 GIS 套裝軟體更具深度、更專業的。

　　用在規劃支援系統的分析模型有許多種不同的形式，這些形式有時在其訴求上或觀點上，會讓人混淆。這些形式包括最簡單的電子試算表，或略為複雜的都會區成長模擬模型。[3] 此外，規劃支援系統模型也涵括其他技術，包括 GIS、視覺化技術和溝通方法。Brail 和 Klosterman (2001) 討論了兩種廣泛的系統形式，其中包括著重在模擬與境況建立的

系統，和著重電腦輔助的視覺化系統。這兩種類型不可避免地會有相當的重疊，但是不同系統反映出各自的訴求；其中，模擬和境況建立傾向於利用既有的應用軟體，包括商用或公用系統 (詳見參考資料 4-1)。

參考資料 4-1
規劃支援系統模擬與境況建立模型

METROPILUS：是結合 EMPAL、DRAM，和 ArcView GIS 軟體的都市土地使用模型 (Putnam and Chan 2001)。使用在六個美國主要都會區中，METROPILUS 預測就業和家戶地點，及未來不同時間階段的土地使用類別。它可以分析政策產生的衝擊，例如比較有、無計畫外環道路的家戶分佈。

TRANUS：是一個整合都市土地使用與運輸的模型，包括三個模組：土地使用、運輸和評估 (De la Barra 2001)。TRANUS 可以應用在都市、區域，和全國尺度，模擬土地使用和運輸政策及計畫所產生的影響，並評估對社會、經濟、財務，和環境所造成的衝擊。在英國 Swindon 的應用案例中分析了四種境況產生的衝擊：限制開發在集中的地點、高密度開發分散在周邊的衛星城鎮、有限度的都市周邊擴張，和依過去趨勢進行開發。相同地，最近在北卡羅萊納州 Charlotte 都會區的應用 TRANUS 中，著重在檢查都市開發的特色，和空氣品質的關聯。

加州都市未來模型組 (California Urban Futures Models)：是都市模擬模型的一類，其中包括「加州都市未來」(California Urban Futures; CUF)，「加州都市未來第二版」(California Urban Futures II; CUF II)，和「加州都市與生物多樣性分析」(California Urban and Biodiversity Analysis; CURBA)。這些模型並不是用來設計希望未來達成的土地使用形式並為此準備執行之政策，「加州都市未來模型組」預先假定數種可行的替選開發方案，並模擬可能的產出以追蹤這些方案的效果。這些模型創新之處是在於將土地開發者當作核心參與者；基地以其競爭力來決定土地使用，包括再開發使用；以及，考量消費和對自然棲地品質造成的影響。

UrbanSim：是個行為的、公用的土地使用模型，設計來協助都會區的規劃機構開發具一致性的運輸、土地使用，和空氣品質計畫，以達成潔淨空氣法案 (Clean Air Act) 要求的標準 (Waddell 2001)。UrbanSim 模型考量家戶、企業、開發者，和政府行動，模擬每宗土地的開發過程。(請參考圖 4-6，轉載自 Waddell

2001, 206。) 此模型曾被用在「展望猶他」(EnvisionUtah) 社區願景的建立過程中，檢視政策工具是否能夠達到預期的未來願景。

INDEX：是個 GIS 為基礎的規劃支援系統，利用指標來衡量社區計畫和都市設計的屬性與績效 (Allen 2001)。INDEX 並非採用整合的都市模型來預測開發型態，而是在靜態的時間向度上，衡量從區域到鄰里尺度的建成環境。它被當作是個工具，在規劃上對長期替選方案或現行方案進行自動的計算。在超過 70 個地方政府和組織的應用中，INDEX 提升了利害關係人在目標設定和替選方案分析的參與，並衡量達到目標的累計進展。其中的例子包括威斯康辛州 Dane 郡，利用 INDEX 執行衝擊分析工作。

What If：是奠基於境況、政策導向的規劃支援系統，使用 GIS 資料來支援社區的聯合規劃及集體決策制定 (Klosterman 2001b)。與模擬模型不同，What If 允許使用者創造替代的開發境況，估計這些替代境況對土地使用、人口，和經濟產出可能造成的影響。它包括三個模組，分別是永續 (是關於土地供給)、成長 (關於土地需求)，和分派 (創造土地使用模式、平衡供給和需求)。

CommunityViz：以 GIS 為基礎的決策支援系統，包括三維視覺與模擬模型，應用於協助居民與專家共同參與規劃。運算時使用 ArcView GIS 和 ArcView Spatial Analyst，CommunityViz 包括了三個模組：境況建造者 (Scenario Constructor)、城鎮工匠 3D (Townbuilder 3D)，和政策模擬器 (Policy Simulator)。它可建立如照片般真實的模型模擬實際地點。模型中的一個特殊功能是它使用隨機的中介模型。依此模型，決策是透過產生的隨機數來決定，因此每次模型執行成果皆會有所不同。

資料來源：摘錄自 *Brail and Klosterman 2001.*

電子試算表提供邏輯的結構，用來分析二維的表格能展現的量化問題。試算表適用在規劃分析中，檢查「假使……」(what if) 的問題。舉例來說，土地使用規劃中，試算表可展示規劃分區各種既有土地使用的面積。於是，試算表可以檢查計畫的替選方案：未來某地區或土地使用會有什麼改變？這些改變對於整體社區的土地供給會造成什麼影響？這些未來的土地使用變遷，產生的旅行和服務需求和現在運輸和基礎設施容量間之比較如何？

模擬模型要考慮都市或環境次模型的多元向度，也要考慮到計畫的變遷。Harris and Batty (2001, 40-45) 基於總體和個體經濟理論的區位模型中，認為都市是市場系統，土地就是貨品，租金就是價格的機制。因此，生產廠商和消費者對土地和住宅的需求，和建造者供應的土地和住宅，是透過市場的價格機制來調整，其中收入和交通成本，與效用和利潤有關。交通模型也要依循著消費者效用極大化的觀念。大部分的模擬模型是動態的，在個別的次系統運算當中建立供給和需求的平衡。

網際網路

網際網路可提供資訊和溝通服務的功能，給規劃師和社區中的利害關係人 (Cohen 2000)。透過電子郵件、使用者網路論壇 (Usenet)、名錄服務 (Listservs)，和網路交談室，公共資訊可以快速、廣泛地傳遞，而不會受時間和空間的限制。完整計畫和方案的計畫書，可以在網際網路中展示或供人下載。網路的文件可以包括動態的圖形、音訊和視訊的剪輯資料，也可以包括文字——對土地使用計畫中的彩色地圖和三維影像資料展示，有相當大的幫助。網路資料也可以包括超連結，把內容連結到其他網際網路文件或網站。想要了解規劃報告書內容的人，就不再限於那些能取得規劃報告書，和參與公共討論的少數居民了。

舉例來說，北卡羅萊納州 Wake 郡在政府網站列出綜合計畫中的詳細資料 (http://www.co.wake.nc.us)。Wake 郡規劃部門對都市規劃轄區範圍外的地區，也有提供公共規劃服務的責任。查閱資料的人可以在網站中搜尋關於財產、開發許可、規劃、環境服務，和社區關切的議題，如成長、開放空間和集水區管理。這個郡的土地使用計畫的文字、圖形、計畫修訂內容都可以從網路上取得。它的土地分類地圖描繪出城市、城市外圍規劃轄區 (extraterritorial jurisdictions)，和這些地區短、長期能得到都市服務範圍，和自來水供應範圍。網頁中利用連結協助搜尋相關的資訊，包括成長管理，土地使用、土地使用分區、標準開發規範 (unified development ordinance)、細部計畫、歷史保存、交通，和其他相關的內容 (圖 4-4)。

用網路做為規劃工作的聯繫工具，還是有些缺點的。有些居民無法經常方便的用到電腦，於是就造成了俗稱的「數位落差」(digital

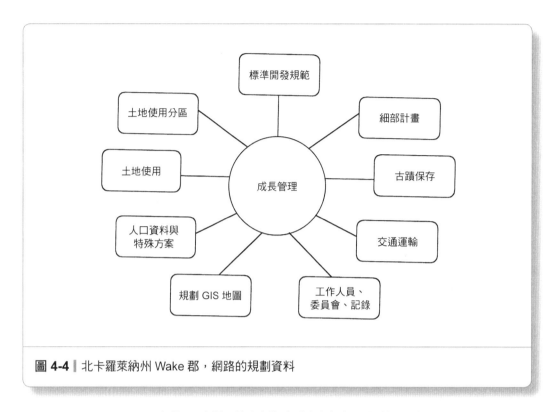

圖 4-4 北卡羅萊納州 Wake 郡，網路的規劃資料

divide)，在能否連接到網路的人之間造成明顯的分別。這種落差通常也
區分了高、低所得的團體。依賴數位方法進行溝通，也減少了規劃師和
社區之間的面對面互動。這會造成孤立、不人性的規劃過程，也降低規
劃師為一般民眾考量的程度。因此，以網路為基礎的規劃工作溝通，應
該要再配合其他的直接公開互動機會。

 ## 視覺化和溝通方案

視覺化系統的發展和網際網路是平行的。Langendorf (2001, 319) 探
討應用電腦輔助視覺化於規劃工作中的可行性，他提出四個前提：

1. 在我們生活的複雜世界中，我們需要應用各種資訊、從不同的觀點
   檢討每個重要的課題。
2. 我們正在快速地從資訊貧乏社會，轉變為資訊豐富的社會。
3. 利用視覺的方法，我們對複雜資訊的了解程度就會大幅成長。
4. 在這個複雜的世界中解決問題並付諸行動，需要許多參與者間進行
   溝通並通力合作，視覺化有助於這些的互動工作的進行。

Langendorf 指出，視覺化工作是關係著資料搜尋、轉換資料格式、重新塑造地點感和歷史感 (sense of history and place)、推動合作，並創造改變人們看法進而改變世界的經驗。因此，視覺化所引導的思考，就變成一種非常重要的思考模式。

當執行視覺化的潛在能力逐漸增加，規劃師的角色就轉變為資訊環境的創造者，用這個資訊環境使他們和其他參與者能具有更高的規劃能力：「這代表著需要花費更多的時間和努力，來建構資訊建築和互動的設計，因此，所有參與者可以從探索資訊世界中建立知識、決策和行動」(Langendorf 2001, 347)。在這些新資訊的環境中，社區參與者與規劃師協力合作的時候，傳統上會使用計畫的消費者，變成偕同規劃師製作計畫的社區參與者。視覺化軟體把規劃工作的資訊，甚至還將更廣泛的數位資料庫和整個網際網路，都連結至社區之規劃資料、資訊、知識和行動 (詳見參考資料 4-2)。

參考資料 4-2
利用視覺方法來引導公共選擇

現今的軟體工具可以讓規劃單位為不同的開發方案，製作出如照片般的模擬圖形，讓市民能夠體會到不同開發方案的具體景象。照片圖像的模擬是將實景照片用數位方法改變照片內容，進而替未來的都市變遷創造出如實際景象般的圖像。舉例來說，北卡羅萊納州 Cary 市的規劃部門利用照片圖像模擬來：1) 提升一般民眾對計畫或管制規則的了解；2) 讓大眾投入規劃工作，對草擬的計畫構想提出具建設性的回饋意見，或建議；3) 讓社區對未來達成共識；4) 展示計畫草案，評估其可行性；或 5) 評估其他的替選方案 (Ramage and Holmes 2004, 30)。

在 Cary 市開放空間和歷史資源計畫 (Cary Open Space and Historic Resource Plan) 的規劃過程中，規劃師了解到用簇群方式設計的細部計畫，對開放空間的保存可能是個有效的方法。為了幫助鄉村地區的土地所有權人了解這個方法的好處，選擇了大家都熟悉的地點，進行航空照片透視圖的模擬，來比較傳統開發方式和簇群細部計畫。這些地點中包括了位於 Cary 市外圍規劃轄區的 Carpenter 歷史區。下圖的 A 部分是這個地區的現況，包括了 Carpenter 中心區的路口，和鄰近的農場與樹林。B 部分顯示出傳統細部計畫的獨戶住宅，每戶的基地面積約為

A. Carpenter 路口的航空照片，2002 年之現況

B. 傳統細部計畫的草案

C. 傳統細部計畫的模擬照片

D. 保育細部計畫之模擬照片

參考資料 圖 4-2 ▎北卡羅萊納州 Cary 市的視覺化案例
資料來源：Ramage and Holmes 2004, Town of Cary Planning Department and North Carolina
State University College of Design.

12,000 平方英尺。C 部分是獨戶住宅開發後的景象。D 部分是相同的地區，利用
簇群方式設計的細部計畫，同時包括較小基地 (8,000 平方英尺基地) 的獨棟獨戶
住宅，和一些多戶單元 (連棟街屋、雙併住宅，和三併住宅)；在維持相同居住
單元的同時，保存基地上 40% 的開發空間。

　　當把這些資料在社區會議中展示時，這些模擬結果增加了民眾的了解程度：
傳統的開發方式的確會威脅到這個具有歷史意義的鄉村地區。然而，雖然居民們
支持保存開放空間，他們仍然偏好傳統細部計畫的大基地設計。於是，最後搭配
部分土地依照簇群方式使用，做為開放空間的保育工具。(假使能開發出第三種
形式，大眾的反應或許會因而較為傾向簇群的概念：全數使用較小基地的獨棟住
宅，而非將多戶住宅的單元與大基地獨戶住宅混合在一起；如此，保存的開放空
間會比原先的少一些。)

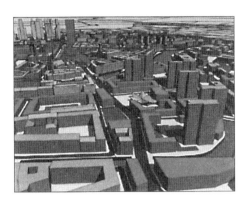

圖 4-5 光達 (LIDAR) 下的柏林

資料來源：Batty et al. 2001. 使用以上資料經 ESRI 授權。

Batty 等人 (2001) 回顧全世界視覺化應用的相關文獻，發現視覺化不是只有應用在都市計畫和建築上，同時也應用於緊急服務 (emergency services)、電訊塔台的選址、設施和設備管理、環境規劃，和其他的活動中。最新、準確的都市視覺化模型利用結合航空光達圖 (LIDAR)和全球定位系統 (GPS)，建立高解析度的三維數位地形模型 (digital elevation models; DEMs)。三維建築量體模型可以用 GIS 的擴充程式，例如 ArcView 3D Analyst 來進行。空間資料庫技術及遙測資料可以加速三維都市模型的建立。(請參考圖 4-5，光達 LIDAR 下的柏林)

規劃支援系統的功能

針對每一種都市系統──人口、經濟、環境、土地使用、運輸和基盤設施，規劃支援系統應必須要有能力做到：

- 敘述都市的歷史，現在的狀態、政策，和制定決策的規則；
- 監測、記錄，並詮釋都市的變遷；
- 預測都市未來的狀態；
- 診斷規劃和開發問題；
- 評估供給和需求的平衡；

- 模擬都市的變遷、關聯性、衝擊,和可能發生的事件;
- 向決策制定者和利害關係人傳達明確且可靠的資訊。

 ## 敘述都市的歷史,現在的狀態、政策,和制定決策的規則

熟悉都市系統當中每個成分的歷史,可以在了解現在的問題、尋找未來機會上,幫忙發掘出一些線索。過去的趨勢通常也決定了未來的方向;過去的事件也會影響到未來的機會。例如,一棟廢棄的工業建築物在以往可能是化學工廠,在基地中可能潛藏了具危害性的廢棄物,需要先進行整治才能在未來的再開發中使用。

這些系統成分的現狀,對了解是否需要用規劃來干預,和設定衡量計畫執行的基準是重要的。例如,一個受污染河川明顯地需要更有效的土沙沉積管理及沖蝕控制;比現行空氣污染標準惡劣的空氣品質,意味著需要開發替代的交通運輸策略。透過記錄現有的河川水質,就可以衡量管理策略和管理方法的有效程度。

分析現有規劃政策及開發決策規則,可以協助了解:何以一個地區會開發成為現在的狀況。舉例來說,一個地區有許多不具關聯的商業、工業和住宅結構物,可能是過去累積式分區 (cumulative zoning) 造成的結果,在分區的工業區中可做其他較高價值的使用。或是,在鄉村地區的土地使用分區政策中,允許在一英畝、有化糞池的基地上進行住宅開發,可以用來解釋:為什麼都市蔓延或蛙跳式的土地開發形式,會在適合設置化糞池的土壤滲透條件的地點上出現。此外,可以利用「聰明成長」聽證會來了解現行規劃政策與規則產生的複合效果,就如同在 Charlotte Mecklenburg 規劃地區所執行的 (Avin and Holden 2000)。

 ## 監測、記錄,並詮釋都市的變遷

Moudon 和 Hubner (2000) 指出,監測土地供給和容受能力「著重在可以做為建築用土地的供應數量,和土地可容納未來開發的能力……。它也可以用來評估未來土地使用的潛力,尤其是關於土地使用分區和其他限制都市擴張與集中發展的規範上。」(17) 僅有土地使用規劃師才能觸及關係社區成長與變遷的綜合資訊;他們的工作是要整體地監督社區大量、連續的私人土地使用,及社區中個別的開發行動。這種規劃師獨有的觀點,可為規劃和成長管理建立重要的情報。

取得、記錄，和詮釋土地使用變遷資料是個具挑戰性的工作。雖然「成長機器」(growth machine) 利用都市為介質，成長的過程其實是有機的，而非像真如機器一樣。成長是個人、政府，和企業決策多向度的累加結果，在每個向度之間僅有鬆散的調節，並且鮮少被系統性的記載下來。實際可開發土地供給數量的百分比，是受規範的上限數量、可用的基磐設施、地主願意銷售土地的意願，環境和實質的限制，和市場需求之限制。

變遷並不僅限於私人土地開發市場。在社會和環境系統中，包含著重要的變遷，有時是市場活動所造成的，有時它們是獨立發生的。社區的變遷是動態和多向度的，監測系統必須要處理所有重要的變遷向度。這些向度在後面的幾章中會針對人口、經濟、環境、土地和土地使用、交通運輸，和基磐設施等綜合規劃支援系統中的組件，做仔細的討論。

預測都市未來的狀態

成長和變遷是都市系統中的重要組件，造成推動規劃工作的力量。在理論上，假使所有的都市聚落都是在穩定的狀態，就只需要管理者來操作這個系統。然而，因為人口和經濟的成長、變遷或萎縮，服務人口和經濟成長的都市地區與都市設施就一定要調整，才能配合都市變遷的腳步。

土地使用規劃師所需要的最重要情報，是在規劃地區當中推計的成長和變遷。舉例來說，因為人口成長造成了土地使用變遷的需求，規劃支援系統於是要協助回答下列的問題：

- 在未來二十年間，預期人口變遷的成長率和成長數量為何？
- 在未來二十年間，推計的就業類型和數量變遷為何？
- 哪一個年齡層是成長最快速的？對於住宅、學校、公共服務，和就業的影響為何？
- 人口特徵，例如種族和族裔、收入分佈和教育水準，會有什麼樣子的改變？
- 未來人口和經濟成長 (或萎縮) 對土地和公共設施，例如學校和公園，造成的影響為何？

對於土地使用規劃師來說，平衡現在需求和未來需要是個重要的課題。平衡市場、社會，和環境三個價值觀的工作是隨時都受到干擾的，尤其是在那些快速變遷的都市地區。推計未來狀態時所需要的規劃情報，在維繫平衡上就扮演重要的角色。在快速成長的地區，一個重要的規劃工作就是確保新基磐設施能夠隨著住宅和商業地區開發進度上線運作。其他重要的工作還包括：確保環境系統不受到破壞、維繫區域內的協調、提供平價的國民住宅，並且避免使用具潛在災害威脅的土地。

診斷規劃和開發問題

大部分規劃和開發的問題，是來自於緩慢、漸進的變遷，例如都市中心地區或鄰里逐漸的衰退，或大面積開發緩慢地擴展到農業區和自然資源保育區。這些問題對許多人來說都不容易觀察到，因為問題是在正常的過程中連續產生的。但是，偶爾也會出現一些明顯的危機，例如大型工廠或是軍事基地的關閉，會促使社區嘗試用規劃問題的角度來處理變遷。對於那些比較不明顯、發生速度緩慢的問題，診斷問題來源和說服決策者採取必要的行動，反而是較為困難的。

規劃和開發的問題是以多種不同的形式出現：土地使用間的衝突，如農地與住宅的分區；環境污染和自然棲地減少；建成環境品質降低；經濟開發速度緩慢；和社會不公平差距加大。土地不只是在市場交易的財貨，也是重要自然環境系統、社會鄰里單元，經濟永續社區的地點。

永續指標可以做為規劃和開發問題的早期警訊，可做為公共政策產生效果的成績單，同時也是衡量社區導向願景和目標的進展成效。Maclaren (1996) 說明了永續指標應該是：

- 整合的，因此可以展現出社會、經濟，和環境向度的永續性連結；例如，鮭魚洄游產卵的數量是「永續西雅圖」(Sustainable Seattle)的指標之一，也是水質和工業存續的指標。
- 前瞻性的，於是可以衡量計畫達成目標和跨世代公平之程度；例如，「奧勒岡進展委員會」(Oregon Progress Board；譯者註：由州長主導，負責規劃奧勒岡州未來二十年策略計畫的委員會) 提出272 個關於環境、社會，和經濟福利的指標，並且也為每個指標設

計在 2010 年前分階段達成的一套標的或基準。

- 分配性的，因此能夠衡量世代間和世代內的公平性。
- 基於多元利害關係人提出的意見，因此可以包括多樣參與人士團體的價值觀和看法。

永續指標也可以利用關聯性表格，如此就會對土地使用規劃師的工作有些幫助。舉例來說，加拿大卑斯省永續狀態報告 (State of Sustainability Report) 採用了「若—則」(if-then) 的格式，「若」決定未來居住地區的密度，「則」在不同的密度水準下，計算出需要安置都市人口的總土地需求量 (Maclaren 1996)。

 ## 評估供給和需求的平衡

規劃支援系統的核心工作，是使社區能夠評估為了開發或保育之需，平衡現在與未來的土地供給需求。這個工作說來簡單，但實際上是複雜而且困難的。它所包括的不只是現況資料的收集和分析，還包括主觀價值判斷與折衝。雖然在後面各章當中，會討論到要平衡每個規劃支援系統內的成分，關係著土地供給和需求的平衡議題還是隨時會浮現出來。

什麼是未來土地的實際需求？是不是找個方程式來計算家戶的平均土地面積？或是需要計算各種未來家戶類型的分配，從傳統獨戶住宅到單親家戶、無親戚關係的個人所組成之家戶、空巢期的家戶，全部做詳細的推計？接下來是不是需要分析人口金字塔在未來的規劃期間之改變？在 2000 年普查資料分析中顯示，中型城市的成長大幅度依賴大量新移入的亞裔與西班牙裔居民，在此同時，非西班牙裔的白種居民逐漸減少 (Vey and Forman 2002)；我們如何由此得到關於種族和族裔人口組成，對土地需求的影響？需求是否可以由公共政策的住宅類型、許可開發的地點，和其他的成長管理行動來決定？

什麼是未來土地的實際供給？是不是只計算利用允許開發的分區和空地？或是要包括都市行政區向都市邊緣以外擴張的地點，以及在都市範圍內或許可進行再開發之地點？是否依照土地適宜開發的簡單分類來決定，或是也要納入社區對保育優良農地和敏感自然資源土地的價值

觀？要如何把市場因子納入，例如個人決策的讓售意願 (willingness to sell)，或取得土地難易程度的影響，和決定購買土地之後的開發資本？土地供應可不可以用訂定規範或提供誘因獎勵的公共政策影響，來決定是要開發或保育？

模擬都市的變遷、關聯性、衝擊，和可能發生的事件

隨著電腦運算技術的開發，使規劃師逐漸能夠模擬土地使用的變遷，並且計算土地使用對社區造成的影響。舉例來說，UrbanSim 是諸多新的、具領先地位的土地使用模型之一，設計此模型來協助都會區規劃機構製作出一致的運輸、土地使用，和空氣品質計畫 (Waddell 2001)。這個公共軟體模型的焦點是家庭、企業、開發商，和政府所採取的關鍵行動，模擬小面積土地規模之開發。這個模型是用運輸模型做為介面，處理土地使用和交通運輸間的互相影響。UrbanSim 的物件結構如圖 4-6，其中，開發者利用土地、建造建築物，提供給家戶和企業使用；政府設定政策規範土地，及建設基磐設施提供服務。

即使是小型的社區，也能使用相當廉價、實用的都市成長和土地政策模擬軟體，來開發出簡單的模型。一般被稱為土地適宜性模型 (land suitability models)，這些模型可以分析各種不同的土地使用方案，從辨識社區土地是否適宜做不同類型的土地使用，到找出適合開發方案的基地。在第六章中，將敘述建構土地適宜性模型來進行環境系統分析。舉例來說，威斯康辛—麥迪遜大學在威斯康辛州 Dane 郡的一個研究地區中，使用 ESRI ModelBuilder 結合 ArcView Spatial Analyst 劃設環境走廊 (ESRI Map Book 2002)。如圖 4-7 所示，地圖上描繪了五個重要的環境特徵：陡坡、濕地、河川與水岸緩衝區、洪水平原，和道路路權。這些特徵都轉變成為網格資料，進行疊圖作業。此模型創造並在圖上描繪出兩種環境走廊：其一，是簡單的把所有特徵都簡單加總起來的走廊，只要有前述環境特徵的土地，都會被劃入；產生結果是指出具各種特徵的地點。另外一個是加權劃設出來的走廊，為不同環境特徵加上權重，於是我們可以在評等較高的走廊給予優先考量。此模型的優勢在於它能把許多相關環境特徵進行疊圖，不論是否有別於權重，都可為環境走廊規劃提供影像資料。

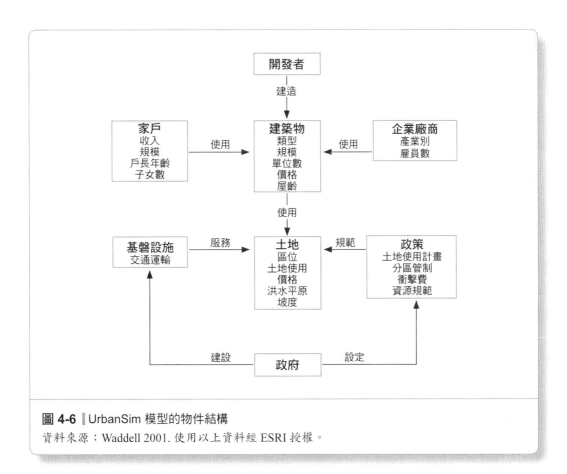

圖 **4-6** ┃UrbanSim 模型的物件結構

資料來源：Waddell 2001. 使用以上資料經 ESRI 授權。

與決策制定者和利害關係人溝通

因為規劃是一種協力合作的藝術，在規劃支援系統中就務必將溝通聯繫納入。規劃師從許多來源收集、整合規劃情報，為的就是協助居民、企業人士，和民選官員了解他們面對的威脅和機會。唯有充分了解基本的現實狀況和價值觀，並在計畫目標和行動上建立廣泛共識，才有可能確實執行計畫。

電腦技術和多媒體通信的持續發展，對規劃師和社區之間的互動方式造成革命性的改變 (Cohen 2000)。網路服務如電子郵件、網際網路，在規劃師和各社區團體成員間提供了快速、可及性，和廉價的溝通方式。以電腦為基礎的規劃工具，如地理資訊系統 (GIS) 和視覺化與模擬技術，再配合網際網路，就成為分析、了解問題，和溝通聯繫不可或缺的一部分。

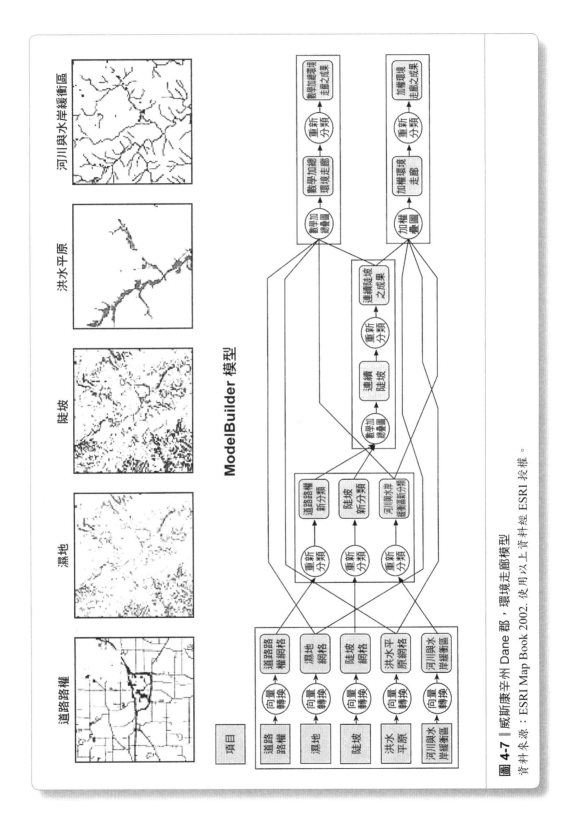

圖 4-7 ┃ 威斯康辛州 Dane 郡，環境走廊模型
資料來源：ESRI Map Book 2002. 使用以上資料經 ESRI 授權。

　　和民眾一起進行規劃，需要結合教育、共同學習及激發靈感。規劃部門使用資訊網路網站做為聯繫民眾的工具，用來宣導 (Cohen 2000, 207-10)：

- 公聽會的通知和議程；
- 規劃工作執行的狀態；
- 經常詢問的規劃過程與程序問題彙集 (FAQs)；
- 土地使用分區管制和細部計畫的規範，包括示意圖和超連結；
- 土地使用、使用分區管制，和特定區的地圖；
- 下載規劃的出版品，例如綜合計畫，開發審議，和環境影響說明書；
- GIS 街道圖、鄰里、災害地區、行政轄區範圍，和普查資訊；
- 利用超連結的電子郵件地址，聯繫規劃人員和公部門官員；
- 討論論壇或聊天室，來聽取市民關於計畫、開發草案，和規劃議題的意見。

　　北卡羅萊納州 Wake 郡規劃人員指出，當地居民利用該郡的網頁來了解與參與地方政府的決策制定。居民們偏好能迅速地得到資訊，並能親自閱覽。利用網頁，規劃部門就可以：增進自我能力以提供即時、正確，和充分的資訊；得到民眾意見的輸入；有效的利用規劃人員，增加民眾對規劃的滿意程度。

計畫製作過程中的情報

　　規劃支援系統是主要的規劃情報來源。透過這些系統收集資料、把資料建構為資訊，透過監視與分析多元資訊來得到規劃情報。這些規劃支援系統可以協助土地使用賽局參與者學習與了解都市變遷產生的效果，對適當的行動產生共識，並產生具建設性的決策。廣泛的目標是為了提供情報，於是能維繫環境、社會，和市場價值觀的平衡，進而管理社區的變遷。策略性的規劃情報是永續開發中必備的項目。

　　情報在每個規劃過程的階段，都扮演不同的角色；規劃初期，從社區狀態報告 (State of Community Report) 中辨識出社區議題，導向長期

永續的社區願景。在準備與討論社區狀態報告時，規劃情報能突顯影響社區未來的威脅與機會。它主要是著重在推計的人口和就業變遷，對土地供給和社區設施所產生的衝擊。然而，它也要考量對於環境資源和社會公平性所造成的影響。在製作計畫的初期，情報可辨識出人們關心的關鍵議題，設定社區的公共議程。

在建立願景和境況的過程中，規劃情報協助塑造可能的未來狀況，並找出關鍵的參數來幫忙評估長期策略。關係著未來開發和基礎設施供應量的土地開發容量情報，可以為未來成長提出適當的建議方向。規劃情報可以提出策略性的問題，來促使願景和境況具有事實的根據，同時從價值觀的立場上也具有吸引力。

在巴爾的摩都會區「未來的選項」(Choices for the Future)，舉辦了一系列的民眾會議。在會議中建立了四個境況：依照現行趨勢和計畫之境況、強調道路能量、著重大眾運輸系統，和著重都市再開發利用境況的計畫。請參與民眾在一系列生活品質指標和運輸指標中，選擇他們偏好的境況，接下來再利用最偏好到最不偏好的四項量表，來評估每一個境況。所得到的評分表請參考圖 4-8。

在另外一個例子中，「Santa Cruz 郡 2010 計畫」利用政策模擬模型來檢視三個成長管理政策境況，對計畫都市成長形式和棲地破碎造成的效果。人口在 1995 年到 2010 年間推計將增加 50,000 人。依照現有平均密度每公頃 20 人計算，需要使用 2,500 公頃 (6,250 英畝) 土地來容納人口成長。在沒有設定限制的未來境況中，都市可以在濕地以外的任何地方進行開發。在保留農地的境況當中，重要的農業生產土地會受到保護。在環境保護的境況中，洪水平原、坡度超過 10% 的坡地、河川與溪流兩側 100 公尺範圍內土地禁止開發，開發也被限制在距離現有都市影響範圍 500 公尺之內。這些境況顯著地影響可開發土地的範圍。圖 4-9 顯示出允許開發地點 (淺灰色範圍) 和禁止開發地點 (中灰色範圍)，也包括了已開發的範圍 (深灰色範圍)。

在形成與評估計畫替選方案的過程中，規劃情報協助了解每個方案可能的影響，並且決定替選方案是否可行。規劃情報可以突顯出地區性土地政策計畫，選擇不同成長地點和政策時程時，會對財務和環境產生的影響效果。情報協助計算成本與利益，揭露出替選的社區土地使用計

第一部分：生活品質指標

排序	指標	境況			
		現況趨勢與計畫	著重於道路容量	著重於公共運輸	著重於再開發
☐	2000 到 2030 年開發所使用的土地英畝數	138,316 Acres	124,070 Acres	58,506 Acres	41,243 Acres
☐	提供不同住宅類型與價格的鄰里比率	10%	25%	75%	80%
☐	汽車的空氣污染	增加 10%		減少 10%	
☐	既有開發、未來開發、與再開發，對 Chesapeake 灣水質之影響	○ 最嚴重	○ 其次嚴重	○ 其次佳	○ 最佳

第二部分：交通運輸指標

排序	指標	境況			
		現況趨勢與計畫	著重於道路容量	著重於公共運輸	著重於再開發
☐	2030 年，每人每年待在汽車上的時間	5.8 小時	8.8 小時	2.4 小時	0.6 小時
☐	2030 年，每個家戶每年的汽油消耗量與支出	$1,427 / 1,373 加崙	$1,623 / 1,248 加崙	$511 / 393 加崙	$407 / 313 加崙
☐	新的家戶可以步行至火車或公車站的比率	30.5%	41.1%	76.8%	75.1%
☐	新的就業機會可以利用公共運輸的比例	65.9%	70.1%	88.7%	83.0%
☐	從 2000 到 2030 年步行旅次增加數量	128,109	140,047	245,328	311,228
☐	從 2000 到 2030 年公車、火車旅次之增加數量	208,865	1,448	310,331	277,298

第三部分：境況排序

請再檢視您對於生活品質與運輸指標所答的答案。將每個境況依照您的偏好進行排序。把排序號碼填在每個境況左邊的格子中（4=最偏好的；1=最不偏好的）。不會有兩個境況共用一個號碼的情形。

☐ 現況趨勢與計畫	☐ 著重於道路容量	☐ 著重於公共運輸	☐ 著重於再開發

圖 4-8 未來的選項（巴爾的摩都會區）區域性民眾會議境況評估分數表

使用以上資料經 ACP-Vision & Planning 授權。

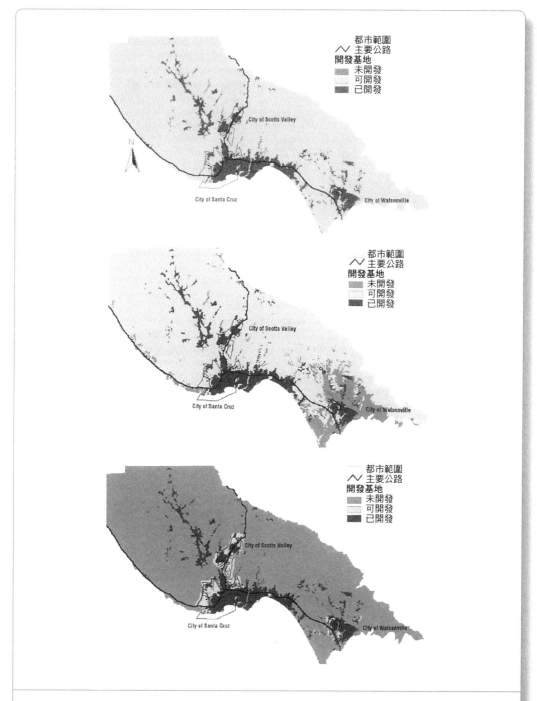

圖 **4-9** ┃ Santa Cruz 的三種境況：無開發限制、農地保留，和環境保護

資料來源：Landis 2001. 使用以上資料經 ESRI 授權。

畫在經濟與社會面的優勢與劣勢。同時，可以突顯不同社區利害關係人認為選擇小地區計畫策略之優劣。最後，情報可以評估替選開發管理計畫的法律與政治可行性。

在計畫完成後的監測、評估，和計畫更新工作中，規劃情報可以用來比較實際發生的事件和預測或規劃事件兩者間的差異。規劃情報可以展現哪個規劃提案過去是成功的，哪個規劃提案過去是失敗的，用以做為計畫更新或修正的基礎。透過知會決策者採用計畫能產生的實際效果，情報可以持續在規劃過程中提供支援，將規劃工作導向永續的社區發展。

結論

這一章當中，回顧規劃支援系統特色和用途。討論到可以利用結合電腦、資料庫，和分析及視覺化軟體的方式建立規劃情報，來協助了解重要的規劃課題，探索未來可能的開發境況，並建立社區對未來願景的共識。

在這一篇稍後的各個章節中，將會詳細討論規劃支援系統每個功能成分。下一章討論兩個主要的元素——人口與經濟。地區人口和經濟變遷的策略性情報，是驅動進行土地使用計畫的主要力量。

註解

1. 在規劃支援系統的討論中，都假設規劃方案中能用到電腦。在前文中大部分的分析都需要電腦軟體和使用軟體的能力。假使規劃者無法應用到電腦，可以參考「都市土地使用規劃」的第四版 (Kaiser, Godschalk, and Chapin 1995)，該版本中討論到無需使用電腦的資訊收集與分析技術。被數位落差 (digital divide) 分隔的公共參與者 (家中和工作時無法使用到個人電腦的人)，應該可以透過公共圖書館或社區中心使用電腦 (Servon 2002)。在此同時，提升所有人使用電腦的機會，增加資訊內容與訓練，再輔以越來越容易操作和具視覺化能力的軟體，就能夠拉近數位落差兩側的差異。

2. 這種對規劃支援系統的看法，比只是規劃資訊系統或土地供給監測系統更廣泛。規劃資訊系統著重在協助每日的操作過程，例如要追蹤開發許可和資料庫管理，工作就包括更新建築許可的檔案。土地供給監測系統是為了維持適量的可開發土地供給，來滿足土地開發市場之需求 (Moudon and Hubner 2000)。在我們的觀點，規劃支援系統包括規劃資訊系統及土地供給監測系統兩者的功能，同時還更擴展著重的焦點，再進一步納入設定環境、經濟，和公平永續目標之社區參與。

3. 要得到關於各類型分析模型的介紹，請參考 Brail and Klosterman (2001)。

參考文獻

Allen, Eliot. 2001. INDEX: Software for community indicators. In *Planning support systems: Integrating geographic information systems, models, and visualization tools*, Richard Brail and Richard Klosterman, eds., 229-61. Redlands, Calif.: ESRI Press.

Avin, Uri, and David Holden. 2000. Does your growth smart? *Planning* 66 (1): 26-29.

Batty, Michael, et al. 2001. Visualizing the city: Communicating urban design to planners and decision makers. In *Planning support systems: Integrating geographic information systems, models, and visualization tools*, Richard Brail and Richard Klosterman, eds., 405-43. Redlands, Calif.: ESRI Press.

Brail, Richard, and Richard Klosterman, eds. 2001. *Planning support systems: Integrating geographic information systems, models, and visualization tools*. Redlands, Calif.: ESRI Press.

Chou, Yue-Hong. 1997. *Exploring spatial analysis in geographic information systems*. Albany, N.Y.: OnWord Press.

Cohen, Jonathan. 2000. *Communication and design with the Internet: A guide for architects, planners, and building professionals*, chapters 9 and 10. New York: W. W. Norton.

Decker, Drew. 2001. *GIS data sources*. New York: John Wiley and Sons.

De la Barra, Tomas. 2001. Integrated land use and transport modeling: The Tranus experience. In *Planning support systems: Integrating geographic information systems, models, and visualization tools*, Richard Brail and Richard Klosterman, eds., 129-56. Redlands, Calif.: ESRI Press.

ESRI Map Book. 2002. Vol. 17. Redlands, Calif.: ESRI Press.

Falconer, Allan, and Joyce Foresman, eds. 2002. *A system for survival: GIS and sustainable development*. Redlands, Calif.: ESRI Press.

Harris, Britton, and Michael Batty. 2001. Locational models, geographic information, and planning support systems. In *Planning support systems: Integrating geographic information systems, models, and visualization tools*, Richard Brail and Richard Klosterman, eds., 25-57. Redlands, Calif.: ESRI Press.

Kaiser, Edward, David Godschalk, and F. Stuart Chapin, Jr. 1995. *Urban land use planning*, 4th ed. Champaign: University of Illinois Press.

Klosterman, Richard. 2000. Planning in the information age. In *The practice of local government planning*, 3rd ed., Charles Hoch, Linda Dalton, and Frank So, eds., 41-57. Washington, D.C: International City/County Planning Association.

Klosterman, Richard. 2001a. Planning support systems: A new perspective. In *Planning support systems: integrating geographic information systems, models, and visualization tools*, Richard Brail and Richard Klosterman, eds., 1-23. Redlands, Calif.: ESRI Press.

Klosterman, Richard. 2001b. The what if planning support system. In *Planning support systems: Integrating geographic information systems, models, and visualization tools*, Richard Brail and Richard Klosterman, eds., 263-84. Redlands, Calif.: ESRI Press.

Kwartler, Michael, and Robert Bernard. 2001. CommunityViz: An integrated planning support system. In *Planning support systems: Integrating geographic information systems models, and visualization tools*, Richard

Brail and Richard Klosterman, eds., 285-308. Redlands, Calif.: ESRI Press.

Landis, John. 2001. CUF, CUF II, and CURBA: A family of spatially explicit urban growth and land-use policy simulation models. In *Planning support systems: Integrating geographic information systems, models, and visualization tools*, Richard Brail and Richard Klosterman, eds., 157-200. Redlands, Calif.: ESRI Press.

Langendorf, Richard. 2001. Computer-aided visualization: Possibilities for urban design, planning, and management. In *Planning support systems: Integrating geographic information systems, models, and visualization tools*, Richard Brail and Richard Klosterman, eds., 309-59. Redlands, Calif.: ESRI Press.

Lo, C. O., and Albert Yeung. 2002. *Concepts and techniques of geographic information systems*. Upper Saddle River, N.J.: Prentice Hall.

Maclaren, Virginia. 1996. Urban sustainability reporting. *Journal of the American Planning Association* 62 (2): 184-202.

Malczewski, Jacek. 2004. GIS-based land suitability analysis: A critical overview. *Progress in Planning* 62 (l): 3-65.

Marsh, William. 1998. *Landscape planning: Environmental applications*. New York: John Wiley and Sons.

Meck, Stuart, ed. 2002. *Growing Smart legislative guidebook: Model statutes for planning and the management of change*. Chicago, Ill.: American Planning Association.

Moudon, Anne Vernez, and Michael Hubner, eds. 2000. *Monitoring land supply with geographic information systems: Theory, practice, and parcel-based approaches*. New York: John Wiley and Sons.

O'Looney, John. 2000. *Beyond maps: GIS and decision making in local government*. Redlands, Calif.: ESRI Press.

Putnam, Stephen, and Shi-Liang Chan. 2001. The METROPILUS planning and support system: Urban models and GIS. In *Planning support systems: Integrating geographic information systems, models, and visualization tools*, Richard Brail and Richard Klosterman, eds., 99-128. Redlands, Calif.: ESRI Press.

Ramage, Scott E, and Michael V. Holmes. 2004. A case study in the use of photo simulation in local planning. *Carolina Planning* 29 (2): 30-47.

Servon, Lisa J. 2002. *Bridging the digital divide: Technology, community and public policy*. Maiden, Mass.: Blackwell Publishing.

Vey, Jennifer, and Benjamin Forman. 2002. *Demographic change in medium-sized cities: Evidence from the 2000 Census*. Washington, D.C.: Brookings Institution Center on Urban and Metropolitan Policy.

Waddell, Paul. 2001. Between politics and planning: UrbanSim as a decision-support system for metropolitan planning. In *Planning support systems: Integrating geographic information systems, models, and visualization tools*, Richard Brail and Richard Klosterman, eds., 201-28. Redlands, Calif.: ESRI Press.

第五章
人口與經濟

　　你的規劃作業是在規劃過程中,為你的轄區設計能提供人口和經濟資訊的規劃支援系統。它必須要提供衡量人口與經濟的規模和組成之方法;形式上要展現對各種土地使用、基磐設施、社區設施,與自然資源等的土地需求。它必須使用容易取得的資料和軟體,使用的方法要能合乎規劃區的需要。這個規劃支援系統要能權衡過去和現在的條件,以預測未來人口與經濟指標;它必須要能列出並呈現有趣的、易懂的,且具說服力的資訊;能隨著規劃過程和使用者需求調整,成為高品質土地使用計畫的「事實根據」。

建立規劃支援系統,要從模擬社區的人口和經濟動態開始,並討論這些動態關係對未來都市發展潛藏的涵義。人口預測的結果是用來估計住宅土地、公部門和機關土地使用的需求,有時也會討論到零售業的土地需求。就業預測是用來估計各種經濟部門,包括商業區的土地需求。交通和其他基磐設施的土地,則是依據住宅區、商業區、機關用地,和工業區的需要來估算的。因此,整體來看,人口與經濟已大致決定土地、基磐設施、社區設施,和都市服務的需求。它們決定了對自然資源的需求,也是自然環境壓力的來源。此外,就如 Dowell Myers 所指出的,人口和經濟預測就相當於「詮釋身分會隨著時間而改變的規劃

服務對象，及評估政策的優先順序」。它們把我們的注意力引導到未來的利害關係人，「成為規劃工作的服務標的，在規劃中的重要程度就如同土地使用圖一般」。(Myers 2001, 383-84)

我們把經濟與人口研究的討論集中在這一章，是因為這兩個工作不論在概念上、方法上都有關聯。從概念上來看，具有或缺少經濟機會，是決定都會區或某個通勤範圍人口增加、不變，或減少的重要因子。把這個因果關係反過來看，人口規模決定了勞力市場的大小與類型，及消費者的消費能力。從方法上來看，人口推計和經濟推計使用類似的技術；在衡量都市動態的指標上，兩者之間應該是一致的。

在分析人口和經濟的工作上，規劃師可以利用許多容易上手的電腦軟體操作人口和經濟分析模型，並採用適合用在土地使用規劃的人口和經濟資料。一直到 1980 年代中期，完整分析地區的經濟和人口，還需要經濟學家和人口學家的專業技巧和判斷。現在，假使能依賴他們的服務當然是最好；專家們最了解經濟和人口的動態，也都清楚區域、全國，和全球的狀況，他們對理論、方法、資料來源也都有紮實的應用基礎，更重要的是他們具備詮釋資料的能力。為達到土地使用規劃的目的，規劃師其實並不需要了解如何撰寫電腦程式建構模型，或是準備輸入的資料。然而，他們必須知道既有軟體中各種分析模型的基本觀念與假設，和可能的應用方式。為了要解釋分析得到的結果，他們也要了解各種不同方法的優缺點。換句話說，土地使用規劃中的人口經濟分析無需非常深奧，假使規劃師對方法和方法的假設具有充分了解，許多地方規劃機構其實都有進行分析的能力。

在本章的一開始，首先解釋土地使用規劃中應如何使用人口和經濟資訊，並綱要地列出創造人口和經濟資訊的方法。在第二節中，我們提出一般能取得人口和經濟資料的來源，及處理這些資料的軟體模型。第三節回顧主要的方法類別，用這些類別的方法估計過去和現在的條件，推計未來人口和經濟指標。第四節著重在模型假設具有的關鍵角色，不論有沒有明確的把這些假設說明清楚，它們始終潛藏在資料輸入和分析模型結構中。在第五節中，介紹土地使用規劃中，優質人口和經濟推計報告所應具備之特色。

如何應用人口與經濟分析

人口和經濟指標是衡量社區規模、組成，和相對條件的項目。許多公私部門的土地使用賽局參與者，決策時都會參考人口和經濟指標。經濟開發者、商業和住宅不動產開發商，及社區官員參與社區設施和基磐設施投資，從最基本的自來水供應、污水處理，到學校、高速公路，和公共運輸系統，都會使用人口和經濟資訊。因此，人口與經濟資訊、情報，成為規劃支援系統中的重要產品，對諸多社區的規劃利害關係人提供直接的幫助。

其次，對土地使用規劃師而言，未來的人口和經濟，代表著社區務必在其土地使用計畫中提出因應之道。分析社區現在和即將出現的條件，提供了檢視變遷趨勢的基礎，可以納入「社區狀態報告」中做為準備土地使用計畫的起點。推計之人口和經濟變遷所隱含的意義，可以成為「社區狀態報告」中的課題、願景、境況，和可供探索的機會 (請參考第九章，及 Meck 2002, 7-84 到 7-85)。最後，人口和就業的預測是計算未來土地使用需求之基礎。

這一節接下來討論對土地使用規劃工作目的最重要的人口和經濟特性，及四種類型的研究：估計 (estimation)、推計 (projection)、衝擊評估 (impact assessment) 和規範式決定 (normative determination)。最後，我們將討論在地方層級，為長期土地使用規劃進行預測時面臨的困難。

重要的人口和經濟特性

三個向度的人口和經濟特性，對土地使用規劃工作尤其重要：規模、組成，和空間分佈。

- 人口和經濟**規模** (size)，是決定未來都市化程度最基本的標竿。規模也是估計未來住宅、零售與辦公空間、製造生產空間、社區設施等空間需求的基礎，甚至有時會應用在開放空間上 (例如：公園用地)。

- 人口和經濟**組成** (composition) 也是極為重要的項目。組成是指在整體規模下某特定團體的規模；就業可以按照經濟部門來區分 (如輸出部門，服務地方人群部門)，判斷就業地點是否在辦公室內、

工廠、倉庫、零售業，甚至未必有特定的工作地點 (如農業就業) 之就業。人口也可以用年齡、性別、家戶型態 (例如，單身家戶、有小孩的家戶)、宗族和文化團體、社會經濟水準，和有殘障與健康問題團體來區分。對規劃師來說，年齡可能是其中最重要的向度，因為年齡意味著需求的服務類型不同：舉例來說，學齡的兒童需要學校，老人需要醫療服務和特定的住宅需求。當越來越多的社區成為多元族裔的社區，規劃師就要能了解種族和族裔組成之變遷，及他們在年齡、性別、教育、住宅需求，和偏好間的相互影響。

預測與評估人口、經濟組成，在分析上比一般在土地使用規劃時所進行的要更詳細。人口組成改變的原因很多，像是人口老化、移入 / 移出人口的差異，和特定次族群的存活率與出生率。需要找到方法來模擬這些成分的改變，使土地使用計畫能夠反映構成社區整體人口中各個多元團體之需要。

- 第三個重要向度是人口或就業的**空間分佈** (spatial distribution)。人口分佈可以用來評估檢討社區設施的分佈配置；通勤至工作、購物，和其他的機會；受到既有問題 (如，洪水災害) 的威脅程度；以及對不同人群影響的差異。空間的分析可以藉由土地使用的模擬，將預測的就業和人口成長進行空間分配。然而，在製作未來土地使用計畫的工作中，我們需要用未來人口和經濟組成做為規劃輸入項，接下來用土地使用設計 (不是用推計) 決定未來人口與經濟的分佈。

人口和經濟分析的複雜程度分成幾個層級，端視在分析中討論前述三個人口經濟特色的程度而定。最基本的方法著重在人口和就業的總數，也就是「規模」之計算；僅對人口之組成進行初步討論，或許會包括年齡的分佈。這種基本方法在地區性土地政策計畫，和初步的社區土地使用設計中算是適當的。多投入些精力，規劃師可以針對現況人口製作更詳細的分析，包括：估計各種型態的家戶數、勞動人力、種族次團體，和年齡層的組成分佈，協助地方政府了解他們所服務的人口與經濟。第三個層級的分析，強調某特定人口組成成分的變遷反映在土地使

用上的意義，舉例來說：移入移出與家庭規模、住宅和其他土地使用及設施的每人需求乘數。第四，也是最高的分析層級，是參與性的；把居民納入成長分析中，連結到願景和境況建立 (Myers and Menifee 2000, 84-85)。

與第四章介紹的規劃支援系統功能是一致的，人口和經濟的組成成分，經常與其他組成成分互相關聯，可以用來：

- 敘述社區或地區經濟與人口的歷史；
- 監測、記錄、詮釋人口和經濟的現況規模、組成，和地點的變遷；
- 預測未來的狀況；
- 分析與人口和經濟變遷相關、逐漸浮現的規劃與開發問題；
- 評估人口和經濟規模、組成和地點，對土地、設施，和資源使用供需的影響；
- 模擬人口和經濟變遷，變遷所造成的影響，和其中之關聯；以及
- 把分析所得的資訊，明確告知決策者和規劃的利害關係人。

與規劃支援系統之功能相關的研究類型

雖然我們最有興趣的問題是在於未來的人口和就業，但在時間向度上的未來，並不是獨立存在的。未來的狀況，是從過去連結到現在，再隨著時間接續下去的連續變化。因此，需要收集過去資料，來了解何以社區過去的狀況會變成今天的景況；也需要收集資料估計現在的狀況，並了解社區可能會朝著什麼方向改變，合理的人口和經濟規模又是如何。過去和現在的資料可以用來決定未來的趨勢，並用來模擬動態的變遷。分析過去和現在狀況，不只是要呈現人口與經濟的規模和組成，同時也揭露出影響變遷的力量，例如遷移率和生育率，以及人口年齡和種族的組成比例。最後，基於分析過去和現在的狀態，才能對未來情況進行推計與分析，這是對決定未來需求的必要工作。因此，規劃支援系統要能呈現過去、現在，和未來的人口與經濟狀況。

規劃師可以用四種不同的研究類型，來分析並展現過去、現在，和未來的條件：

- 估計過去和現在的人口與經濟條件；
- 預測未來的人口和就業；
- 評估人口和就業變遷，對社會經濟造成的影響；以及
- 制定最佳的人口和經濟規模、組成和變遷速率。

估計現況人口與經濟

社區需要估計現有的人口與就業水準，及其組成；乃是基於下列的原因：第一，這些資訊，尤其是與過去或類似的規劃區相比較，是了解社區變遷和趨勢的基本資料。它也是預測和衝擊評估的重要輸入資料。其次，考慮到社區服務時，這是評估每人需求的基本資料。此資訊可用來與服務水準相比（例如，在遊憩服務水準中，指出每 1,000 名居民需要的設施規模）。第三，計算州和聯邦政府的資金分配方案時，經常要基於社區的人口和就業條件。

美國每十年才進行一次人口普查，因此普查後若干年，需要用前次普查資料來估計城市、郡、區域，甚至州與國家的人口。最新的人口和經濟估計值，對各種利害關係人和地方政府功能是極為重要的，於是許多地方、區域，和州政府的規劃機構把每年估計人口與經濟的工作做為其服務項目，滿足各公私部門所需。因此，規劃師需要了解人口和就業估計的方法。

預測未來的人口和就業

推計研究區的產業與人口會成長、衰退，或其組成會有多大規模的改變，是估計未來土地使用、基礎設施，和社區設施需求之基礎。首先，此推計是估計未來變遷和開發所需土地量的要件。住宅空間需求是將人口預測進行轉換，成為各種形式的住宅數量；找出人們偏好的、可負擔的、適合各種家戶的住宅型態；轉換計算這些住宅型態的密度；將人口與住宅的需求預測乘上密度標準，就得到土地需求量。相同地，對於不同經濟生產部門（包括零售與辦公空間）的空間需求，則是依據就業的推計數量。

第二種應用人口和就業推計的方式，是計算未來運輸、自來水和污水處理設施、公園，其他基礎與社區設施，和社區服務之需求。當然，

這些設施的地點也要依據推計或設計的人口與就業空間分佈才能決定。然而，設施數量、規模和類型，還是要先從人口與經濟的規模與組成來決定的。

社經影響評估

第三種類型中的研究，規劃師追蹤重要經濟事件造成的影響，例如新辦公園區的開設或關閉、重要就業機會增加或減少，或人口年齡分佈或族裔組成變遷所造成的影響。這些事件會改變就業、人口，及未來土地使用的需求。人口和經濟模型可以做為估計前述影響的部分根據。模型中的事件可以是實際的、或規劃的；在建立的情境中，這些事件則是假定的。

未來人口和經濟的規範式決定

第四種研究的形式使用規範方法，來決定未來應該要有多少人口、哪些經濟活動；確立哪一種人口組成、經濟結構，或成長速率，對社區的未來是最好的。換言之，這種形式的研究，是要決定公共政策中推動的人口與經濟的水準和組成，而不是透過外在事件、人口動態，及市場影響來進行人口與經濟推計。為了要得到未來可以或願意接受的人口、經濟活動，和成長速率水準，這種規範式研究分析土地、環境，和基磐設施容受能力；檢視增加基磐設施投資或減少環境衝擊的替代方法；並探討土地使用設計其他的可能方案。

區分出估計、推計、預測、衝擊評估、境況和設計

這些名詞的內容接近，但在規劃師所進行的各種研究類型中卻有重要的差異。估計 (estimate) 是計算過去或現在人口與經濟水準、組成和條件。雖然在計算中所用到的是推計的技術，我們仍然稱它為對現在和過去條件的「估計值」。例如，我們可以用 2000 年普查資料，使用推計方法估計現況人口數。

討論及未來的人口和就業水準時，預測 (forecast) 和推計 (projection)這兩個名詞經常被錯誤地交互使用。這兩者間有明顯的差別；推計指的是：假使推計方法的假設確實存在，對於未來條件實際的測量數值。這些假設可以是現在趨勢的延伸，也可以背離現在的趨勢。不論假設內容

為何，只要推計技術在邏輯上是合理的、沒有數學的計算錯誤，這個推計就是正確的。大部分經濟和人口學家所使用的是推計；因此，即使推計結果沒有實際的發生，技術上也不會說推計是錯誤的：他們只認為假設是不正確的。另外，預測則是要在推計後，判斷假設正確的可能性。預測也可以被稱為預計 (prediction)。一個預測經常是得到一個估計值的範圍，而非一個特定的估計數字，但是要判斷在推計時所提出假設之可能性。因此，所有的預測都是推計，但並不是所有的推計都是預測；在其間之分野，要視分析者將推計是否為真的可能性納入判斷。

Isserman (1984, 2000)、Klosterman (2002)、Meck (2000, 2002)、Myers 和 Kitsuse (2000)，與 Wachs (2001) 為規劃時使用人口及經濟預測，提出深入看法：應區別推計、預測，提出願景 (visioning)，及規劃未來 (planning the future)。其中指出規劃要強調預測而非推計。規劃師不要把推計當作預測來使用，或在製作計畫時像機器般一味地想要滿足推計或預測數字。他們需要讓社區參與納入規劃過程中，由社區來選擇在預測中所有的重要假設 (ifs)，在具創意的研究中找出可能達成，也是人們期待的未來狀況。

衝擊評估 (impact assessments) 是預測或推計特定事件所產生的結果。衝擊評估可以用經濟或人口推計方法，然後再應用到實際的、規劃的、假想的，或偶爾發生的事件；例如規劃境況。

規範式決定或設計 (normantive determination or design) 的未來人口和經濟活動水準，是基於環境、財務、基磐工程、生活品質，及其他人口與經濟活動的意義，接下來由規範式決定來判斷心目中的理想未來。規劃師在這個決定中扮演重要角色，不只是做出預測，還要設想並塑造出未來。因此，未來的經濟與人口不僅是規劃的輸入項，同時也要是規劃的產出項。在計畫中所做的選擇，不僅是容納推計的人口和經濟，更進一步影響未來的人口與經濟。

推計、預測，和規範式決定是探討未來人口與就業水準及組成的方法；這三者是互相關聯的，但對未來的觀點是有些不同的。至少可以把這些觀點分為四個「陣營」，然而它們在實務上的區別還是相當模糊的。

1. 第一個陣營抱持的看法是：成長是受到土地使用規劃範疇外的力量所驅使的。因此土地使用計畫中應預測未來人口和經濟，利用土地使用計畫配合未來的需求。這個看法是土地使用規劃在 1970 和 1980 年代前的傳統取向。這種看法忽略了土地使用規劃可以、並且應該透過成長管理規範、基磐設施投資，和其他方法影響人口與就業的水準及組成。

2. 第二個陣營的觀點，認為成長都是好的。成長代表機會與財富的增加，而且社會福祉可以因土地使用計畫而增進。此觀點所衍生的一種類似觀點，是在成長中挑出被認為是好的成分，例如商業區、辦公室，和乾淨的工業區；其他的成分 (例如重工業區) 則認為是不好的。

3. 第三個陣營採用的觀點認為成長是不好的。成長會造成問題，威脅社會福祉，在土地使用計畫中應該避免它發生。此觀點所衍生的一種類似觀點，挑出成長中某些被認為是壞的成分，例如，低品質的住宅開發。

4. 第四個陣營的觀點認為未來條件要視情形而定。未來人口和經濟的規模與結構，應該要依循社區土地和基磐設施之供給、擴展都市服務的財政能力、未來願景的陳述，和所在地的自然環境脆弱性。這個取向與永續發展原則是一致的，要考慮到社區的生態足跡，調整未來的成長，避免違反責任區域主義。此觀點所衍生的一種類似之方向，認為有些成長是好的，有些是壞的；端視環境限制、土地供給，和基磐設施來決定。

在進行人口和經濟的研究或推計中，其成長和變遷觀點應該要是明白清晰的。

在土地使用規劃中預測所面臨的困難

在土地使用規劃中進行預測工作，因為下列兩個原因，會比其他公共政策目的所進行的預測困難：第一，土地使用規劃需要進行長程的預測。許多聯邦、州，和私部門進行一到兩季的經濟預測，有時最長會到兩年；與這些經濟預測互相比較下，土地使用規劃師至少要能有前瞻

10 到 20 年的能力。人口預測，除了土地使用規劃中的之外，許多都是長時程的，縱使如此，這些預測工作的重心還是在其短期的影響，例如在銷售、資金規劃，及都市服務的評估。

其次，除了需要進行長時程的預測外，地方土地使用規劃還要進行「小地區」分析與推計。經濟和人口學者傾向研究全國或大區域的經濟與人口。他們把郡、都會區、甚至一個州都視為「小地區」，更不用說市、鄉鎮，或鄰里了。然而，土地使用規劃師就是著重在這些所謂的小地區。不只資料難以取得，小地區的人口和經濟動態的變化更大、不容易預測。就家戶與廠商遷入遷出相對於地區人口或就業的比率而言，是大於較大的地區。同時，大型廠商或商業的設置或倒閉，會顯著地影響就業，也會影響到人口的變遷。為地方性土地使用規劃預測的未來人口與就業，是長期和小地區的預測，誤差會大於短期、大地區的預測。幸運的是，多數的長期土地使用規劃還能容許不盡精確的資料。規劃師可以用安全係數 (safety factors) 來解決；例如，在未來人口與就業水準之下估計未來空間數量，規劃師可以先行預留土地。此外，未來特定時間人口和就業預測值，縱使早五年或晚五年才發生，也不會抹煞計畫的整體性。長時程的 20 年計畫，每隔 10 年或若干時間都必須依當時狀況進行計畫檢討調整。請參考 Murdock 等人 (1991) 關於小地區推計方法的比較與評估。

人口與經濟的資料來源

為了執行人口和經濟分析，規劃師需要各種資料。有些資料是直接關於人口與經濟活動的水準、組成、和空間分佈的資訊，其中也涵蓋過去、現在，和推計的未來。此外，規劃師需要關於輸入變數的資訊，其中包括如出生、死亡、遷移，和經濟乘數等，這些變數都會影響人口與經濟變遷。這些資料不只是涵蓋規劃轄區或研究區，還要擴及所在的區域、州及整個國家，這些大的範圍構成地方人口經濟變遷的背景，有時甚至還可以做為地方變遷分析模型的直接輸入變數。

許多人口和經濟資料要從規劃以外的機構來取得。其他資料來源包括，聯邦機構，例如普查局和勞工部。除聯邦機構外，幾乎所有的州都

至少有一個以上的中心，負責儲存與發佈普查資料，並對地方政府提供分析工作的技術協助。幾乎所有的州都有專責人口與經濟研究的單位，為了州政府的立法與行政單位，並且為地方政府提供服務。它們能夠進行廣泛的分析、估計，並推計州的人口經濟資料；推計工作往往擴及都會區、其他的經濟區，郡與都市。區域的規劃機構、大學中的營利研究中心、私人公司專利的資料 (例如 F. W. Dodge, Woods and Poole)、地方經濟開發機構，及其他地方政府部門，也都是能提供經濟與人口資訊的來源。此外，規劃機構還可自行收集或製作他們所需要的人口與經濟相關資料，如住宅開工率，和建築執照數。

　　這些來源提供的資料，包括從普查資料到抽樣調查，定期執行的現況估計，和人口與經濟推計。這些資料代表著不同規模的地理區域範圍，從全國、都會區、郡縣、城鎮，甚至小到普查分區，和鄰里尺度的地理單元。這些資料包括的不只是人口與經濟的水準和組成，也包括出生、死亡、遷移率，及其他進行地方性分析與推計所需的資料。這些機構通常會呈現不只一份的推計，而是基於各種不同假設，如出生率、死亡率、遷移率，及其他的經濟境況，提出一系列推計數值。地方規劃師可以從中選擇最合乎規劃區假設的推計。

　　規劃支援系統之人口與經濟資料的各種項目，可以用許多形式來取得──印刷的紙本、磁碟資料，或從網路上取得。電子資料比紙本印刷較可能會有詳細的表列資料，可以用軟體重新整理資料，做進一步分析。現有軟體通常包括一些內建功能，可以協助建立人口和經濟模型，並允許改變輸入假設來計算不同的推計數值。圖形可允許我們用視像方式來檢查過去趨勢、改變輸入假設對推計所造成的影響、推計中年齡和其他項目之分佈。電子資料來源及軟體的改變、更新速度很快，使用者最好能夠透過美國規劃學會、州政府機構中的人口及經濟學家，和其他技術支援與專家來取得最新的評估資料。

分析人口與就業的方法

　　本章接下來介紹估計與推計人口和就業的方法，同時討論每種方法的基本假設、優點和缺點。我們的目的是讓土地使用規劃師充分了解各

種方法，比較各種方法之後，知道應該如何從中選擇最適合的方法。實際應用中需要對分析技術具備更深度的了解；開發深度的技術知識，就是規劃師的工作了。[1]

為規劃地區建立人口和經濟的資訊，大致上可以使用五種方法：

1. 由地方、州、區域，和聯邦及其他機構進行，將過去和現在情形做出全數的計數 (例如，進行普查)。

2. 用抽樣調查法做為過去與現在資料之來源 (例如，以 2000 年普查提供爾後某一年的資料，就是同時使用全數計數和抽樣調查兩種方法)。

3. 用間接指標進行估計之方法 (例如，參考住宅開工率或學校註冊人數，來估計總人口數)，適用於對過去和現在的估計。

4. 用推計方法模擬人口和經濟的動態，建立關係著人口與地方經濟的模擬境況。此方法常用於前瞻未來的狀況，也可用於估計現況條件 (例如，規劃師可以用存活率資料，依照過去的普查資料為基礎，推計現況人口數)。

5. 用設計來決定未來狀況。也就是說，用規劃來決定未來的人口和經濟，而不是利用推計；因為推計數字是地方政策範疇以外的影響力量所造成的。

在估計、推計，和設計取向 (除了全數計數或抽樣調查之外) 上，可供規劃師使用的方法分為六個群組，或稱為家族。這六個家族是：

1. 判斷法
2. 趨勢外推法
3. 比例分攤法
4. 徵候方法──統計相關法
5. 模擬人口和經濟組成成分變遷
6. 「供給面方法」，包括容受力法、土地使用模擬、規範式決定 (透過設計)，計算未來的人口與經濟。

各種分析方法在圖 5-1 中利用圖解來介紹。圖中整體地展示：規劃支援系統需要有方法處理過去、現在，和未來人口與經濟。圖中也提出

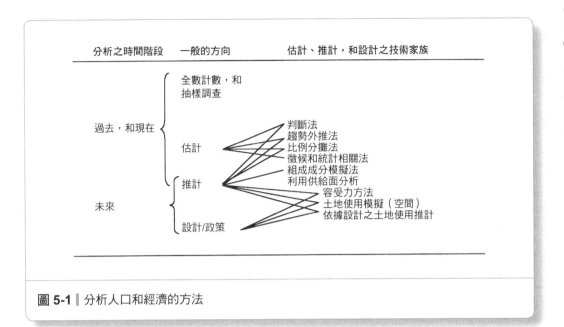

圖 5-1 ‖ 分析人口和經濟的方法

了五個一般性方法，用以處理人口和經濟資訊：全數列舉、抽樣調查、估計、推計和設計。有些方法著重在過去和現在的資料，其他的方法則著重在未來的資料，也有些方法能考量現在和未來。最後，這個圖中列出六個人口和經濟分析技術的群組 (或稱家族)，可用以執行估計、推計與設計。規劃支援系統中處理人口和經濟的部分，會用到在圖中列出的所有方法。

在本節接下來的部分，逐項討論這六個分析技術的家族：判斷、趨勢外推、比例分攤、徵候和統計相關、組成成分模擬，及利用供給面分析進行決定和推計及設計。

判斷法

這種進行預測的方法，是召集一群專家，由專家的共識意見來判斷未來情形。這種分析技術可以包括單次問卷，或進行多次的德爾菲 (Delphi) 調查，在每個新回合開始時輸入前一個回合的調查結果，和團體討論的技術。一般來說，專家包括了學術界人士、地方和州政府分析師，和私部門組織分析師，如銀行、商會、貿易機構、顧問公司，和地方企業領導者。選擇這群人的原因是因為他們具備人口和經濟的專業訓練，對於人口與經濟的動態有深刻的認識 (如，特定產業)，並了解此

特定研究地區中人口與經濟。判斷法經常配合以下討論的各種方法一起使用,在各種模型中判斷出關鍵的特定假設和輸入。因此,當需要決定技術變遷、工業擴張、文化變遷,對出生率及對其他類似項目的影響時,使用判斷法可以提供最佳的估計數字;在模擬與境況建立時,這些項目可以做為輸入之假設。判斷法也被用於回顧與調整應用分析方法所得的結果。

趨勢外推法

這個方法建立趨勢,並且把趨勢延伸到未來。這種方法可以直接應用在預測全部的人口或就業水準,也可使用在此總數中的某特定組成成分 (例如,老年人口,和基礎就業),再加總這些組成成分;可用來決定複雜的模擬輸入值 (例如,外推生育率、遷移率的趨勢,做為世代生存法的輸入;或在產入產出模型中,外推特定工業就業乘數之趨勢)。在趨勢外推法中所隱藏的假設,是把時間當作因果關係中的解釋因子,造成如出生、死亡、企業的創立、經濟結構的變遷,及其他變數的累積變遷效果。

趨勢外推法常利用數學方程式計算來描述成長或衰退之曲線,就如在繪圖紙上繪出最配適的曲線一般。事實上,把歷史資料畫在方格繪圖紙,讓人們真的能夠「看到」曲線形狀和隨時間的變遷,是個不錯的想法。以下四種數學方程式的形式,是常用來解釋歷史人口和經濟成長,並將趨勢外推到未來。

1. 線性模型
2. 幾何模型,有時稱為指數模型
3. 修正的指數模型,或
4. 多項式模型

圖 5-2 展示這四種數學形式的未來成長曲線;參考資料 5-1 中介紹其分別應用的方程式。

趨勢外推法依照過去的資料,推計未來的人口和就業及其他人口就業特性,在觀念上是很簡單的。把時間變遷做為替代的影響變數,許多人口和經濟的因子都似乎是隨著此影響變數改變。各種趨勢模型的工

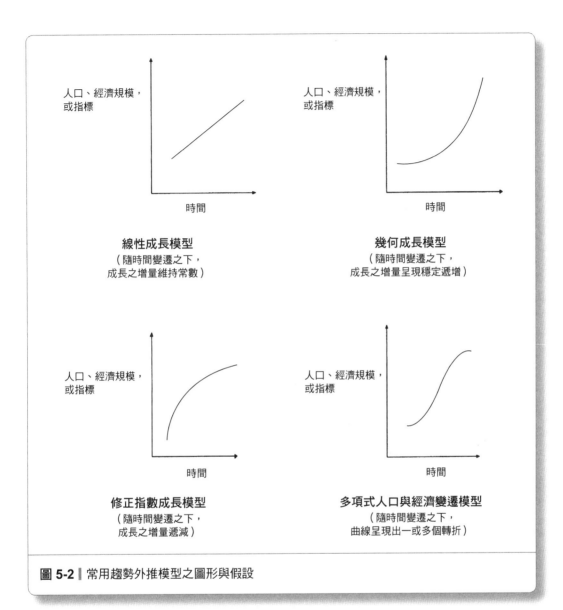

圖 5-2 ▎常用趨勢外推模型之圖形與假設

作，就是配適時間和推計的人口和經濟指標在過去的關聯性。在分析中假設，(1) 曲線越能夠配適歷史資料，模型就越能掌握影響影響人口經濟指標改變的力量；(2) 相同的影響力量在未來仍會主導改變方向。當然，這種趨勢模型可以用判斷法來做些許修正，因此和過去時間和人口就業關聯之間，可容許若干的差異。

　　趨勢外推模型的基本問題是在模型中無法辨識或衡量潛藏在變遷中的因果關係。這個模型只有整理出許多人口、經濟因子在過去展現的淨

在線性模型中假設人口、就業、出生率，和其他應變數，隨著單位時間產生固定數量的改變 (例如：每一年三千人)。在數學上，線性變遷模型採用著一種常用的形式，是：

$$y = a + bx$$

應變數 y，代表人口水準、出生率、比例分攤的區域經濟，或其他分析者發現與時間有線性關係的人口和經濟指標變數。常數 b，代表單位時間內 (通常是每年、每五或十年)，人口和經濟特性改變的數量和方向。最後，x 指的是超越基年的時間單位數量 (例如，若干年)，也是分析師想推計的時間。當使用現行模型推計人口規模時，舉例來說，這種形式可能會如下所示：

$$P_{t+n} = P_t + bn$$

在此，P_t =基年 t 的人口；

　　P_{t+n} =基年 t 後 n 個時間單位的推計人口規模；

　　b =每單位時間的人口變量；以及

　　n =在基年 t 後的時間單位。

可以用簡單線性迴歸來校估此模型。

幾何或指數變遷模型，利用成長率來計算變遷，而非用特定常數的人口或就業數字增量。固定的成長比率會造成人口與就業增加數量隨時間逐漸增加。從圖上來看，人口和就業水準是一條向上延伸的曲線，而非直線 (參考圖 5-2)。這種成長的形式就類似複利率，隨著時間不斷推進，轉入儲蓄帳戶的利息隨之逐漸增加。這種幾何模型的形式如下：

$$P_{t+n} = P_t(1 + r)^n$$

在此 P_{t+n}, P_t 和 n 的定義與線性模型相同，r 是指單位時間的成長速率。

修正指數模型假設隨時間變化的數量會逐漸變小而非變大，其中暗示著成長有其上限。當地方社區的規模逐漸接近此上限時，成長速度會變得越來越緩慢。從圖中顯示出下個時間單位的增量，比前個時間單位的增量小 (參考圖 5-2)。這個模型的形式是：

$$P_{t+n} = K - [(K - P_t)\, b^n]$$

在這裡的 P_{t+n}, P_t 和 n 的意義與前面相同，K 是指研究地區的人口上限規模，人口會逐漸的趨近，但絕對不會達到此數字；b 指的是小於 1 的固定常數，使得 $(K - P_t)$ 在每個時間單位後，是以 b 的比例逐漸降低。因此當 n 逐漸增加時，P_{t+n} 會逐漸地趨近 K。因此，這個方程式推計未來人口，推計之人口和人口上限 K，兩者間的差距逐漸縮小。

多項式變遷模型在模擬成長形式時，允許曲線可以有轉折，這是前幾個模型所不能模擬的 (參考圖 5-2)。這個模型的形式是：

$$P_{t+n} = P_t + b_1 n + b_2 n^2 + b_3 n^3 + \cdots + b_p n^P$$

項次最高的指數，代表這個多項式的次數。線性模型是一次的多項式。二次的多項式的圖形呈現出有一個轉折的曲線，可能是下凹線 (假使 b_2 為負值) 或上凸線 (假使 b_2 為正值)；二次多項式的曲線，近似指數或幾何曲線。三次多項式的曲線就會有兩個轉折。

多項式模型的曲線不會像前面解釋的各種模型曲線般制式，比較適合用來解釋不規則的成長型態，或解釋同時包括成長和衰退的型態。然而，當需要推計比較長一點時間時，此模型常會產生出不合理的數字。

效果，假設這種淨效果在未來會持續發生。可惜的是，在進行長期——超過十年或十年以上——的推計時，信度會降低。

適合使用趨勢推計法的時機是當資料不完整，時間成為推計人口和經濟模型中適當的變數，並且規劃師只想了解人口與經濟數字，而非其間之變遷動態。最適合應用的研究地區應該是穩定的、緩慢到中度的變遷速率，規劃師需要的是人口與經濟總數，而非其組成。另一種適合使用外推方法的場合，如前所述，用外推方法和其他複雜方法間進行推計的比較。某些地區只能在過往的普查中才找得到可信資料，大概也只能用趨勢外推技術了。

比例分攤

　　比例分攤技術找出某個研究區的特性，例如生育率，和一個較大地區 (稱為母地區) 特性的比例關係，或是從母地區人口或就業的一部分，建立研究地區的資料。研究地區的預測，是透過母地區的預測數字，乘上這個比值或分攤比例。舉例來說，假使研究地區的現有人口，是母地區的 10%，不論母地區的未來人口規模為何，此技術所推計未來研究地區人口就是母地區人口的 10%。

　　比例分攤技術之應用不是只限於推計總人口或就業數。這類方法可以用在人群中分別的團體上；舉例來說，假使母地區的推計是依據年齡、性別，和種族群體來區分的，比例分攤技術可用在每個特定群體，得到近似於研究區的人口組成狀況。此外，比例還可以用在其他的人口和經濟屬性上，如汽車持有率或平均戶量。它們也可以應用在變遷的組成成分上，例如生育率或經濟乘數，得到的結果可做為其他較複雜模型之輸入。假使這些比例是隨時間變遷的，規劃師不一定要使用現有比例；他們可以把這個比例依據過去的變遷趨勢，用前面討論的趨勢外推模型，外推到未來的時間點。

　　使用比例分攤法要先滿足三個條件，才能得到正確的結果：

- 可靠的母地區推計或估計；
- 過去的比例或變遷趨勢是穩定的；以及，
- 確信研究區持續是母地區不可分割的一部分。

　　假使研究區和母地區的人口和經濟有相當差異，比例分攤法就不適用了。此時，影響研究區和母地區的變遷因子是不同的。例如，以都市為主的州或區域做為母地區，用比例分攤來推計其中的鄉村地區，在鄉村為主的州或區域推計都市地區，或在生產為主的區域推計大學城的人口經濟，都是不妥當的。

　　若能符合前述三個條件，比例分攤法具輸入資料簡單、資料量少的優點。此外，一般認為州和區域的母地區預測與估計較為可信，因為州和區域會有較專業的分析師、應用較先進的技術和較佳的輸入資料、較大的推計範圍，因此人口和經濟推計就簡單許多。當地方經濟對區域與

全國經濟的依賴越高，就越適合用比例分攤法推計就業。此方法另一個優點是其中做為母地區的全國、州、區域的經濟與人口推計資料，比以往更容易取得。

經濟分析中的**區位商數** (location quotients; LQs) 就是一種比例分攤方法，它比較特定產業在地區經濟的分攤比例，和該產業在全國或區域經濟所佔比例，以評估地區經濟結構。於是可以透過此方法來辨識出哪些產業是聚集在地方經濟中，或哪些其他的產業只有無足輕重的地位。

一種與區位商數相關的方法，**移轉比例分析** (shift-share analysis)，比區位商數更適合協助規劃師了解地方經濟變遷；這個方法將研究區特定產業的整體就業變遷，分為三個組成部分：

- **全國成長部分** (national growth component)；該產業的成長可以歸因於全國就業變遷的結果。
- **國家產業移轉部分** (national industry shift)，或稱產業混合部分。這個部分調整某產業的預期成長，使該產業在整體經濟上相對全國其他產業所佔之比例上下變動，來反映全國產業混合的移轉。假使研究區的就業，集中在比全國所有產業成長率更快的產業上，研究區的成長就會比全國全部產業的成長率快；反之亦然。
- **競爭性移轉部分，或稱為區位優勢** (competive shift component, or location advantage)。假使研究區某種產業的就業成長率，高於全國該產業之就業成長率，研究區的這個產業就具競爭的優勢。因此，在移轉比例分析中，反映出地方經濟的某部門在全國該部門中具有競爭力。

為了進行推計，全國成長部分及國家產業混合部分，是從全國的推計中取得的。讀者如果有興趣了解移轉比例分析所使用之方程式，詳見參考資料 5-2 中的說明。

土地使用規劃師過去傾向於使用固定比例分攤的經濟模型 (LQ)，而比較少使用移轉比例模型，因為前者概念上較簡單、輸入資料較少，所以與移轉比例方法相比是較受歡迎的。然而，在建立境況及衝擊評估時，移轉比例方法還是有其優勢：它可以協助社區辨識其經濟變遷的某個部分是因全國整體的經濟成長，某部分是因其產業組成，其他部分則

參考資料 5-2
移轉比例分析的模型

移轉比例的推計分析，首先將未來就業分為兩個部分：現在的就業，和就業的成長，如下：

$$E_{i,r,t+1} = E_{i,r,t} + DeltaE_{i,r,t-t+1}$$

在此方程式中，$E_{i,r,t}$ 是在研究區 r 產業 i 在時間 t 的就業數；相同地，$E_{i,r,t+1}$ 是指當時間為 $t+1$ 的就業數。$DeltaE_{i,r,t-t+1}$ 是在 r 地區，產業 i 在時間 t 到 $t+1$ 之間 (例如，2010 － 2020) 就業數的變量。

移轉比例分析把 $DeltaE_{i,r,t-t+1}$ 分開來考慮，把研究區 r，產業 i 的就業改變分成三個部分。第一個部分是全國成長部分：r 地區 i 產業的成長，要歸因於全國的整體就業成長。假使產業 i 的成長等於全國整體就業的成長，此部分的成長率就相當於全國的成長率。

第二個部分被稱為全國產業移轉部分，或產業混合部分。這個部分調整研究地區產業 i 的預期成長，來反映全國產業的混合移轉。上下調整產業 i 在整體經濟中相對全國其他產業所佔的比例：假使 i 產業比整體經濟成長的速率快，則此係數為正；假使 i 產業比整體經濟成長的速率慢，則此係數為負。

第三個部分是競爭性移轉部分，代表研究地區 i 產業的競爭優勢。在此是比較研究地區的 i 產業，與其他地區同一個產業的競爭地位 (competitive position)。

這三個部分，利用下列形式表示：

$$DeltaE_{i,r,t-t+1} = E_{i,r,t}\,[E_{n,t+1}\,/\,E_{n,t}] - 1]\ (\,全國成長部分\,)$$
$$+ E_{i,r,t}\,[(E_{i,n,t+1}/E_{i,n,t}) - (E_{n,t+1}\,/\,E_{n,t})]\ (\,全國產業移轉部分\,)$$
$$+ aE_{i,r,t}\,[(E_{i,r,t}\,/\,E_{i,r,t-1}) - (E_{i,n,t}\,/\,E_{i,n,t-1})]\ (\,競爭性移轉部分\,)$$

除了用來表示全國就業數的下標標記 n 之外，其餘計算式中的下標標記均與前式相同。第三部分中的係數 a 是個修正因子，若推計時段 t 到 $t+1$ 與前個時段 $t-1$ 到 t 的長度不同時，做為計算競爭優勢的調整係數。假使兩個時段等長，則 $a=1$。

是由這個社區相對於其他地區的競爭力而造成的。使用此分析時要調查研究地區的經濟，然而，不只是檢查歷史的就業資料，來調整未來產業混合預期的優劣勢，還要包括研究區關鍵部門的競爭優勢。在圖 5-3 當中，顯示出加州 San Jose 就業移轉分析之結果。

另一種從比例分攤衍生出來的就業預測，是從區域的經濟預測開始。為出口和基礎部門的各個產業進行的就業預測，可用來估計整個通勤範圍的樓地板面積及土地需求。然後，利用比例分攤法，估計研究區內基礎產業與辦公室的空間需求 (而非就業)。規劃師接下來考量地區

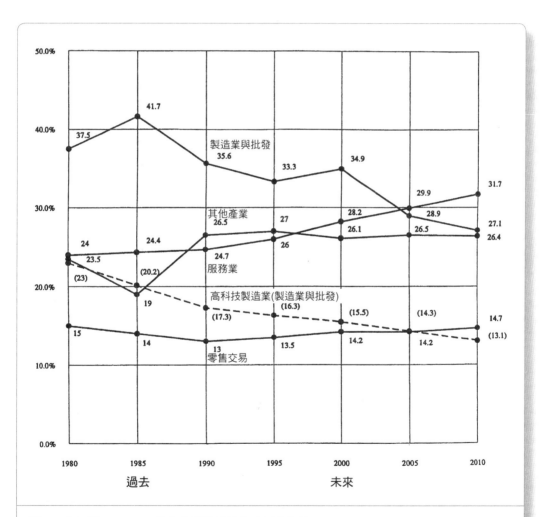

圖 5-3 加州 San Jose 依產業別推計就業比例的移轉
摘錄自 City of San Jose, 1994.

的容受力、相對於母地區中其他地點既有與規劃就業中心的吸引力，調整計算的結果。(請參考以下討論到的供給面方法。)非基礎(例如，服務在地人口)的商業和公共服務就業，則經常是依據地方人口成長比例來進行預測的。

 ## 徵候的關聯性

這是地方性規劃單位估計現有人口最常用的方法，然而它並不適用於推計。方法中所使用的資料，都與人口變遷有密切關聯(也就是說，具有徵候之關聯)，容易在地方上取得這些資料。最常用的徵候資料，包括出生和死亡數、學校註冊人數、電表度數、水表度數、電話裝置數、居住單元數和住宅開工率、選民登記人數等等。可以用若干個指標的平均值，或是利用數個指標建立多元迴歸方程式，來估計過去的人口或就業。每個指標是否適用，要視該指標資料是否能取得、可靠性、即時性，及該指標與人口就業的關聯強度而定。起碼要從最近一次的普查資料中取得徵候資料，才能夠校估此徵候資料與人口、就業的關聯性；當然，至少要有過去或現在的徵候資料，才能據此進行人口的估計。

此方法有若干種不同的變形，包括生命統計比例技術(vital statistics rate technique)、混合方法技術(composite methods technique)、比例修正技術(ratio-correlation technique)，及居住單元技術(dwelling unit technique)。在生命統計比例技術中利用地區人口規模，和此人口規模中，出生人數與死亡人數之間的關聯；記錄到越多的出生和死亡人數，就代表著越大的人口規模。混合方法在人口中的各年齡組，分別用不同的徵候指標。舉例來說，用死亡人數來估計人群中 45 歲以上年齡的世代，用出生人數來估計 18 － 44 和 0 － 5 歲人口，用學校註冊人數估計 5 － 17 歲的群組。比例修正法是把比例原則應用在多元迴歸方程式中：研究區佔母地區人口之比例，是按照徵候資料，如學校註冊率和住宅開工率的比例來計算的。居住單元技術計算新建和變更為住宅的建築執照數進行人口估計，或許還會在計算中調整家戶戶量的變化。這種方法在規劃機構中頗受歡迎，因為在規劃支援系統中，都有住宅和開發數量的統計可供計算之用。

有一種徵候法的變形方法，運用迴歸分析來推計就業。此方法對研

究區的各個產業分別建立單一方程式迴歸模型(single-equation regression model)：應變數是每個產業的就業水準，預測變數則是分別針對各產業選擇的重要影響因子。以出口產業為例，預測變數包括：推計全國或區域對該產業產品的需求、該區域在全國經濟成長所佔之比例、研究區該產業的相對競爭優勢等變數。對地方性服務產業而言，預測變數包括推計人口、該產業的全國就業率 (就業數與人口之比值)，和出口產業的就業數 (Goldstein and Bergman 1983)。

分化和模擬人口與經濟組成成分的技術

這個方法把人口或經濟變遷，分為組成的部分。在人口部分，產生變遷的組成部分就包括出生數、死亡數和遷移數 (有時移入、移出被當作分別的組成部分)。在就業部分，分析者可區分出口部門和服務地方人口的部門，或是把經濟按照地方經濟特性分為許多不同的部門。接下來，分析者針對各個組成部分找出影響的因子和趨勢。

最常使用在人口推計的組成部分模擬法，就是世代組成法 (cohort-component method)。此方法中，把人口分為每五或十年的年齡世代，再把每個年齡世代區分為男性和女性。有時，還可以更進一步按照種族或族裔來區分。這個方法接下來針對每個世代的生命階段，分別依照年齡、性別，及種族來探討出生率、死亡率和遷移率。因此，在計算人群年齡漸增的過程中，世代組成分法可以依照年齡、性別，和種族分別計算生育率、死亡率和遷移率。請參考 Irwin 1977、Isserman 1993、Klosterman 1990、Pittenger 1976，和 Shyrock 等人 1976 的文獻，討論世代組成的分析和推計，以及此方法中潛藏的假設。

這個方法能夠掌握在年齡漸增過程，和各個年齡層的生育率、存活率，和遷移率間，所具有細膩而明顯的交互影響，及種族結構在人口中的變遷。每個依年齡、性別、種族區分的世代群體，都會有分別的推計結果，而不是只推計出全部的人口。也就是說，推計結果可以包括未來人口的組成和總人口規模。圖 5-4 是常用來呈現世代生存推計結果的格式。在此人口金字塔中顯示出二次世界大戰戰後嬰兒潮中暴增的人口，在 2010 年時就會落在 40~64 歲的年齡組距當中。舉例來說，這種人口組成的資訊可以再結合各年齡層的勞動率或就學率，精準地計算出勞動

都
市
土
地
使
用
規
劃

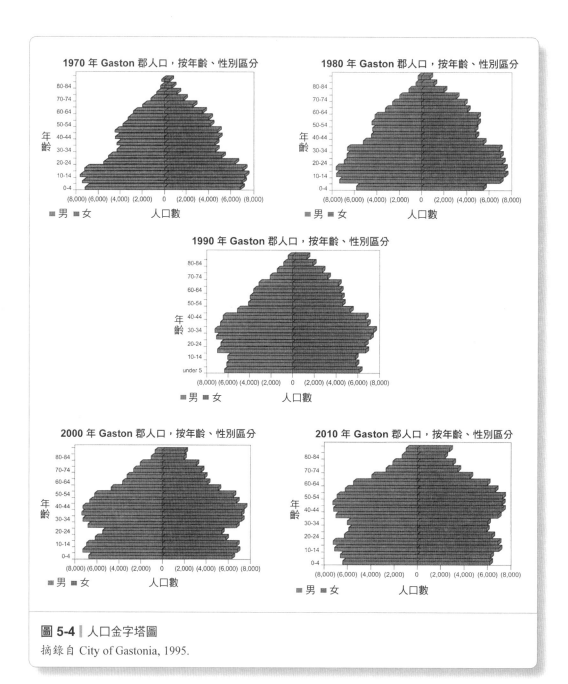

圖 5-4 人口金字塔圖

摘錄自 City of Gastonia, 1995.

人口或學生人口。此方法容許我們檢視不同出生率、存活率，和遷移率
的假設條件，計算出可能形成的影響；可以在探索未來的人口境況時，
讓我們能更開放地檢查、討論，及測試境況的敏感性。然而，當研究區
規模太小，生命統計和遷移資料的取得變得困難，而人口遷移多半是短

距離的，也讓預測變得困難；此時，這個方法就不盡適用了。

　　世代組成的推計方法在觀念的完善程度是無可比擬的，但卻也是最複雜的人口推計方法：尤其在估計未來生育率和遷移率之精巧與複雜性，也在於使用此模型時所需操作的大量運算。然而，資料和軟體越來越容易取得，應用在都會區甚至較小研究區的可行性因而提高。在此必須指出，模型中的未來出生率、死亡率和遷移率，這些資料都要從模型外輸入，通常要整合趨勢外推法、比例法，及判斷法推計技術來計算這些輸入資料。因此，世代組成部分的推計正確與否，就要視其他比較簡單的趨勢外推、比例技術的效度而定。研究區的生育率和死亡率，可以用母地區或州的比例來估計。另一方面，估計遷移率就比較困難；研究地區範圍越小，問題就越大。大多數世代組成方法做為計算基礎的五年內，以全國來看，有超過 15% 的人遷移到其他的郡。快速成長地區的遷移率甚至更高。遷移率不只是造成相當比例人口數量之改變，長時間下來，人口遷移的波動幅度甚至遠超過其他兩個組成部分 (出生率和死亡率) 的影響，但又沒有可以直接測量遷移人口的方法 (參考 Isserman 1993，和 Pittenger 1976)。

　　在經濟分析部分，前面討論的移轉比例法也被視為一種組成方法。**經濟基礎分析** (economic-base analysis) 是另一種組成方法，它的基礎理論是把都市經濟區分為兩個組成部分：基礎經濟活動 (base economic activities) 所生產、分配的貨品與服務，是輸出到研究區外的，或提供旅客、觀光客和學生使用；非基礎 (nonbasic) 經濟活動 (或稱為服務地方人口的經濟活動，population-serving)，生產貨物和服務提供地方性消費。這個理論認為基礎部門是地區經濟活力和其前途的關鍵，因為出口會把金錢帶入地方的經濟，進而創造工作機會。基礎活動的擴張會創造非基礎部門的擴張，尤其是在於零售、營建和服務業。基礎部門的衰退會造成相反的效果，如骨牌效應般，造成地方經濟的衰退。

　　經濟基礎理論利用經濟活動中，隱含在基礎和非基礎經濟的乘數關係；基礎就業和非基礎就業的比值，稱為經濟基礎比率。例如在地方經濟中，每一個基礎部門工作者會有兩個非基礎部門工作者，則基礎比率是 1:2。整體的經濟基礎乘數就是 3。也就是說，當基礎部門就業每增加 (或減少) 一個，就會創造 (或損失) 三個工作機會──包括一個基

礎就業和兩個非基礎就業。在都市地區的經濟基礎乘數範圍大致是從二到九。越大的區域、越多元的經濟，此乘數的數值就會越大；假使依據較詳細的產業分類來分析，此乘數的數值就會越小。可以用基礎乘數乘上基礎就業的改變數字，來評估基礎部門就業變遷對整體就業之衝擊。此模型假設研究區就是員工能通勤工作的全部範圍，就是所謂的勞工市場地區 (labor-market area)；因此，此方法不適用於都會區中單獨的一個郡、鎮，或城市。

投入/產出 (input-output) 是另一種奠基於組成部分的方法，常應用在經濟衝擊評估，而非推計上。這個方法把研究區的經濟視為不同經濟部門互相依賴的網絡，同時在彼此之間、向研究區外購買與銷售貨品和服務。各種經濟部門的總數的規模，可以從 10 到 500，或是更多。在分析中，經濟部門的界定和細分層級 (例如，部門的數目) 要經過仔細判斷，來反映出地方經濟特性、經濟研究目的、能否取得資料、時間，和計算能力的限制。

投入/產出法相對於經濟基礎乘數方法的優勢，是在於經濟基礎只計算一個乘數，而投入產出為每個經濟部門分別計算乘數，來估計此部門對每個其他部門所造成的影響。這個方法能夠幫助我們了解一個部門的成長或衰退，如何對其他部門造成不同差異的影響。舉例來說，假使規劃師正在思考某經濟部門的規劃擴充所造成的影響為何，投入/產出法可以指出哪些其他的部門也需要擴充，並計算出需要擴充的規模，來配合此特定部門規劃擴充之需求。投入/產出法具有重要的敘述能力，可以精確呈現研究區產業間連結的經濟資訊，並顯示出特定經濟部門在地方經濟的相對重要程度。

雖然投入/產出法比移轉比例法和經濟基礎分析複雜，然而因資料和電腦軟體比以往容易取得，越來越適合地方規劃機構使用。地方性研究區的投入產出表，可以從約每五年更新一次的全國投入/產出表中估計，取得的成本算是合理，這些分析都能在個人電腦上執行。

投入產出分析的缺點是在於其利用金錢的流動來代表經濟活動，然而土地規劃師通常較為關注就業數，因為就業數才會與土地使用需求有直接關聯。因此，需要把投入產出的分析結果用就業數和金錢的比值，換算為關於就業的數值。就業經常被歸納到少數幾個部門中，或依當地

的需要、地方偏好的就業中心類型，及地方性平均就業密度來計算。

　　當使用經濟基礎分析、移轉比例法，和投入產出分析時，規劃師需要在其所依據的經濟理論中，務實地混合使用比值和專業判斷。應用這些方法時，決定輸入資料的項目和其衡量方式、預測時使用的外推比值，全都需要依賴規劃師的仔細判斷。

供給面的預測方法

　　在前面介紹的方法都是著重在土地開發賽局的需求面。其他的一些方法先估計未來可開發土地之供給，可以是、或應該是何種規模，做為推計未來人口和就業水準的基礎。包括下列三種方法：

- 容量方法
- 土地使用與住宅模擬方法，和
- 土地供應設計方法

　　這三種方法都先決定未來土地供給和未來開發密度，再把土地供給量轉換成未來的人口與就業水準。密度是在轉換土地供給成為人口、家戶，和就業數量計算中考量的項目，會在第十到第十四章中做詳細介紹。

容量方法

　　這個方法有許多不同的名稱：土地使用容量、建成容量、容受力和容量方法。一個研究區的容量要視可開發的土地面積、環境限制、土地使用規範中規定的密度、基磐設施容量，以及對戶量和就業密度的假設等。未來人口會是此容量的一部分，而且絕對不會超過容量的上限。(容量方法更完整的討論，請參考 Irwin 1977 和 Pittenger 1976)。

　　這個方法可以用在小地區規劃(如鄰里)、都市中心的再開發規劃、屏蔽島嶼 (barrier island) 規劃、被其他行政轄區或實質障礙阻隔的社區，及其他有具體邊界範圍研究區之狀況。表 5-1 中的例子是北卡羅萊納州 Cary 鎮規劃區中的六個次地區，用容量方法推計開發完成後的土地需求和人口。

　　在規範式決定中，未來人口是政策的選擇而非推計的結果。規範式

表 5-1
未來可以提供都市服務的土地需求

	密集的開發境況（依照土地使用分類，英畝）					
	都市範圍和範圍外土地	外圍規劃區，Davis路西側	外圍規劃區，一號國道南側	Middle溪區，已開發	Chatham郡，已開發	總計
可開發的土地供給量（英畝）	16,891	2,342	1,039	2,841	5,369	28,482
可支持的人口增加量	82,373	11,422	5,068	13,856	26,181	138,900
未來土地需求						
商業區	690	96	42	116	219	1,163
工業區	725	100	45	122	230	1,222
機構	946	131	58	159	301	1,595
湖泊和水體	663	92	41	111	211	1,118
辦公室	936	130	58	157	297	1,578
公園、開放空間、高爾夫球場	2,599	360	160	437	826	4,382
高密度住宅區	827	115	51	139	263	1,395
中密度住宅區	2,205	306	136	371	701	3,719
低密度住宅區	5,471	759	337	920	1,739	9,226
極低密度的住宅區	136	19	8	23	43	229
公共路權	1,689	234	104	284	537	2,848
未使用的剩餘土地	4	1	0	1	1	7

資料來源：Town of Cary 1996, 40, table 48.

推計是基於生活品質和永續意涵，考慮環境容受力、基磐設施容受力、政府財務能力，社區的特色風格，及土地供應，來得到人口規模和密度。

土地使用與住宅模擬方法

土地使用或住宅模擬法，把推計的母地區人口或母地區居住單元分

派到地理的次地區，例如從郡或都市，分配到比較小的地區如普查分區、規劃區、交通分區，或其他郡或都市的次地區。這個方法也被視為逐步下推法 (step-down approach)，首先預測都會區或勞動力市場地區的人口，接下來用土地使用或住宅分派模型，把人口分配到區域內的各規劃區。同時進行的工作，是從區域就業推計和區域中就業地點的分佈，估計地方產業和辦公空間的需求。分派到研究區的人口與就業數，是由該次地區之住宅市場、辦公室不動產市場，或產業開發市場，在區域中的相對吸引力來決定的。而相對吸引力則受到下列因子影響，如：到達工作地點的可及性、購物的可及性、學校的好壞、有無自來水和污水下水道、運輸系統整體的可及性、社會經濟地位、該次地區的開發容量，和其他會吸引或阻撓開發的因子。方法中假設母地區已經完成了人口推計或就業推計，接下來的工作主要就是模擬未來土地開發的市場。因此，這個方法中研究區未來人口或人口的某個部分，是受到住宅市場或商業不動產市場的影響，而非人口或經濟變遷的過程。這種方法可以用在如臥室郊區 (譯者註：臥室郊區，bedroom suburb，指的是位在都會周邊的中產階級住宅區，多數的社區居民要依賴其他都市提供的就業機會) 的規劃，因為它是廣大勞力市場地區的一部分，本身也有基礎的就業。

用設計來預測

　　土地使用規劃師可以用另一種關於容量與土地使用模擬方法，擬定土地供應的設計境況。這種方法中，規劃師並不著重在用人口和經濟預測來估計土地需求，或操作土地使用市場模擬；規劃師是從公共利益的觀點，制定人們期望的開發速率和開發地點之政策。未來的土地使用供給，就等於容納未來人口和就業的容受力規模；這個規模是取決於：地方社區提供基磐設施、交通運輸、學校的財務和事務能力，執行管理開發規範的能力和環境之考量。在本書第九章討論丹佛藍圖計畫，就是這種採用境況的方法的應用範例。土地供給的境況實際上就是規劃的土地供給變動，受開發規範 (公共設施的同時性規範 concurrency regulations、適當設施的規範、衝擊費、土地使用分區及其他規範) 和基磐設施投資，如自來水、污水處理、和運輸的控制。佔據重要市場地

位、空間範圍小的規劃區,比規模大但經濟和土地市場弱勢的規劃區,較有能力使用這種方法。

規劃師使用這種方法時會面臨倫理挑戰;控制地方成長的速率和總量時,規劃師應確實依賴責任區域主義 (responsible regionalism) 的永續原則。在挑戰中所面對的誘惑,是縱容財務獲利最高、對社會精英最有利的排他規劃 (exclusionary planning),例如中產與上層階級的獨戶住宅、商業開發和經濟開發,然而,卻拒絕了多戶住宅和低收入住宅的開發。

混合方法

大部分在實務工作中進行的推計,實際上是結合前面介紹的多種方法,把分析結果編結成為探索未來成長和社區變遷的故事。舉例來說,世代組成法可以用來模擬人口出生、死亡,和遷移的動態。然而,在此模擬中所輸入的出生率、存活率和遷移率,或能用過去趨勢進行外推,或推計母地區的成長後再用比例分攤方法估計之。另外,規劃師也可使用多種推計方法來得到數個獨立的推計結果,接下來再計算預測值的上下限範圍,或求取平均值。舉例來說,規劃師可以外推研究區或比例分攤外推方法做為推計的基本值,同時用投入產出或世代生存進行推計,或許採用若干種不同的出生率、死亡率、遷移率境況。接下來,透過考量社區願景和政策選擇的設計手段,計算未來期望的成長率並決定未來的成長形態,來檢測與調整前面計算的預測值。經由多種方法的利用,並在每種方法中採用不同的假設條件,規劃師才能針對規劃目的或人們期待的未來願景,建構未來可能發生的推計範圍。

「假設」的關鍵角色

假設,不論是明白揭露或隱晦地納入模型或在輸入資料中,都會左右預測的結果。這對某一類假設來說尤其明顯:假設的過去成長形式、研究區和區域成長形式間之關聯、出生率 / 死亡率 / 遷移率,或產業間的關聯,在未來是否會延續著現在的趨勢,它會加速、減緩,還是會有其他的改變方向。在進行預測時對這些假設所做的基本選擇,對決定預

測結果之影響,是比複雜的預測技術、資料,和軟體更為關鍵。第二個基本的假設,反映未來政策預定要改變的程度,及公共政策如何影響到其他假設和產出。換言之,推計的結果是不是只受到地方政策以外的因子所影響的,或部分還在地方政策能影響到的範疇中?第三種類型的假設是關於選擇輸入資料所根據的過往和推計之資料。這些選擇包括,舉例來說,選擇歷史資料的期間來校估輸入資料和模型中的結構關係,此期間是長期還是短期的,才能提供推估未來最正確的第一手資料?要用最近的資料,還是用較早、較制式的資料?第四種類型的假設是存在於選擇的理論和模型結構中,用來處理資料的關聯和潛藏於成長中的假設。舉例來說,在經濟基礎分析中,經濟基礎理論是否能有效地應用在特定的研究區?投入產出表中各個產業間的關聯性,能否能反映未來的經濟狀況?規劃師應該要仔細推敲在推計中的所有假設,並且在探索、評估,及解釋結果時,都要能辨別出其中的假設。

為了適當地了解各種假設,和預測與探討某個地區未來人口與經濟中,假設所扮演之角色,Isserman (2000) 建議規劃師可以按照下列三個步驟,將分析與綜合兩者結合。第一個步驟是要充分地了解哪些人群團體和產業,構成了地方和鄰近區域的人口與經濟;為何他們與其他的地點不同,人口和經濟是如何變遷的。許多社區對自己的了解並不盡正確,規劃師不只是要展示人口的數字,也要利用可信的資料來描繪出過去和現在情況,告知民眾,讓他們了解自己的社區並開拓未來的願景。第二個步驟是超越了推計或預測數字的展現,不受高、中、低預測數字之限制。在此步驟中向政策制定者、利害關係人、一般民眾揭露並解釋各種可信服人的假設,以及基於這些假設的推計,用來評估未來的不確定性和可能的選項;也就是說,提出各種不同的未來「故事情節」。第三個步驟是要與政策制定者及其他人並肩工作,推動關於人口和經濟演變之共識,做為土地使用規劃的基礎。

「預測」應具備的特質

為了對社區狀態報告有所貢獻,並探索社區前景,人口和經濟的預測務必要具備某些特質。首先,規劃師的報告應該要充分地解釋推計的

基礎——輸入和模型參數所依據的資料、模型建構和輸入與詮釋資料的假設，和各種推計方法的結合應用。決定未來變遷因子選項的討論，要能被合理地了解。要能辨識出假設和資料的來源。客觀的輸入和假設，要能與主觀的假設區分。最後，提供給政策制定者和民眾的報告中，應該要說明所得到之結果是推計、預測，還是設計，並指出這些結果對土地使用和基磐設施規劃可能的影響 (詳見參考資料 5-3)。

預測所使用的方法，應該要分成兩種階層來解釋。第一個階層是境況階層，例如討論變遷速率的假設是會加快、減慢，維持現在狀況，還是會依循近期的趨勢；這個假設部分，或許可以與普查局及類似社區的推計假設來比較。第二個階層是較技術性的階層，資料顯示在附錄或獨立的報告中並加以解釋，其中提供了詳盡細節，因此其他分析者得以重複進行相同的分析。

人口或經濟的預測通常會包括若干個推計，而非只有一個推計，才能找出未來人口和就業的上下限範圍，並引導決策者和民眾一起討論推計之假設和未來的衝擊。其中的一個推計是基準線推計 (baseline projection)，利用現在的趨勢進行外推。也要有高於合理之推計，和低於合理之推計；基於各種假設，分別產生比趨勢外推高，或低的推計。舉例來說，偏高的人口推計可能是假設比現有趨勢低的死亡率、較高的出生率，和較高的淨移入。第四個推計是利用是最可能發生的假設組合，做為輸入數值。其他的推計還可以探討獨特、尚為合理之境況，這些境況會影響到未來人口和經濟組成，並衝擊到社區的福祉。列出一系列推計的假設和結果，做為社區對話的基礎；透過社區對話來探索未來的可能性，得到依照共識所選擇的土地使用規劃基礎。

預測是否是有用的，端視預測結果能否滿足使用者之需要程度而定。也就是說，假使能考量到精準地理範圍，不是只為了分析者的方便而預測大面積土地或粗略範圍，預測結果就會比較有用。若能夠展現出人口或就業的組成，例如依家戶類型、種族或其他文化分類、年齡，甚至空間分佈，預測結果就會更具意義。同時，對土地使用規劃而言比較有用的預測，要能從預測結果中詮釋出如每單位英畝土地面積的家戶數或居住單元數、需要的土地面積、基磐設施容量和服務水準、對環境的衝擊等。

參考資料 5-3
社區狀態報告中之人口與經濟部分的目錄 (從計畫中的摘錄)

I.　社區現狀

　A. 人口：我們是誰

　　i. 人口的特性——人口水準；年齡、性別，和種族分佈；家戶類型分佈；收入分佈；依行政範疇的空間分佈；密度、生育率、死亡率，和遷移率的地圖 (會包括各種圖表和地圖)

　　ii. 逐漸浮現的因子——人群的年齡變遷；家庭結構改變；成長速度；家戶對密度與住宅的偏好；社區的偏好

　　iii.對未來的潛在影響

　B. 經濟：我們如何創造財富和工作

　　i. 就業——郡的勞動力、依年齡與職業別區分、失業、趨勢

　　ii. 經濟基礎和投入產出來分析經濟結構、經濟基礎部門、人口服務部門、區域之影響

　　iii.逐漸浮現的因子——財富分享、經濟結構的轉變

　　iv. 對未來的潛在影響

II.　人口與經濟的未來

　　i. 對變遷動態之假設——生育、死亡、遷移、家庭結構、經濟結構變遷、就業變遷

　　ii. 依照趨勢的未來境況

　　iii.快速成長的未來情況

　　iv.緩慢成長的未來情況

　　v. 最可能發生的成長動態境況，政策不干預

　　vi.「最期待、樂於見到」的成長與分配境況

III. 對土地使用計畫的潛在影響

　　i. 對各種開發類型的潛在需求——居住、鄰里、活動中心、就業中心

　　ii. 對新都市土地的潛在需求

　　iii. 對都市再開發的潛在需求

　　iv. 對公共設施、基磐設施，和社區服務的潛在需求

最後，預測結果應該是容易理解的——易懂的、清晰的、簡單的，並且是有趣的，最重要的是要能說出具有說服力的故事。規劃師要結合量化的分析技術和說故事的技巧——不只是從人口和經濟學家中找出方法，也要把這些方法延伸，再加上史學家、辯護律師，和說書人的技巧。要測試推測是否是有用、有效，大致是決定在政策制定者、利害關係人和民眾，他們覺得這個故事是否有趣、有意義，和具有說服力。好的預測報告一定是有趣、清晰、具說服力的，並且在技術上是紮實的 (Isserman 1993, 62; 也見於 Isserman 2000, 2002)。

結論

在這一章當中，我們解釋了何以人口和經濟預測與推計，是規劃師了解規劃社區現況和未來的基礎。人口與經濟的動態是社區土地使用、環境，和基磐設施之變遷的潛在影響因素。我們在本章解釋人口和經濟資訊在土地使用規劃中的功能，並回顧各種估計和推計就業與人口的方法。其中，討論到潛藏在每種方法中的假設、各種方法的優缺點，以及選擇適合特定都市狀況分析方法之邏輯。選擇一個或一組方法是否適當，端視規劃人員的能力、是否有充分時間進行分析、是否能夠取得軟體和資料，及影響規劃範圍的人口與經濟動態而定。在所有推計方法中，最簡單的就是外推法和比例分攤法。這兩種方法都能應用在推計未來人口與就業水準上，也可以用在推計其他複雜推計方法之輸入資料。世代組成部分方法及投入產出模型，推計結果比較能清楚地反映出假設內容，也能夠針對人口組成和經濟結構提供較佳的資訊。當規劃地區明顯受環境條件和實質界線的區隔時，適合採用容量方法。當住宅市場，而非人口與經濟，是變遷數量和地點的基本決定因素時，就適合使用土地使用模擬模型。其他案例中，也可以使用供給面為導向的土地使用設計，這個方法是基於開發速率、社區財務能力之規模、社區的環境和經濟限制，和社區未來的願景。只要選擇出方法，規劃師可以應用本文中引用的，及列在本章後面的參考文獻，找到比本書介紹更清楚的方法解釋。

在呈現分析和預測結果給土地使用賽局決策制定者和利害關係人

時，規劃師應該利用境況的形式來說明假設內容；此境況是基於各種特定輸入參數之趨勢，這些參數就決定了推計結果和其影響。最起碼，這些境況要能讓非專業人士也能輕易地了解；舉例來說，說明在境況中假設未來的出生率，是依照州政府的人口和經濟分析。技術上，要詳細說明假設的內容，讓其他分析師能依據相同的假設重新操作此研究。規劃師也應開發「合理上限」和「合理下限」的推計值，在這個上下限範圍當中，包括了「最可能發生」及「最樂意見到」的境況。

因為人口動態和經濟主導了都市成長與變遷，這兩者是規劃資訊系統中最基本的組成部分，也是分析社區過去、現在，和可能未來之起點。然而，為了建立土地使用規劃的完整資訊基礎，分析自然環境、基磐設施、運輸、和土地使用政策之資料和分析能力，也都是重要的；這些規劃資訊系統中的組成部分，會在接下來的三章當中討論。同時，都市地點所有組成向面的資料呈現和分析間的協調，是個重要的工作，如此才能透徹了解社區現在和即將發生的問題、探索未來的可能境況，及開發對未來願景的共識。這些工作將在第九章中討論。

註解

1. 在此討論的各種方法類型，所衍生的其他變化方式，可參考 Bendavid-Val (1991), Goldstein and Bergman (1983), Hamberg, Lathrop, and Kaiser (1983), 及 Pittenger (1976)。本書先前的兩個版本中，有對這些模型提供更完整、更技術性的介紹。

參考文獻

Bendavid-Val, Avrom. 1991. *Regional and local economic analysis for practitioners*, 4th ed. New York: Praeger.

City of Gastonia. 1995. *City vision 2010: Gastonia's comprehensive plan*. Gastonia, N.C.: department of Planning.

City of San Jose. 1994. *Focus on the future: San Jose 2020 general plan*. San Jose, Calif.: Department of Planning, Building and Code Enforcement.

Goldstein, Harvey, and Edward M. Bergman. 1983. *Methods and models for projecting state and area industry employment.* Chapel Hill, N.C.: National Occupational Information Coordinating Committee, University of North Carolina at Chapel Hill.

Hamberg, John R., George T. Lathrop, and Edward J. Kaiser. 1983. *Forecasting inputs to transportation planning.* National Cooperative Highway Research Program Report 266. Washington, D.C.: Transportation Research Board, National Research Council.

Irwin, Richard. 1977. *Guide for local area population projections: Technical paper 3.* Washington, D.C.: U.S. Department of Commerce, Bureau of the Census, and U.S. Government Printing Office.

Isserman, Andrew M. 1984. Projection, forecast, and plan: On the future of population forecasting. *Journal of the American Planning Association* 50 (2): 208-21.

Isserman, Andrew M. 1993. The right people, the right rates: Making population estimates and forecasts with an interregional cohort-component model. *Journal of the American Planning Association* 59 (1): 45-64.

Isserman, Andrew M. 2000. Economic base studies for urban and regional planning. In *The profession of city planning: Changes, images and challenges: 1950-2000*, Lloyd Rodwin and Bishwapriya Sanyal, eds., 174-93. New Brunswick, N.J.: Center for Urban Policy Research, Rutgers University.

Isserman, Andrew M. 2002. Methods of regional analysis, 1913-2013: Mindsets, possibilities, and challenges. Paper delivered at the annual conference of the Association of Collegiate Schools of Planning, Baltimore, Md., November.

Klosterman, Richard E. 1990. *Community analysis and planning.* Savage, Md.: Rowman & Littlefield.

Klosterman, Richard E. 2002. The evolution of planning methods: Design, applied science, and reasoning together. Paper delivered at the annual conference of the Association of Collegiate Schools of Planning, Baltimore, Md., November.

Meck, Stuart, with Joseph Bornstein and Jerome Cleland. 2000. *A primer on population projections*, PAS Memo, February. Chicago, Ill.: American Planning Association.

Meck, Stuart. 2002. *Growing Smart legislative guidebook: Model statutes for planning and the management of change*. Chicago, Ill.: American Planning Association.

Murdock, Steve H., Rita R. Hamm, Paul R. Voss, Darrell Fannin, and Beverly Pecotte. 1991. Evaluating small-area population projections. *Journal of the American Planning Association* 57 (4): 432-43.

Myers, Dowell. 2001. Demographic futures as a guide to planning. *Journal of the American Planning Association* 67 (4): 383-97.

Myers, Dowell, and Alicia Kitsuse. 2000. Constructing the future in planning: A survey of theories and tools. *Journal of Planning Education and Research* 19 (5): 221-32.

Myers, Dowell, and Lee Menifee. 2000. Population analysis. In *The practice of local government planning*, 3rd ed., Charles Hoch, Linda Dalton, and Frank S. So, eds., 61-86. Washington, D.C.: International City/County Management Association.

Pittenger, Donald B. 1976. *Projecting state and local populations*. Cambridge, Mass.: Ballinger.

Shyrock, Henry S., Jacob S. Siegel, et al. 1976. *The methods and materials of demography*, cond. ed., Edward G. Stockwell, ed. New York: Academic Press.

Town of Cary. 1996. *Town of Cary growth management plan*. Cary, N.C.: Planning and Zoning Division.

Wachs, Martin. 2001. Forecasting versus envisioning. *Journal of the American Planning Association* 67 (4): 367-72.

第六章
環境系統

　　在準備建立新的社區計畫時,你需要彙整、分析環境資訊,在土地使用計畫中提出保護環境的方針。做為規劃過程的一部分,你務必基於保育價值、生態服務和災害威脅,登錄與分類社區的生態特性。你也應評估未來土地使用的各個替選計畫可能造成的環境品質改變。你的工作成果要能指出社區中各地點最適合的土地使用類型,提供不同的土地使用形式影響環境的資訊,並就未來土地使用變遷造成的環境衝擊,提出最佳的抒解方案。你要如何執行這項工作?

好的、有效的規劃必須審慎地考量地方環境。就如 Daniels 與 Daniels (2003) 所述,規劃師對環境的了解,可以協助地方決策之制定,這些決策包括「保護與提升空氣和水的品質;保護農業、森林,和野生動植物資源;降低暴露在自然災害之下之威脅;維護自然特徵和建成環境,塑造一個適合居住並合乎人們期望地點」。(xix)

　　在這一章中鋪陳出製作土地使用計畫中,各種環境資料庫登錄和分析技術的重要特性。本章的第一個部分著重在規劃區內進行環境登錄。一份登錄清單,包括一組整合的資料庫,其中敘述地表景觀主要的地形、地質、水文和植被特色。每個特色會包括某些特定環境品質項目,

包括：具價值的資源、重要的生態功能，和危害人類聚落的條件。這些品質可以按照下列性質來分類：資源具有的保育價值；土地單元的生態重要性；自然或技術災害對公共健康的威脅；在倫理與精神上對土地的感受。土地使用規劃中環境登錄之關鍵特性，是其用地圖來表達地景特徵和相關分類的空間分佈。一旦辨識出這些特徵的空間分佈並且予以分類，規劃師可以開始藉此建立土地使用替選方案，引導規劃工作朝向永續境界的達成。

本章的第二個部分說明分析環境登錄資料的各種技術。文中討論了三種分析方法：複合土地適宜性分析，統整地分析多種地景特徵，辨識最適合各類土地使用的地點；環境影響評估，估計替選開發方案境況對環境的影響效果；以及容受力分析，決定環境可以容納的成長上限，而不妨害到環境之品質目標。接下來，文中分析討論一份結合使用各種方法的個案：北卡羅萊納州 Deep River 集水區，創新地利用土地適宜性分析，和環境影響評估與容受力分析。

環境資料登錄與分類

如前所述，一份環境登錄清單包括組合許多關於地景生態特徵的資料庫。每個特徵會包括特定的環境特質，可以利用下列的方法分類，包括：

- 一種資源具有保育價值的程度（例如，土壤做為農業和森林使用的生產力、自來水供應集水區的健康安全）；
- 為人類社區提供環境服務，土地生態功能的重要性（例如，林地為人群和野生動植物媒介疾病之緩衝、土壤類型過濾污染物的適宜性、濕地的洪水控制能力）；
- 災害對公共衛生產生之威脅（例如，接近地震斷層的距離、可能被人吸入或食入之污染物的濃度，不穩定坡地）；
- 對土地在倫理和精神上的感受（視覺景觀的美，保護受威脅的物種和生物多樣性）。

主要的企圖是要提供規劃師和社區，關於資源、生態功能、公共健康威

脅，和土地的美學價值的知識。在討論到這些環境特徵時，我們強調集水區或生態系統比開發基地更適合做為環境登錄清單的單位。暴雨逕流可以用集水區為基礎進行有效管理：調整暴雨排放量來控制洪水，維持基本水流量以維護水生棲息地，及保護河岸免於沖蝕的威脅。管理野生動物要視相關物種形成的生物族群，因為土地使用的活動不會只影響一個物種，卻不干擾所有的其他物種。濕地、溪流，和其他連結在一起的水體，要一併進行管理，才能夠滿足洪水管理、遊憩，以及維持水生物種生命循環的要求。透過生態系統的觀念，人們得以了解維繫生態系統功能，會改變影響人們健康風險的來源 (Aron and Patz 2001) (例如，樹木可以減少臭氧的產生，是因為樹木陰影和蒸散效果降低了空氣溫度)。本節的討論把這些特徵分類後再進行討論，概略區分為：地形與坡度、土壤、濕地、野生動植物棲息地、集水區的完整和自然災害。

地形和坡度

土地的地形特徵，是指海平面以上土地表面的形狀和高度。地形圖就是利用一張二維的圖形展現出上下起伏的三維地形資料。在美國，涵蓋所有美國大陸 48 州和夏威夷州的地形圖，是由美國地質調查所製作的。

人為聚落和自然環境特徵都可以利用地形圖展現。地形圖中可以辨識自然環境中的高山、河谷、平原、湖泊、河川，和地表的植被特徵，及它們的名稱。同時，地圖也可辨識人類聚落的主要特徵，例如：道路、邊界範圍、電力線，和建築範圍 (building footprints)。在地形圖中把相同高度的點進行連結，繪製等高線，每一條線都代表特定的高度；相鄰等高線間高度的差異就是垂直固定間距的數字 (參見圖 6-1)。

地形圖製作的比例是 1:24,000，常被稱為 7.5 分帶四方圖 (7.5 minute quadrangle maps)，因為每一張圖的涵蓋範圍，不論是經度或緯度都是 7.5 分。全美國被系統性地分為精密量測的四方格，把相鄰接的圖接合在一起，就構成一張完整的大圖。這種 7.5 分帶的四方圖，經常用做其他類型和不同比尺圖形的繪製基礎。除了此 1:24,000 比尺地圖外，完整的美國地形圖還包括 1:100,000 和 1:250,000；也可以取得其他比尺的圖形。繪製在地圖上的詳細細節，是按照地圖的比例尺改變

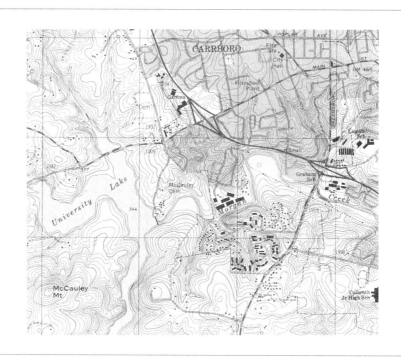

圖 6-1 ▌ 一張 USGS 地形圖的例子
資料來源：Geological Society 2003b.

的——越大比例的圖，就顯示越多的細節。因為在 1:24,000 的地圖上，一英寸代表 2000 英尺的土地，已經可以展現出相當多的細節了；這些圖可以繪製：學校、教堂、墓園、滑雪場地的纜車，甚至圍牆。在較小比尺地形圖上，許多類似的地形特徵都會被省略或被重新歸類。

地形在土地使用規劃中是個重要的考量因素，因為坡度可能構成災害。地滑就是因為不穩定坡地而造成的，平均每年造成約 20 億美金、奪走 40 條人命的損失 (APA 2002)。規劃一定要了解土地使用有坡度的限制，在坡地上不當的土地使用，會因坡度而增加造成災害的機會；而不當的土地使用是因兩種開發實例而造成的：1) 配置結構物在不穩定，或潛在不穩定的山坡地上；2) 在坡地環境中擾動穩定的坡地，加速土壤沖蝕，降低地表植被品質而破壞了坡地。

產生前述第一類問題的原因，是因為沒能在地表的坡度中，適當地辨識穩定的坡地，並在地圖上繪製出來，或是開發時不當的土地使用控

制，無法限制或避免陡坡上的開發 (請參考圖 6-2)。第二種類型的問題是開發中應用了不當的開發技術，使坡地變得越來越不穩定而不適合開發使用。Marsh (1998) 整理出三種主要的擾動類型：

- **挖填土方 (cut and fill)** 來進行公路與住宅開發。這種工法造成不穩定的垂直坡面使坡地穩定度降低、坡地下填方的壓實密度不足，增加破壞的可能性。
- **砍伐森林**，把土地做為都市、森林，或農業使用。這種作為會降低植物穩定坡地的效果，並因入滲率降低而使暴雨逕流增加。
- **改變自然排水渠道**，因為配置開發的地點不當，使坡地變得不穩定，並且暴雨逕流會加速土壤沖蝕。

可以用地形圖來計算坡度，並將之進行分類。計算坡度的工作就是決定高度增減相對於距離長短的比值。等高線圖可以用來製作坡度範圍的分級 (例如：小於 5%、5-10%、10-20%、大於 20%)，並把每種分級範圍展示在地圖上。

為了避免或降低社區的脆弱度，規劃師應妥善地調和土地使用與坡度。大多數的工作是透過指派土地使用而達成的，因此 1) 無需改變坡度就能讓土地使用達到合用的標準；2) 土地使用不會因坡度及土壤條

圖 6-2 加州緊鄰太平洋斷崖的不穩定土壤滑動，造成台地邊坡破壞
資料來源：Hays 1991.

件，變得容易受到災害的威脅。決定坡度分級之級距應該按照土地使用的分組來進行。在表 6-1 中，是適合各種土地使用類型的最佳坡度和允許的坡度範圍。

　　利用數位高度模型 (digital elevation model; DEM) 協助計算坡度，可以讓規劃師免於耗時費力、耗費人工的坡度圖製作。DEM 是個數位

表 6-1
土地使用的坡度需求

		最大坡度	最小坡度	最佳坡度
房舍基地		20-25%	0%	2%
兒童遊戲場		2-3%	0.05%	1%
公共階梯		50%	—	25%
草地 (修整的)		25%	—	2-3%
化糞池滲流		15%*	0%	0.05%
有鋪面的地表				
	停車場	3%	0.05%	1%
	人行道	10%	0%	1%
	街道和道路	15-17%	—	1%
	20 英里 / 小時	12%		
	30 英里 / 小時	10%		
	40 英里 / 小時	8%		
	50 英里 / 小時	7%		
	60 英里 / 小時	5%		
	70 英里 / 小時	4%		
工業使用的基地				
	生產工廠基地	3-4%	0%	2%
	儲藏空間	3%	0.05%	1%
停車場		3%	0.05%	1%

* 當坡度超過 10-12% 時，需要特殊的化糞池滲流設計。

資料來源：*Landscape Planning: Environmental Applications*, 2nd edition, William Marsh. Copyright © 1998 John Wiley & Sons, Inc. 使用以上資料經 John Wiley & Sons, Inc. 授權。

地形高度檔案，在每個固定的長寬範圍內，標示高度資料。在製作地形圖時，常會建立 DEM 資料，也可以從其他來源取得。DEM 是美國地質調查所 (USGS) 標準的產品，相當容易取得。地理資訊系統的軟體可以依區分坡度的分級標準，來區隔坡度的範圍。在圖 6-3 中顯示出利用 DEM 在集水區中所計算的坡度。

坡度並不是決定地表穩定度唯一的因子。圖 6-4 是 1985 年 3 月加州 Santa Barbara 附近的 La Conchita 地滑；除了陡坡之外，同為這種危險條件幫兇的其他因子，包括：缺少濃密根系的植物會降低穩定度；在坡地中段鋪設道路，及坡地下方興建住宅的挖填方；以及，土壤和岩盤在大規模降雨中變得不穩定。

然而，當土地使用要與其他自然災害進行套疊，例如地震或洪水，這是聯邦、州，和地方政府關注的工作，其中坡地穩定度並不是優先考量要件。部分的原因是因為這些災害的本質：與劃定洪水災害地區及一些受地震威脅地區不同，辨識不穩定坡地並不容易，其中必須考量許多可能的影響因素，包括如：坡度、排水能力、地震潛勢、植被覆蓋和地表的擾動。

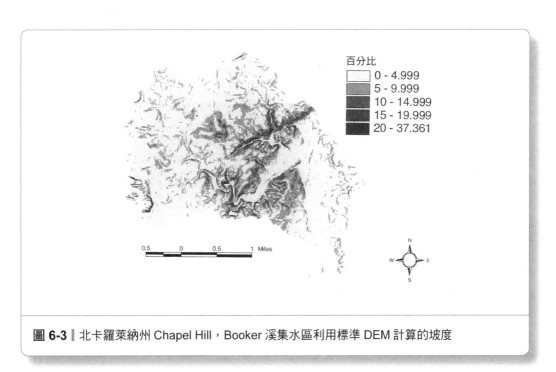

百分比
- 0 - 4.999
- 5 - 9.999
- 10 - 14.999
- 15 - 19.999
- 20 - 37.361

0.5　　0　　0.5　　1 Miles

圖 6-3 ▎北卡羅萊納州 Chapel Hill，Booker 溪集水區利用標準 DEM 計算的坡度

圖 6-4 La Conchita 不穩定坡地造成的地滑
資料來源：U.S. Geological Survey 2003a.

為了土地使用規劃目的評估坡地穩定度，常基於下列因子，接下來再視資料能否取得與資料的信度，用圖形進行套疊。圖 6-5 是加州 Portola Valley 鎮未經擾動土地的移動潛勢圖。這個地圖提供非常詳細的資料，透過航空照片及對地表下的岩盤進行詳細地質條件調查，將每筆土地用一英寸比 500 英尺的比例呈現。圖 6-6 是未經擾動土地移動潛勢圖的圖例，從最穩定到最不穩定分成四個基本的穩定等級，並按照穩定的分級界定允許的使用。

1. 相對穩定的土地 (使用代碼 Sbr, Sun, Sex)
2. 具明顯向下坡處滑動潛勢的土地 (使用代碼 Sls, Ps)
3. 具有潛在地表破碎，及受活動斷層影響的地層錯動 (使用代碼 Pmw, Ms, Pd, Psc, Md)
4. 隨季節性向下坡處滑動不穩定的土地 (使用代碼 Pf)

　　這個鎮利用此地圖開發出全美國最早的坡度——密度規範。鎮的計畫中建立了四類的住宅土地使用，每單位英畝的住宅單元數是隨坡度而改變：

1. 在 1-15% 的坡地上，每棟住宅使用一英畝土地；
2. 在 15-30% 的坡地上，每棟住宅使用二英畝土地；
3. 在 30-50% 的坡地上，每棟住宅使用四英畝土地；
4. 在 50% 坡度以上的坡地，每棟住宅使用九英畝土地。

　　在計畫中也建議利用較容易開發的土地時，採用簇群式的住宅配置，把比較不易開發的土地做為開放空間，成為土地所有權人的共有財產。

　　與 Portola Valley 鎮比較起來，其他社區應用的方法在技術上比較不那麼複雜，無需花太多的精力在辨識與分類不穩定坡地。如規劃師們在西雅圖市所展示的，只要找出過去曾經有不穩定記錄的山坡地區，就足以為土地使用規劃目的提供重要的資訊。在 1997 年沿著 Puget 海岬的重大地滑災害發生之後，開始執行地滑災害減緩方案；依此方案，規劃師和地質技術官員開始了一項重要的清查工作，來找出地滑發生地點和潛在地滑地區。圖 6-7 顯示該市利用 GIS 製圖系統第一代的成果。這個地圖被用來建立不穩定坡地的管理規範，在規範中依據幾種方法，包括用坡地傾斜度、土壤不穩定性、森林覆蓋條件，及指定的不穩定坡地特別研究區之管理意見，做為限制開發密度之基礎。基於詳細的現地踏勘，可以繪製在技術上更精確的地圖，也被當作地滑歷史地圖之補充資料。[1]

未經擾動土地的移動潛勢

Portola Valley 鎮 (西北部分)

圖 6-5 ▎未經擾動土地的移動潛勢，加州 Portola Valley 鎮

圖 6-5 圖例

相對穩定的土地

Sbr 平地至中度陡峭坡地,距離地表三呎內有岩盤支撐;土層深度較淺,可能會受到淺層地滑、地層下陷,和土壤潛移的影響。

Sun 平地至平緩坡地,表面是未結塊之粒狀物質 (沖積土、坡地沖刷物、厚土層);會受到地層下陷和土壤潛移之影響;在強烈地震時,河床谷地可能發生土壤液化。

Sls 古代地滑所造成的土石碎屑,在平地至中度坡度上自然地形成穩定;可能會受地層下陷及土壤潛移影響。

Sex 一般來說是容易膨脹、富含黏土的土壤和岩盤。會隨著季節而膨脹縮小、快速的土壤潛移,與地層下陷。可能包括不含膨脹物質的地區,膨脹性土壤可能也會在地圖上其他的地點出現。

明顯向下坡方向移動的潛勢地區

Pmw 陡峭至非常陡峭坡地,通常在風化或破碎岩盤上;易受落石、坍塌,和土石鬆落形成大量堆積土石之影響。

Ps 不穩定、未結塊的土石材料,通常深度小於 10 英尺,在平緩到中度陡峭的坡度上;受淺層地滑、崩坍、下陷,和土壤潛移的威脅。

Pd 不穩定、未結塊的土石材料,通常深度大於 10 英尺,在中度陡峭到陡峭之坡度上;受深層地滑的威脅。

具有潛在地表破碎,和受活動斷層影響造成地層錯動的地區

Pf 在活動斷層 100 英尺範圍內,受潛在的永久性地層錯動威脅之地區。

受到季節性向下坡滑動的不穩定土地

Ms 淺層地滑,通常深度在 10 英尺以下。

Md 深層地滑,通常深度在 10 英尺以上。

各地圖圖形單元的交界線:實線代表已知範圍,長虛線代表概略的範圍,短虛線代表推斷範圍,問號代表可能範圍。

資料來源:Spangle Associates 1988. 使用以上資料經 Spangle Associates, Inc., Urban Planning and Research 授權。

Portola Valley 鎮允許土地使用之評估準則

土地穩定程度之符號	道路		住宅（宗地面積）			自來水、電力	儲水箱
	公有	私有	1/4 英畝	1 英畝	3 英畝		
最穩定　　Sbr	Y	Y	Y	Y	Y	Y	Y
Sun	Y	Y	Y	Y	Y	Y	Y
Sex	[Y]	Y	[Y]	Y	Y	Y	[Y]
Sls	[Y]	[Y]	[N]	[Y]	[Y]	[Y]	[N]
Ps	[Y]	[Y]	[N]	[Y]	[Y]	[Y]	[N]
Pmw	[N]	[N]	[N]	[N]	[N]	[N]	[N]
Ms	[N]	[N]	N	N	N	N	N
Pd	N	[N]	N	N	N	N	N
Psc	N	N	N	N	N	N	N
Md	N	N	N	N	N	N	N
最不穩定　Pf	[Y]	[Y]	（受分區管制之管轄）			[N]	[N]

圖例：

Y	是，允許建築
[Y]	若有適當地質資料或工程解決手法，通常會許可建築
N	否，不允許建築
[N]	除非地質資料或工程解決手法能正面地支持，通常不會許可建築

土地穩定度符號：（如地質災害圖之標示）

S	穩定
P	潛在移動
M	移動
br	地表三英尺內有岩盤
d	深層地滑
ex	膨脹性頁岩與砂岩交疊
f	在活動斷層 100 英尺內的永久地表變形
ls	古代地滑碎屑
mw	陡坡、落石，與坍塌之大量土石堆積
s	淺層地滑或崩坍
sc	沿著岩盤地滑摩擦之移動
un	緩坡上之未結塊土沙

圖 6-6 加州 Portola Valley 鎮，依坡地穩定度之允許土地使用

資料來源：Spangle Associates 1988. 使用以上資料經 Spangle Associates, Inc., Urban Planning and Research 授權。

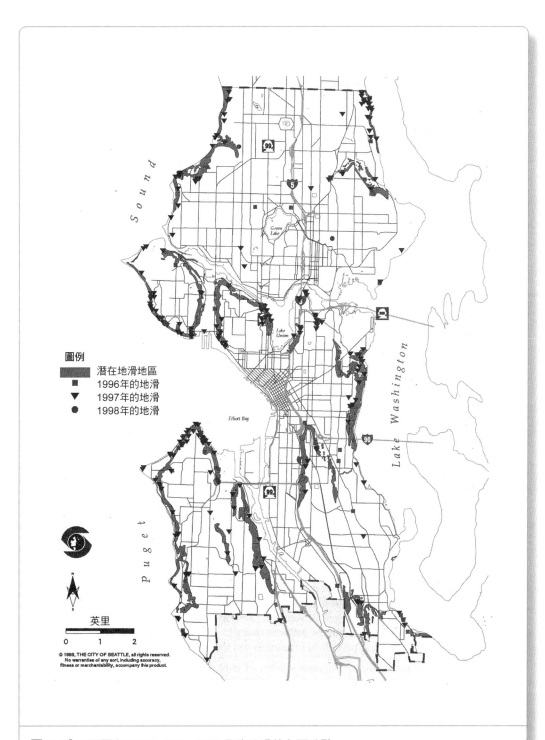

圖例

潛在地滑地區
1996年的地滑
1997年的地滑
1998年的地滑

圖 6-7 ▌西雅圖在 1996, 1997, 1998 發生地滑的主要地點

資料來源：Seattle Public Utilities Geographic Systems Group 2004.

土壤

　　土壤是引導各種土地使用，如住宅、工業、垃圾掩埋場，決定區位和基地設計決策的關鍵考慮因素。土壤調查早先的目的是為了用於農業，從 1960 年代之後，土壤調查也用來服務都市土地使用和景觀的環境價值。隸屬於美國農業部的全國資源保育局 (National Resources Conservation Service, NRCS) 負責土壤的調查報告，依全國所轄各個郡分別出版。調查涵蓋的地區是受許多因子決定的，包括：土壤複雜程度、地形和使用者需求。土壤調查圖是包括在適合社區或區域尺度應用的報告中；但是，土壤圖的比例尺和準確程度在小於 100 英畝範圍的基地尺度上，就有點勉強了。因此，為單獨開發方案的敷地計畫或會需要更特定的分析，在分析中包括詳細的製圖範圍，接下來逐項檢查土壤是否存在著特定的問題，如土壤承載力、排水性、不穩定性及土壤沖蝕。

　　製作土壤調查圖時，土壤的分類是其中的重要工作。NCRS 土壤分類系統參考土壤特徵 (或屬性) 進行分類，並討論各類土壤是否適合不同的土地使用，如化糞池系統、衛生掩埋場、道路、居住地區 (包括有、無地下室開發)、遊憩，和農業地區的生產力。下列特徵能根據土壤適宜性而得到：

- **重力承載能力**，土壤承受地表上方重力，其能夠抵抗受壓的能力。土壤中的粗粒子，例如沙子和礫石具有最大的重力承載能力，最適合也最常應用於開發。較細的黏土粒子，一般來說，抗壓的能力較差，潮濕時會有水平方向的滑動。
- **收縮膨脹性**，是當土壤遇到濕度改變時的收縮和膨脹程度。黏土在土壤的濕度改變時，會有最明顯的收縮與膨脹變化。具高度收縮和膨脹性的土壤會對建築物基礎和公共設施管線，造成強大的應力。
- **入滲能力**，是指水穿透土壤表面的速率，用每小時若干英寸來衡量。排水不良的土壤尤其是黏質土壤，因土壤顆粒中的空間小會減緩入滲速率，其土壤入滲速率最慢；這些土壤內的水分甚至經常是飽和的，土壤表面也有積水。排水良好的土壤如沙土和礫石，在土壤顆粒中有充分空間可以迅速排除水分，不會有含水量長期飽和、地表積水之情形。

- **土壤沖蝕性**，使土壤受地表逕流沖蝕的敏感程度。土壤沖蝕因子 (NRCS 稱之為 K 因子)，代表不同土壤類型的相對沖蝕性的數值。K 因子受到四個條件的影響：

  1. **植被**。越大、越完整的植被覆蓋，植物根系就越濃密，可以抓住土壤顆粒抵抗地表逕流的力量。完整植被覆蓋的葉子和地表落葉，可以減緩雨滴打擊地表的沖蝕力。

  2. **土壤類型**。中等尺寸的土壤顆粒 (沙子) 最容易受到土壤沖蝕威脅；小顆粒土壤顆粒 (黏土) 因顆粒間有緊密的黏結力，這種黏結的力量可抵抗沖蝕，因此能抵抗土壤沖蝕；大尺寸的土壤顆粒 (小石、礫石) 可以抵抗沖蝕，則是因這些土壤顆粒的質量比沙土大。

  3. **坡度**。陡峭坡地和坡長較長的坡地是最會容易被沖蝕的，因為這兩個因子使地表逕流流速和流量增加。

  4. **降雨**。降雨頻率越高、強度越大 (大雷雨，相較於小雨)、總降雨量越高，這類的降雨比較會增加土壤的沖蝕量。

- **坡度**，指的是地表的傾斜程度 (如前面所討論的)。土壤類型及地表傾斜度是有關聯的。有些土壤類型只出現在陡峭的坡地，受到不穩定坡地的威脅；而有些其他土壤類型則出現在起伏和緩的地形，比較不會受到不穩定坡地之影響。在有完整植被覆蓋的山坡地，舉例來說，土壤顆粒在地表逕流最大的坡地中段會比較粗糙，越往山腳方向因逕流速度逐漸減緩，小顆粒的土壤粒子開始沉積，土壤的顆粒就越細。

- **季節性高水位的深度**，是土壤表面和地下水位的高度差。地下水位接近地表的土壤，既使是高入滲率的土壤也不可能有效地排水。土壤在高水位的地點，生活會受到長時間積水 (例如，會造成住宅區地下室的問題) 和排水能力有限問題的影響 (例如，造成住宅區地下室的積水問題)。

- **土壤肥沃度**是指含高比例有機物質的土壤，含有充足養分，能生產高水準的農業產品。在肥沃土壤中的有機物質，可以吸收相當大量的雨水，因此降低了逕流的速率，並且可以成為濕地植物的水分來源。肥沃土壤會受到大型農場機械和建築結構重量的壓縮，若排乾

積水會使有機物質分解。在有肥沃土壤的地區，排除土壤保有的水分、進行農耕，進而建造建築物，使得水壓降低、有機物分解都是常見的。

基於前述的及其他特性，NRCS 分出 14,000 類的土壤 (或土系) (Muckel 2004)。規劃師務必要留意，各種不同的地表景觀，會有相當大的土壤特性變異。在一致的地形如美國中部平原，因為類似的土壤組成涵蓋了大部分的土地表面；除了河川谷地外，土壤的變異非常有限。在包括如高山和深谷的多元地形中，甚至小到 10 英畝面積的土地，土壤的差異也是隨地點而改變。例如在北卡羅萊納州 Chapel Hill 的 Booker 溪集水區配置特定土地使用活動，顯示出土壤調查如何應用在土壤適宜型分析中。在圖 6-8 中，顯示自 NRCS 土壤調查資料庫取得的 Booker 溪集水區數位地圖，圖中展示出土壤的分佈狀況。這張地圖提供的資料庫被用於選擇創新、高效能暴雨逕流減緩措施的場址，稱為生態滯流

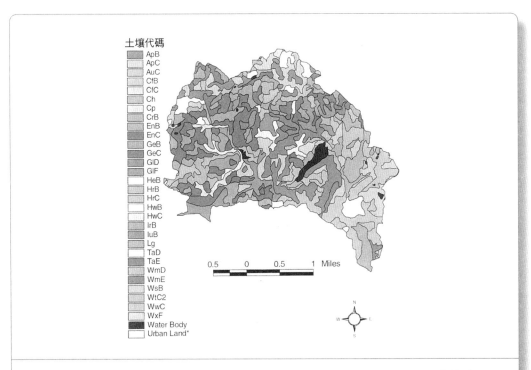

圖 6-8 ▕ 從美國 NRCS 擷取的北卡羅萊納州 Chapel Hill, Booker 溪集水區標準數位地圖，2003

(bioretention)。生態滯流是用面積從 50 到 200 平方英尺不等的窪地或碗型土地，暫時滯留不透水層鋪面如停車場、街道，和屋頂，所收集與過濾的暴雨逕流。樹木和灌木可以種植在生態滯流的地點。可以用各種物理或生物程序來移除污染物，包括：吸收 (absorption)、微生物處理、沉澱、植物吸取，及過濾法。此外，生態滯流也能讓地表水入滲，而補注地下水。

為生態滯流進行土壤適宜性分析，操作過程包括對各種相關土壤類型訂定分數。此操作過程包括下列五個步驟：

1. **辨識土壤之評估準則 (或特色) 來評估適宜性**。Hunt 及 White (2002) 指出三個對生態滯流適宜性分析最關鍵的評估準則：土壤入滲率、坡度，和季節性高水位之深度。
2. **按照土壤評估準則指定適合的分數**。為每個評估準則訂定分數的上下限範圍，用來決定是否適合設置生態滯流設施 (請參考表 6-2)。
3. **在每個評估準則項目決定實際分數**。每個評估準則的分數，是按照土壤調查報告書的土壤類型來決定。在生態滯流的例子中，表 6-3 顯示三種土壤類型在三個評估指標上，分別得到的分數。
4. **按照土壤類型決定整體適宜性等級**。在此例子中，表 6-3 顯示假使所有評估準則都是合適的，整體評估等級就是合適的。相反地，假使其中一個或若干個評估準則顯示不適合，則整體分級就是不適合的。

表 6-2 ｜
生態滯流適宜性評估準則的分數

土壤評估準則	數值分數
入滲速率	大於每小時一英寸
地下水位	季節性地下水高水位不應在地表下兩英尺以內
坡度	坡度不超過 6%

資料來源：摘錄自 Hunt and White 2002.

表 6-3

生態滯流適宜性分數範例：Booker 溪集水區部分土壤類型

	入滲率	地下水位	坡度	整體適宜性
ApB Appling	2-6 英寸 / 時	＞ 6 英尺	2-6%	適宜
EnB Enon	＜ 1 英寸 / 時	＜ 2 英尺	2-6%	不適宜
WmE Wedowee	2-6 英寸 / 時	＞ 6 英尺	15-25%	不適宜

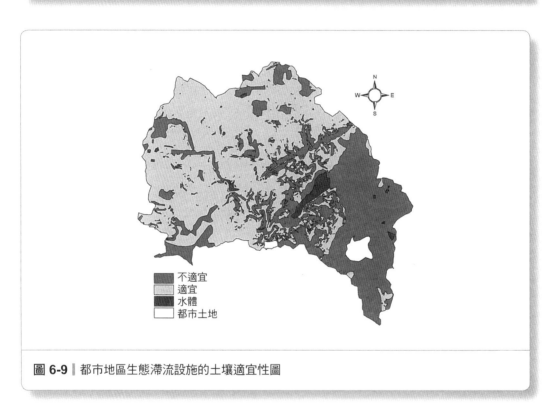

不適宜
適宜
水體
都市土地

圖 6-9 都市地區生態滯流設施的土壤適宜性圖

5. **在土壤調查圖上指定特定顏色或符號**。在圖 6-9 中利用圖案 (或顏色) 來表示每種土壤類型做為生態滯流的整體適宜性之等級。

 濕地

在過去，濕地一直被認為是沒有價值的土地，不斷地受到破壞，轉變為農業或是都市開發利用。在 1600 年，美國的大陸地區總共有超過 220 百萬英畝濕地，到了 1997 年只剩下 105 百萬英畝的濕地了。[2] 在

1972 年通過潔淨水法案 (1972 Clean Water Act)，濕地才開始被視為具有價值的社區資源。美國漁業與野生動植物署、環保署，和工兵團負責詮釋與劃定濕地，並審核濕地上的開發方案。

　　濕地之功能對人類社區具有下列的價值：

- 野生動植物棲息地與生物多樣性；
- 連繫其他的開放空間與水體；
- 儲存洪水量；
- 截取沖積物質；
- 截取養分；
- 美感和漂亮的風景；
- 海岸沖蝕的防護；
- 保護地下水源。

　　辨識濕地的工作，需要包括在地表景觀上廣泛的物理和生態特徵。由於對這些特徵中何者較重要的看法不一致，使得濕地難以被精確定義。然而，一般來說，生態學家同意濕地務必包含三個關鍵特徵：1) 在一年中會有相當的時間，地面上有地表水的存在；2) 因為達到了飽和之條件，土壤水分是飽和的；及 3) 具有能適應與存活在經常飽水與潮濕土壤的植物 (Tiner 1999)。潔淨水法案第 404 節定義，認為濕地要包括下列特徵：「濕地是受到地表或地下水源經常或長期淹溢，使土壤含水量飽和的土地，因此一般來說，讓能適應水分飽和土壤的植物存活，成為優勢物種」。

　　為了要推動濕地的管理，管理機構在美國國家濕地調查 (U.S. National Wetlands Survey) 中採用綜合的濕地分類系統，把濕地範圍繪製在美國地質調查所標準地形圖上 (Cowardin et al. 1979)。在此分類架構中，辨識出五個廣泛的濕地系統類別：海洋 (深水)、河口 (海水淺水區，如海岸地區的海灣與沼澤)、河岸地區 (淡水河川的河道)、湖岸地區 (靜止水體，如湖泊和池塘)，及沼澤地區 (內陸的草地沼澤 marshes、林地沼澤 swamps，與腐質酸沼 bogs)。圖 6-10 是德州 Brazoria 郡各類濕地之地點。全國濕地登錄清單 (National Wetlands Inventory) 提出比前述分類更為詳細之分類，這是基於更特定的濕地水

都市土地使用規劃

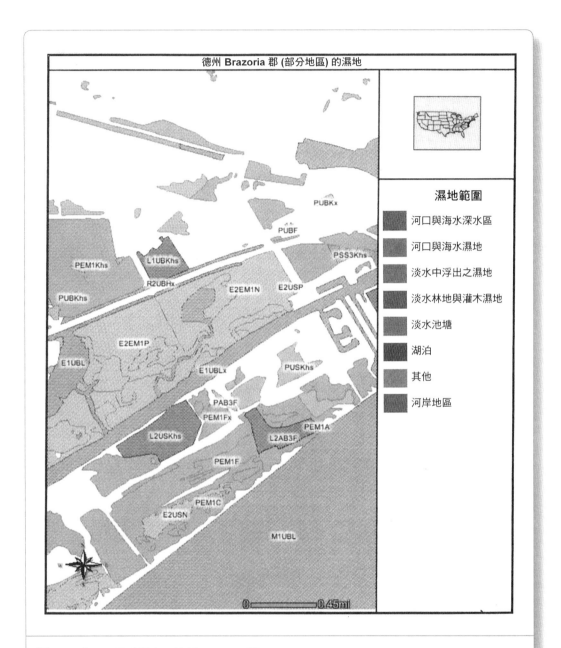

圖 6-10 全國濕地調查：德州 Brazoria 郡

資料來源：National Wetland Inventory 2004.

位、土壤類型、植被種類,和主要物種之資料。

在較小的基地規模尺度上,應用濕地地圖必須留意:數位地圖資料是由航空照片製作而成的,反映拍攝航空照片的年代與季節狀況。此外,使用航空照片時,都潛藏著某種程度的誤差。因此,詳細的實地分析可能會發現航空照片所詮釋的濕地範圍需要重新修改繪製。同時,小規模濕地也可能會被濃密的樹林遮蓋,而未登錄在原始的清單裡。

關於濕地支持人類社區生物、實質,和社會功能之價值,各種看法在程度上有相當的差異。有許多方法是用來評估濕地在支持這些功能的成效。[3] 最為人所熟知的方法,是由環保署建立的環境監測評估方案──濕地 (Environmental Monitoring Assessment Program ─ Wetlands; EMAP ─ Wetlands),漁業與野生動植物署的棲息地評估程序 (Habitat Evaluation Procedure; HEP),及美國工兵團的濕地評估技術 (Wetland Evaluation Technique; WET)。[4] WET 是適用於美國大陸地區所有的濕地類型。各種生物、水資源,及社會功能與價值都考慮在其中,包括如:地下水補注能力、固定沉積物、降低養分、野生生物多樣性與數量、水生物種多樣性與數量、遊憩、特殊性與歷史傳承。濕地評估者整合可以取得的資訊 (如土壤調查、地形圖、航空照片) 劃定評估的地區範圍。評估者檢視這些資訊並進行實地訪查,來回答 WET 列舉的問題。對問題之回應連結到一系列詮釋方式,藉以決定被選定濕地所支持各種功能之成效。

許多州和地方政府已經開發出它們自己的濕地評估方法。威斯康辛自然資源部 (Wisconsin Department of Natural Resources) 的濕地評估調查,為九種濕地功能訂定分數,例如野生動物棲息地、洪水控制、廊道──與其他開放空間連續性。基於濕地評分表,州與地方政府或多或少都能提供濕地的保護。圖 6-11 顯示威斯康辛州 Dane 郡 Yahara-Monona 集水區中為 81 個濕地,進行兩種功能評分 (洪水控制,廊道──開放空間的連續性) 繪製的地圖。這個系統的重要發現之一,是濕地評估者展示出濕地廊道,和野生動植物棲息地與遊憩價值兩者間的正相關,比僅僅單獨保存濕地更顯著。此類評估系統可做為濕地的比較基礎,決定能使濕地價值極大化的區域土地使用與濕地管理政策,並在調節濕地資源時有助於辨識長期趨勢。

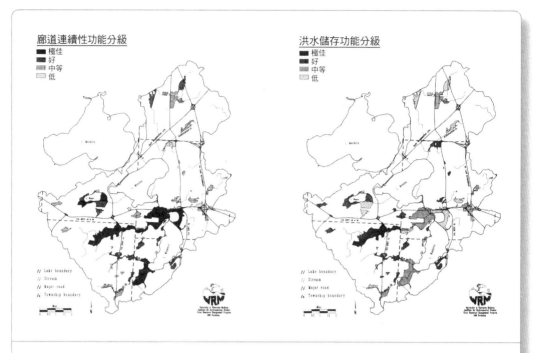

圖 6-11 Yahara-Monona 集水區濕地做為生態廊道與儲蓄洪水價值的評分
資料來源：Water Resource Management Program 1992.

 景觀的破碎及野生動物棲息地

生物多樣性包括動、植物物種，及這些物種存在的生態系統之複雜性與變異性 (Gustafson 1998)。這個觀念包括三個成分：1) 組成：在自然環境社區內的物種名稱與數量，和棲息地類型與生物社區在地景上的分佈；2) 結構：地面上植被在各種空間尺度的水平塊區分佈 (patchiness)，及植物在垂直層次的分佈；3) 功能：氣候、地質、水文過程隨時間不斷變遷的過程中，創造並維持生物多樣性 (Hobbs 1997)。

為什麼我們要關切生物多樣性？因為物種滅絕是不可逆的過程，保存生物多樣性讓我們在未來有選擇的權利，支持了人類看待自然環境的三種價值觀：第一，直接實用主義價值觀，包括從某些植物和無脊椎動物中取得的醫藥價值 (處方用藥和抗生素)；食物的來源，如漁業；及經濟的生產價值，如林業。第二，間接實用主義價值觀，包括土壤生成有助於農業作物生產、環境會吸收廢棄物與過濾污染物、授粉物種幫助

作物授粉，及濕地之洪水控制。第三，美學的價值，包括人類對自然美景的鑑賞，及精神上或倫理上對生物多樣性的評價。

　　地景的破碎性對生物多樣性而言，是一個主要的威脅。破碎性會降低自然棲地的數量，把尚存的自然棲地變成更小、更孤立的小片段土地。人為聚落和資源之擷取利用，無可避免地在被人改變的土地上，使地景的自然地區成為小而孤立的塊區。這些像島嶼般殘存的棲息地，在生物功能上，無法與以往未受擾動、整合的棲息地相提並論。此外，當越多的森林塊區 (或島嶼) 棲息地受到破壞，剩下棲息地塊區間的距離就更為遙遠。這種造成地景破碎的過程，使受隔絕的生物族群成員間無法融合在一起。

　　在北卡羅萊納州的 Orange 郡，受低密度住宅與商業開發的影響，森林地區面臨到相當程度的破碎化。如圖 6-12 所示，應用三個評估標準，在剩下的森林塊區範圍中找出高品質的野生動植物棲息地。第一，有些塊區範圍至少有 90% 硬木林並超過 10 英畝。有較高硬木林的森林塊區可以支持較高的野生動植物多樣性。其次，其他的森林塊區範圍包括 50-90% 硬木林，同時面積超過 40 英畝。混合松木和硬木的森林也有其價值，因為這些林地會逐漸轉變成為硬木林。此外，林木塊區的範圍越大，居住在塊區中的物種會越敏感。第三，未受破壞的森林塊區範圍中，完全未受擾動或只受輕微擾動者 (要少於兩棟房屋，或只有兩塊小面積開墾完成的土地)。未受擾動或只受輕微擾動的塊區，才能支持林地中間的物種生存。

　　野生動物生態學家建議，建立建築退縮的指導綱領，制定重要棲息地和人類與其他擾動間的緩衝。距離設定是否適當，要視一個地區內可以找到哪些空間，和哪些物種是保育工作的標的。在表 6-4 中，為數個物種訂定粗略的指導原則，提供物種在受驚嚇的逃避距離 (也就是說，當動物受到驚嚇時逃避到新地點之距離)，和避免獵食者與疾病的距離。緩衝距離並非固定的數字，需要考量若干因子，包括如擾動類型、特定的物種、一群動物適應該擾動的習慣程度、棲息地類型和季節。建議對黑尾鹿 (mule deer) 使用 600 英尺距離，這個距離可以避免大部分的走避逃亡；對麋鹿 (elk) 建議的距離是從 30 到超過 1,300 英尺，這還要視受到驚嚇的類型，和過去的適應習慣而定；讓大角羊 (bighorn

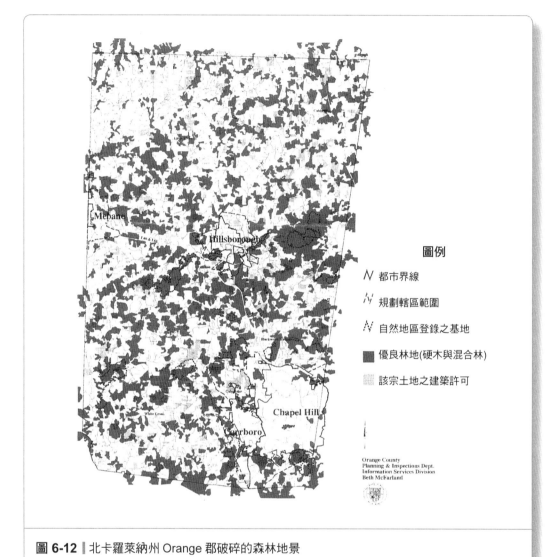

圖例

⋀ 都市界線

⋀ 規劃轄區範圍

⋀ 自然地區登錄之基地

■ 優良林地(硬木與混合林)

▦ 該宗土地之建築許可

Orange County
Planning & Inspections Dept.
Information Services Division
Beth McFarland

圖 6-12 ▎北卡羅萊納州 Orange 郡破碎的森林地景
資料來源：Ludington, Hall, and Wiley 1997.

sheep) 免於畜養綿羊傳染之致命疾病，建議用 52,000 英尺為緩衝距離。

受 1973 年「瀕臨絕種物種法案」(1973 Endangered Species Act) 的規範，聯邦機構必須保護所有可能受滅絕威脅的動、植物。美國漁業與野生動植物署負責備妥瀕臨絕種物種的復育計畫，這些物種包括受到立即滅絕危險的物種，及族群快速降低因此可能列入瀕臨絕種物種的受威脅物種 (threatened species)。在 2002 年，美國的大陸地區約有 1260 種植物與動物被「瀕臨絕種物種法案」列入瀕臨絕種與受威脅物種的名

表 6-4 |
物種受各種擾動的建議緩衝距離

物種	擾動因素	緩衝距離 （英尺）	資料來源
驚逃距離			
大藍鷺	人類的步行	105	Rogers and Smith (1995)
黑冠夜鷺	人類的步行	98	Rogers and Smith (1995)
美洲茶隼	人類的步行	144	Holmes et al. (1993)
草原隼	人類的步行	300	Holmes et al. (1993)
毛足鵟	人類的步行	580	Holmes et al. (1993)
白頭鷲	繁殖期的人類步行	1562	Fraser et al. (1985)
白頭鷲	鳥巢附近地上有動靜	820	Stalmaster and Newman (1978)
黑尾鹿	冬天的人類步行	656	Freddy et al. (1986)
		282	Ward et al. (1980)
麋鹿	冬天的人類步行	656	Schultz and Bailey (1978)
麋鹿	越野滑雪：低度使用區	1312	Cassirer et al. (1992)
麋鹿	越野滑雪：高度使用區	29	Cassirer et al. (1992)
其他的擾動			
黑枕威爾遜森鶯	牛鸝的掠食	600	Wilcox et al. (1986)
大角羊	生病之畜養綿羊	52,000	Noos and Cooperrider (1994)

資料來源：摘錄自 Duerksen et al. 1997.

單。[5] 法案中確立違反瀕臨滅絕物種的規範是犯罪行為，並支持重要生態棲息地的保護。漁業與野生動植物署為名單上的物種，分析了棲息地和地點。主要意圖是設計能支持更多元、更具生產力混合動、植物物種的地表景觀。基本的目標是要減少破碎的地景，並且把碎裂的土地重新連接在一起，成為具有比較高的生態耐受性和永續性的土地型態。

　　依區域地景的主要特色，區分每塊土地之價值，包括大小、形狀、廊道的連結性，及距棲息地塊區的距離。這些地表景觀特色支持野生物種之遷徙、哺育、定居，和提供食物之需求，因而得以支持生物多樣性。圖 6-13 是敘述地表的景觀特色當作棲息地規劃的指導綱領。[6] 這些

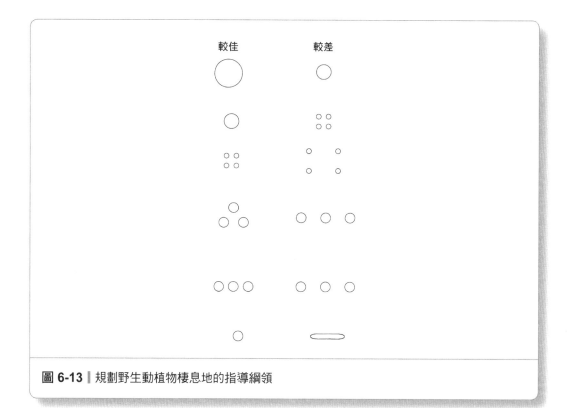

圖 **6-13** ▎規劃野生動植物棲息地的指導綱領

特色表達出：

1. 大的塊區比小的好；
2. 假設面積相同，單一塊區比一群小的塊區好；
3. 每個塊區之間的距離越近，比距離越遠好；
4. 圓形的塊區，比細長的塊區好；
5. 多個小塊區聚集在一群，比形成一條線好；
6. 利用廊道連結的塊區，比未連結的塊區好 (Noos and Cooperrider 1994)。

　　「San Diego 棲息地保育計畫」顯示其野生動物塊區和廊道地圖繪製，有效地應用了前述的指導綱領 (參考圖 6-14)。在該計畫中辨識出保護關鍵塊區和廊道的困難。計畫中並沒有針對單一的物種，而是使用一份保護重要塊區和廊道的管理方案，來取代以往片段式、隨個案內容而改變的棲地保護區。此計畫最重要的目標是要使生物多樣性極大化，

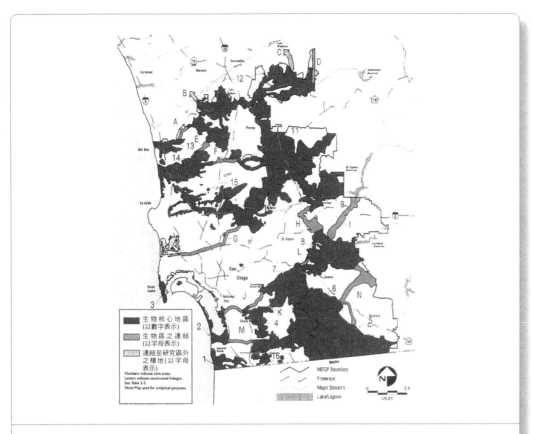

圖 6-14 | San Diego 多物種保育計畫：核心的生物資源地區及其連接

資料來源：California Department of Fish and Game 1996.

提升聖地牙哥居民的生活品質，並提升該區域對產業的吸引力。此外，
此計畫讓開發者更能確定未來的開發會在何處進行。提供開發者一個可
依循的、明確的法律與程序架構，引導他們規劃不動產投資時優先考慮
棲地的保護，而不是到最後才來思考這個問題。執行棲地保護計畫是把
所有相關的保護政策都納入，如地方性計畫的更新修正；環境評估過程
中建立許可機制；利用聯邦、州，和地方政府財政經費收購土地；以及
開發者將土地捐贈給棲地保護銀行。

集水區

　　全國所有的社區都發現，當面臨成長和土地使用變遷時，他們的水
資源品質都會下降。通常，集水區的登錄清單規模太大而無法執行——

太多小的次集水區 (subwatershed) 需要考慮，無法逐一辨識影響源。因此，收集到的空間資訊就太過粗略，而無法連結到要用地方性使用分區與細部計畫影響之細緻的土地使用決策。

有相當充分的實務經驗告訴我們，保護地方性水資源可以從次集水區的層次思考。行水區可以定義成為一塊土地範圍，其收集地表逕流，至沿著溪流、湖泊，或河川的某特定地點。一個典型的集水區範圍可涵蓋數十到數百平方英里，可能包括好幾個地方或是州政府轄區。次集水區，一般來說，集流範圍則約為 2 到 15 平方英里。

綜合計畫及規則，要讓日常的土地使用決策能在次集水區層級直接影響水資源。不透水層鋪面對水文、水質，和生物多樣性的影響，在次集水區層級是最明顯的，而每個開發方案的影響可以在次集水區中辨識出來。次集水區面積小，因此在資料登錄、監測，及土地使用對未來集水區的影響，得以透過跨越行政區的協調來進行。如此就比較容易建立明確的規範權責，並進行合作。

不透水層鋪面是關鍵的登錄資訊之一。最近研究顯示，不透水層鋪面的大小可以用來推計現在與未來的河川水質 (Arnold and Gibbons 1996)。都市開發造成的大面積鋪面 (道路、人行道、停車場、屋頂)，會減少入滲到土壤的水分。圖 6-15 敘述都市開發與雨水入滲比例的關聯。不透水層鋪面會造成嚴重的影響，包括洪水量增加、水生生態棲息地的減少，衝擊河川與湖泊水質之污染物增加。地表水入滲量減少會影響地下水補注的速率，造成地下水位降低。

在衡量與估計不透水層鋪面時要非常謹慎。有四個方法可用來衡量不透水層鋪面 (Center for Watershed Protection 1998)：

1. **直接測量法**。測量地表的不透水層鋪面涵蓋的面積，包括屋頂、道路，和其他不透水層鋪面的地表。這工作可以透過航空照片或衛星影像來得到需要的資料 (通常是數位的正向投影圖)。這是最正確，也是最昂貴的方法。

2. **土地使用分類**。利用土地使用分類來估計不透水層鋪面 (例如：獨戶住宅、商業區)。規劃師需要衡量每種土地使用的面積，再乘上這種土地使用的不透水層鋪面比例，加總計算次集水區的不透水層

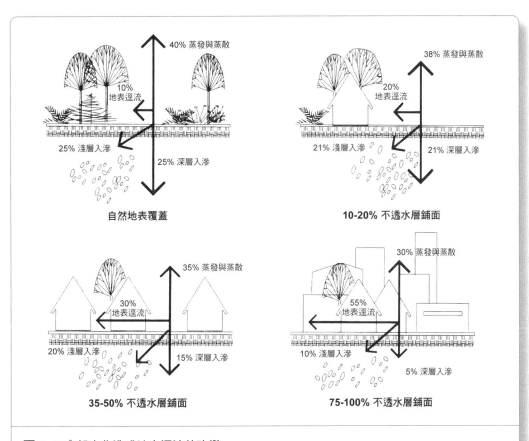

40% 蒸發與蒸散
10% 地表逕流
25% 淺層入滲
25% 深層入滲
自然地表覆蓋

38% 蒸發與蒸散
20% 地表逕流
21% 淺層入滲
21% 深層入滲
10-20% 不透水層鋪面

35% 蒸發與蒸散
30% 地表逕流
20% 淺層入滲
15% 深層入滲
35-50% 不透水層鋪面

30% 蒸發與蒸散
55% 地表逕流
10% 淺層入滲
5% 深層入滲
75-100% 不透水層鋪面

圖 6-15 ｜ 都市化造成地表逕流的改變

資料來源：Environmental Protection Agency 1993.

鋪面。表 6-5 是每一種土地使用不透水層鋪面的比例。在每一種土地使用之間，都存在著非常大的差異；用這種方法估計不透水層鋪面的成本一般來說不太昂貴，而且還能得到相當準確的結果。

3. **道路密度**。利用道路密度 (每單位土地面積的道路長度) 來估計不透水層鋪面。這種方法很容易操作，所需之資料只是一張道路圖，但是關於道路密度和不透水層鋪面關聯的研究相當有限，計算成果其實並不盡精確。這種方法在應用時比較適合進行規劃內部工作之估算，接下來再利用進一步的方法，諸如直接法或土地使用分類法，進行更完整的評估。

4. **人口**。用人口來估計不透水層鋪面面積。雖然這個方法可以估計不透水層鋪面，但是最適用於依目前人口推計來估計未來不透水層

表 6-5
各土地使用的不透水鋪面比例

土地使用	密度(居住單位/英畝)	北維琴尼亞 (NVPDC 1980)	奧林比亞 (COPWD 1995)	Puget灣 (AquaTerra 1994)	NRCS (USDA 1986)	Rouge河 (Klutinberg 1994)
			參考來源			
森林	—	1	—	—	—	2
農業	—	1	—	—	—	2
都市開放空間	—	—	—	—	—	11
水體/濕地	—	—	—	—	—	100
低密度住宅	<0.5	6	—	10	—	19
	0.5	—	—	10	12	—
	1	12	—	10	20	—
中密度住宅	2	18	—	—	25	—
	3	20	40	40	30	—
	4	25	40	40	38	—
高密度住宅	5-7	35	40	40	—	38
多戶住宅	連棟住宅 (>7戶)	35-50	48	60	65	—
	連棟住宅 (>20戶)	60-75	48	60	—	51
工業	—	60-80	86	90	72	76
商業	—	90-95	86	90	85	56

資料來源：*Rapid Watershed Planning Handbook*, Table 6.2, Center for Watershed Protection, October 1998. 使用以上資料經 Center for Watershed Protection 授權。

鋪面面積。一般來說，這種方法最好是能結合直接法與土地使用分類法的操作。在都市地區，人口密度與不透水層鋪面是有關聯的；然而過去的研究指出，不同的地區有相當大的差異 (Center for Watershed Protection 1998)。這種方法為是快速、低成本的方法，用於估計不透水層鋪面的增加量。

　　圖 6-16 展示一種基於集水區不透水層比例，來判斷集水區溪流健康狀況的方法。圖中指出不透水層鋪面的門檻值，以及當達到門檻值時的預期河川健康狀況。圖中的數字都是建議性的，會隨著不同行政轄區而有差異。舉例來說，在北卡羅萊納州供應飲用水的集水區，只要不透水層鋪面比例超過 24%，州政府就會要求開發者考慮使用各種管理技術 (例如滯流池和沿著路邊的淺沼地)，用以減少開發方案產生暴雨逕流造成之影響。其他行政轄區會訂定不同的門檻值。

　　將溪流的健康狀況分類，可以做為建立集水區保護計畫的積極手段。圖 6-17 中顯示北卡羅萊納州 Chapel Hill 的十六個次集水區，現況在與推計的不透水層鋪面與其分別之河川分類。現況不透水層鋪面是利用直接測量法從航空照片中計算得來的。接下來利用現況的土地使用分區分析建成後的狀況，應用土地分類方法來計算不透水層鋪面。透過直接測量和土地分類方法，顯示某些集水區的河川健康程度將會下降。因此，建議修改現有土地使用分區，並且更嚴格地執行集水區最佳管理策略 (best-management practices，例如滯流池、生態滯流設施，利用草地淺沼取代混凝土排水渠道) 來滿足保護地方集水區的目標。

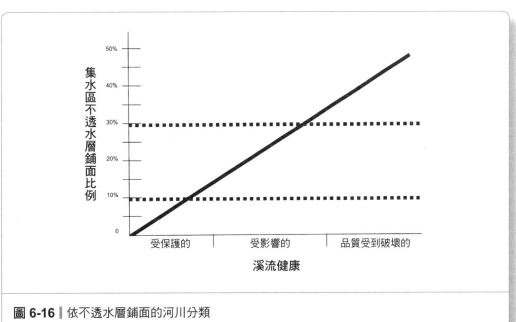

圖 6-16 依不透水層鋪面的河川分類

摘錄自 Schueler 1992.

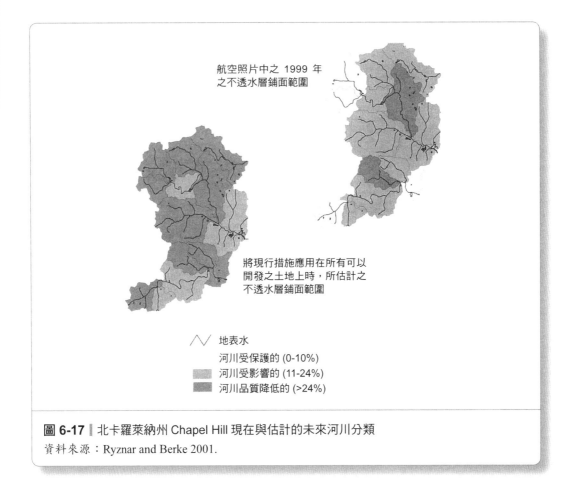

航空照片中之 1999 年
之不透水層鋪面範圍

將現行措施應用在所有可以
開發之土地上時,所估計之
不透水層鋪面範圍

地表水
河川受保護的 (0-10%)
河川受影響的 (11-24%)
河川品質降低的 (>24%)

圖 6-17 ▏ 北卡羅萊納州 Chapel Hill 現在與估計的未來河川分類
資料來源:Ryznar and Berke 2001.

災害

受到自然災害 (如洪水、地震、颶風和山崩) 衍生之財產損失規模
在過去一個世紀以來大幅增加。想要扭轉趨勢,使自然災害事件不再造
成大規模災難損失,就需要規劃師和社區一起進一步地了解自然災害。
在環境清單的登錄工作中,務必要先了解災害的重要特徵,包括:具危
害性地區的空間地點、各種災害規模的影響範圍,和發生某特定規模事
件之機率。

聯邦緊急管理署 (Federal Emergency Management Agency; FEMA) 透
過全國洪水保險計畫 (National Flood Insurance Program; NFIP) 繪製洪水
保險費率地圖,辨識洪水事件的範圍和機率。NFIP 提供洪水保險給座
落在洪水災害區內的結構物和產業。在 NFIP 中所謂的面臨洪水風險地

區，是指 100 年重現頻率的洪水平原範圍；也就是說，洪水每年發生的機率至少為 1%。

在 100 年重現期的洪水平原內，各個不同地區的洪水規模 (或是指嚴重程度) 也在洪水災害地圖中用線條劃設出。這些地區包括：河道 (channel)、洪泛河道 (floodway)，洪泛河道之邊緣 (floodway fringe)，參考圖 6-18。NFIP 為每種分區都訂定相關的土地使用與建築技術之規範。為了要加入全國洪水保險計畫，地方社區務必採納為各個分區設計的規範內容。這些規範內容包括：1) 新建造的建築物必須要能夠抵抗洪水造成之損害；2) 把未來開發引導至洪水災害範圍外的地區；3) 透過洪水保險的保費，把原先由納稅人負擔之洪水損失成本，轉變成為由洪水平原上的財產所有人負擔。參與洪水保險計畫的社區，其財產所

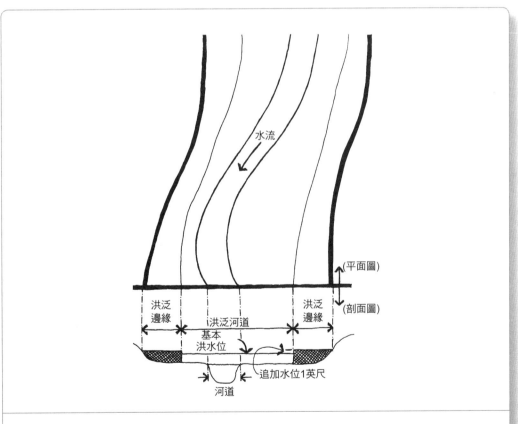

圖 6-18 ▎ 100 年洪水平原的範圍

資料來源：Federal Emergency Management Agency 2003.

有人才可以購買洪水保險。到了 2000 年，全國共有 19,000 個社區參與 NFIP。地方性的洪水平原地圖可以從 FEMA 網站下載取得 (網址 http:// store.msc.fema.gov)。

　　美國地質調查所從事的一項重要工作，是為曝露於地震風險的區域繪製地震災害範圍。在地圖中，辨識地震各種災害衝擊類型的地點和規模 (例如：斷層、地表震動時可能會液化的土壤)，但因為地震發生機率小，遠比洪水更難預測，所以地圖中並未預設發生機率。在圖 6-19，是鹽湖城的斷層和受土壤液化威脅地區，並按照液化災害的嚴重程度區分等級 (高、中、低)。因土壤容易受地震影響造成液化，高液化災害地區的建築物地震時變得較不穩固、較易傾倒。斷層地區和液化地區的分類，可以做為各類土地使用是否能得到開發許可的決策基礎：土地使用座落地點假使被歸類為高風險地區，就應依循更嚴格的地震安全建築技術規則和基地設計標準。

分析環境資訊

　　土地使用規劃的有效性，大幅依賴環境分析的技術，這些技術系統性地檢視環境品質特徵的資訊。如前所述，有三大類的分析可以協助製作土地使用計畫：複合的土地適宜性分析、環境影響評估，和容受力分析。

複合的土地適宜性分析

　　複合的土地適宜性分析技術使用多種資訊來源，同時考量基地的水文、地質和生物特性，在規劃範圍內用地圖繪製土地使用適宜程度的變化 (Anderson 1987)。其他與生態條件不相關的特性，如接到基磐設施的可及性 (如道路、污水管線) 及都市土地使用 (鄰近住宅使用的零售業) 也可納入在此分析中。此分析之操作是按照各種土地使用分別進行的。把地表景觀特徵進行疊圖來計算適宜性。計算結果得到之適宜性是個單一向度的分數，可以區分成高、中、低，或用更細緻的區分方法如：一分到十分。舉例來說，住宅區適宜性分析的計算可以考慮坡度、洪水平原、土壤透水性、土地價格，和連結道路之距離。規劃區當中的某個部

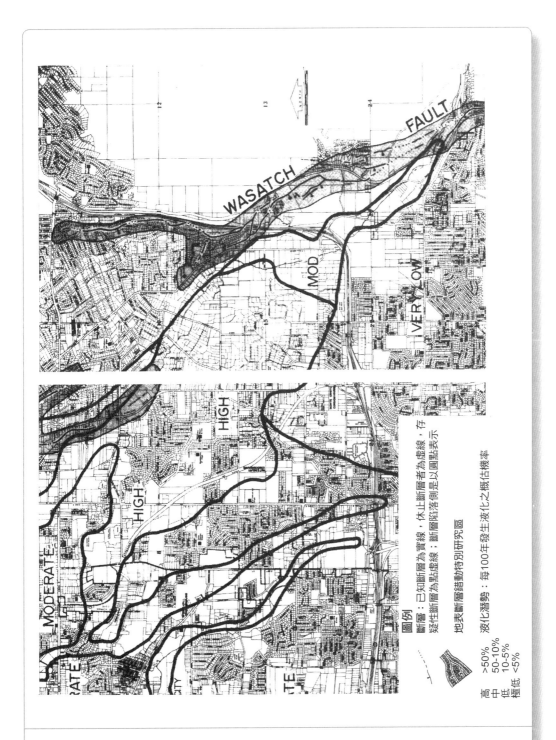

圖 6-19 ┃ 鹽湖城地震災害圖

資料來源：Salt Lake County 1989.

分有緩和的坡度，透水良好的土壤，鄰近道路，土地的購買成本低，並且座落在洪水平原以外，就可以評定為最適合開發的土地。

早期進行土地適宜性分析時，需要利用人工把透明地圖進行疊合；在透明地圖中某個特徵的相對重要性，是利用灰階來繪製的，最深的灰色就代表此特徵最強或最重要的範圍 (McHarg 1969)。當把所有地圖都疊合後，顏色最深暗的地方就代表最適合的基地位置。對此操作技術之評論，經常質疑把不同單位數量進行加總的正確性，例如坡度和土壤透水性；並且，評論指出疊合大量地圖後，非常不易在灰階中區別出等級 (Ortolano 1984)。

現行的土地適宜性分析，是利用電腦 GIS 軟體運算來操作疊圖分析，並進行數值計算程序。最近在 GIS 上的發展，能夠利用圖表與流程圖來展示地理資料，利用空間分析功能運算這些資料，並決定空間分析功能之計算及執行程序 (Ormsby and Alvi 1999)。

有許多種操作技術可以計算土地的適宜性，其中四種是最常用的：

1. **通過 / 失敗篩選**，找出能接受的最低評定等級為分隔點。規劃地區的任何一宗土地，只要在此最低要求標準之下，就被認定不適合做為某種土地使用，而其他地點則被視為適合該使用的地點。例如：小於 30% 坡度的土地，或設定為溪流緩衝區所需之退縮距離 (比如說，50 英尺)。這種方法容易了解，可以快速的在適宜性分析中完成，篩選出無需進一步考量做開發使用的土地。這種方法的缺點是：當一個土地通過篩選後，無法區分土地適宜性的程度，並且所有的評估項目都視為同樣重要 (例如：坡度和設定緩衝距離之要求在權重上是相等的)。此外，無法設定特定地景環境特色的組合 (例如，假使土地鄰近既有道路，陡坡的土地仍是適合開發的；假使土地距離既有道路很遠，中等坡度的土地就不適合開發)。

2. **同分評定法**，是為特定土地使用的各類型地景特色，制定適宜性分數。對某種土地使用，所有地景特色都被指定相同的最大值、最小值，及大、小值間的分數等級 (例如，0-5% 的坡地為 5 分，5-15% 坡地為 3 分，15-30% 坡地為 1 分，>30% 坡地為 0 分)。舉例來說，區別某環境特色的分數等級，是從 1 到 5，而另外一個環境特色的

分數是從 1 到 10；在此方法中並不建議如此操作，因為假使把兩個環境特色整合，第二個環境特色的重要性就是前者的兩倍，因此在解釋分析結果時會造成困擾。在研究地區內每個土地單元得到的總分，就是該土地單元各種環境特色評定分數之總合。

總分 = $Ra + Rb + Rc ... Rn$

其中：

R ＝評定分數

$a, b, c, ... n$ ＝在分析中考量的環境地景特色

這種方法容易了解，相較於前述通過 / 失敗篩選法，可以算出較為準確的評定分數。而方法的缺點是把所有環境地景特色在權重上視為相等，並無法辨識特定環境特色之組合。

3. **加權評分法**，為每種環境的地景特徵設定權重。在決定是否適宜某種土地使用時，某些特徵被認為是比較重要的。所以對每個環境特徵項目分別評分，再乘上該環境特徵的權重，來計算土地使用的適宜性。每個土地單元的分數，是加總所有因子的評分與權重之乘積；得到最高分的地區被認為是最適合，最低分的地區則被認為最不適合該土地使用之開發。總分之計算如下：

總分 = $(Wa \times Ra) + (Wb \times Rb) + (Wc \times Rc) ... (Wn \times Rn)$

其中：

W ＝權重；

R ＝評定分數；

$a, b, c, ... n$ ＝在分析中考量的環境地景特色。

這種方法主要的優點是在於其指定了權重，得以反映每個環境特徵的相對重要性。同時，這個方法在如何獲得權重數值上也是容易理解的；然而，此技術仍然無法考量到特定環境特徵之組合。

4. **直接指定評分法**，是在整體檢視考量的環境景觀特色之後，指定土地適宜性的評分。特定環境特徵之組合可以分別考慮，並且分別給與評分。舉例來說，小於 5% 坡度的土地，並且鄰近道路 (小於 300 英尺)，被視為高度適宜；坡度在 5% 到 15% 鄰近道路的土地，

被歸為中度適宜;坡度超過 15% 則被認為不適宜,但假使非常鄰近道路 (小於 100 英尺) 時,則被歸為中度適宜。

這種方法的主要優勢,是在於其能夠考量環境特徵間的關聯性,並且可以把分數變動和權重都考慮進來,來得到不同的得分組合。主要的缺點則是在方法中縱使只使用少數幾個環境特徵,因為會產生許多種組合方式而使操作方法可能過於複雜。這個方法在協助思考所有環境特徵間的交互影響時,也會需要相當多的專家意見。

表 6-6,用四個評估標準彙整比較前述四種技術之優、缺點;這些評估標準包括:容易了解的程度、適宜性的等級、相對重要性 (或權重),與指定特定環境特徵之組合。「通過/失敗篩選」、「同分評定法」,和「加權評分法」三者都是易於了解的分析技術,官員和民眾比較可能了解決策判斷是如何、由何處得到的。假使規劃師只想把不適開發的土地剔除,使用「通過/失敗篩選」是最合適的。然而,假使規劃師想要評估各種環境評估特徵相對的重要性,則使用「加權評分法」衡量適宜性,會是比「同分評定法」精確。某些情況下可以將「直接指定評分法」應用在特定環境地景特徵的組合。舉例來說,假設到達既有道路的可及性 (區位)、坡度,和土地價格是選擇公共遊憩公園基地的重要因子,規劃師就要考慮三者的關聯性。假如有可接受的區位和坡度,地方政府可能增加它願意支付的土地價格。假使距離既有道路太遠或坡度太陡,價格就會下降。如前述,這種方法可能會大幅增加操作的複雜

表 6-6

各種土地適宜性技術之比較評估

技術	容易了解的程度	適宜性的等級	適宜性之權重	指定之組合
通過/失敗篩選	是	否	否	否
同分評定法	是	是	否	否
加權評分法	是	是	是	否
直接指定評分法	否	是	是	是

性，並且比較難以了解。

　　給北卡羅萊納大學學生練習的一份 160 英畝土地的規劃作業，敍述了複合式土地適宜性分析的每一個步驟，及「通過／失敗篩選」和「加權評分法」的應用。這塊土地被考慮做為住宅開發，四個環境地景特徵納入基地土地適宜性分析決策中，包括：土壤透水性、坡度、溪流緩衝區，和洪水平原。在此用複合式土地適宜性分析技術來找出基地上的環境敏感地，當作不適合開發的部分；以及找出在基地上適合開發的部分。適宜性分析利用 GIS 軟體中廣泛應用的 ArcView GIS 之 Model Builder 軟體 (Ormsby and Alvi 1999)。表 6-7 是 ArcView 系統中眾多常用指令中的一部分。這一類指令可以幫助我們轉換資料、辨識緩衝區，疊合分別的環境地景特色之適宜性分數。圖 6-20 顯示出對此基地分析住宅適宜性時，在複合適宜性分析中應用之住宅資料、空間分析功能，及這些功能的操作順序。表 6-8 則是在判斷土地適宜性的技術中，所使用的環境地景特徵、分類，和數值運算結果。

　　這個過程包括五個階段：

- **第一階段：環境地景特徵**。辨識出用來決定特定土地使用之環境地景特徵。對住宅區開發來說，這些環境特徵包括洪水平原、溪流兩岸緩衝區、坡度和土壤透水性；
- **第二階段：資料轉換**。應用 GIS 空間資料分析功能，為每種環境

表 6-7 |
ArcView Modelbuilder 之指令範例

指令	功能
Vector conversion	向量資料轉換 (多邊形、線、點) 成為網格式資料，在適宜性分析中較易使用，因為每個網格的大小是一致的
Slope	把網格的高度資料轉成坡度
Reclassify	基於環境地景特徵的條件，指定適宜性的數值
Buffer	在特定環境地景特徵週邊固定距離內劃設範圍
Arithmetic overlay	對每個網格的單元，加總多個地景特徵的數值分數

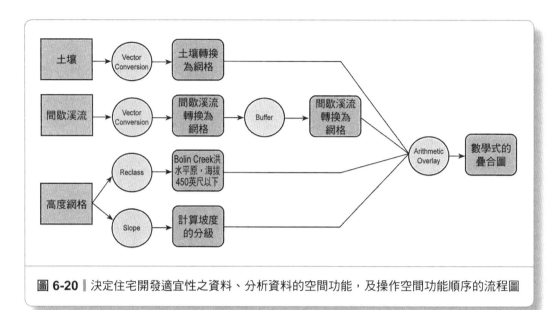

圖 6-20 決定住宅開發適宜性之資料、分析資料的空間功能，及操作空間功能順序的流程圖

地景特徵備妥資料檔案，用於複合適宜性分析中。在住宅區的土地使用案例中，這個階段包括應用空間功能分析四個環境地景特徵：

1. 坡度：應用 *slope* 功能，把數位高度模型 (DEM) 等高線的網格檔案，轉換為應用在適宜性分析的網格坡度數值。每種適宜性數值是將坡度依適合開發的程度進行分級得到的 (例如，0-7% 坡度可以得到較高的 5 分，相對大於 14% 坡度只能得到 1 分)。在此過程中，必須要把坡度的百分比結合為等級；至於該分成幾個坡度等級以及每個分級範圍，就必須依賴專業判斷，然而為了清晰和計算的方便，等級排序以簡單為宜。

2. 土壤：應用 *vector conversion* 分析功能把土壤的多邊形 (向量) 資料轉換為網格資料，接下來使用 *reclassify* 分析功能按各土壤類型對開發之價值，指定適宜性的數值 (例如透水性高的土壤，給予較高的 5 分，而透水性較差的土壤則給予 1 分)。就如坡度分級，需要應用專業判斷來決定區分土壤等級的多寡。

3. 溪流緩衝區：首先使用 *vector conversion* 分析功能，將向量的溪流資料轉換為網格資料，接下來應用 *buffer* 功能，將所有距離溪流 50 英尺內的網格，歸類為溪流緩衝區。

表 6-8 |
環境地景特徵與適宜性數值

特徵	適宜型數值	權重
間歇溪流 (intermittent stream) 之緩衝區	1 (通過) 0 (失敗，禁止的)	無
洪水平原	1 (通過，超過 450 英尺) 0 (失敗，禁止的)	無
土壤透水性		
CfB, Geb	5 (透水性好)	1
HeB, Wm	3 (透水性可)	
GiF, EnB	0(不透水)	
坡度		
0-7%	5 (平坦至緩坡)	2
7-14%	3 (緩坡)	
>14%	1 (陡坡)	

複合土地適宜性模型
把水岸緩衝區和洪水平原篩選出來，因為這些地區不適合做為住宅使用。接下來，把加權過適宜性的數值加總後，用來決定做為住宅開發地點的適宜性程度。

適宜的程度＝ (土壤透水性 ×1) ＋ (坡度 ×2)

適宜性模型運算數值分級
基於對模型運算結果，指定各種適宜程度的數值範圍

複合之適宜性分數	適宜性分類	面積 (英畝)	面積百分比
<3	低度適宜	13.3	20.8
3-6	中度適宜	1.2	1.9
>6	高度適宜	49.4	77.3
總計		63.9	100.0

4. 洪水平原：應用 *reclassify* 功能把 DEM 網格資料中，海拔 450 英尺以下的地區歸為同一類，把它視為基地上容易受到洪水威脅的地點。

- 第三階段：**界定適宜性分析之規則**。界定將環境地景特徵納入適宜性分析模型之規則。定義的規則，要能引導適宜性分析技術的選擇與應用。在住宅開發的例子中，使用通過／失敗篩選技術來去除溪流緩衝區和受洪患威脅之地區。因為坡度是比土壤透水性重要兩倍，使用加權評分法 (weighted rating) 指定坡度的權重為 2，土壤透水性的權重為 1。各環境特徵的評分就分別乘上相對的權重 (例如坡度的三個等級為 1、3、5，乘上坡度之權重 2)。

- 第四階段：**整理適宜性分數**。在住宅區開發的例子中，加權的環境特徵是用 *arithmetic overlay* 功能加總，為每個土地單位計算出單獨的複合分數。再使用 *reclassify* 功能，把此階段計算數值之分數分級成簡化的複合適宜性分數 (例如把小於 3 歸類為低度適宜，3-6 為中度適宜，6 以上則分為高度適宜)。重新分級時，規劃師一定要檢查每個適宜性等級中，環境特徵數值的組合。每個分級不應只是某個抽象數值的特定範圍，區別等級的門檻值也不是隨興的決定。分級應該要能反映出環境特徵間的特定組合方式，藉此關聯到分析土地使用類型的適宜程度。因此，之前所討論的尺度和加權規則，及複合分數的分級，最好能簡單到讓規劃師能夠據以詮釋模型分析的數值結果。

- 第五階段：**產出結果**。利用不同的圖形表達方式來代表不同的適宜程度，將分析結果轉換為適宜性地圖，(例如，最淺色的圖案表示最適宜的地點，圖案顏色越深表示越不適宜)。請參考圖 6-21 適宜性地圖的標示方式。此階段中也需製作各種適宜等級的統計報告，包括適宜的地點位置、面積，和其他相關的重要資料。

多數規劃地區會依照土地適宜性分析的結果，來規劃未來的土地使用計畫，和建議開發基地之選擇、衝擊分析的研究地點。在需要提出公共討論和進行土地使用衝突協商時，利用電腦的土地適宜性分析模型做為輔助是很有幫助的，規劃師可以據以測試各種替代方案 (Klosterman

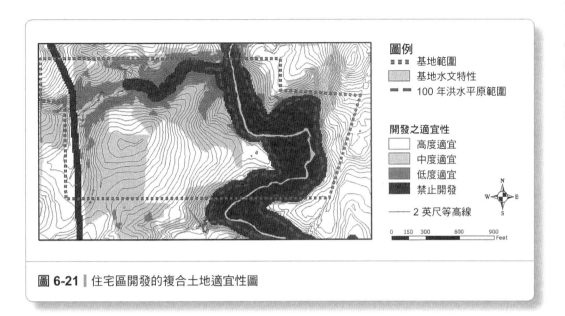

圖 6-21 ｜ 住宅區開發的複合土地適宜性圖

et al. 2002; Malczewski 2004)。使用 GIS 和數化的地圖資料，整個分析過程就變得簡潔俐落。縱使如此，規劃師仍需應用專業判斷來設計分析規則，以處理土地所具有的所有特徵。分析模型在定案前，可能需要用各種環境地景特徵、評分，和權重的組合，反覆進行操作許多次，才能檢測出分析的敏感性與評估結果的合理性。

環境影響評估

環境影響評估 (environmental impact assessment; EIA) 是要推計土地使用計畫或開發，對環境品質的改變程度。各種 EIA 方法預測諸多環境品質測量值的變化，舉例來說，水質 (例如大腸桿菌濃度的變化) 和生物多樣性 (物種多樣性的改變)。這些方法估計目標與標的達成的程度，及成本與利益的分配。

在本節中討論兩種環境影響評估的類型。第一種類型包括協助辨識特定土地使用計畫或開發行動所造成衝擊的各種方法。設計這些方法是要找出需進一步探討，但還不至於要嚴正關切的潛在衝擊。其中包括下列三種常用的方法來辨識環境衝擊：

- **清單法** (checklists)，幫助公部門官員檢討規劃土地使用所造成的環境衝擊，及評估環境品質之改變。建立的清單是限定使用在幾種方

案類型上，如高速公路、洪水管制、機場、住宅區開發方案、野地管理 (range management)，及森林。清單上各項環境衝擊，包括：水質與水量的降低，洪水量增加，交通壅塞，和固態廢棄物。

- **矩陣法** (impact matrices)，是另一種識別衝擊的技術。矩陣中列出計畫開發的特性 (例如不透水層鋪面、每日汽車旅次、每年的固態廢棄物體積)，另外再列出開發基地及鄰近地區之特性 (例如土壤入滲率、道路容量，垃圾掩埋場處理固態廢棄物的容量)。接下來利用矩陣，辨識出開發特性和基地與周邊地區特性的交互影響。在前述清單法的結果，可做為建立完整矩陣的第一步。

- **流程法** (flowcharts)，也可以用來辨識規劃土地使用活動所造成的直接、間接影響，這些影響又直接關聯到最終的環境衝擊。舉例來說，在偏遠的都市郊區邊緣的新開發區位，會造成駕駛距離增加，這進一步導致空氣污染程度提高。

前述的清單、矩陣、流程等方法，提供了簡單的方式，來辨識計畫所造成之環境衝擊。在 Ortolano (1997, 第 16 章) 文中，詳盡地討論了辨識環境衝擊的方法。透過各種不同預測方法所討論得到的資訊，建議需要進一步探討的主題。

第二類環境影響評估方法，是要估計計畫和開發方案影響環境的程度。從 1970 年代開始，環境分析者試圖整合與分類各種不同領域的預測方法，例如社會學、生物學、地質學及土木工程，將它們應用在土地使用規劃上。即便是單一方案或土地使用計畫草案，也都會用到好幾個預測方法。這就反映出執行環境影響評估所面臨的多元議題，以及評估的每個議題，都會有許多不同的方法可供應用。

規劃師試圖了解計畫會造成什麼改變，使用的方法可以從簡單的視覺比較，到艱深的模型分析。在選擇有效的評估方法時，規劃師務必考慮下列的評估準則：1) 為不同規劃目的之適當性；2) 分析是否會有一致且準確的結果；3) 評估方法在應用時，其操作技術與資源的可行性；4) 是否決策者和民眾能了解分析的結果。表 6-9 把前述評估準則應用在四種評估環境衝擊類型的方法上：

表 6-9
選擇衝擊估計方法的評估標準

方法	規劃上的適切性	準確度	技術的適用性	容易了解的程度
視覺評估	概念設計階段	考慮替代的設計	基本的設計能力	視覺意象是可以比較的
數值指標	目標與標的設定	具有適合的測量方法	一般性的規劃能力	數值是可以比較的
單一功能模型	單一媒介	明確界定的模型	基本模型模擬能力	產出結果的應用
連結模型	綜合	模型間的連結是已知的	進階模型模擬能力	是否對連結間的關係具有信心

- **視覺評估** (visual assessment)，是指評估各替選計畫的視覺衝擊。這種方法適用於土地使用計畫中的概念設計階段。假使各個替選計畫架構是在相同比尺上進行比較，應用特定設計原則造成的差別就能從視覺比較中呈現出來，例如：開發的設計是以人行道，或車道為主；或在替選政策中採用簇群開發，或傳統開發造成的視覺衝擊。計畫與開發方案的視覺意象的呈現，從最簡單的素描草圖，到複雜的數位影像處理，都能展現不同設計方案 (植樹的排列方式、道路位置和設計；建築物高度、退縮，和量體規模的規範) 在視覺意象上的改變。更先進的互動式土地使用視覺評估，還能模擬出在三維空間中步行或駕車通過的移動景象。

- **數值指標** (numerical indicators) 方法，用表格來衡量目標達成的程度。數值指標可以用來比較不同替代計畫和開發方案的產出結果。指標是清單之延伸，它包括清單上各種衝擊的測量數值。

- **單一功能模型** (single-function models)，展示出特定行動與其功能間，各因子的關聯性。這些模型基於科學法則及實證研究結果，來預測環境衝擊。例如，宿命及傳輸模型 (fate and transport models) 預測進入集水區與空域的污染物轉變與分佈，這些模型也用來預測在植物與動物上污染物濃度造成的影響，並且考慮暴露於污染中的情形、吸收污染物之劑量，對人類健康造成的影響。水文模擬模型

(hydrologic simulation models) 分析土地使用計畫變遷會如何影響洪水的水流；標準的分析方式是將特定降雨事件依集水區各種土地開發境況，轉變為地表逕流。噪音衝擊評估 (noise-impact assessment) 是應用音學定律開發數學模型，評估未來音量的潛在水準。噪音預測常用於評估施工、機場與公路的噪音音量。

- **連結模型** (linked models)，在一個系統中結合許多單一功能模型，每個單一模型的產出結果，成為另外一個模型的輸入。這類模型是從流程法中辨識直接與間接環境衝擊，再加上環境衝擊的實際測量數值發展出來的。舉例來說，一個連結模型可以同時納入運輸、土地使用，和空氣品質。運輸和土地使用模型的輸出，成為空氣品質模型的輸入，接下來再回饋到土地使用模型中。假使能明確地界定因子與它們之間的關聯，連結模型可以有效的應用在土地使用計畫與開發方案的綜合評估上——這就是連結模型比單一模型複雜之處。[7]

容受力分析

容受力分析也是在土地使用規劃中整合環境因子的分析方法，但與土地適宜性、環境衝擊分析是不同的：每種類型的分析都反映出不同的土地使用考量。適宜性分析辨識出適合各種使用內生特質的環境地景條件；環境影響分析判斷環境品質的衡量數值，是往正向或負向變遷。至於土地使用變遷是否會造成環境品質下降，達到無法接受的水準，在前述兩個分析中都未予討論。

容受力分析考量某特定地區的自然環境系統，能支持成長的上限規模。這個方法在決定要滿足社區對環境品質目標的同時，能允許的最大開發規模。在方法中決定的最大成長規模，須與社會願意接受的環境品質相一致。

執行容受力分析時考量兩個因子。變遷因子，衡量推計的土地使用變遷與開發；限制因子，包括自然資源或都市基礎設施在供應面之限制。其中，三類限制因子常被應用在容受力分析中：

- 環境限制因子 (水質、瀕臨絕種物種棲息地的穩定性，及土壤沖蝕)，

- 實質基磐設施限制因子 (自來水供應、道路、污水處理設施)；和
- 心理限制因子 (人們如何感受環境品質和基磐設施提供的適當水準)。

容受力分析需要決定限制因子的最大或最小值 (例如：水質標準，穩定的自來水供應量，這是透過專家或市民判斷，來決定可接受標準或可接受的每日生產量)。衡量變遷所造成的效果與前面界定之最大、最小值間的差異，是執行容受力分析重要的工作。

環境限制因子 (environmental limiting factors) 的上、下限數值，通常是經由公共決策過程或專業判斷而得到的。舉例來說，公共衛生專家可協助設定空氣及水質標準。實質基磐設施限制因子 (physical infrastructure limiting factors) 的上限，則是依據現有或規劃的基磐設施容量。在佛羅里達州某些受颶風威脅的社區 (像是 Sanibel 島和 Amelia 島)，設定的成長限制因子是用能安全疏散之道路容量來決定的。心理限制因子 (psychological limiting factors) 是基於專業判斷，或利用特定研究區之居民調查所得到的。舉例來說，在針對維吉尼亞州 Powhatan 溪流域的次集水區地方居民的研究，就結合了居民與專業判斷來辨識河川的限制因子 (center for Watershed Protection 2001)。利用居民的調查，在距離溪流特定範圍內找出偏好的土地使用；決定土地使用之後，就可以請專家設定鄰近的水質標準，依此標準限制次集水區內容許的土地使用變遷強度。

深河集水區評估與暴雨計畫：結合容受力分析、影響評估，與土地適宜性分析

在土地使用規劃中操作的創新式環境分析，包括了土地適宜性分析、環境影響評估，以及容受力分析 (請參考 Randolph 2004 第十八章，如何整合各種方法的完整討論)。在以下利用深河集水區中 Randleman 湖次集水區為範例，闡述如何將這些分析程序進行整合。Piedmont Triad 區域水資源局試圖建置 Randleman 湖，來供應北卡羅萊納州 Piedmont Triad 區域的用水需求。因為在規劃的湖泊下游就是此區域中成長最快的都市地區，在此 174 平方英里集水區中，現有及未來的污染源可能會威脅到湖泊的水質。

在 1999 年，水資源管理單位與 Guilford 郡的 High Point 市及北卡羅萊納州水質管理課，共同執行集水區之評估研究。在研究中針對該地區自然與建成環境，進行土地適宜性分析研究。研究中登錄了若干環境與土地使用因子，包括湖泊與河川地緩衝區、坡度、土壤排水性，及都市與鄉村地區的土地使用現況。登錄的目的，是為了決定研究區內可進行開發的所有地點，這些地點排除了陡坡地區和河川緩衝區的退縮地帶，納入大小與形狀能滿足地方土地使用規範要求的土地。另一個目的是把次集水區依照對開發的敏感度進行分類。整體來說，靠近規劃設置湖泊地點的次集水區，都被劃為湖泊的關鍵地區。

在考量這些因素之後，區域內土地被分成四大類：關鍵地區範圍外的可開發土地和已開發土地，與關鍵地區範圍內可開發土地和已開發土地。適宜性分析的結果，是決定容許最大不透水層鋪面百分比之基礎。在圖 6-22 中指出在州政府規定下，關鍵地區最大容許的不透水層鋪面

圖 6-22 Randleman 湖集水區的土地適宜性

資料來源：*North Carolina Division of Water Quality 1999.*

為 30%，關鍵地區外則為 50%。[8] 因此，只要不透水層鋪面比例沒有超過規定，可開發的土地就得以開發使用。

在研究中第二個階段納入了容受力分析及環境衝擊研究。水資源局、地方行政官員與市民團體，希望透過這些研究補強土地適宜性分析。基本的想法是在於不透水層鋪面之限制，多半是依次集水區土地能容納未來開發的實際能力來決定的；這些開發限制其實並未考量水質的目標。於是在第二個階段中，將次集水區中的水質目標和實質環境構成的限制，整合到規劃與決策制定中。

用水質衝擊評估研究來了解在集水區內的建設完成後，不透水層鋪面比例接近上限時，水質是否還在規劃設置湖泊的容受力範圍內。研究發現，此湖泊符合州政府的水質目標時，其每年接受磷質的上限規模為 4,313 磅。衝擊評估中發現，湖泊無法容納預定的土地開發量，因為每年排放至湖泊的磷質將超出 440 磅。

在此研究後，就需要調整地方土地使用與開發規範，來減少磷的生成與排放。地方權責單位在設計調整工作時，希望調整計畫能達成水質目標，也要有彈性地容納未來的成長。最終採用的集水區保護計畫是以「磷質銀行」為中心——這是能限制開發在容受力門檻內，又容許計畫開發能具有彈性的保護水質之技術——以達到前述之目標。

計畫中包括了四個組成部分：

1. 在關鍵地區中降低磷的生成量；除都市核心區 (urban focal areas) 外，在關鍵地區只允許 2.5-4% 的不透水層鋪面，使每年減少排放的磷比允許排放上限 4,313 磅，減少 800 磅；

2. 用每年減少的磷排放量 55%，約 440 磅，允許位於 High Point 市中心及其他在湖集水區內都市核心地區，增加規劃之非住宅開發的不透水層鋪面；

3. 剩餘的降低排放量 (每年 360 磅) 置於「減磷銀行」(phosphorous reduction bank) 中，已規劃的非住宅區開發可以利用這些數量。在關鍵地區的都市核心地區之開發基地，最高可以使用 40%，關鍵地區外最高可使用 70%。銀行中的磷是依先到先用 (first-come, first-served) 之原則分配使用。

4. 修訂土地使用規範及工程標準，藉以鼓勵對環境衝擊較小的設計，和傳統減少養分手段外、更具新意的替代方法，尤其是能進一步降低養分排放到計畫湖泊的暴雨滯流池。[9]

總結來說，整合土地適宜性、環境衝擊，及容受力分析技術，分析生態環境特徵可以幫助決策者了解規劃時面對的環境條件，及因這些環境條件所衍生的問題。事實基礎 (fact base) 是引導制定未來決策之明確、重要根據，並支援土地使用與環境政策之選擇。

結論

環境登錄與分析可以幫助規劃師了解：自然環境並不只是提供未來都市化的土地資源，同時也包括需要保育的資源、需要維護的自然環境系統功能，並且避免災害的威脅。在這一章中介紹了規劃師登錄社區景觀的生態特徵時，所需考量的資料類型。這些生態特徵的環境品質，在區別等級時要基於其保育價值、生態功能重要性，和受災害威脅的程度。登錄資料與分類過程的關鍵屬性，是透過地圖展示生態特徵及相關的分類分級。這些地圖可以幫助規劃師著手製作社區土地使用計畫。

土地使用規劃成功與否，要依賴大量的環境分析技術，這些分析技術系統地使用登錄與分類的環境資訊。在本章中討論到了三個關鍵的技術，包括：複合土地適宜性分析、環境影響評估，和容受力分析。在本文中回顧與討論了每一種分析技術的使用目的，並且解釋了如何使用這些分析方法的程序。究竟要選擇一種技術或整合多種技術，需要視不同的條件而定，例如：規劃人員的能力與資源、資料能否取得，及討論課題的內容。本章討論了深河集水區的個案，案例中應用進階的規劃方法，展示出將三種分析技術整合建立土地使用及開發計畫；這個計畫可以容納未來的開發，同時也能保護環境敏感的自來水供應集水區。

註解

1. American Planning Association (2002) 和 Olshansky (1996) 依照涵蓋全美 28 個綜合計畫的坡地規範，說明各類地方性規劃對不穩定坡

地之規範內容。這些說明把不穩定坡地的規範進行分類：依照坡度、土壤不穩定性，地表的森林覆蓋條件和穩定度，來規範開發的密度──坡地越不穩定，允許的開發密度越低，管制方法包括：1) 在陡坡地區設定最小開發基地面積；2) 不穩定地區的特定百分比，維持原有的自然狀態；和 3) 在陡坡地區減少允許開發的居住單元數；在不穩定坡地周邊建立緩衝保護區；不穩定坡地地區允許的土地使用著重於戶外遊憩；土地捐贈給市府或私人土地信託基金，保存與維護不穩定坡地；建立行政評估過程，透過開發者提出的坡地分析來評估開發方案與敷地計畫。

2. 濕地面積的估計值，取自環保署網站 (www.epa.gov/OWOW/wetlands/vital/status.html)，2002 年 10 月 22 日下載。

3. 關於評估濕地的技術，請參考 Adamus et al. 1991，和 Novitzki, Smith, and Fretwell 1996。

4. 請參考 Adamus et al. 1987。

5. 瀕臨絕種與受威脅物種的數字列於瀕臨絕種物種法案中，從美國漁業與野生動植物管理局網站 (http://ecos.fws.gov/tess/html/boxscore.html) 取得，2002 年 10 月 22 日下載。

6. 圖 6-13 敘述的指導綱領，是 Diamond 1975 與 Noos and Copperrider 1994，及 World Conservation Strategy (IUCN 1980) 曾經提出的。

7. 針對各種不同議題的環境影響評估，如空氣品質、水質、噪音、視覺品質及生物多樣性，各方法的詳細討論，是由 Ortolano (1997) 提供的。

8. 地方政府採納的不透水層鋪面限制，是依照北卡羅萊納州政府之規範。

9. 規劃師本來考慮使用針對特定基地的低度環境影響設計手法。如此操作的邏輯是：低度環境影響的設計能比計畫中的暴雨管理需求，還能移除更多的磷，這種設計可以用以降低排放養分的規模，或換算成不透水層鋪面儲值。只要排放磷質的整體規模沒有超過標準，不透水層鋪面儲值可以用在原來的基地上，或轉移到其他開發基地上。然而，因為 High Point 市能透過磷質銀行交易允許排放量，以達降低污染量之需求，這種低度環境影響的設計並未用於降低養分

排放。這使得應用低度環境影響設計的唯一目的，僅限於提升基地設計品質與彈性而已。

參考文獻

Adamus, P. R., E. J. Clairain, R. D. Smith, and R. E. Young. 1987. *Wetland evaluation technique (WET): Volume II—Methodology*. Vicksburg, Miss.: U.S. Department of the Army, Waterways Experiment Station. No. ADA 189968.

Adamus, P. R., L. T. Stockwell, E. J. Clairain, M. E. Morrow, L. D. Rozas, and R. D. Smith. 1991. *Wetland evaluation technique (WET): Volume I—Literature review and evaluation rationale*. Technical Report WRP-DE-2. Vicksburg, Miss.: U.S. Department of the Army, Waterways Experiment Station.

American Planning Association. 2002. Landslides. Retrieved from www.planning.org/landslides/, accessed October 15, 2002.

Anderson, Larz. 1987. *Seven methods for calculating land capability/suitability*. Chicago: American Planning Association.

Aqua Terra. 1994. *Chambers watershed HSPF calibration*. Everett, Wash.: Thurston County Storm and Surface Water Program.

Arnold, Chester, and C. James Gibbons. 1996. Impervious surface coverage: The emergence of a key indicator. *Journal of the American Planning Association* 62 (2): 243-58.

Aron, J. and J. Patz, eds. 2001. *Ecosystem change and public health*. Baltimore, Md.: The Johns Hopkins University Press.

Berke, Philip, Joe MacDonald, Nancy White, Michael Holmes, Dan Line, Kat Oury, and Rhonda Ryznar. 2003. Greening development to protect watersheds: Does new urbanism make a difference? *Journal of the American Planning Association* 69 (4): 397-413.

California Department of Fish and Game. 1996. *Multi-species conservation plan*, vol. 1. Sacramento, Calif.: Multi-species Conservation Program.

Cassirer, E. R, D. J. Freddy, and E. D. Abies. 1992. Elk responses to disturbance by cross-country skiers in Yellowstone National Park. *Wildlife Society Bulletin* 20 (4): 375-81.

Center for Watershed Protection. 1998. *Rapid watershed planning handbook: A comprehensive guide to managing urbanizing watersheds*. Ellicott City, Md.: Author.

Center for Watershed Protection. *2001. Powhatan Creek watershed management plan*. Ellicott City, Md.: Author.

City of Olympia Public Works Department (COPWD). 1995. *Impervious surface reduction study*. Olympia, Wash.: Author.

Cowardin, L. M., V. Carter, F. Golet, and E. LaRoe. 1979. *Classification of wetlands and deepwater habitats of the United States*. Washington, D.C.: U.S. Fish and Wildlife Service.

Daniels, Tom, and Katherine Daniels. 2003. *The environmental planning handbook for sustainable communities and regions*. Washington, D.C.: Island Press.

Diamond, J. M. 1975. The island dilemma: Lessons of modern biogeographic studies for the design of natural processes. *Biological Conservation* 7: 129-46.

Duerksen, Christopher J., Donald L. Elliott, N. Thompson Hobbs, Erin Johnson, and James R. Miller. 1997. *Habitat protection planning: Where the wild things are*, report no. 470/471. Chicago: American Planning Association.

Environmental Protection Agency. 1993. *Guidance specifying management measures for sources of nonpoint source pollution in coastal waters*. Washington, D.C.: U.S. Environmental Protection Agency, #EPA-840-B-92-002.

Environmental Protection Agency. 2002. Retrieved from www.epa.gov/OWOW/wetlands/vital/status.html, accessed October 22, 2002.

Federal Emergency Management Agency. 2003. *National flood insurance manual*. Washington, D.C.: National Flood Insurance Program.

Fraser, J. D., L. D. Frenzel, and J. E. Mathison. 1985. The impact of human activities on breeding bald eagles in Northcentral Minnesota. *Journal of Wildlife Management* 49 (2): 585-92.

Freddy, D. J., W. M. Bronaugh, and M. C. Fowler. 1986. Responses of mule deer to disturbance by persons afoot or snowmobiles. *Journal of Wildlife Management* 14(1): 63-68.

Gustafson, Eric, J. 1998. Quantifying landscape spatial pattern: What is the state of the art? *Ecosystems* 1: 143-56.

Hays, Walter, ed. 1991. *Facing geologic and hydrologic hazards: Earth science considerations*. Washington, D.C.: Geological Survey Professional Paper I240-B, U.S. Government Printing Office.

Hobbs, Richard. 1997. Future landscapes and the future of landscape ecology. *Landscape and Urban Planning* 37: 1-9.

Holmes, T. L., R. L. Knight, L. Stegall, and G. R. Craig. 1993. Responses of wintering grassland raptors to human disturbance. *Wildlife Society Bulletin* 21 (2): 461-68.

Hunt, William, and Nancy White. 2002. Urban waterways: Designing rain gardens (bioretention areas). Paper No. AG-588-3. Raleigh: North Carolina State University Cooperative Extension Service.

International Union for the Conservation of Nature and Natural Resources (IUCN). 1980. *World conservation strategy*. Gland, Switzerland: Author.

Klosterman, Richard, Loren Siebert, Mohammed Ahmadul Hoque, Jung-Wook Kim, and Aziza Parveen. 2002. *Using operational planning support systems to evaluate farmland preservation policies*. Akron, Ohio: Department of Geography and Planning, University of Akron. Retrieved from www3.uakron.edu/geography/resources/OhioView/pdfs/operationalpss.pdf, accessed July 9, 2003.

Klutinberg, E. 1994. Determination of impervious area and directly connected impervious area. Memo for the Wayne County Rouge Program Office. Detroit, Mich.: Wayne County Rouge Program Office.

Ludington, Livy, Steve Hall, and Haven Wiley. 1997. *A landscape with wildlife for Orange County*. Research Triangle Park, N.C.: Triangle Land Conservancy.

Malczewski, Jacek. 2004. GIS-based land suitability analysis: A critical overview. *Progress in Planning* 62 (I): 3-63.

Marsh, William. 1998. *Landscape planning: Environmental applications*, 3rd ed. New York: John Wiley and Sons.

McHarg, Ian. 1969. *Design with nature*. New York: Natural History Press.

Muckel, Gary, ed. 2004. *Understanding soil risks and hazards: Using soil surveys to identify areas with risks and hazards to human life and property*. Lincoln, Neb.: National Soil Survey Center.

National Wetland Inventory. Retrieved from http://wetlands.fws.er.usgs.gov/wtlnds/viwer.htm, accessed June 10, 2004.

Noos, Reed, and Allen Cooperrider. 1994. *Saving natures legacy: Protecting and restoring biodiversity*. Washington, D.C.: Island Press.

North Carolina Division of Water Quality. 1999. *Randlernan Lake watershed management study*. Raleigh, N.C.: Author.

Northern Virginia Planning District Commission (NVPDC). 1980. *Guidebook for screening urban nonpoint pollution management strategies*. Falls Church, Va.: Metropolitan Washington Council of Governments.

Novitzki, Richard, R. Daniel Smith, and Judy D. Fretwell, 1996. *Restoration, creation, and recovery of wetlands: Wetland functions, values and assessment*. Washington, D.C.: U.S. Geological Survey Water Supply Paper 2425, 15.

Noos, Reed, and Alien Cooperrider. 1994. *Saving nature's legacy: Protecting and restoring biodiversity*. Washington, D.C.: Island Press.

Olshansky, Robert. 1996. *Planning for hillside development*. PAS Report 466. Chicago: APA Planners Press.

Ormsby, Tim, and Jonell Alvi. 1999. How Model Builder works. In *Extending ArcView GIS*, 235-60. Redlands, Calif.: ESRI Press.

Ortolano, Leonard. 1984. *Environmental planning and decision making*. New York: John Wiley and Sons.

Ortolano, Leonard. 1997. *Environmental regulation and impact assessment.* New York: John Wiley and Sons.

Randolph, John. 2004. *Environmental land use planning and management.* Washington, D.C.: Island Press.

Rogers, J. A., and H. T. Smith. 1995. Set-back distances to protect nesting bird colonies from human disturbance. *Conservation Biology* 9 (1): 89-99.

Ryznar, Rhonda, and Philip R. Berke. 2001. Testing the applicability of impervious surface estimates based on zoning categories in watersheds. Chapel Hill: University of North Carolina, Department of City and Regional Planning.

Salt Lake County. 1989. Natural hazards ordinance. Salt Lake City: County Planning Division.

Schueler, Thomas. 1992. Mitigating the adverse impacts of urbanization on streams: A comprehensive strategy for local government. In *Watershed restoration sourcebook*, P. Kumble and Thomas Schueler, eds., 12-22. Washington, D.C.: Metropolitan Washington Council of Governments, publication no. 92701.

Schultz, T. D., and J. A. Bailey. 1978. Responses of national park elk to human activity. *Journal of Wildlife Management* 42 (3): 91-100.

Seattle Public Utilities Geographic Systems Group. 2004. Landslides. Retrieved from http://www.cityofseattle.net/emergency_mgt/pdf/Ch08-Landslides.pdf, accessed January 15, 2004.

Stalmaster, M. V., and J. R. Newman. 1978. Behavioral responses of wintering bald eagles to human activity. *Journal of Wildlife Management* 42 (4): 506-13.

Tiner, Ralph. 1999. *Wetland indicators: A guide to wetland identification, delineation, classification, and mapping.* New York: Lewis.

U.S. Department of Agriculture (USDA). 1986. *Urban hydrology for small watersheds.* Technical Release 55. Washington, D.C.: Natural Resources Conservation Service.

U.S. Fish and Wildlife Service. 2002. Retrieved from http://ecos.fws.gov/ tess/html/boxscore.html, accessed October 22, 2002.

U.S. Geological Survey. 2003a. USGS landslide. Retrieved from http:// landslides.usgs.gov/html_files/landslides/slides/slide21.htm, accessed December 10, 2003.

U.S. Geological Survey. 2003b. USGS topomaps. Retrieved from http:// mcmcweb.er.usgs.gov/topomaps/, accessed November 9, 2003.

U.S. Natural Resources Conservation Service. 2003. Standard Digital Map. Retrieved from http://www.flw.nrcs.usda.gov/ssurgo_ftp3.html, accessed August 10, 2003.

Ward, A. L, N. E. Fornwalt, S. E. Henry, and R. A. Hondroff. 1980. *Effects of highway operation practices and facilities on elk, mule deer, and pronghorn antelope*. U.S. Federal Highway Office Research and Development report. Washington, D.C.: FHWA-RD-79-143.

Water Resources Management Program. 1992. Urban wetlands in the Yahara-Mona watershed: Functional classification and management alternatives. Madison, Wis.: University of Wisconsin-Madison.

Wilcox, D. S., C. H. McLellan, and A. P. Dobson. 1986. Habitat fragmentation in the temperate zone. In *Conservation biology: The science and scarcity of diversity*, M. Soule, ed. Sunderland, Mass.: Sunaur.

William Spangle and Associates, Inc. 1988. *Geology and planning: The Portola Valley experience*. Portola Valley, Calif.: Author.

第七章
土地使用系統

　　準備建立新的社區計畫時，你的工作是要收集與分析現在及未來的土地使用資訊。在分析中，要包括能滿足社區未來二十年人口成長之土地區位、數量，和土地能否取得的預測。你必須能夠了解造成土地使用變遷的力量，更新現有的土地使用數量與地圖、更新可開發土地的供給量，並分析可開發土地供給量及預期開發土地需求之間的平衡。為了要協助社區建立未來土地使用的境況與願景，你可以把工作中的發現依下列項目進行整理：敘述現有與推計的土地使用類型、需求、課題，和規劃的問題。你要如何才能妥善推動這份工作？

　　隨著社區成長和開發的動態變遷，掌握現有和未來土地使用就變得難以下手。在相對穩定的、人口緩慢成長的小城鎮中，因為預期的土地使用系統改變會是漸進的——缺少某些新都市型態的關鍵項目，例如延伸高速公路或設置自然公園——這個工作其實不會太過困難。然而，在人口快速成長、開發動態不確定的都會地區，這就是個極具挑戰性的工作，因為促使土地使用變遷的因素將是更複雜、交互影響，和不可預測的。

　　幸好有地理資訊系統 (GIS) 和規劃支援系統 (planning support systems; PSS) 的開發，當代的規劃師能夠應用到的土地使用資訊和分析

工具，是以往所無法比擬的。[1]但是，大量的新資料庫和套裝軟體也對工作造成了一些困擾，不同地方政府在創造與管理資訊系統的能力也有相當大的差別。每個規劃轄區應該要決定在準備土地使用計畫與土地開發管理方案時，它的土地使用支援系統必須具備之基本組成成分。

土地使用是個具深層意涵的概念。土地使用系統並不只是基本的土地使用分類，還需包括相關土地使用分類的特性和組成。這些屬性及其具有的共同指標還包括：1) 土地是具功能的空間，提供做為不同的使用 (例如：都市、鄉村、住宅、商業、工業、公共使用)；2) 土地是各種活動發生的場所 (例如：工作、學習、遊憩、通勤)；3) 土地是環境系統的一部分 (例如：洪水平原、濕地、森林、野生動植物棲息地)；4) 土地是不動產市場上的交易貨品，可供購買、開發，和出售 (例如：所有權、評定的價值、價格、開發可行性)；5) 土地是透過公共規劃、提供服務，及規範的空間 (例如：未來土地使用、密度、使用分區、基礎設施)；及 6) 土地具視覺指引的特色，及社會的象徵意義 (例如：廊道、節點、鄰里)。

在這一章當中，鋪陳出登錄與分析社區土地與土地使用系統資訊的基本方法。本文中簡單地回顧土地使用變遷的理論、敘述登錄、記錄和分類現有土地使用的方法，提出分析未來土地使用的技術，並建議如何將土地使用情報提供給社區利害關係人與決策者使用之方法。本章強調的土地使用情報收集與分析，不只是技術性的操作過程，同時一定要回應與展現出社區的價值。

造成土地使用變遷的力量

土地使用系統是動態的。土地使用會擴張或縮小、會持續或會改變，來反映人口與經濟的成長、公私部門的決策，及市場與政府的行動。為了要規劃土地使用的變遷來達成社區目標，首先就要了解影響土地使用變遷決策的力量。如第一章所討論過的，這個系統可以被視做為一個嚴肅的賽局；許多不同的社區利益在土地使用變遷、計畫、政策中競爭——彼此間透過提案和反對、鼓吹與競爭、協商與協議，希望得到的產出最能滿足他們自己的目標。這些力量及力量之間的關係與互動，

就有點類似生態學——是個關係著土地，人們和所有組織之間交互影響的系統。

影響土地使用的力量

從規劃師的觀點來看，三個影響土地使用變遷的主要勢力是：1) 開發者對不動產市場需求的反應；2) 政府的計畫、政策、決策、資本投入，及影響社區開發之規範；3) 導向維護與提升生活品質之社區價值與利益。Logan 和 Molotch (1987) 把都市的本質刻劃為「成長機器」，都市中主要的參與者是：謀求財富投資報酬的企業家；地方行政官員擁有管理土地使用、都市收益，並提供都市服務之權利與責任；地方居民依賴社區提供之地點來滿足生命的主要需求，並成就人們在社交與情感上的渴望。在此，並不是說其他影響力不存在。氣候和天氣的變化，像是乾旱與洪水，會刺激土地使用造成急遽的變遷。地層變動，諸如地震或是地層下陷，會破壞土地使用的型態。經濟的快速發展與泡沫化，會膨脹或縮減社區的成長率。州政府和聯邦政府的政策與方案，對地方性土地使用變遷構成管制或提供誘因。但最主要的、每天都存在的影響，是從不動產開發商、政府官員，及利益團體的行動所產生出來的；這群人努力維護、轉變、開發與再開發土地的時候，就是在建造未來的土地使用類別和形式，以滿足社區的需求。每個主要參與者的都能夠改變土地使用賽局的產出結果 (圖 7-1)。開發者的工作就是改變土地使用，地方政府要負責管理土地使用，而社區的利益團體則試圖維持現有土地使

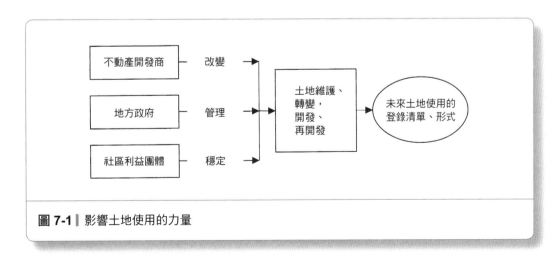

圖 7-1 ｜ 影響土地使用的力量

用形式的穩定。

　　不動產開發商提出開發方案，來反映因人口與經濟成長變遷所造成的市場需求。開發者多半是獨立的廠商，但是開發者的角色也可能是財務金融機構、公司行號、大學、非營利組織、城市及其他參與者。藉由其財務能力撐腰，開發者是主導都市成長的動力。他們搜尋不動產市場上的空地和低度使用的土地，做為開發方案之用。按照 Miles, Berens, 和 Weiss (2000) 指出，「不動產開發持續地修正建成環境的組織，來滿足社會的需求。道路、污水系統、住宅、辦公室，和都市娛樂中心絕不是莫名就出現的。勢必是有某些人具有管理、建立、維護，甚至修改重建這些空間的動機，讓我們能在其中生活、工作與娛樂。」(3)

　　開發方案 (projects) 是不動產開發的產品。對每個開發方案的草案，開發者起草並微調計畫構想、測試方案可行性、討論合約內容、形成正式契約、執行工程建設、完成並公開開發成果，接下來銷售或進行管理。在每個轉圜的階段，假使這個開發方案無法繼續推動，開發者都會有隨時放手的準備。當開發者要求變更土地使用分區或申請特殊使用許可時，規劃師會在不動產開發草案審議過程中看到此方案。在製作土地使用計畫時，規劃師更關切的是整體開發趨勢：在此趨勢之下，要考量土地開發團體的能力和他們對社區計畫之認識，以及公私部門合作的可行性。規劃師能提供重要的成長趨勢資訊給開發者，協助開發者就是否要開發此方案與開發的時間點來進行決策，並且幫助市場「避免因為缺乏容納新空間的市場資訊，而造成過度的膨脹與泡沫化」(McClure 2001, 285)。

　　地方政府的計畫、政策、決策和規範，是一組影響土地使用的重要因素。雖然聯邦政府沒有直接管理土地使用的法律，卻有許多聯邦政府的方案會影響土地使用變遷，尤其是美國住宅與都市發展部 (Department of Housing and Urban Development)、交通部 (Department of Transportation)、環保署 (Environmental Protection Agency) 的方案。某些州政府會提出針對土地使用的法律或方案，包括綜合計畫和聰明成長的法律與方案。然而，美國地方政府對規劃和土地使用規範，擁有最終的決定權，會用各種不同的方法來影響土地使用：採納土地使用計畫與政策，顯示出期望未來土地使用形式的地點和類型；公部門的基磐設施和

重要設施投資，支持未來的開發方案；開發規範和稅捐徵收，如土地使用分區、土地細分規範和開發衝擊費，可做為土地使用標準與計算開發成本的方法。整體來看，這些計畫、政策，和事務操作中，決定了社區如何管理成長與開發，更詳細的內容將在第十五章中討論。

地方政府所隱藏的政治立場——鼓吹成長、管理成長，或零成長——是影響制定土地使用決策的幕後勢力。如 Logan 和 Molotch (1987, 27) 指出，政府的活動是影響未來財產價值的關鍵因素：「公共決策會強勢地影響到哪塊土地會有最高的租金，及區域或社會的整體租金水準……。相同地，建設與維護都市基磐設施勢必有地方政府介入，這種介入就決定了市場的產出」。極端鼓吹成長的地方政府，會如企業團體般的競爭來吸引企業，以增加稅基。最極端的零成長地方政府會啟動規範和誘因，來避免新的開發，尤其是那些大規模開發和給弱勢住民的居宅方案。大部分的地方政府是在此兩個極端間。其人民和企業透過組織利益團體來表達價值觀，再反映到政府的政治立場上。

社區利益團體是第三個影響土地使用變遷決策的主要力量。鄰里協會、環境組織、社區開發團體，及其他利益團體，都會主動地為各自利益遊說以影響土地使用目標與政策。一般來說，這些團體站在保障他們自己生活品質、環境品質、或其他質化的目標之立場，積極地反對成長機器主導的開發方案。依照 Logan 和 Molotch (1987, 20) 的說法，在都市變遷表象下的心理戰爭，內含著根深柢固的社區情感。因此，規劃師鼓吹土地使用變遷時，常會發現社區團體往往支持現況能持續維持。

這種鄰里情感在開發方案和計畫修訂的公聽會上，使憤怒的反對情緒高漲。當人們居住的社區受鄰近開發威脅，尤其是使用類別與密度不同的開發，「不要在我家後院」(Not in My Backyard; NIMBY) 的訴求口號就從人們的感受中開始萌芽，讓人們覺得他們在財務和情感的投資受到損害。因此獨戶住宅的所有人在避免財產價值降低、交通量增加的立場上，反對高密度住宅和公寓的開發計畫，及商業區開發方案。對於填入式開發方案，社區利益團體特別會表達反對意見。如 Landis (2001) 指出，「填入式開發者通常會想用較高的開發密度，或降低停車位的需求標準。這兩種方法對鄰居而言，都是無法接受的，他們的理由則是交通容易阻塞、開發方案尺度與周邊鄰里不協調。這些問題就算是一般的

開發者也經常會遇到，然而數量上卻無法和填入式開發相比擬：在相同的開發機會下，相對於對綠野地 (greenfield) 的開發方案，填入式開發會有更多鄰居提出具體反對。並且，在填入式開發的高成本條件下，開發者試圖用來舒緩鄰里關切之經濟籌碼通常較少。」(25)

土地使用的維持、轉變、開發，和再開發

土地使用形式是會經過數種演變的過程。某些建設完成的社區能維持幾十年的穩定，但有些其他社區則會逐漸凋零。新成長一般會出現在通稱為綠野地 (greenfields) 的都市邊緣，透過鄉村地區或原本的農業或自然使用之素地 (raw) 轉變為都市化使用。開發大面積空地和低度使用土地，因而增加了新住宅、商業與工業使用的面積。同時，透過再開發老舊建成區，把新的建築物和填入式開發配置在既有鄰里中較小的土地上。填入式開發不是只有在未使用過的宗地上進行，多數填入式開發是指「回填」(refill)——再使用、再開發以往已開發過的土地或建物 (Landis 2001, 24)。

土地使用規劃師經常發現他們處在關係著開發方案的社區衝突中。一些規劃的利害關係人主張：保存既有的鄰里單元和自然系統，維持社區現況；其他的人則暢議，透過鄉村土地保育，以開發空地或低度使用的土地，或在現有都市土地上再開發與填入開發。這裡所闡述的每種過程都會促成都市的發展，同時也成為衝突的來源。但是成長會在哪裡發生——在鄉村或都市、已開發或未開發的地點——人們如何解讀、如何面對，卻是大有不同。

維持既有土地使用形式，對都市居民、保護環境的鼓吹者、古蹟保存團體，支持零成長 (no-growth) 的組織而言，是普遍支持的目標。地方政府會將這群人支持的目標透過各種形式具體實行，如透過古蹟指定保存區的使用規則、未來土地使用計畫中指定為不成長的穩定地區、採用保存鄰里的分區、更新鄰里基礎設施與公共設備、引導新開發遠離環境敏感地，制定開發許可上限、都市成長範圍、成長上限，及其他手段。

把鄉村地區轉為開發使用，並不會經常見到有如都市建成地區開發方案所面臨的強烈反對，除非鄉村地區原先已經有都市郊區的開發。在

地區類型和開發規則交互影響之下，就構成了土地使用轉換的衝突。Rudel (1989) 假定三種土地使用變遷的地區：(1) 緩慢成長的鄉村區，具有相對穩定的居民組成，土地使用變更比例低，主要是應用非正式「以牙還牙」(tit-for-tat；或稱「跟隨策略」) 的土地使用協議；(2) 鄉村快速成長為都市的地點，人們移動能力上升，破壞了原先非正式「以牙還牙」土地使用協議的關係，需要經常應用法律規則來解決問題，例如利用分區管制來控制土地使用類別變更；(3) 緩慢成長的都市地點，穩定的鄰里居民對每個開發提案提出異議，爭議增加，而導致法律案件和協商解決的數字升高，就是正式「以德報德，以怨報怨」的行為。在第一種類型中，土地所有人必須直接面對其他的土地所有人；在第二種類型中，地方民選官員為土地使用變遷進行決策；在第三種類型中，則是由第三者，如法官或仲裁人，介入決策過程中。Rudel (1989) 認為社區成長是從鄉村轉變為城市的順序，在舊的管制程序上再增加新的管制程序；因此，非正式協議、分區管制、調解談判，都會在已開發的城市當中同時存在。

　　空地開發是新的都市成長中最重要的部分。除非受限於地區的成長管理政策，大部分新開發方案會位於都市邊緣地區，這些土地價格較便宜、控制開發的措施也不會太過嚴格。這就是造成都市蔓延的根本原因，反映都市地區的「足跡」(footprint)。就如 Wackernagel 和 Rees (1996, 158) 的定義，生態足跡 (ecological footprint) 是一塊土地 (和水域) 的面積，用來恆久提供特定人群數量和其生活物質標準之需。它衡量特定人口數量對自然造成的負荷，計算出的面積是能永續提供必要的資源消耗，及分解處理該人口規模排放的污染。生態足跡之應用，著重在全球或全國的評估，諸如荷蘭、紐西蘭。在美國，比較適切的方法是把生態足跡應用於區域尺度；一個簡單的足跡指標就是某特定區域內每人的都市化土地面積，這在本章的最後會進行討論。

　　都市再開發和填入式開發，被人們視為都市蔓延的解藥。它的基本邏輯是：在建成的都市地區中逐漸增加開發強度，使用既有基礎設施就可以節省公帑，減少對都市周邊農業區與環境敏感地的影響，支援公共運輸，並且把中產和高收入家戶帶回都市核心。對都市再開發和填入式開放的批判評論，集中在中產階級化，將迫使較貧窮的居民必須遷移，

產生社會和財務成本的負面影響。此外，居住在鄰近新開發和填入式開發計畫附近的中產和高收入居民，會抱怨他們的生活品質因開發密度和交通量增加而降低。規劃師應該提供社區土地使用系統條件與動態之資訊，客觀的處理這些衝突。

土地供給的登錄與分類

為了要有助於土地使用規劃，土地資訊系統必須包括：既有土地使用的登錄記載資料、供應未來開發或再開發的土地供給之登錄資料、檢視登錄資料變遷的系統，以及分析規劃期間之土地供給和預期開發的土地需求。依據 Meck (2002, 7-84 到 7-90 頁) 的說法，支援地方土地使用計畫的研究應該包括：

- 以敘述和表格的形式，說明土地使用現況數量、類型、強度和淨密度；
- 在地圖上標示接受自來水和污水管線服務的地區；
- 分析土地使用現況的形式，供給需求趨勢和特定重要事件，例如基磐設施的建設、都市範圍擴張、大規模私人開發，開放空間和遊憩用地的購買；
- 分析基磐設施容量是否能滿足未來二十年之開發需要，其中包括用評估準則和服務水準來決定設施容量；
- 評估再開發的需要，包括都市窳陋地區之更新；
- 推計未來的土地使用——住宅、商業、工業，及其他如公園和遊憩使用——包括未來 20 年的規劃期間，推計每五年的成長增量。

在前面所列的土地使用計畫研究，是基於橫跨 20 年的規劃期間，設計這些研究來支持傳統的地方性土地使用計畫 (例如 Anderson 1995, 2000)。然而，某些分析者認為，規劃和開發管理應該要依照更動態的土地供給或登錄方法來進行。Knaap 和 Severe (2001) 主張用連續的土地監測來管理成長，如此才能平衡規劃過多或過少住宅區土地衍生的成本：前者使都市蔓延惡化，後者造成土地價格的上升。McClure (2001) 為新的工業和商業建設方案，建議一種排序 (queuing) 的方法；方法中

規定建設方案建築執照的時間，要依照市場能否接受新開發的指標訊息，來避免過度開發。馬里蘭州 Montgomery 郡的成長管理系統結合長期的土地使用計畫，每年再依運輸和基磐設施容量來決定開發量，這是一種結合傳統規劃和登錄方法的複合式策略 (Godschalk 2000; Levinson 2001)。

⚲ 登錄和監測

土地供給登錄有時候被稱做土地記錄系統 (land records system)，是將現況和推計的可開發與再開發土地之供給，關聯到基磐設施數量、環境品質和限制，及市場趨勢的綜合資料庫。資料庫中要記載現有建成環境的內容和狀況條件，包括現況土地使用和結構物數量。當舊的土地使用和使用活動被新的取代時，系統中也能考量土地使用和建成環境的變遷。它能判斷各地點是否可做為不同的土地使用類別，如住宅、商業、工業、遊憩、公共設施，與農業和自然資源使用。這個登錄資料配合適當的規劃尺度 (區域、郡、城市、鄰里) 和規劃單元 (地區、集水區、普查分區、交通分析分區、街廓、地籍圖範圍) 進行整理，套繪成地理資訊系統的地圖，提供使用者應用。

土地資訊是公共的資訊。優質的土地登錄資料，要能夠讓一般民眾透過網路取得與使用。舉例來說，華盛頓州 Clark 郡建立了名為 Maps Online 的網路地圖系統，(Pool 2003, 16)。在其網址中包括了 41 種不同的地圖，並按下列類別來區分管理：

- 土地——宗地
- 邊界範圍
- 土地使用調查地圖
- 環境特性
- ESA (瀕臨絕種物種法案) 表列項目
- 交通運輸

使用者進入該網站的某個類別，例如土地——宗地，就可看到關於宗地、土地使用分區、綜合計畫、航空照片、敷地計畫審議、建築許可，和產業出售的套繪資訊。此線上地圖也可同時展示都市行政範圍、

都市成長範圍、宗地範圍、公園土地和學校產業。假使使用者關切開發限制、特定開發基地之適宜性，或郡所屬土地的某部分，可以參考環境限制登錄地圖，其中顯示出濕地的位置、坡度超過 25% 的範圍、潛在不穩定坡地、過去的或活躍的地滑範圍、100 年重現期的洪水平原、嚴重土壤沖蝕災害地區、濕土 (hydric soil; 沉積土) 和史蹟地點。Clark 郡宗地範圍電腦影像，參見圖 7-2。

土地使用和土地供給

土地資訊系統應包括現況土地使用形式的敘述與分析，及提升土地使用的方法，包括基磐設施。對多數社區而言，現有土地使用類型、道路、污水管線、自來水管線，及其他相關資料會是決定未來開發的主要關鍵。土地供給的登錄資料也須考量時間的變遷。土地供給監測試圖從動態的觀點來管理都市成長 (Moudon and Hubner 2000, 45)。最初始的登錄資料展示了基本的狀況，並定期更新以標示觀察之變遷。在基本上，必須維持準確的土地供給資料庫，這代表著土地使用地圖、屬性表，和報告表格務必系統化地更新。資料更新工作可隨著機構的運作來推動，

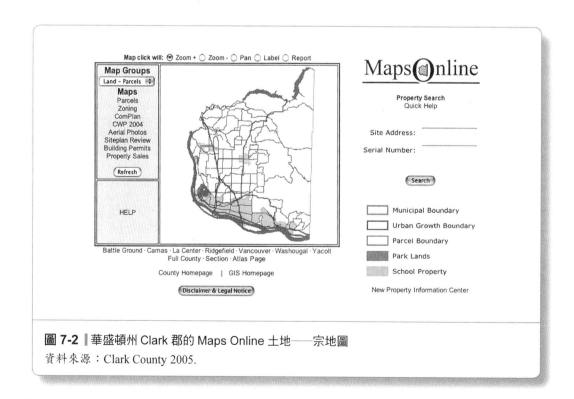

圖 7-2 華盛頓州 Clark 郡的 Maps Online 土地──宗地圖
資料來源：Clark County 2005.

譬如配合新建築執照之申請、使用執照之發給、敷地計畫和土地細分計畫的審核通過的時間；或者也可以配合實地調查、航空照片，和遙測影像資料來進行更新。

在所有的資料中，需要進行監測的資料包括 (Moudon and Hubner 2000, 46)：

- 普查及其他人口資料
- 現況和規劃的土地使用
- 土地使用分區、土地細分規範，及其他管制措施的範圍
- 遙測的影像和資料
- 土地所有權、增進土地使用之措施，及評定之價格資訊
- 現況和規劃的基礎設施、服務水準，與服務容量
- 進行中的計畫 (土地細分、開發許可)
- 市場資料，包括共通銷售服務 (multiple listing service; MLS)、銷售交易數量，及土地可否取得之指標

土地政策與規範

土地政策對建築用地的供給有相當大的影響；這些政策包括影響地方政府管轄範圍內土地使用的各種方案、計畫和政策。把這些項目進行彙整後，可協助公私部門決策者了解並依循地方性規劃工作，來達成開發與管理的目標。彙整土地政策清單，也可做為過去曾經選用過、現在正施行的土地使用政策之綜合參考資料。需要從各個不同的政府機構取得和彙整這些資料，這些機構包括：公共設備和服務的提供者、規範機構，及政策與規劃單位。有些資訊可以從出版的報告和計畫當中得到；其他的部分資料，可以從非正式備忘錄或從政策聲明中整理出來。

土地政策登錄清單可依據規範性原則進行彙整，例如聰明成長，或適居性的評估標準 (Avin and Holden 2000)。因此，這些資料既是清單，也是對土地政策的評估。在為增進現有政策與實務工作提出建議時，也可以用這份清單資料為基礎。

活動系統

土地使用討論的第三個向面，是使用土地者的活動行為。活動，例

如農地耕作或購物，配合宗地相關資訊，可依每個單獨的宗地來分別說明。另一方面，活動系統跨越了更大範圍的地理區域，例如區域或社區。活動系統登錄清單就是都市土地使用活動型態的資料庫，反映人和地點隨著時間變遷的交互影響。活動系統的資訊，例如記載前往工作的通勤旅次，敘述在一天之中的土地使用變遷動態。規劃師使用活動系統資訊來了解家戶和廠商選擇區位的因素、解決土地使用無效率的配置安排問題。

規劃師也可以用活動系統資訊，來分析與研究人們的行為對健康所造成的影響。關切肥胖與其他健康問題的程度與日俱增，研究者已經開始記錄都市蔓延、身體活動，和疾病之間的關聯，以做為探討規劃與健康社區的手法 (Ewing et al. 2003; Frumkin, Frank, and Jackson 2004)。

最常見的活動系統登錄清單來源就是運輸研究。此運輸研究不僅呈現出規律的通勤和旅次之產生地點、強度及時間，還包括人的步行移動與遊憩活動。這些資料都是分析土地使用和交通交互影響的重要模型輸入項目，本書第四章與第八章將會進一步討論。因此，雖然活動系統登錄清單是重要的土地使用指標，這些資料一般來說是屬於運輸和基磐設施資訊系統，與土地使用系統之資料交互參照。

 ## 土地分類

土地分類是將各種土地使用類別，分派到規劃區各地點的過程。土地分類的類別應該要：1) 準確的敘述現況土地使用特性，要包括相當詳細的內容；2) 邏輯與分類上，是與未來土地使用計畫一致的；3) 不論開發管理規範是基於分區管制或基於形式的標準規則 (form-based code，參考本書第十五章)，土地分類與開發管理規範中的使用類別相容。

區分土地使用的大分類 (categories)，可以包括土地使用型態、地點、數量、服務、條件、設計、時序、限制，及成本或價值相關的資訊。

- 型態，是指土地使用活動的本質 (例如，集合住宅、零售業、生產製造、農業耕作、或政府機關，表達的方式是住宅使用、商業使

用、工業使用、農業使用，或公共使用)，或是數種土地使用活動的混合 (如住宅與零售業，稱為住商混合使用)。

- 地點，是指持有宗地或開發方案的地理區位 (如街道地址、稅籍的編號、土地細部計畫的基地編號、宗地辨識號碼 (PIN)、城鎮 / 區段號碼、普查分區)。

- 數量，是每單位土地的使用強度或密度 (如建築物高度、建蔽率、每英畝的居住單元數)。

- 服務資訊，是關於每塊土地或地區，能否得到基磐設施或公共設施的服務 (如自來水和污水處理的服務)。

- 條件，是指結構狀況，或基地上建築物的維修狀況 (例如，這些建築物是否滿足建築技術規則、住宅標準、設計準則等要求)。

- 設計，是指從敷地計畫與建築觀點下的土地使用 (如建物退縮、停車空間、建築物量體、屋頂形式，和建築物細部設計)。

- 時序，是反映未來的使用或基地開發 (如，是否規劃做為未來的開發，或未來將提供基磐設施的改善)。

- 限制，要辨識是否有自然的或既有之建設，會對土地使用造成限制 (例如陡坡；不穩定土壤；接近自然災害地點，譬如 100 年重現期的洪水平原、地震災害地區；瀕臨絕種物種；歷史古蹟地點)。

- 土地與改良土地措施的成本或價值，例如為了課稅目的之評估價值；如果能取得的話，也可以包括銷售價格。

　　為規劃、分析、資料保存，和開發管理之目的，土地分類的系統依相似的土地使用 (活動、功能，和數量) 大分類和地表植被 (植生和鋪面特性) 分組。其中包括的資訊範疇，端視使用資訊的用途和政府取得與維護資訊的能力。因為土地使用是個多元面向的概念，分類系統可以從簡單到複雜，其間的差異就取決於登錄清單之目的。簡單的土地使用類別系統，依財產——產權區分，就足以滿足小規模、鄉村地區的需求；至於主要城市或都市化地區，會需要一個較為複雜的系統。

　　土地使用分類系統可以依層級進行組織。首先，最一般性的階層，土地簡單區分為都市或鄉村。第二個層級將土地使用分為較細的土地使用類別，因此都市土地使用項目中，就包括了住宅、商業、辦公室、工

業、公共使用、遊憩、住商混合使用，及其他都市土地使用。第三與第四個層級，就需要針對主要的項目更詳細的區分，例如獨戶住宅和獨戶獨棟住宅。

土地使用包括土地的數量，用英畝、平方英尺、平方哩、公畝等單位來衡量；土地上的改進措施，例如建築物與結構物，依其數量、樓層數、平方英尺、建蔽率、退縮深度等方式來衡量；以及土地上的活動，這包括人口、居住人數、員工數、家戶、就業及其他的項目。土地使用，經常按照前述各向度之組合來分別說明。因此，規劃師敘述土地使用的密度，就是利用每單位土地面積的建築物數量或活動數量來衡量；如每英畝有五個居住單元或家戶。在敘述土地使用強度時，也可以依據樓地板面積相對於基地面積的比值來衡量，這就是所稱的容積率 (floor area ratio; FAR)。

早期的土地使用標準編碼手冊 (Standard Land Use Coding Manual) 是在 1965 年開發的土地使用分類系統。然而，這個手冊是從標準工業分類編碼改編而成，其中過度強調工業使用，並不盡然適合需要包括環境和遙測資料的現代資訊系統。接續前述分類系統，Anderson 等人 (1976) 所設計的土地使用和地表覆蓋分類系統，就足以適合遙測資料的使用。這種資源導向的系統因過度強調環境的用途，而未能納入工業、商業，和住宅使用的詳細資料。

以下介紹兩個比較新的現代土地使用分類系統：土地基礎分類標準 (land-based classification standards; LBCS)，以及都市橫斷 (urban transect)。LBCS 延續傳統以宗地為基礎的土地分類方法，演變成使用數位格式的複雜系統；都市橫斷是依每個規劃區在都市通往鄉村的連續性中所座落之位置，來分類土地。因為這些方法都是新的，雖然分別都有其優點和限制，兩者都尚未被徹底的測試過。

在實務上，多數地方政府使用的土地分類系統都要反映地方政府的特定需求，通常是會結合土地使用分區管制中的類別項目及稅務課徵的登錄清單。然而，針對特定規劃轄區設計的分類系統，因為沒有一致的分類項目，難以整合在區域土地使用資料庫中。若要有效地進行區域或全州土地使用規劃與開發管理，就必須開發能橫跨不同規劃層級轄區的分類系統。

土地基礎分類標準

　　土地基礎分類標準系統 (LBCS) 是最近才開發出的土地使用分類系統。美國規劃學會 (American Planning Association) 開發的 LBCS，在土地使用分類工作上提供了具一致性的模型。此方法是基於下列三個因素構成的 (Jeer 2001)：

- **向度**：活動、機能、結構類型、基地開發特性，和所有權。
- **層級**：範圍從一到四層不等，每層都逐漸增加了較多的細節，例如在使用上，區別的層級可以是：住宅建物、獨戶住宅，到獨戶獨棟住宅。
- **關鍵字**：敘述使用的本質，例如住宅、購物、工業，及其他。

LBCS 分類表 (包括分類編碼、敘述、定義、顏色碼、產業類別、土地使用照片) 並不會以書本形式來出版，而是透過網路以樹狀圖、表格，及清單格式供人閱覽 (www.planning.org/LBCS)。若要使用這個系統，必須要指出你所關注的向度，選擇你要的層級，並找出一個關鍵字 (詳見參考資料 7-1，及其附圖)。

參考資料 7-1
LBCS 範例

　　假設你要查詢獨戶住宅居住單元可能的分類 (活動、結構、功能、基地、所有權)，你會在 LBCS 中發現下列的類別：

活動 1000，居住的活動
　　活動 1100，家戶的活動
　　活動 1200，短期的居住
　　活動 1300，制式的居住生活

結構 1000，住宅建築物
　　結構 1100，獨戶住宅的建築
　　結構 1110，獨棟居住單元
　　結構 1120，連棟居住單元
　　　　結構 1121，雙併結構

零基地線、連棟房舍等
結構 1130 附屬單元
結構 1140 連棟街屋
結構 1150，標準化製作的組合房屋

功能 1000，做為住戶或容納功能
功能 1100，私人住宅

基地 6000，含建築物的開發基地

所有權 1000，無限制的私人所有權
所有權 1100，私人的、可以繼承擁有

所以如果你私人持有的獨戶住宅，在已開發的基地中沒有和其他建築鄰接，並且具有家戶的家居活動，適當的編碼將是：

活動 1100 家戶的活動，
結構 1110，獨棟居住單元
功能 1100，私人住宅
基地 6000，含建築物的開發基地
所有權 1100，私人的，可以繼承擁有

同時，如果你下載描繪出郊區住宅土地細分的圖片，就可以找到這個例子。

參考資料圖 7-1 在 LBCS 中都市郊區土地細分的分類範例

資料來源：Jeer 2001. 使用以上資料經 American Planning Association 授權。

LBCS 的向度是用下列方法來定義的：

- 活動，就是可以實際觀察到的土地使用特性，如農業耕作、購物、生產、車輛移動等。
- 功能，就是經濟的功能，或使用土地的建設類型，這些建設的類型是分別服務農業、商業、工業等。
- 結構，就是地上建物或結構類型，例如獨戶的住宅房舍、辦公建築物、倉庫、醫院、公路等。
- 基地開發特性，是指實質的土地整體開發特性，包括開發的階段如開發前自然狀態、開發中、開發完成後包括建物的狀態。
- 所有權，是指基地和土地權利的關聯，例如公有、私有、受地役權限制等。

LBCS 編號系統包括九個基本的類別向度，以關鍵字來區分，也包括關聯的顏色碼：

1000	住宅	黃
2000	購物、企業、貿易	紅
3000	工業、製造業，與污染相關的	紫
4000	社會的、機構的，或與基磐設施相關的	藍
5000	旅行或移動	灰
6000	大規模人群聚集	黑
7000	遊憩休閒	淺綠
8000	自然資源	深綠
9000	未分類或無法分類	白

對土地使用規劃師來說，使用 LBCS 會有些困難需要克服。主要的障礙是這個系統沒有考慮土地使用密度與強度。同時，這個方法對大面積土地進行分類，比區分小塊土地的所有權範圍更合用。總之，此方法提供一個合乎邏輯的系統，具有的優點包括：對於各種使用類別定義、有多元的向度及階層、能針對基地或建物處理混合的使用。這個方法也用圖形描繪土地使用類別，突破傳統分區管制中僅用文字描繪的限制。

都市橫斷

　　這種不同類型的土地使用資訊系統,是基於都市橫斷的概念。都市橫斷是一個規範的規則,用以提升都市形式滿足人類的各種需求,使都市能夠更永續、結合設計,並形成適合居住的、更合乎人性的環境 (Duany and Talen 2002, 245-46)。都市橫斷是個區域的地理剖面,包括從鄉村進入都市的連續環境。這些環境就是組織建成環境的基礎:建築物、空地、土地使用、街道及其他各種項目。我們認為都市橫斷在研擬地區土地政策計畫時,能夠具有提供收集土地使用資訊之分類,及提供空間政策——設計概念之能力(第十三章)。

　　這種從鄉村到都市的連續體,可以切割成幾個類別,來配合開發規範之分類。就如圖 7-3 所示,都市橫斷連續體分成六個不同的分區 (Duany and Talen 2002, 248-55):

- **鄉村保護區**:永遠受法律保護的開放空間,免於開發之威脅。例如地表水體、濕地、受保護的棲息地、公共開放空間,或具保育地役權的土地。
- **鄉村保留區**:尚未因避免開發,而進行保護的開放空間;但這些土地可以劃成公共收購的土地、開發權移轉(TDR)的權利外移土地、

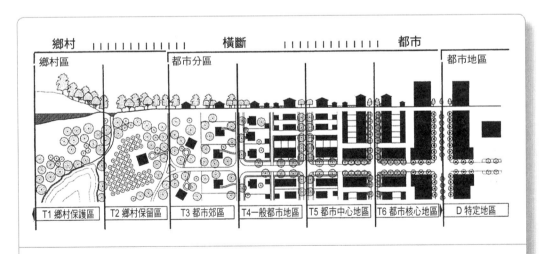

圖 7-3 ▍都市橫斷

資料來源:Duany and Talen 2002. 使用以上資料經 Duany Plater-Zyberk and Company, Florida 授權。

洪水平原、陡坡，及地下水補注區。

- **都市郊區**：最自然、密度最低，大多是住宅社區使用的土地，建築物包括獨戶的住宅、雙併住宅；辦公室與零售業建物在此是受到限制的；開放空間展現鄉村的特色。

- **一般都市地區**：一般來說，主要是住宅、社區用地，建築物包括獨戶住宅、雙併住宅及連棟街屋，使用較小或中等尺度的基地；提供少數的辦公室、旅館，允許零售業的土地使用，開放空間包括綠地及廣場。

- **都市中心地區**：密度較高，完全混合土地使用的社區，建築物包括了連棟住宅、公寓，以及在臨街商店上較高樓層的辦公室；允許辦公、零售，及旅館使用；開放空間包括了廣場和徒步區。

- **都市核心地區**：密度最高的住宅、商業、文化、娛樂，都集中在同一個地區當中，建築物包括連棟住宅、公寓、辦公室，及百貨公司；開放空間包括了廣場和徒步區。

依據 Duany 和 Talen (2002, 252-53) 的說法，都市橫斷同時是基於生態原則的都市規劃方法，也是分析的工具：「橫斷方法，是用穿越地景的一條橫剖面……，沿著這條剖面採樣、分析，與測量沿線的多元系統和人類棲地。沿著一條或多條研究區橫斷線，對在線上的點進行資料收集 (類似地質研究，對鑽探樣本進行分析)，來了解研究人類棲地上，人口及其他因素的交互影響。科學家使用這些樣本來追溯隨著時間所造成的影響，找尋整體生態系統受到影響的途徑。」

Duany 和 Talen (2002) 也將都市橫斷當成新開發規範的基礎，把它稱為聰明規則 (SmartCode，將在第十五章進一步討論)。他們認為，新的管制規則可以取代土地使用分區管制，增加都市設計之準則確保都市的元素 (建築物、退縮，及街道) 能適當整合，並妥善地設置。舉例來說，建築類型包括從獨棟住宅和農舍，到連棟住宅與公寓，都分別指定在都市橫斷的區位中。

雖然都市橫斷手法開啟了新的、有趣的潛在機會，得以連結分析、規劃、設計、開發規範，此方法做為土地資訊系統的基礎，在實用性上還有若干的障礙。最主要的障礙是，都市橫斷概念是從都市地區剖面之

抽樣所產生，而不是針對全部地區建立綜合的資料庫；後者之特性不見得能依循都市橫斷的邏輯。另一個障礙是都市橫斷面概念是針對地區 (district)，而非基地 (parcel) 導向的。土地供給資訊系統一定要包括行政轄區內所有土地坵塊的客觀資料，因此每塊土地都會有屬性檔案連結到特定地理區位。並且，在都市橫斷的操作需求上，區分橫斷分類的人指定都市橫斷區的範圍，或稱為生態區 (ecozones)，如都市或市郊區，是針對既有的完全未依循都市橫斷邏輯進行開發的土地使用形式；它在分類過程中已經引入了主觀的觀點。

　　然而，按照都市橫斷地區來分類土地，對都市型態、建築類型，和開放空間注入了有用的資訊。其中一個優點是其連結土地使用規劃、都市設計和建築；不只是提出關於密度和使用強度之報告，也包括開放空間的使用特性、建築類型和開發規範。另一個優點是它把橫斷分區，連結到道路和街道景觀設計。透過都市橫斷的假設，都市形式是個理想性的連續體，於是都市橫斷使土地使用分類增加了規範的向度。

未來土地使用的分析

　　土地使用規劃師需要關於可建築、可開發土地供給量的正確資訊，才能在規劃轄區中準備土地使用計畫和政策，提供土地來配合未來開發的都市空間需求。一旦缺少了這種資訊，或會過度壓縮土地供給，使土地和住宅價格上揚，而使原本預期進行開發轉移到其他市場限制較少的地點。 從另一個極端的角度來看，他們無法限制土地供給，以避免都市擴張、引導適當都市成長形式。有效的未來土地使用計畫，應該說明下列兩者：在規劃年期中，都市開發與再開發可使用的土地，及不可使用的土地。

土地供給與容量分析

　　分析土地供給的程序中，把土地供給分成三部分：(1) 完全開發的土地；(2) 可以開發、在開發過程中之土地；和 (3) 三種類型的可建築用地 (空地、填入，再開發)，如圖 7-4 所示 (Moudon and Hubner 2000, 57)。分析者將可建築用地換算為開發容量，就可併入整體淨容量 (total net capacity)。同時，從供給與容量中扣除限制開發的數量。土地具規範不允許開發之環境或實質限制因子，從可建築土地中扣除。土地具有分區管制或其他規範外的和緩限制因子 (mitigating constraints)，例如基地的高度條件，雖然不至於禁止其開發，但對開發還是構成在經濟可行性上之限制，要從開發容量中扣除。最後，用市場因子 (扣除一個特定的百分比值) 來表示因投機、未來擴張之用、結算遺產的時間延滯，或基於其他個人因素，從整體淨容量中減掉這些無法成為市場供給的土地。

Moudon 和 Hubner (2000,43-45) 界定了關鍵項目及項目之間的關聯，如圖 7-4：

- 土地供給量是在規劃轄區內的全部土地，包括空地和已開發使用土地 (因為已開發土地可再次開發)。

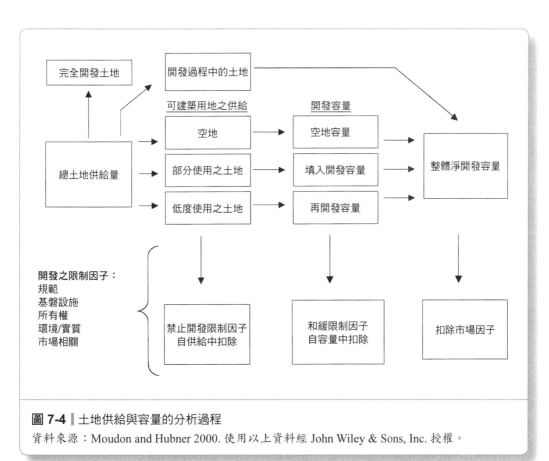

圖 7-4 ▌土地供給與容量的分析過程
資料來源：Moudon and Hubner 2000. 使用以上資料經 John Wiley & Sons, Inc. 授權。

- 可建築用地供給量，是在規範、實質環境與市場限制下，允許新建和增建開發之土地量。
- 開發容量 (development capacity)，是在可建築用地上新建與增建的數量，以建成空間數量 (如居住單元數、平方英尺) 或使用人數 (如家戶數、員工數) 來表示。
- 最大或淨供給量與容量，或稱「完全開發」(buildout)，等同於最大可開發建築的土地，和在規範限制、基磐設施要求、環境規範下的最大可開發規模。
- 調整的、可取得的，或淨供給量與容量，等於當開發受某些限制因素而無法完全開發時，所具備的開發數量。這些限制因素包括土地的市場條件、土地所有人持有財產之決定、消費者選擇、基磐設施或延伸基磐設施服務的時間，及其他相關因素。
- 潛在之推計供給量或容量，是指測試未來成長與開發政策的替選方案，經濟和人口變遷、規範的修改，及其他策略考量之容量。
- 開發過程中的土地 (development pipeline)，是指已經核可，但尚未建築的開發計畫；受到公共決策審議，包括分區管制、細部計畫，及其他開發規範通過的開發計畫；也包括施工中但尚未使用的土地。
- 市場因子，是整體淨開發容量中所降低的開發百分比，用以計算無法進入土地供給市場之土地；舉例來說，華盛頓州 King 郡之市場因子，包括 5-15% 空地，和 10-15% 再開發土地；奧勒岡州原先訂為 25%，但因州法院支持根據經驗的假設，裁定這個比例是不成立的。(Moudon and Hubner 2000, 249-50)

最大供給量和容量，或完全開發量，是現有規範下所允許的開發量。這數量只需將土地使用分區強度配合土地供給一併計算，用簡單的技術就能進行估計。調整的供給和容量就略為複雜，會需要透過專業判斷，包括哪些土地比較可能開發、如何開發，這些土地會不會完全開發，以及其他政治因素造成的效果如密度、開發時間點，及市民對於未來開發決策的反對。在實務上，土地供給的監測和容量分析技術，會隨著不同規劃區的尺度、開發管理政策和計畫，而有相當大的差異 (詳見參考資料 7-2)。

參考資料 7-2
土地供給和容量模擬範例

　　波特蘭都會區 (Portland Metro)，是包括三個郡的區域規劃組織，它透過都市成長範圍管理成長，雖然未來這種方法工具是否能夠繼續操作，讓人存疑。[2] 奧勒岡州法律要求波特蘭市每五年估計都市成長範圍內的土地容量，以確保土地容量能夠滿足未來 20 年的預期成長規模。波特蘭市過去一直受到關於估計數字準確性之疑，這些質疑是起因於土地市場受到過度限制，造成房屋價格的高漲。其區域土地資訊系統涵蓋了 100 個資料圖層，其中包括地籍範圍、使用分區、綜合計畫區、公園與開放空間、土壤、濕地、地形、地表覆蓋和洪水平原。波特蘭並未考量市場因子，但是為填入式住宅、就業、未充分使用的土地 (約為 21% 的住宅區面積) 做了些調整，並將市場考量納入到需求預測中。

　　馬里蘭州 Montgomery 郡，是包圍華盛頓特區的周邊地區，都會地區積極地使用其土地資訊系統，來執行其綜合計畫中的「楔形地與廊道」策略，並且用適當的公共設施規範來管理成長 (Godschalk 2000, 97-117)。用運輸、學校，和基盤設施為計算依據，在指定的成長政策地區設定每年的開發上限。同時，也利用宗地尺度的地理資訊系統，協助馬里蘭州計算聰明成長方案的開發權移轉，和指定優先提撥經費地區。為了反映成長管理方案對經濟成長造成影響之顧慮，它對工業區、辦公區，及商業土地使用容量進行詳細分析，辨識出空地和可以再開發之土地。

　　華盛頓州西雅圖市，應用土地供給監測以評估其土地容量；這是依照華盛頓州成長管理法案之要求，都市計畫需要在都市成長範圍內容納未來人口與就業成長。在 1997 年全市的容量分析中，西雅圖把所有的土地分成空地、可以再開發和填入開發之土地 (依照土地使用分區)、不可再開發的土地 (公共土地，及無法繼續增加開發的土地)、歷史地區，或規劃給機構使用的土地 (醫院、校園等)。容量是由規範狀態 (分區密度)，及土地使用 (空地，或低度使用土地) 決定的。針對獨戶住宅及低樓層多戶住宅，扣除 15% 之市場因子調整。對其他使用而言，市場因子是根據估價的某個比例。容量分析就對全市和次地區，進行容量估計。

　　阿拉斯加州 Anchorage，綜合規劃過程中使用的土地供給與容量分析，著重在安克拉治市盆地的 100 平方英里地區。在分析中建立 4 位數編碼系統。從估

價師的資料中提供土地所有權、土地和改進土地之設施價格。分析的地理資訊系統的圖層包括：土地使用、分區管制、環境特徵 (濕地、雪崩災害地區、坡度、洪水平原、地震災害地區、高山地區)、自來水和污水管線、街道，和規劃分區範圍。空地開發的適宜性評估準則分成三類：適宜、勉強適宜 (中度雪崩危害、坡度 16-35%、B 或 C 類濕地、百年的洪水平原範圍，第四類地質災害區)，和一般不適宜 (高度雪崩危害、超過 35% 陡坡、A 類濕地、地質災害區的第五類，或超過林地海拔高度的高山地區)。

資料來源：摘錄自 Moudon and Hubner 2000.

　　土地適宜性分析在規劃地區中找到最適合特定土地使用類型的開發區位，跳過了整體土地供給和容量的議題。在第六章中曾討論到依據環境系統的適宜性模型，相同的技術也能依照該土地最適合某些特定活動，在規劃區內分類開發的基地。使用 GIS 的土地適宜性分析，可以讓規劃工作者決定未來土地使用的地點，如活動中心；也能應用在規劃之參與工作中，檢視由民眾提出的規劃提案，例如要使鄰里變得穩定。在此程序中，會引用遙測、普查等客觀具體的「硬性」資訊 (事實、資料、調查結果)，也會用到源自面對面溝通、網路，主觀思考的「軟性」資訊 (偏好、優先排序、判斷)(Craig, Harris, and Weiner 2002; Malczewski 2004)。每個規劃步驟都混合著硬性與軟性的資訊；應用 GIS 和網路，規劃師有能力結合兩種資訊，用可信賴的資訊建立未來土地使用的境況，以回應社區利益團體之需求。

土地使用境況

　　系統化地改變未來開發之關鍵假設，規劃師可以創造與評估各種土地使用境況。Landis (2001, 48) 指出，系統性地思考未來開發之主要目的，就是要改變它：「規劃的方法並不是要規劃服務的客戶和市民們提出不同的思考；從空間的意義來看，只不過就是現況的延伸。」舉例來說，他研究加州土地開發及填入式開發的潛能，Landis (2001) 使用地理資訊系統和數位地圖圖層分析替選的開發境況。為了找出可開發土地的規模，他依順序排除濕地、重要和獨特的農業生產地、洪泛區、特殊自然環境土地，和瀕臨絕種物種地區。他也評估進一步限制超過既有都

市區一英里外的住宅開發，來模擬一英里都市成長範圍的影響效果。接下來，他再檢視把平均密度用新開發密度取代。無庸置疑，分析結果會隨不同的郡而有差異，但是也深刻地描繪出：於計畫中納入這些成長管理因子，會限制未來可開發的土地。

　　為了評估能夠降低都市蔓延之潛能，並透過填入式開發鼓勵聰明成長，Landis (2001) 也在舊金山灣區的九個郡探討填入能力的境況。因為許多填入式的開發，不僅是針對空地，同時也可以在包括以往已開發土地進行再開發 (填入式開發)，他的分析同時考量空地和低度使用的土地，剔除受環境和污染威脅之土地。接下來，依據財務可行性篩選出可以做為獨戶和多戶住宅土地。[3] 最後，基於過去和現在水準的變異，開發出六個不同的密度境況，發現在這個地區未來 20 年住宅需求的 70-125%，可以透過既有都市足跡的填入開發來達成，而不需要進一步的開發綠野地 (greenfield development)。[4]

　　在規劃過程中，境況也可用於分析未來都市土地需求的模型中。Frenkel (2004) 應用土地消費模型 (land consumption model) 為工具，以色列 2020 (Israel 2020) 綜合計畫分析以色列未來的土地需求。這個模型包括外界輸入的變數，如預期人口成長、住宅類型和地點的偏好、生活水準、家戶大小；及政策變數，包括成長管理、住宅、都市地區的活化。其中應用兩個境況評估土地的消費需求。「一如往常」(business as usual) 的境況，假設未來的空間開發強度會和現在狀況類似，市場力量及偏好會持續地引導開發，都市蔓延將會持續。「集中的擴散」(concentrated dispersal) 境況，假設人口在空間上的分佈將會受全國計畫的政策引導。檢視這兩種境況時使用土地消費模型，發現集中擴散境況能夠充分保存開放的空間。

　　最後，土地使用境況可以應用在公共參與工作坊中，做為開發未來土地使用計畫，找出不同的利害關係人偏好與知識的手段 (www.fhwa.dot.gov/planning/landuse/tools/cfm)。不論是在紙本地圖或在地理資訊系統的地圖，境況開發可以將「籌碼」放在社區的基本地圖上，來代表不同地區的開發單元數。舉例來說，在 Envision Utah 方案中，工作坊的參與者把 2020 年的社區人口成長，利用「籌碼」來表示某個人口數的土地面積，此面積是隨著開發類型，鄉村、保育分區、主要商店街而改變的。

土地使用情報

從資料收集到決策，就進入處理土地使用資訊系統的最後步驟。這就是從資料和資訊創造出所謂的「情報」，用此稱呼是因為正確、整合的資訊在策略規劃與政策形成中扮演重要的角色。不同的社區會使用不同類型的情報，來配合他們的優勢與劣勢、機會與威脅。情報報告彙整衡量績效或基準之指標，著重強調某些關鍵因子或多個因子之整合。

指標

土地系統指標量測土地使用系統的關鍵面向，衡量之數值由政府負責維護並出版，提供決策者與利害關係人了解系統之績效。如果可能的話，最好是能分開計算指標值來反映小地區的條件、社會經濟地位，和族群——包括所有關於永續的公平向度。假使能夠創造指標來反映永續發展在經濟與環境向度之績效，也會有所助益。在快速發展的地區，這個指標的焦點是在土地供給能否滿足需求。例如在佛羅里達州的 Cape Coral，互動式成長模型顯示該城市的出租零售業土地缺少了兩百二十萬平方英尺 (Van Buskirk, Ryffel, and Clare 2003)。在經濟衰退的地區，這個指標應著重在土地供給能否滿足經濟發展之需要，來增加就業基礎。

指標應該是可以與一般大眾作明確的溝通。最具說服力的指標，通常必須能夠比較兩種相關的衡量數值。舉例來說，一種易於了解、衡量都市足跡的簡單指標，就是比較都市化地區人口隨時間變遷的成長：都市化土地增加假使比人口成長快，就代表都市蔓延問題的惡化。在圖 7-5 的都市足跡圖中，顯示出北卡羅萊納州 1950-2000 年間，土地消費速率超越人口成長，在 Charlotte 地區之比值為 2.6:1，在 Triad 地區的比值為 3.3:1，在 Triangle 地區的比值為 3.4:1，Asheville 地區為 3.7:1 (Triangle J Council of Governments 2004)。

另一種衡量都市蔓延影響的實用指標，是比較隨時間變遷的車行里程 (vehicle miles traveled, VMT) 與人口成長。當人口分散到整個地區，人們就必須旅行更長的距離才能達到他們的目的地。如圖 7-6 所示，在北卡羅萊納州的車行里程，在 1989 到 1998 年間，超越人口成長的兩倍

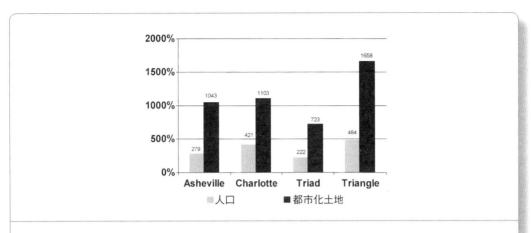

圖 7-5 北卡羅萊納州都會地區的都市足跡變遷：1950-2000
資料來源：Triangle J Council of Governments 2004.

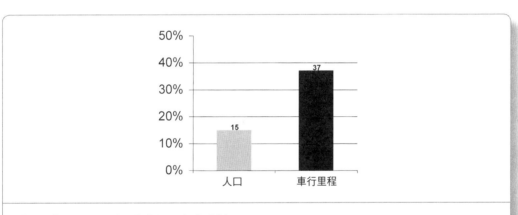

圖 7-6 人口成長變遷與車行里程之比較，1989-1998
資料來源：Triangle J Council of Governments 2004.

(Triangle J Council of Governments 2004)。

　　這些指標能突顯土地使用系統過去的績效。開發未來的土地使用計畫，及監測計畫之產出時，還需要衡量未來績效的指標。永續指標可以納入成長管理和監測系統，會在第十五章中討論。針對地區在不同的未來土地使用境況的生態足跡，此規劃變遷指標可以傳達都市開發與自然過程兩者交互影響的資訊，是個非常有用的工具 (Haberl, Wackernagel, and Wrbka 2004)。

操作性社區指標程式 INDEX，是應用地理資訊系統的規劃支援系統，以指標來衡量社區計畫方案的屬性與績效。開發這個程式，是要呼應市民與公部門官員共同決策之訴求、新都市主義運動，和永續開發想法，這個軟體用指標來記錄現況條件、評估替選行動，及監督隨時間造成之變遷 (Allen 2001)。其中包括 30 個都市型態相關政策的衡量方式，利用表格及 GIS 地圖對地區和開發基地進行評分。為了增加公共參與，程式中能讓利害關係人評估指標的相對重要性，並指派可接受的指標分數範圍。使用建立境況工具，使用者能創造與評估不同方案，包括基本方案、各種替選方案。INDEX 被若干地方政府使用於綜合土地使用規劃、鄰里規劃，與社區衝擊分析 (參考資料 7-3)。

參考資料 7-3
INDEX 中的社區指標

INDEX 支援在規劃過程中每個階段所詢問的關鍵問題：創造規劃支援系統的基礎資訊、分析現況條件及替代境況、選擇所偏好計畫、評估漸進的變遷、監測達到目標與標的累計成效。請參考下圖，社區規劃過程程序圖 (Allen 2001, 230)。

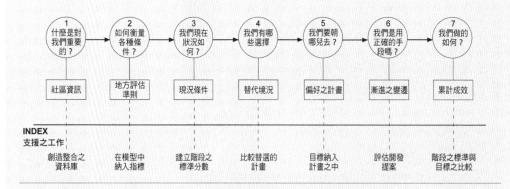

參考資料圖 7-3 | INDEX 應用在社區規劃過程
資料來源：Allen 2001. 使用以上資料經 ESRI 授權。

為展示地區與基地層級指標的考量向度，以下所列是一份清單。清單上的指標是取自威斯康辛州 Dane 郡規劃單位，在其規劃衝擊分析中使用 INDEX (Allen 2001, 231-32)。

Dane 郡使用的部分指標

人口統計

- 人口 (居民的總數)
- 就業 (總就業人口)

土地使用與社區形式

- 街廓大小 (平均面積)
- 使用的混合程度 (每個網格中，相異土地使用之比例)
- 使用的平衡程度 (在尺度 0-1 間，土地面積的比例平衡)
- 每人開發面積 (開發面積除以居民人數)

住宅

- 人口密度 (每英畝人口數)
- 每人住宅土地面積 (總住宅面積除總人口數)
- 獨戶住宅的居住密度 (每淨英畝土地面積的獨戶住宅單元數量)
- 多戶住宅的居住密度 (每淨英畝土地面積的多戶住宅單元數量)
- 獨戶住宅 / 多戶住宅的混合 (獨戶與多戶住宅單元數的百分比)
- 鄰近寧適設施的程度 (從所有居住單元，到達指定寧適設施——學校、公園、購物等——平均旅行距離)
- 鄰近通勤地點的程度 (從所有居住單元，到達最近通勤車站之平均步行距離)
- 水的消耗量 (每人每天的住宅用水量)

就業

- 工作 / 住宅之平衡 (總就業機會除居住單元數)
- 就業密度 (指定為就業使用地區的平均每英畝就業人口)
- * 通勤的鄰近程度 (從所有產業，到達最近的通勤車站之平均步行距離)

遊憩

- 公園空間之供給 (每千名居民的公園與學校面積)
- 鄰近公園的程度 (從居住單元，到達最近的公園與學校之平均步行距離)

環境

- 氮氧化合物 (NOx) 排放量 (從小汽車排放的氮氧化合物，磅 / 人 / 年)
- 一氧化碳排放 (從小汽車排放的一氧化碳，磅 / 人 / 年)
- 溫室效應氣體 (CO_2) 的排放 (從輕型汽車排放出來的二氧化碳，磅 / 人 / 年)

- 開放空間 (指定為開放空間的土地面積比例)
- 不透水層鋪面 (每人的不透水層鋪面面積)

旅行

- 接道之連結性 (街路交叉路口數量,和囊底道與街路交叉路口加總之比值,尺度在 0-1 之間)
- 街道網路密度 (每平方英里的道路中心線長度)
- 每人街道長度 (總道路中心線長度,除以總人口數)
- 通勤導向的住宅密度 (在公共通勤車站 1/4 英里範圍內,每英畝住宅區的平均居住單元數)
- 通勤導向的就業密度 (在公共通勤車站 1/4 英里範圍內,非住宅使用單位面積之平均就業數)
- 通勤服務密度 (通勤路線長度,乘上通勤車輛在路線上每天往返次數,除以總面積)
- 人行步道網路涵蓋率 (鄰街兩側均有人行道的長度比例)
- 行人路徑的直接度 (都市外圍起點至市中心迄點之間,步行最短距離與直線距離之比值)
- 腳踏車路網涵蓋率 (指定的腳踏車路線長度,與總街道中心線長度之比值)

與規劃的關聯

當社區致力於準備或更新綜合計畫時,規劃師、居民,及決策者需要了解土地使用需求與問題之本質和觀點。此時,就將情報提供給市民委員會、公共事務官員,和私人企業主。這些人便能據此提出他們所關切的問題,並對未來的計畫提出建言。關於土地使用的問題當中,規劃師可能會被詢問的問題包括:

- 這個社區的開發,是否依循著永續的方法?
- 社區有沒有面臨到「聰明成長」的課題?
- 都市蔓延是現在就面臨到的問題,還是未來會遇到的問題?
- 還有多少的土地可以容納未來成長?
- 社區提供住宅或商業使用用地,是供給過剩還是供給不足?

- 土地的數量和類型，能否適當滿足推計的需求？
- 我們接下來可能會面臨到哪些土地使用的問題？
- 有沒有重要的環境或土地使用限制，影響社區的未來成長？
- 在各種土地使用的地區中，有沒有面臨嚴重的土地使用相容性衝突問題，例如鄰里與商業區，或嫌惡的地方性土地使用與少數族裔居住地區？
- 我們正面對哪些土地使用的變遷？這又造成了哪些課題？

結論

規劃情報的起始，是從土地記錄 (land records) 系統和土地使用資訊系統開始，這兩者敘述了社區現況和即將浮現的土地使用、社區的土地供給與基磐設施，和社區適應變遷的能力。透過分析、整理與量化可建築土地的規模，接下來估計未來都市成長可以使用的開發容量。這個估計的數值，配合在社區規劃過程中進行的需求推計，做為配合社區利害關係人共同分析替代開發境況之基礎。若此土地使用資訊系統不夠充分或已經過期了，就會使社區形成的願景和計畫造成失誤；如果土地使用資訊系統是新穎且紮實的，製作出的計畫就是奠定在強而有力的基礎之上。

下面一章討論運輸與基磐設施系統。關於這些系統容量與區位知識，在土地使用規劃中是非常重要的。

註解

1. 土地管理局、美國林業處，及許多公私部門組織正在建立「全國整合土地系統」(National Integrated Land System; NILS)。為了提供綜合的土地資料管理方法，NILS 的目標是要提供共通的資料模型與軟體，用於收集、管理，並用地理資訊系統分享調查資料。許多州政府已經開發了全州宗地尺度的地理資訊系統。舉例來說，馬利蘭州開發了 MdPropertyView 來協助其地方政府執行聰明成長計畫 (Godschalk 2000)。華盛頓州也創立了可建築土地的方案，要求

人口最多的郡及所屬城市，務必監控土地供給和都市密度 (Moudon and Hubner 2000, 261-70)。

2. 在 2004 年 11 月，奧勒岡的選民通過了 Measure 37 法案，該法案提供給房地產的所有權人，在其取得財產之後，當土地使用規範限制了居民個人財產的使用，並造成市場價值的降低時，所有人就有權獲得補償。實際上，在法案通過前成長範圍外私人所取得的土地，使波特蘭市都市成長範圍之執行受到重挫。

3. Landis (2001, 27-33) 用兩個簡單的財務模型，來分析開發者在何處可以得到適當的報酬。若要使建設獨戶住宅變為可行，銷售價格必須涵蓋土地成本、細部計畫要求之設施改善成本、開發費用，與建造成本。公寓開發建案若是可行，所收集的租金須能支付營運支出與債務支出，並且要有最起碼的投資報酬回收。

4. 舊金山灣區的分析結果，所根據的假設是：所有的填入開發基地依是規定密度開發成為住宅使用，且經濟可行性是按照現有的市場條件。Landis (2001,40) 也提出，任何假設都不見得能完全成立。

參考文獻

Allen, Eliot. 2001. INDEX: Software for community indicators. In *Planning support systems: Integrating geographic information systems, models, and visualization tools*, Richard Brail and Richard Klosterman, eds., 229-61. Redlands, CA: ESRI Press.

Anderson, James R., et al. 1976. *A land use and land cover classification system for use with remote sensor data*. Washington, D.C.: Geological Survey Professional Paper 964, U.S. Government Printing Office.

Anderson, Larz J. 1995. *Guidelines for preparing urban plans*. Chicago, Ill.: APA Planners Press.

Anderson, Larz J. 2000. *Planning the built environment*. Chicago, Ill.: APA Planners Press.

Avin, Uri P., and David R. Holden. 2000. Does your growth smart? *Planning* 66 (January): 26-29.

Clark County, Washington. *Maps Online: Land—Parcels*. Retrieved from http://gis.clark.wa.gov/ccgis/mol/property.htm, accessed May 2, 2005.

Craig, W. J., T. M. Harris, and D. Weiner. 2002. *Community participation and geographic information systems*. London: Taylor and Francis.

Duany, Andres, and Emily Talen. 2002. Transect planning. *Journal of the American Planning Association* 68 (3): 245-66.

Ewing, Reid, T. Schmid, R. Killingsworth, A. Zlot, and S. Raudenhush. 2003. Relationship between urban sprawl and physical activity, obesity, and morbidity. *American Journal of Health Promotion* 18:1, 47-57.

Frenkel, Amnon. 2004. A land-consumption model: Its application to Israel's future spatial development. *Journal of the American Planning Association* 70 (4): 453-70.

Frumkin, Howard, Lawrence Frank, and Richard Jackson. 2004. *Urban sprawl and public health: Designing, planning, and building for healthy communities*. Washington, D.C.: Island Press.

Godschalk, David R. 2000. Montgomery County, Maryland—A pioneer in land supply monitoring. In *Monitoring land supply and capacity with parcel-based GIS*, Anne Moudon and Michael Hubner, eds., 97-117. New York: Wiley.

Haberl, Helmut, Mathis Wackernagel, and Thomas Wrbka. 2004. Land use and sustainability indicators: An introduction. *Land Use Policy* 21 (3): 193-98.

Jeer, Sanjay. 2001. *Land-based classification standards*. Retrieved from http://www.planning.org/LBCS, accessed May 2, 2005. Chicago, Ill.: American Planning Association.

Knaap, Gerrit J., and Traci Severe. 2001. Toward a residential land market monitoring system. In *Land market monitoring for smart urban growth*, Gerrit J. Knaap, ed., 241-64.Cambridge, Mass.: Lincoln Institute of Land Policy.

Landis, John D. 2001. Characterizing urban land capacity: Alternative approaches and methodologies. In *Land market monitoring for smart urban growth*, Gerrit J. Knaap, ed., 3-52. Cambridge, Mass.: Lincoln Institute of Land Policy.

Levinson, David. 2001. Monitoring infrastructure capacity. In *Land market monitoring for smart urban growth*, Gerrit J. Knaap, ed., 165-81. Cambridge, Mass.: Lincoln Institute of Land Policy.

Logan, John R., and Harvey L. Molotch. 1987. *Urban fortunes: The political economy of place*. Berkeley: University of California Press.

Malczewski, Jacek. 2004. GIS-based land suitability analysis: A critical overview. *Progress in Planning* 62 (I): 3-65.

McClure, Kirk. 2001. Monitoring industrial and commercial land market activity. In *Land market monitoring for smart urban growth*, Gerrit J. Knaap, ed., 265-86. Cambridge, Mass.: Lincoln Institute of Land Policy.

Meck, Stuart, ed. 2002. *Growing Smart legislative guidebook: Model statutes for planning and the management of change*. Chicago, Ill.: American Planning Association.

Miles, Mike E., Gayle Berens, and Marc A. Weiss. 2000. *Real estate development: Principles and process*. Washington, D.C.: Urban Land Institute.

Moudon, Anne Vernez, and Michael Hubner, eds. 2000. *Monitoring land supply with geographic information systems: Theory, practice, and parcel-based approaches*. New York: John Wiley and Sons.

Pool, Bob. 2003. Clark County's one stop Internet mapping. *Planning* 69 (7): 16.

Rudel, Thomas K. 1989. *Situations and strategies in American land-use planning*. Cambridge: Cambridge University Press.

Triangle J Council of Governments. 2004. Growth management presentation. Research Triangle Park, N.C.: Ben Hitchings, Principal Planner.

Van Buskirk, Paul, Carleton Ryffel, and Darryl Clare. 2003. Smart tool. *Planning* 69 (7): 32-36.

Wackernagel, Mathis, and William Rees. 1996. *Our ecological footprint: Reducing human impact on the earth*. Philadelphia: New Society.

第八章
運輸與基磐設施系統

在修訂綜合發展計畫時,你發現社區中某些地區的成長非常快速,但在別的地方卻是成長緩慢。活動中心不再是以往活動中心所在的地點。社區現在雖然提供了公共運輸服務,但在某些運輸廊道的壅塞問題還是持續造成困擾,你開始懷疑,何以新增加的成長會影響學校、自來水,和污水設施的服務。為了修訂舊的計畫,你想了解哪些改善基磐設施的措施,會造成社區的土地使用變遷。你也想更新計畫現有資訊基礎中的基磐設施相關內容,並將運輸計畫資訊納入。你會用哪些社區設施的服務指標,來敘述社區不同地區隨時間變遷的狀況?你會在綜合計畫的事實基礎部分說明哪些基磐設施系統的基本成分,哪些項目適合用來敘述未來境況?你還想參考運輸計畫中哪些其他的運輸資訊?

　　在這一章當中整理了社區登錄與分析基磐設施資訊的方法,強調應用這些資訊來協調未來基磐設施投資及土地使用計畫。雖然在這一章的討論中也涵蓋了自來水、污水處理和學校,但最重要的還是在運輸系統基磐設施,部分是因為在 1990 年代,運輸在土地使用規劃工作中再次出現了強勢的主導態勢 (Gakenheimer 2000)。現在,運輸在計畫網絡中扮演關鍵角色,如本書第一章所討論,也會在稍後第十一到十五章中詳細討論:從小地區計畫之實質設計塑造行人機動性,至地區性土地政策計畫中支援區域成長管理之貢獻。因此,本章首先討論運輸基磐設施。文中再次檢視運輸規劃在土地使用架構中的角色,從運輸計畫中

271

找出土地使用規劃師務必掌握的關鍵資訊,並提出將運輸中各個項目納入土地使用計畫中的方法。

本章的第二部分涵蓋自來水、污水處理和學校系統。再加上運輸,這些基磐設施系統的支出佔了絕大部分地方政府基磐設施的直接支出(U.S. Census Bureau 2003)。雖然大部分基磐設施系統的資訊都是與技術相關的,這一章則是強調溝通及詮釋方法;這些方法幫助規劃師在基磐設施與土地開發間找出關聯,更能反映出社區關切事務之優先順序。這一章所根據的基本觀點,就是:準確、即時的運輸及基磐設施系統資訊,配合土地使用規劃,是建立永續社區最關鍵的工作。

社區設施的角色

都市土地務需連接到基磐設施與服務之網絡,才能支持社區的永續運作。雖然規劃師通常不會參與設計這些設施,他們仍須掌握關於需求、可供使用的剩餘容量,和各個設施提供服務的及時資訊。準確的基磐設施現況與規劃服務資訊,可以幫助規劃師微調土地使用賽局的競賽規則。擁有了這些資訊,規劃師就可以找出允許和鼓勵土地開發的地點,以及其他應避免開發的地點。更進一步,規劃師應妥善協調未來之基磐設施投資,以配合土地使用計畫的進行。再加上人口與經濟的預測、環境議題的優先順序,及土地使用限制與機會,基磐設施系統的相關資訊可以幫助規劃師了解現況和未來成長之動態,並應用在與社區人士溝通現況與未來將逐漸浮現的需求。

都市地區有許多公共或半公共設施,提供社區必要的服務,包括:運輸、自來水、污水處理、遊憩、教育、健康和安全。就運輸而言,社區或許會有路側人行道,自行車道和行人步道、停車場、公共運輸車站、地方街道、連接道路、交通幹線、主要街道、高速公路,停車場、車輛和機場。就自來水和污水設施而言,一個社區要有收集與儲存設施、處理場和分配設施。就遊憩和教育而言,設施應包括公園、學校、開放空間、運動場、社區活動和會議中心,圖書館。就安全與健康而言,社區應該要有警察和消防隊、社區診所、醫院和避難場所。

這些設施在土地使用規劃中扮演了幾個角色。第一,透過提供必要

的服務，它們滿足人民的現況需求。現況和未來的土地使用決定了基磐設施之需求，因為基磐設施的設置就是要服務當地之個人、廠商、組織，及社區整體。傳統基磐設施規劃方法的重點，就在於需求分析。社區設施經常會對相鄰的住戶造成影響，這是在工作中越來越受關注的挑戰。舉例來說，設置垃圾掩埋場是為了處理固態廢棄物；然而，規劃掩埋場的空間位置，對居住在鄰近垃圾掩埋場場址的居民產生了負面影響。因此，垃圾掩埋場產生的利益提供給整個社區，此利益需要與造成其鄰居之成本來兩相權衡。提供社區設施與服務時，誰獲得利益與誰付出成本，對規劃師而言都是重要的資訊。

社區設施在土地使用規劃中的第二個角色，是某些設施會吸引或刺激土地的開發。社區設施投資如學校與公園，因為人們會希望住在鄰近這些設施的地區，就刺激了土地的開發。於是關於社區設施設置種類與地點之決策，透過土地市場，都會影響土地開發。同樣地，提供自來水、污水處理，及運輸設施的強化，會增加土地的價值，讓土地適合開發。這就顛覆了傳統基磐設施規劃的需求分析：供應基磐設施的服務時，會造成對基磐設施的新需求。

基磐設施在社區規劃中擔綱的第三個角色，因為基磐設施投資與容量無法漸進增加，基磐設施常在土地計畫和設施間，扮演促進兩者協調的媒介角色。假使有必要的話，土地使用規劃可以針對每個小塊的土地分別提出政策；基磐設施方案與土地使用規劃不同，每次都需要大筆投資，往往要建立整個網路才能使投資具有效果。基磐設施之容量增加就如其投資，呈現的形式是不連續的。要處理自來水，需要一個完整的自來水處理工場；建設「半個」工場是毫無用途的。因此，增加設施容量，會對社區財務造成顯著的影響。這種的不連續成長基磐設施容量，需要在設施規劃和土地使用規劃之間做進一步協調，使多餘的容量能被有效利用。舉例來說，住宅區和混合使用活動中心的地點與密度，可以依照現有可用的基磐設施容量進行安排。[1] 這使社區設施的規劃，成為土地使用規劃賽局中的重要籌碼。

土地使用計畫與基磐設施計畫，兩者間要能互相協調最重要的原因是：若要某些社區設施能妥善運作，就必須滿足其實質的、與土地使用相關的特殊需求。假使運輸起點和迄點的開發密度增加，就能增進公共

運輸之成本效用。因此當都會區持續向外擴張與郊區化，公部門勢必會補貼公共運輸。在這個環境之下，公共運輸又不可能都具有如私人轎車的競爭力。同樣地，污水系統除加壓站和壓力幹管外，都需倚賴重力讓污水流動，就如自來水系統需要倚賴地形高度來產生水壓。自來水和污水地區在空間上的協調配合，並不只是簡單的工程項目而已。自來水和污水設施要配合坡度和高度的壓力條件，兩者也必須配合土地使用計畫進行調整。為了讓社區設施與服務能更有效地利用資源，這兩個例子說明了為什麼要在土地使用計畫和基磐設施間進行協調。

總之，社區設施在提供高品質生活和地區適居性上，扮演重要的角色。雖然許多個案顯示社區用設施來支持土地開發是必要的，社區設施的建造與運作是昂貴的，也會對於某些特定族群造成他們所不樂見的影響。透過規劃以協調土地開發與社區設施，規劃者可以使社區設施造成的衝擊降到最小，也能增進設施的運作效率。

運輸設施

在與開發的關聯上，都市基磐設施中沒有哪一項會比運輸設施更重要。另一方面，大規模運輸建設方案，例如公路與鐵路方案，也會影響未來的開發數量、類型和規模。造成影響的程度，端賴交通改善方案之特性，並視該方案與其他可行旅行方式之比較而定 (Ryan 1999)。當這些投資讓人們能抵達他們想去的地點，新的開發就可能出現。換言之，透過提升可及性，運輸投資會增加都市開發的土地供給。當開發增加，又會帶動其他都市服務之需求，如自來水、污水處理，和警察的服務範圍。另一方面，開發造成的人口成長，也帶動提升可及性與機動性運輸改善方案之需求。

雖然有些人並不認為土地使用和交通運輸間，具有這麼強的連結 (Cervero and Landis 1995; Giuliano 1995)，規劃師務必了解成長管理工具和運輸投資都能用來引導成長。舉例來說，對僅訂密度上限和最小停車空間需求的地區，新設置鐵路系統對土地開發的效益，是小於應用土地使用設計、小地區計畫和開發管理計畫來支持該鐵路系統的地區。換言之，假使土地使用計畫和運輸計畫兩者沒有關聯，規劃師就會忽視或

淡化運輸與土地使用間的連結。最後,土地使用和運輸間之聯繫是受處理既有開發、機動性、可及性課題的知識、資料、一般常識、境況,和願景所主導的。

然而在實務工作中,傾向於把土地使用和運輸規劃視為個別的工作。運輸規劃會把未來的土地使用形式當做已知條件,規劃工作通常是根據市場來推計,而非土地使用計畫。最好的狀況就是提出好幾套不同的推計,專家和專業人士再應用判斷來指出可能的未來境況。依此方法,運輸計畫若非強調依照過去開發趨勢,就是會刺激開發地點和方式都未列在現行土地使用計畫的土地開發。土地使用規劃,通常傾向於忽視大規模運輸投資對土地使用的影響。此外,土地使用計畫把運輸計畫當作外來的輸入資料,而非把運輸當作是需要與土地使用結合、協調考量與開發的計畫元素。Wachs (2000) 指出,假使無法協調土地使用和運輸,會讓人們認為越多的高速公路,只會造成更嚴重的交通阻塞。

管理土地使用計畫和運輸隸屬於不同階層的管理權責與管轄範圍,進一步造成了土地使用和運輸協調之困難。運輸計畫一般來說是由區域層級執行,經常自州政府的運輸部門取得輸入資料。都會區規劃組織 (Metropolitan planning organizations; MPOs) 則是聯邦政府指定的區域層級組織,進行運輸基磐設施規劃、提出方案,並且進行協調;其管轄範圍超越都市的範圍。相較來看,土地使用計畫主導的層級是郡或都市。結果經常會造成區域性運輸議題與地方性土地使用政策相衝突。這些個別地理範圍之規劃工作引發了許多衝突,使運輸和土地使用的協調更形困難。

除了受益於協調運輸和土地使用規劃工作外,過去十年間也發現,用計畫來管理空氣品質和全國環境政策法案 (National Environmental Policy Act; NEPA) 分析之益處也逐漸浮現。分析者進行 NEPA 和相關法案所要求的環境與社區衝擊評估,必須界定與評估基磐設施方案累計與二次影響衝擊 (Council on Environmental Quality 1997) 之潛在規模。此工作對運輸方案尤其重要,因為運輸方案具有引進新開發的潛力。針對特定社區,規劃之運輸方案造成的累計和二次衝擊之影響評估工作,可以協助社區土地使用計畫達成永續,因為妥善的規劃工作,需要找尋合理可行的替代交通政策和改善方案,並依潛在利益與衝擊來評估這些方

案。換言之,地方性土地使用計畫,可以成為評估相關運輸方案二次和累積衝擊的基礎。

 為什麼要做運輸規劃?

多數的規劃師們同意,旅行行為的產生是因為人們有前往其他地點之需要。也就是說,人們旅行的動機是期望能抵達目的地,而不是在旅次 (trip) 本身。多數運輸規劃者視之為定理:多數旅行行為的產生,是因為人們有抵達目的地之需求。越來越多的實務工作者與學者們都同意 (Handy and Niemeier 1997; Levine and Garb 2002; Miller 1999),依照衍生需求定理,運輸規劃之標的就是讓人抵達目的地變得更容易。此觀點與一般人認為運輸規劃應該著重減少交通壅塞,是不同的。

減緩交通阻塞和提升抵達目的容易程度,兩者間的差異可以按照**機動性**和**可及性**來區別。機動性之意,指的是流動性、順暢性,意即一個人在空間中移動的能力;**可及性**定義為到達目的地的容易程度 (Altshuler and Rosenbloom 1977)。雖然可及性有許多其他的定義,[2] 這些定義都強調可及性是受相鄰土地使用系統的影響。可及性和機動性的最大差異是:可及性考量運輸系統和旅客要到達之目的地;討論機動性時,前述之目的地就不在考慮之列了。

土地使用規劃師常會面臨到一個困境,就是社區或許會想要一個對行人友善、平均密度較高,有狹窄街道的都市中心區。傳統上來看,運輸規劃者會受限於這種境況,因為狹窄街道、高密度開發和行人之移動,就等於道路服務水準降低。這種反應是基於車輛機動性的觀點。相對來說,雖然車輛機動性降低,在這種充滿混合使用、交通和緩的高密度地區的可及性比較高,部分是因為目的地的數量比平均高,也因為土地使用形式能支持非車輛之運輸運具。因此,按照運輸規劃對可及性的看法,高可及性地區比低可及性地區更適合居住、具有更永續的活動形式。

有些因子可以用來衡量個人或地區的可及性,例如:到達目的地的容易程度、迄點的數量、運具種類和數量。透過連結實質運輸基磐設施與土地使用系統,討論可及性的焦點就會把土地使用系統和多元運具兩者結合在一起。在丹佛的計畫中,就是個將傳統運輸設施之元素連接周

邊土地使用的優良案例 (參考資料 8-1)。在此計畫中強調既有的運輸設施，可以按照其所提供之功能重新界定，繼而連接土地使用和運輸，使可及性成為計畫中的重點。

參考資料 8-1
丹佛的藍圖計畫

丹佛的藍圖計畫 (City and County of Denver 2000) 除了用傳統分類方法將街道分成地方道路、收集道路和幹道外，街道依其服務的土地使用類別重新界定。丹佛的計畫也結合了新的道路分類和設計元素，目的是為了在對機動性的需求之下，能平衡地顧及可及性和鄰接的土地使用形式：

- **住宅街道**　住宅街道在丹佛市的鄰里中，要達成兩個主要目的。住宅的幹線道路平衡運輸的選擇和土地可及性，而不影響到車輛的機動性。住宅收集道路和地方街道之設計，則是強調步行、自行車和土地的可及性，是超越機動性的。這兩種住宅街道都傾向於行人導向，而非商業街道；優先考量設置有景觀的分隔島、植樹的草地、道路兩側的步道、道側停車和自行車道。

- **主要街道**　主要街道是服務最高強度的零售與混合土地使用地區，像是市中心區、區域或鄰里中心。主要街道的設計必須要在具有吸引力的地景廊道中，鼓勵步行、騎乘自行車與公共運輸。

- **混合使用街道**　混合使用街道著重在多種形式的旅行選擇，諸如人行道、自行車與公共運輸。混合使用街道座落在高使用強度、混合使用的商業、零售與住宅區，其中會有相當規模的行人活動。

- **商業街道**　分佈最廣泛的商業區的街道類別，是臨街商業區的幹道。一般來說，這些幹道所服務的商業地區包括許多小的臨街零售中心，它們的建築物是退縮在停車場的後方。在過去，這一類街道都是高度汽車導向的，不鼓勵步行和騎乘自行車。

- **工業街道**　工業街道服務工業地區。這些街道之設計是用來滿足高容量的大型車輛，例如卡車、拖車，和其他貨運車輛。自行車和行人不會經常使用工業街道，但是仍需納入考量。

資料來源：City and County of Denver 2000.

　　對土地使用規劃師而言,區別可及性和機動性具有其務實的功能。首先,因為迄點在界定地區的可及性時,是具有關鍵性的,改進可及性無法僅透過運輸的投資來達成。為了增加地區的可及性,土地規劃師可以考慮利用土地使用領域中的解決方法。舉例來說,將起、迄點安排在鄰近的地點,土地規劃師就能提升地點的可及性。運輸規劃中的可及性觀點,將解決運輸問題的可能解決方案擴大,得以納入土地開發之方法。其次,當提供了容易抵達的迄點,運輸方面的投資如提升人行道、道路,和自行車道品質,都能增加可及性。因此,應用可及性觀念使考量多元運具之機會增加,強調它們在永續開發中的重要性。第三,就長期而言,增加道路和機動性不一定能使可及性隨之提升。舉例來說,假使運輸投資促使土地開發在距離迄點更遠的地點,可及性會隨著時間逐漸降低;只有在未來迄點距人們越來越近的時候,可及性才可能逐漸增加。在 1980 到 1990 年間,亞特蘭大市提升道路品質後,就造成可及性的降低 (參考資料 8-2)。

　　第四個,也是兩者最後一個區別,是可及性的提升可以直接關聯到社區健康。正逐漸成型的理論模型指出,了解鄰里建構因子之角色是健康生活形式的助力或阻力,有助於解釋個人的行為 (Northridge, Sclar, and Biswas 2003; Stokols 1992)。在所有建構因子中,最具代表性的就是土地使用與運輸規劃師塑造的環境,一般稱為建成環境。區隔住宅與商業土地使用時,就意味著低度的可及性,再加上缺少適當的基礎設施鼓勵使用自行車與步行,土地使用之區隔就對居民身體活動造成了阻礙 (Sallis et al. 1997)。

　　實際上,過去累積的經驗歸納出人們走路或騎乘自行車的決策,是與某些建成環境特性相關的。從時間橫斷面的研究中發現,混合的土地使用和活動身體之旅行方式,具有正向的關聯 (Cervero 1996; Cervero and Kockelman 1997; Moudon et al. 1997; Saelens, Sallis, and Frank 2003)。其他研究比較高、低可及性鄰里中之身體活動,發現這些鄰里的身體活動有中度的差別,這種差別是因抵達目的地能力不同而產生的 (Saelens et al. 2003; Rodriguez et al. 2006)。此外,相關研究還顯示出,高可及性鄰里使用步行和自行車數量增加的原因,是因汽車旅次數量降低所致 (Khattak and Rodriguez 2005)。

參考資料 8-2
亞特蘭大惡化中的可及性

　　Helling (1998, 90) 檢視亞特蘭大都會地區在 1980 到 1990 年間，開車上班可及性的改變，如下圖所示。她繪圖表示 1980 年代道路品質的提升，因為亞特蘭大的「解放高速公路」(Free the Freeways) 方案使道路容量增加，也造成可及性增加。但是，增加的高速公路容量卻與品質不良的規劃、人口與就業成長交互影響，使開發的分散程度增加，結果造成了路線交錯的通勤型態，急遽地使汽車行駛里程和行車時間增加。於是在 1990 年開車通勤的可及性，比 1980 年的水準還差。

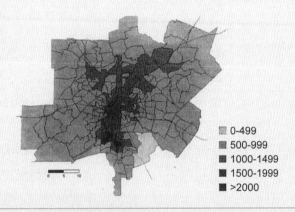

參考資料圖 8-2a ▌1980 年亞特蘭大都會區開車上班之可及性
資料來源：Helling 1988. 使用以上資料經 Elsevier 授權。

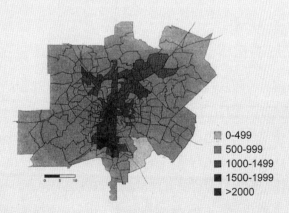

參考資料圖 8-2b ▌1990 年亞特蘭大都會區開車上班之可及性
資料來源：Helling 1988. 使用以上資料經 Elsevier 授權。

在外環高速公路 I-285 內的地區，開車通勤的可及性降低；其中高速公路沿線，包括都市中心地區受到最大的影響。在外環高速公路以外的地區，可及性降低的程度較小；這段期間可及性增加的地區包括鄰近新購物中心、運輸廊道，和鄰接亞特蘭大機場的地點，是主要就業機會增加的地區。

彙整上述看法，在可及性的觀念中強調運輸規劃中所包含的土地使用和運輸行動，以鼓勵用多元運具前往目的地。這些行動轉換成為可衡量的運輸產出，例如汽車使用次數改變，及步行和自行車的使用量增加，就進一步影響土地開發形式的環境永續。透過增進可及性會造成人們的行為改變，例如提升空氣品質、用步行和自行車鼓勵個人的肢體活動，達到增進永續的活動形式。

假使一個地區可及性降低後再增加，我們需要擔心嗎？有些人認為可及性降低後，稍後就會反彈回來，這是反映工作機會和住宅隨時間自動達到平衡，無需規劃師主動干預 (Giuliano 1991; Giuliano and Small 1993)。然而，等待就業機會和住宅自動達到平衡，可能所費不貲。這是指在可及性回復前，有一段可及性降低的延滯時間；可及性降低很可能是高成本的，可能對地方經濟具破壞性，會造成自然與建成環境品質降低。低度的可及性會影響人們前往市場與就業的能力，它會降低產業聚集與整合的利益。商業區會蒙受損失；過去享受適當可及性的其他地區，現在需要克服可及性降低的挑戰。簡言之，一個地區的可及性降低時，生活品質與適居性都隨之降低。

運輸基礎設施的指標

雖然人們認為可及性如此重要，是運輸規劃中務必衡量的項目，但在傳統規劃實務工作中還沒能充分納入可及性的觀念。傳統運輸指標或衡量績效之方式，經常利用計畫的事實基礎 (fact base) 或衡量達成土地使用與運輸目標的程度，都傾向是機動性導向的 (Miller 1999)。舉例來說，像是減少交通壅塞就經常是運輸計畫的核心。相同地，規劃師常用服務水準 (level of service) 的概念來衡量運輸系統運作之優劣。服務水準是敘述基礎設施提供服務的產出品質。就運輸而言，經常用 A (最佳

的服務水準) 到 F (最差的服務水準) 等級來衡量。對不同運具都有分別的服務水準衡量方法，表 8-1 中彙整了常用的方法。

像是車輛壅塞、道路服務水準，和延滯時間等指標，展現出社區居民採用不同運具，就會有不同程度的機動性。但是，運輸規劃師的目的

表 8-1 ｜
多元運具服務水準衡量的部分方法

服務水準	道路服務水準[i] 小客車， 每公里──車道	公共運輸 服務水準[ii] 分數	行人服務水準[iii] 不舒適分數	自行車 服務水準 不舒適分數
優 A	0-7	>39.6%	1.5	1.5
B	7-11	25.3%-39.6%	1.5-2.5	1.5-2.5
C	11-16	14.6%-25.3%	2.5-3.5	2.5-3.5
D	16-22	8.4%-14.6%	3.5-4.5	3.5-4.5
E	22-28	1.4%-8.4%	4.5-5.5	4.5-5.5
劣 F	>28	<1.4%	>5.5	>5.5

[i] 就道路而言，服務水準是用自由移動的車速、汽車流量，和實際速度來衡量的。結合此三者計算每單位距離與車道之車輛密度。表 8-1 當中，是指基本的高速公路路段。進一步計算機動車輛交通之車輛密度和服務水準之方法，可參考 *Highway Capacity Manual* (Transportation Research Board 2000)。

[ii] 大眾運輸服務水準之計算，是根據特定空間地點的服務頻率和服務時間範圍。服務頻率先初步決定服務水準，接下來再利用服務時間進行調整。其他資訊如前往公共運輸車站的可及性，和每個車站的舒適性，都能納入公共運輸服務水準的計算。其他的計算細節，可以參考 *Transit Capacity and Quality of Service Manual* (Transportation Research Board 2003)。

[iii] 衡量自行車和行人服務水準的方法，是以不舒適分數(discomfort score)為基礎。也就是說：分數越高，代表使用者對此運具感受不舒適的程度就越高。自行車不舒適分數之計算是把各方向的尖鋒交通流量、自行車和同方向動力車輛的交通分隔 (衡量最右側車道的寬度)、車流速度、交通車流類別、車道數、是否有路邊停車，和鋪面狀況來決定。相同地，計算行人服務水準的不舒適分數，要考慮是否有路邊人行道、人行道寬度、與鄰近動力車輛的分隔、是否與街道之間有緩衝、交通流量和流速、車道數，和街道兩側是否可以停車。兩種方法都只能用在車道部分，無法衡量交叉路口的使用者舒適度，也不能反映面臨撞擊風險的安全性。自行車和行人不舒適分數的計算方式都要依地方條件進行調整。進一步的計算方法可以參考 Florida Department of Transportation 的 *Quality/Level of Service Handbook* (Florida Department of Transportation 2002)。

是要把人引導到欲到達之目的地,因此規劃師也要考慮可及性指標。依據 Geurs 和 Bert van Wee (2004),適當的可及性指標應該包括下列特性:第一,這些指標應該要能夠敏銳地反映交通系統變遷。第二,指標應該要能敏銳地反映土地使用系統的變遷,包括數量、品質,和機會的空間分佈。因此,交通基磐設施投資、土地使用活動分佈的改變,都能在可及性的計算中反映出來。表 8-2 之案例是應用於亞特蘭大 2025 區域運輸計畫 (Atlanta's 2025 Regional Transportation Plan) 的指標,並與其相對的假設可及性指標來比較。第三,可及性指標必須具備詮釋與溝通能力。因為可及性指標結合了運輸和土地使用兩者,它們必須要能衡量運輸和土地使用政策之效用。

表 8-2 中所示,是一些直接簡潔之可及性指標。其中唯一需要進一步解釋的,就是等時曲線 (isochronal curves) 之應用。這些曲線就是指特定旅行時間或距離,可以得到的機會數量;或是,特定機會數量的條件下所需的旅行時間。圖 8-1 是北卡羅萊納州 Chapel Hill 市的三個等時曲線,敘述行人和自行車前往購物中心的可及性。其中一個曲線顯示在不考量運輸網絡時,距離購物地區 1/3 英里的範圍 (黑點所示之範圍)。若到達購物中心的可及性要考慮運輸網絡,適合的範圍就縮小到圖形中亮灰色部分。當等時曲線是 1/4 英里,並且考慮到道路網絡時,範圍就進一步縮小至暗灰色部分。很不幸的是,等時曲線並沒有區分等時曲線範圍中心和邊緣的機會差異,等時曲線也不考慮個人的知覺感受:等時

表 8-2
亞特蘭大 2025 計畫的機動性與可及性指標

基於機動性之指標	替代的可及性指標
工作旅次中各種運具之百分比	所有或新增人口 / 就業 / 零售,在 1/4 英里內有公共運輸服務之百分比
每人的汽車旅行時間,或延滯時間	所有,或新增人口,在 10 分鐘步行 / 自行車 / 開車範圍內,可到達就業 / 零售地點之百分比
每人的汽車旅行距離	等時曲線
旅行服務水準為 E、F 之百分比	各種空間規模,工作機會 / 人口之比值

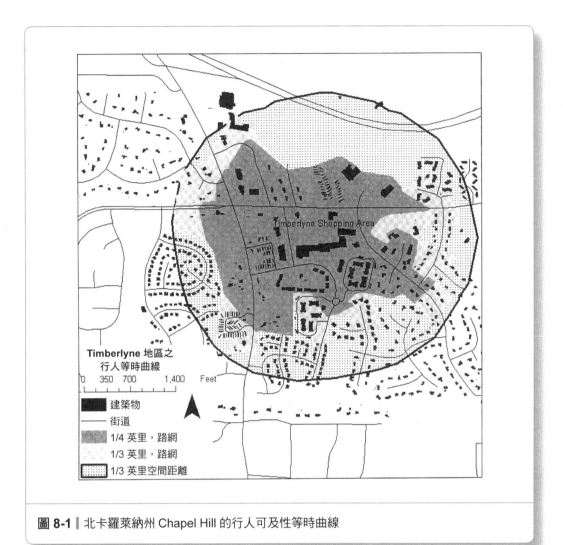

圖 8-1 北卡羅萊納州 Chapel Hill 的行人可及性等時曲線

曲線只是假設在等時曲線內的每個點都是相同的。

　　研究者已完整建置了一些其他衡量可及性的方法，但一直以來並不常被實務規劃師們應用。其中兩者，重力模式 (gravity measures)，和運輸計畫中的運具選擇模型方程式的分母值 (denominator of the travel mode choice model equation)，因為它們可以直接從運輸規劃師的模型中取得，逐漸地被廣泛應用。土地使用規劃師應該要知道有這些方法可供使用，只要略做修正後還能將它們納入土地使用計畫中。下一節中我們會再討論這兩個方法。

　　一種新的方法針對特定次族群應用可及性指標，這些次族群包括沒

有自用車的家戶、低收入家戶、少數族裔,甚至針對特定個人,來評估現況或未來政策造成之影響。舉例來說,某些特定次團體或個人面對預測的運輸與土地使用未來變遷境況時,衡量可及性的方法可用以協助辨識該次團體可及性的改變程度 (參考第九章)。先進的研究者和規劃師都能了解,運輸規劃中的公平議題會持續受到高度重視,主要是因團體間的可及性差異是明顯偏向中高所得者。Martin Wachs 擔任運輸研究委員會主席,預測公平性將是在二十一世紀初期的五個運輸主導議題之一。但是因規劃師衡量政策造成經濟效率及經營效用變遷的能力,比衡量公平性強。Wachs (2001, 39) 認為規劃師需要「強化他們的分析能力,創造資料支援系統以更深入地分析運輸決策」。可及性指標就是其中分析工具之一。Miller (1999, 131) 指出,「可及性在空間分佈上,尤其是可及性之變遷,可以讓規劃師了解誰獲利、誰損失」。因此,要在社區中更完整、精確地界定公平,就要在規劃過程中使用可及性的衡量方法。

總之,我們認為可及性指標要能讓運輸對促成永續土地使用形式有所貢獻,反之也是如此。透過讓每個人能利用多種運具抵達目的地,可及性指標結合運輸和土地使用,得到社區期望的產出結果,例如提升空氣品質和人們的肢體活動。此外,可及性指標也能幫助我們檢查不同的運輸和土地使用政策對次團體或特定個人所造成之影響。如此,可及性指標也能幫助我們了解,並進行溝通關於運輸與土地使用規劃公平向度之議題,進而增進地區的永續性。除了可及性指標外,計畫中也應納入機動性指標。縱使最好能使用步行或自行車,仍應測量與記錄汽車通勤時間是否過長。在第四章中所討論的巴爾的摩市運輸指標,就是平衡可及性和機動性指標的範例。

運輸規劃方法:土地使用規劃師應該要知道些什麼?

運輸規劃使用的方法,都是依據第二章討論的理性規劃模型。明顯地受實證科學影響,高速公路規劃師從 1950 年代中期就試著在許多替代方案中,找出最合意之方案。此後,這種從設定目標、預測,和衝擊評估之分析方法,就一直深切地影響所有運輸規劃師。雖然這些分析工具在過去二十年間的改變有限,運輸規劃工具在透明度 (transparency)

的要求上益見提高。第五章討論到推計和預測的差別，運輸預測中展現的幾乎就是推計 (Isserman 1984)。對於關鍵假設鮮少使用敏感性分析。

在以下部分我們討論運輸規劃模型的輸入和輸出，以及其與土地使用規劃之關聯。因為我們假設土地使用規劃師是運輸規劃模型產出資訊之使用者，實務工作者必須了解所面臨的挑戰，因此強調應充分了解模型輸入和輸出項。我們也強調暗示和明示假設 (implicit and explicit assumptions) 對影響模型輸出所扮演之角色。

整合的土地使用—運輸規劃

在圖 8-2 中提出了一個概念，展現出一種整合、互補的運輸與土地使用規劃方法。方法中包括三個主要成分：土地使用規劃、運輸規劃，和檢查兩種規劃造成之衝擊。土地使用計畫連結了運輸計畫，因為土地使用計畫提出之開發類型和地點，會對未來運輸服務需求造成影響。開發特性和此開發如何配合地區的特性，可以協助決定最適合的運具。於是當修改土地使用計畫後，運輸計畫也必須據以修訂。

運輸計畫對土地使用計畫的回饋影響，具體地表現在未來運輸基磐設施對開發造成的效果上，這個效果是將運輸投資反映在土地市場或土地使用政策上。像是透過規劃改善運輸措施或影響開發內容，就會沿著交通廊道吸引新的成長。舉例來說，新的高速公路會把以往無法通達的土地變成可開發的土地，因此土地使用計畫應該要進行修改，規範土地

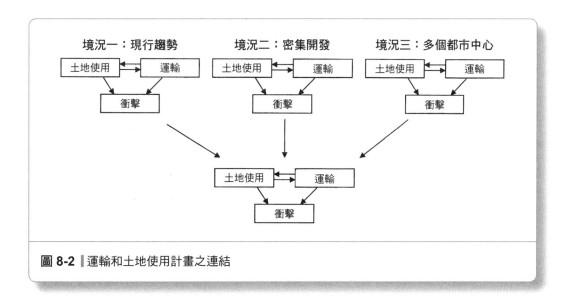

圖 8-2 ▌運輸和土地使用計畫之連結

使用類型和密度來配合交通運輸投資。相同地，為了使路線提供的利益極大化，高容量的大眾運輸路線會刺激沿線的高密度開發，也因為如此，土地使用計畫需要進一步修正檢討，來引導這種開發類型。從運輸往土地使用的回饋中指出，通常有必要變更修改土地使用計畫，以支持新的運輸計畫。但是，這些連結在實務中通常是不存在的。即便有充分的資料佐證引導開發 (induced development) 所具備之效果，現行規劃實務中仍未考量因應運輸政策方案，在土地使用方面做出的改變。引導開發指的是，擴增交通容量對土地使用開發之影響。大部分的研究提出，運輸容量擴張並不會影響都會地區的成長速率，而是影響成長的地點和強度。因此，用擴張運輸容量做為引導開發的工具，會造成其他地點的開發成本增加，所以須仔細考慮其對未來社區空間結構的影響效果。

最後一個項目是，檢查運輸和土地使用計畫兩者共同造成的影響。在前一節所討論的指標是單向的衡量各種衝擊之可接受度；當不願接受這些衝擊時，計畫之一，或兩者都必須進行修正。

在圖 8-3 當中，把運輸和土地使用概念性的整合，轉變成為分析方法。這種分析方法包括在整合的土地使用和運輸規劃方案中，可用來檢視不同土地使用和運輸計畫所造成的影響。在分析中包括三個主要的部分：1) 設定都市空間結構，包括現況和未來的土地開發，與運輸投資；2) 預測旅行之需求；3) 測試考量的各個替選方案。以下我們討論第一個部分，下面一節當中將會討論第二個部分。

圖 8-3 中最上方的部分，包括現況和推計的土地使用，與規劃之運輸投資，藉此說明規劃地區現在和推計的都市空間結構。除了潛在的運輸投資外，還需了解人們未來會在哪些地點居住、工作、購物和上學，才能預測未來的旅行行為和需求。確立未來都市空間結構，還需整合若干對未來方向之調整。其一，是假設在某個程度的運輸投資下，推計之未來人口、就業、經濟，與社會活動中心的分佈。舉例來說，未來土地使用可以是延續現行之趨勢、減少低密度的都市郊區開發，或是沿著運輸廊道和集中於衛星社區中。

第二個決定未來都市空間結構時的方向調整，是將審慎選擇的政策反映在未來的土地使用上，以達到期望的都市型態；這不是透過市場預測和土地規劃條件得到的。此方法中，土地使用的分佈反映出不同土地

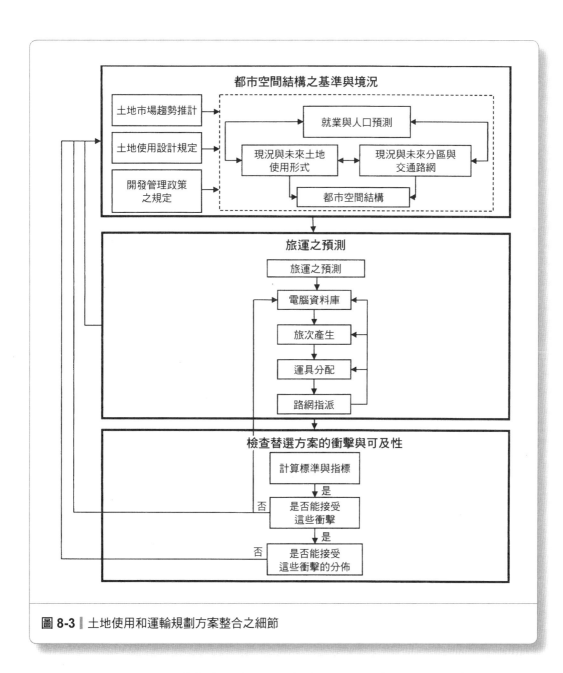

圖 8-3 土地使用和運輸規劃方案整合之細節

使用和交通的優先順序，用運輸來服務土地使用的目標。各式各樣的土地使用分派建構出不同的未來境況 (參考第九章)。

第三個未來方向調整是本文所建議的，來平衡前面兩者的做法。在此整合未來運輸投資於未來都市型態的設計之中；利用此方法，土地使用設計可以解決運輸問題，同時，此運輸問題的解決方法，也能用來支

持特定的土地開發類別。舉例來說,非動力車輛運具的吸引力,是和旅行距離有關。透過土地的混合使用,旅行距離會顯著下降,選擇非動力車輛運具旅行之機會就會增加,尤其對購物和休閒遊憩旅次更是如此 (Khattak and Rodriguez 2005; Handy and Clifton 2001)。在第三章中曾經討論過加州的 Davis 市,就是此方向調整的案例。該計畫之訴求是要建立能提升公共運輸服務和步行旅次的空間結構;在此個案中,設計之土地使用形式是用來支持人們偏好的運具。

相同地,解決運輸問題的方法可以用來支持未來土地使用。舉例來說,一個社區可以應用公共運輸投資來支持某些對行人友善、公共運輸導向的土地使用設計。遠見猶他 (Envision Utah) 計畫,就是此方法在區域尺度上的應用範例;其策略是增加居民在運輸上的選擇,達到人們期望的成長形式。因此,該計畫訴求的目標,如提升整體區域的公共運輸系統,而促使公共運輸導向的土地開發成形。在第十四章,將對依循類似方向但較小地區的案例,進行詳細敘述。

到目前為止,我們已經綱要地討論到對不同活動與強度的未來土地使用分派。在過去,這些工作往往是由專家、電腦模型,或由兩者共同進行的。實務規劃師經常使用的土地使用分派模型,是系統性地依過去趨勢、可取得土地之資訊、地方性計畫、分區管制,和經濟活動分佈的現況 (例如,DRAM/EMPAL) 來執行的。最近,模型中增加了關於不動產市場對運輸容量的供給需求資訊 (例如 TRANUS, CATLAS, UrbanSim, 及 California Urban Futures Model)。其實,不一定要開發出複雜的模型,才能模擬假想的未來土地使用形式和運輸路網間的交互影響。在有限預算的限制之下,也可以用一群專家協助預測運輸對土地使用產生影響的回饋效果。縱使沒有預算的限制,因為未來境況可能會與現行開發形式迥然不同,依賴專業技能可能會比依賴電腦模式更有幫助。

四步驟的旅運預測程序

累積了多年的實務工作和專業分析,才造就此傳統旅運預測程序。在此程序中估計旅次數量 (旅次產生;trip generation),把這些旅次分派到不同的特定迄點 (旅次分佈;trip distribution),決定每個旅次使用哪

種運具 (運具分配或運具選擇；mode split, mode choice)，並估計街道路網或每個運具使用的路線 (路網指派；assignment)。我們非常清楚，旅行的人們不會依循這種簡化的順序或風格。同時，因為模型並未納入所有影響旅行行為的因子，使得它們無法完美地預測旅行形式。模型之假設，決定了模型的模擬能力。然而，過去這四個步驟在預測行為的應用上，一直是相當實用的。其他經常應用到此旅運預測程序之工作，還包括：

- 空氣品質規劃
- 中等規模範圍、次地區，或運輸廊道規劃
- 減災規劃
- 方案衝擊評估
- 旅行需求管理——效用評估
- 提供旅客即時的資訊

展示現況和未來空間的形式

　　旅行預測必須用一系列在空間中的決策來代表行為。在過去，這些決策是由運輸規劃師決定的，就是模擬者在模擬工作中進行技術判斷的一部分。然而，人們逐漸開始了解決定如何呈現都市空間，會對預測品質有直接影響。最佳的實務預測工作，應該是按照個人或家戶層級來進行的，他們確實必須進行這些決策。但是，都會規劃組織所使用的制式模型，是按地理分區整合後的資料，稱為交通分析分區 (traffic-analysis zones; TAZs)，依照各分區人口、就業，和其他因子特性，做為旅次的起點和迄點。這些分區可顯示出該地區現況和未來的都市空間結構 (圖 8-4a 和 8-4b)。從單獨的街廓到若干平方英里大，這些分區的大小各有不同。雖然在這四個步驟中的許多模型，是在個人和家戶階層進行預測工作，為了實務操作的理由，預測工作通常是將資料整理成分區層級後再進行的。把實際狀況簡化時會產生某些缺失，例如會忽視分區內的旅次，而這些旅次通常是步行或自行車旅次。

　　一個重要的工作是要辨識出許多研究區外的節點。這些節點有幾個功能：第一，概念上，它們代表所有從研究地區外起始的旅次，這些旅次都是前往研究區內的。第二，這些節點協助確保所有數字能正確計

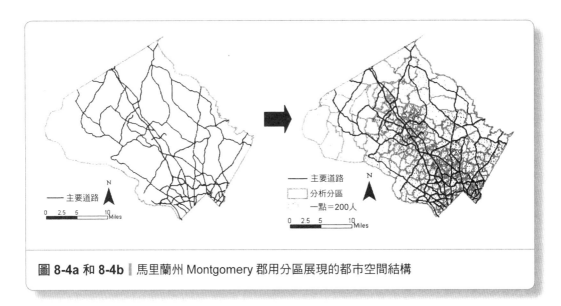

圖 8-4a 和 8-4b | 馬里蘭州 Montgomery 郡用分區展現的都市空間結構

算。因為這四個步驟的程序會納入數百,甚至上千個預測數字,常會無法如預期般加總。因此,利用這些節點來確保數字能順利加總計算。然而,假使這些節點配置太過接近都會區,也會改變計算的結果。

最後,需要確認各分區在現況和未來開發境況上,都有充分資訊能呈現在運輸分析中。在許多個案中,每個分區都有充分的人口資料和實質環境屬性:居住人口、年齡分佈、概略收入、密度,和土地使用混合度。但是,為了要決定特定境況是否可行,詳細的各分區資料就益顯重要了。舉例來說,這些分區中的已開發土地是否可以再開發利用?假使答案是否定的,在地區以外分區之活動就會比實際更多,並且高估了這些地區的運輸需求。相同地,也應納入關於旅行行為的分區屬性。對行人友善的環境,以及適合車輛交通的環境,都會對旅行行為造成不同的影響。舉例來說,地形、街道連接、混合使用和路側人行道,是可以用來提升行人使用品質的重要特性 (馬里蘭州的 Montgomery 郡和奧勒岡州的波特蘭市,已開發一些基本措施,用以建構對行人友善的環境)。[3] 同樣的,有些支持公共運輸導向的土地使用項目也常被忽略。總括來說,未來都市空間結構的表示方式,應該要能包括充分的資訊來協助解決規劃和政策問題。參考資料 8-3 是一份土地使用輸入資料的檢查表,以確認輸入資料能適當地解決所面臨的問題。

參考資料 8-3
在土地使用計畫中使用四個步驟運輸規劃資料之清單

- 土地使用的輸入資料,是否能配合分析所需的尺度 (分區或次地區、運輸走廊、地點、都市、區域)?檢查分析分區的數量和大小,是否與所面對的問題一致。
- 在土地使用輸入和運輸產出之間,有沒有回饋影響機制?
- 外在節點的數量與地點,是否有其意義?
- 能否適當地展現現況和規劃之道路路網?
- 運輸分析分區之邊界是否適當?
- 在旅次產生、旅次分佈,和運具選擇模型的順序中,有沒有考慮非機動的車輛運具?
- 在這四個步驟規劃程序中,有沒有適當的影響回饋機制?假使沒有,是否討論這些機制何以不存在?

步驟一:旅次產生。在此工作中估計旅次總量,這個數量是從特定之土地使用產生的。旅次的數量是依旅行目的進行估計 (常使用的類別包括從家產生之旅次,前往工作、學校、購物,及其他目的;也包括從其他地點產生的旅次)。這些資料之估計是在分區層級進行的;產生或吸引旅次,分別針對每個分區進行估計。

在旅次產生的實務工作中會應用到統計工具,例如線性迴歸和計數迴歸模型 (linear regression and count regression models),把旅次數量依照旅行目的,和家戶特性或迄點特性 (旅次吸引) 連結起來。家戶特徵包括:收入水準、汽車持有、家庭組成、地點、家戶規模、住宅密度、土地價格,和區域可及性;接下來彙整分區層級之估計值。迄點屬性包括:是否有屋頂遮蔽的空間 (可以按照工業、商業,和其他提供服務類別區分)、各個分區的就業水準 (按照就業類別區分)、以及一些衡量就業人力可及性的指標方法。這些估計值固定是由都會規劃機構,或管理此四階段旅運模型的其他單位負責。

運輸工程師機構 (Institute for Transportation Engineer's; ITE) 的旅次產生率,多半是應用在方案衝擊分析上的 (Institute of Transportation

Engineers 2001)。針對基地層級而言,這些旅次產生率是按照每日每居住單元,或每單位面積(樓地板面積或土地面積)的旅次量來表示。這些數值經調整後,可以反映在一天中的變化、居住和工作人數,及地方公共運輸型態。它們還可再進一步地按照停車特性,和是否有旅行需求管理方案來調整,雖然在實務中鮮少如此操作。

實際上,旅次產生的計算方式受到一些限制。首先,經常忽略步行和自行車旅次。這是因為好幾個模擬決策所產生的結果。其中之一,傳統的運輸規劃師過度強調機動車輛旅次,因此忽略了非機動車輛運具。應用運輸規劃分區會進一步地將步行與自行車旅次排除在外。同時也因而忽略某些土地使用的特性造成的影響,例如混合開發通常會造成較高的步行和自行車旅次。

第二,旅次之整合常被稱為旅行(tours)或旅次鏈(trip chains),並未受到重視。整合旅次是規劃師和研究者近年常使用的方法(Krizek 2003)。人們不見得會從工作地點直接回家,而是會先停駐在托兒所、百貨量販店、藥房,及許多其他的可能地點。這對以汽車為主要運具的鄰里社區來說是很常見的。雖然在四個步驟的旅運預測程序中無法解決這個限制,規劃者仍需了解此種情形。

第三,影響旅次產生的因子受到了限制。旅次產生是受工作、家戶,和車輛數量的影響,然而其他因子也有重要的關聯。這些因子包括:土地使用因子如密度和混合使用,建築物使用因子、勞動參與率、汽車持有率、可及性、行人方便程度、有無停車位及停車成本和其他因素。此外,這些因子調整後,才能反映都市空間結構和人口變遷。因為在城市中這些因子的組成會隨著時間變動,我們不應假設空間形式(對人口和經濟活動而言)是固定不變的。

步驟二:把旅次分配到分區中。旅次產生步驟決定了某分區開始和結束的旅次數量。旅次分配的過程把每個分區生成之的旅次,連結到其他分區。產生的結果是一個旅次表格,在表格中把所有分區兩兩相連(表8-3)。

統計方法如執行迄點選擇模型,是當今最佳的分析工具。在方程式中將土地使用類別和數量,及建成環境中的密度、建築使用因子、勞動

表 8-3
在旅次分配中的起迄點成對比較

起始分區	前往分區				
	1	2	3	4	總計（欄）
1	5	50	100	200	355
2	50	5	100	300	455
3	50	100	5	100	255
4	100	200	250	20	570
總計（列）	205	355	455	620	1635

資料來源：*Modeling Transport*, 3rd ed., Juan de Dios Ortúzar S. and Luis G. Willumsen ©2001 John Wiley and Sons, Inc. 使用以上資料經 John Wiley and Sons Inc. 授權。

參與率、汽車持有率、可及性、行人步行的方便程度、停車空間及成本，和其他因子來模擬迄點。然而，現行旅次分配的實務工作中，還是得依賴重力模型之操作。

重力模型被用來指派每個分區到其他分區的旅次數量；其計算是基於估計被其他分區所吸引旅次，並衡量起點和迄點分區間的可及性。相較於只能吸引較少旅次的分區，能吸引大量旅次的分區會分配到較高比例的旅次；與不易到達的分區相比，容易到達的分區比較可能分配到較大的旅次數量。

重力模型所面臨的挑戰之一，是其以汽車旅行時間來衡量分區之間的可及性。駕駛車輛的支出成本，和公共運輸、步行，自行車運具的可及性，鮮少被用來計算分區間的可及性。有些地區的土地使用適合非機動車輛運具，現行的方法就會低估這些地區的可及性；其結果就會高估平均的旅行距離，而使過多的旅次被分配到都市外圍地區。最好的可及性衡量方法，是要結合使用多元運具的旅行時間和成本。

另外一個挑戰，是假設兩個分區間的可及性 (距離、時間，或混合衡量方法) 與分區間指派的旅次數量是相互獨立的。因此，忽視較少的旅次 (沒有交通阻塞) 會使爾後的旅行數量增加。旅次增加了之後就會造成交通阻塞，減緩交通速率，增加旅次時間。

步驟三：運具選擇。此步驟之目的是預測每成對分區 (分別是產生旅次之起點，和旅次前往的迄點) 之間，使用各種旅行運具 (例如步行、自行車、自用汽車、共乘、巴士) 之旅次百分比。

最佳的實務工作會估計每種運具對個人的相對吸引力，其中考慮的因子包括，例如：到達目的地的時間、等候時間 (若適用者)、花費金額、服務頻率 (若適用者) 和可靠度。此模型的產出是一組係數，關係著各因子與選擇各種運具之機率 (詳細內容請參考 Ben-Akiva and Lerman 1985)。

這個模型可以得到一個經常會被規劃者忽視，但卻極其重要的模型產出，這就是運具選擇方程式的分母值 (稱為對數和；log sum)。此分母值是衡量受所有運具影響的可及性利益值。改進了某種運具，會在短期內提升可及性，因此在運具選擇方程式中的分母值就會增加。雖然這個衡量數值沒有單位，但是在比較各種不同境況之可及性會有相當大的幫助。在參考資料 8-4 中顯示波多黎各 San Juan 市預測市區鐵路對可及性的影響程度，就是應用運具選擇模型之分母值。

模擬運具選擇的用途，不只是限於四步驟的旅運預測程序。運具選擇模型之估計值，可以應用在政策評估目的。舉例來說，沿著運輸走廊之旅行需求管理方案對公共運輸搭乘率的影響，可以用運具選擇模型來預測。同樣地，假設土地使用密度改變，也能利用其計算步行旅次之變化。因為這些模型所具備之行為基礎，可將研究結果應用到其他的研究區。最近的研究也建議，可以在運具選擇模型產出了結果後，再依據地方條件上下調整估計值 (Cervero 2002)。

至於在產生旅次部分，步行和自行車運具被大多數的運具選擇模型忽略。即使把這兩個運具包括在其中，一般的模型也只納入非常少的變數。衡量建成環境之變數——用來替代其他會影響旅行決策但未被記錄之因子——始終都被排除在分析之外 (Rodriguez and Joo 2004)。因此，使此模型對機動車輛以外的替選政策，例如利用土地使用措施干預，變得非常不敏感。

步驟四：將旅次指派到路網上。當旅次被分派到每一種運具之後，接下來將它們指派到街道網路的路徑，或是公共運輸網路的路線上。這是在旅行預測程序當中，應用最多的資料、最耗時計算的步驟。

參考資料 8-4

在旅行運具選擇模型中的可及性指標

接下來展示一個實務案例，取自於波多黎各 San Juan 市建立鐵路系統對可及性之影響研究 (Zhang, Shen, and Sussman 1998)。以下圖形中顯示都會整個都會區不同就業的可及性水準。（可惜的是，圖形中衡量可及性的單位，並不具有讓人易於了解之特定意義。）利用這些資訊，運輸規劃師可以配合土地使用和住宅規劃師，在某些地區維持特定的可及性水準，或是在其他的地區提升可及性。

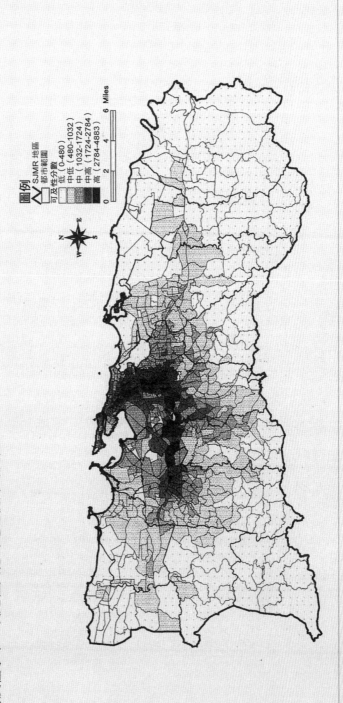

圖例

SJMR 地區
都市範圍
可及性分數
低 (0-480)
中低 (480-1032)
中 (1032-1724)
中高 (1724-2784)
高 (2784-4883)

0 2 4 6 Miles

參考資料圖 8-4 ┃ 使用以上圖形經 Zhang, Shen, and Sussman 1998 授權。

計算交通量指派的最新方法，都能顧及旅行的時間是決定在路網的旅次數量上。這個最新、最好的方法，是應用使用者機率平衡法 (probabilistic user equilibrium methods)。這些方法中假設：當達到平衡時，旅行者不會因為選擇其他的路徑，使得旅行時間縮短。因此，對任何個人而言，在起、迄點之間的所有路徑都具有相同的吸引力。

就規劃的目的而言，在此步驟中產出的結果也相當重要。產出的結果包括在街道 / 公共運輸網路上每種運具之交通量、旅行速度和時間，和各種設施的服務水準。舉例來說，透過交通量和現況或推計容量的比較，我們就大致能掌握應該進行哪些必要的投資以滿足這些需求，當然，假使這就是期待達成之目標的話。相同地，這些產出結果接下來就成為空氣品質模型的輸入值。

在指派路徑的操作上仍有許多技術的挑戰，而且最重要的是，此步驟如何與預測程序中其他的步驟交互影響。同樣地，此程序根據的行為假設並不切實際，卻能使運算工作簡化。在實際工作中，鮮少執行機動車輛以外的運具指派。對大眾運輸而言，這是因為路線劃定是受外在因子決定的，這包括大眾運輸規劃者利用大眾運輸規劃軟體協助他們工作。在具有大量步行和自行車流量的高密度地區，這些指派路徑的工作不會把它們納入。最後，為了要在微觀層次上充分的展現差異，分區資料和道路路網的詳細程度還必須提升。

把運輸資訊應用在土地使用計畫中

現況和預測的運輸條件對辨識地區優勢、機會，和需求具有相當的助益。想把運輸項目納入到土地使用計畫中，需視地區中有無運輸的投資、社區中是否優先考慮運輸和土地使用的協調配合，和是否願意用土地使用政策來支援在運輸方面的產出結果。雖然第十一章到第十四章強調運輸能在土地使用規劃中扮演關鍵角色，參考資料 8-5 著重於找出評估準則，來說明土地使用計畫在土地使用和運輸間交互影響之意義。這些資訊應納入在計畫的基礎資料中。

統整參考第三章中的計畫品質部分，參考資料 8-5 建立關於運輸元素，如何有效地納入土地使用計畫基礎資訊之指導原則。在此所關注的焦點是內部品質之概念向度，關於計畫的事實根據和內容 (Baer

參考資料 8-5
在計畫基礎資訊中納入運輸元素的指導綱領

事實的基礎

- 在計畫中應該要包括明確並易於閱讀的運輸——土地使用地圖,在無需閱讀文字的狀況下就能傳達重要資訊,包括關鍵的迄點,及重要的運輸方案(道路、公共運輸路線、主要的自行車路線和綠道)。

- 超過十年期的計畫,應考慮運輸方案對開發造成之影響。

- 是否運輸服務提供、運輸服務品質差異、運輸基磐設施及土地使用,都能明確地在地理分佈中辨識出來。政策和目標,也都要能關聯到特定的地理地區。

- 旅行需求和運輸基磐設施供給應在計畫中進行討論。對於現況條件的基本了解,有助於辨識出地區需求,並找出哪些地區的設施容量是過剩的。

- 計畫中應檢查現況和推計之地方、州、聯邦運輸基磐設施投資。計畫中利用地圖和資料清單說明現有設施的狀況和容量,以及這些系統未來可能的改變。對於未來的道路,應建立策略來引導未來開發沿著道路進行。

目標與政策架構

- 計畫中包括運輸政策之評估,例如要求最小停車空間、停車供給,和停車成本。這些政策介於土地使用和運輸規劃之間,但是鮮少被明確地歸納在任何一個計畫中。開放地討論停車需求(包括成本)和停車管理規範,有助於引導決策者進行決策。

- 展現未來社區土地使用時,同時討論各類土地使用對運輸需求和運輸基磐設施的影響。雖然在社區運輸計畫中會包括運輸衝擊的相關細節,仍需對廣泛的運輸衝擊進行溝通。最好是能應用指標來充分了解與溝通這些運輸衝擊(請見下一項)。計畫中要參考既有的多元運具運輸計畫。

- 在計畫中應用機動性和可及性指標。這些指標包括:服務水準、流量和容量之比值(V/C)、延滯時間、通勤時間,和每日交通量。然而,可及性指標可以包括更廣泛的項目,例如 1/4 英里通勤範圍內的人口 / 就業 / 零售比例、在 20 分鐘步行 / 自行車 / 開車範圍內的人口 / 就業 / 零售百分比,等時曲線,或各空間尺度的人口與就業比例,因為這些指標連結了土地使用和運輸兩者。

- 計畫中應考慮延伸運輸服務 (巴士) 與基礎設施 (路側人行道和道路) 的成本和可行性。如果可能的話，這些成本支出可以列入成為計畫的一部分，或是提供資本改善方案或運輸計畫之參考。

- 用一組共通、一致、具說服力的假設，結合未來的土地使用與運輸計畫。更重要的是在估計土地需求時，應基於和運輸計畫相同的人口與經濟預測。如此，土地使用和運輸規劃師就能在未來社區大小與形貌的假設上更趨一致。

1997; Kaiser, Godschalk, and Chapin 1995; Kaiser and Moreau 1999; Talen 1996)。並非每個綜合計畫都會依循下列全部的指導原則，但是最佳的計畫會仔細的考慮運輸原則，並在計畫中顯現出來。

自來水、污水處理和學校設施

　　自來水和污水處理服務都是屬於公共設施；再配合了運輸服務，就能增進都市的發展。不論是從規劃或開發的角度來看，為提升地區適合開發的程度，有必要提供自來水和污水處理服務。其他的設施如學校、公園和遊憩設施，在決定地區的開發潛力上，就沒有前面三者那麼的重要；然而這些設施提供之服務，也是社區所不可或缺的，它們能夠提升地區進行開發或再開發的吸引力。學校、自來水和污水處理，再加上運輸，它們在引導開發及改變都市景觀的角色日益重要。因此，以下的討論中主要著重在學校、自來水和污水設施。第六章曾討論過暴雨管理，對維持社區的環境品質和安全也是很重要的。它與自來水和污水設施不同，暴雨管理是關於整個規劃區的範圍，而不是針對單獨的開發基地。

　　與運輸基礎設施的討論格式一致，以下討論之焦點是關於自來水、污水處理、學校設施資訊的使用與展示，藉以了解現況之供給、需求及管理策略。接下來，討論焦點將轉為基礎設施的規劃，協調各項基礎設施計畫與土地使用計畫。

自來水供應基磐設施

自來水供應系統可以提供都市、農業和工業用水。其中包括兩者：可飲用的水，及不適合飲用的農業灌溉、工業製造、高爾夫球場和家庭草地澆灌，及其他用水。大多數都市的自來水供應系統只有包括飲用水的部分，然而一些水源不足地區逐漸開始利用雙系統供水。這種雙系統的供水包括兩條管線：其一提供飲用水，另外一條提供非飲用水 (也稱為灰水，gray water)。

自來水供應系統包括供水水源、處理工場，儲存與分配系統。供水水源可以是地表水，或是可從地下水層抽取地下水。在處理工場中除去原水雜質以提升水質。使用者經由處理設施、管線，和加壓幫浦的網路中取用處理過的水。較大的幹管將水傳遞到每個地區，再利用較小管線以迴路方式供應每個地點。

為了確保自來水能適當流動，分配管線系統中的水是經過加壓的。管線系統中的水壓是用加壓泵浦將水送到地勢較高的儲存設施而產生的。在一天之中，水的需求量隨時間改變，在早、晚、草地澆灌，與執行消防任務時，會出現尖峰使用量。

自來水設施和服務指標

社區自來水設施的登錄清單，要考慮供給和需求。自來水供應來源的清單，必須記錄水庫儲水量及安全出水量 (計算單位是：百萬加侖 /每天)，及儲存設施容量。還要記載供水幹管的實際資料，並用地圖繪製出管線系統與服務地區之範圍。假使是從水井中抽水，受水井影響的錐形範圍也要在地圖上繪製出，保護這個範圍避免不當地使用。處理過的水到達消費者手中，會較原水數量少 15-20%，所以在計算水供應量時，尤其是在缺水地區必須考慮到其間的差異。自來水供應服務水準的標準，是根據平均每日需求的歷史資料，用每人每天的加侖數 (gallons per capita per day; GPCD) 來表示，例如 135 GPCD。通常這個平均數字已經包括了住宅與非住宅的用水量。

自來水供應的水質也要進行記錄。聯邦和州政府通常會規範水質，包括是否含有微生物、放射性物質、無機物質、消毒副產物 (disinfection by-products)，和消毒副產物的前驅物 (precursors)。假使超

過自來水供應系統的既定標準，就要進行投資來滿足所需求的標準。假使可能的話，登錄清單資料應包括：自來水供應系統中偵測到的物質、測值之最大值、區間範圍，和容許的最大值。

登錄清單中也要包括自來水的現況需求。可能的話，不同季節的自來水消耗量和各主要消費者的消耗量，都要記載於報告中。節約用水是管理飲用水需求的重要策略。執行方法可從需求面進行限制，例如限制用水時間；改變用水行為，像是限制洗澡使用水量；也可透過系統績效之提升，例如修理漏水。第二種主要管理策略著重在改善水質。其中包括：避免暴雨逕流、衛生掩埋場、石油儲存、海水入侵，及其他污染源所產生之污染。通常，登錄的項目是在自來水服務計畫中彙整；假使能取得的話，土地使用計畫中也應包括或參考其內容。

 ## 污水處理基磐設施

都市污水處理設施的目標是收集住宅、商業，和工業產生的污水，運送到處理場，去除有害物質，再排放到水體中。與自來水供應的網狀分配系統不同，污水管線是階層或樹狀形式。污水或廢水傳送是經過污水管線網路，從連接小型住宅的小管線，到大型幹管及截流管。設置之污水管線系統應盡可能用重力來協助污水流動。在無法應用重力流時，就必須用泵浦在收集系統中協助污水流動。

污水處理場去除污水中的固態和有機物質。處理方式分為三級：初級處理 (primary treatment) 和二級處理 (secondary treatment) 除去固態和有機物質，三級處理 (tertiary treatment) 再去除其他污染物，例如磷和氮化合物。工業產生的廢水數量會比住宅和商業地區多。有時候，工業可能會產生有毒廢棄物質，例如重金屬或酚化合物 (phenolic compounds)，因此不適合利用一般的都市污水處理系統進行處理。因此就需要預先處理設施，在污染源附近就從污水中先除去這些物質。

在處理過程中產生兩種污染物質。放流水是經過污水處理場處理過的污水，可以排放到水體、注入深層地下水，再利用為灌溉用水，或做其他非飲用水的用途。淤泥 (sludge) 是在處理過程後殘留的固態物質，可以在固態廢棄物掩埋場中掩埋到土裡，或用做農業用途來調整土壤性質。

　　小型處理場及單獨設置的化糞池，可以當作集中式污水處理場的替代方案。小型處理場通常是服務偏遠地區或獨立的私人開發場所，它們的運作方式與中央式污水處理場非常類似，但是污水處理場容量較小，通常只能進行到二級處理。化糞池系統之處理方式是不同的，污水收集到化糞池中，沉澱分離並用細菌來分解固態物質。剩下的液體就排放到地下排水管，入滲至土壤時可以再進一步過濾。雖然化糞池也可以用來服務多戶住宅，一般來說，還是用在單獨的住宅居多。化糞池每三到五年需要清理一次，以去除累積的固態物質。為了發揮化糞池的功效，化糞池系統一定要設置在能讓水入滲、排水良好的土壤中。小型處理場和化糞池系統都具有某些運作與維護上的問題，不適合做為長期都市發展地區的污水處理方式。

　　對規劃師來說，在都市污水處理系統、小型套裝的處理場，和化糞池三者之間的權衡選擇，遠優先於考慮收集和截流管線的花費。每個獨立的化糞池，只能在適當的土壤條件與低密度開發地區使用，因此都是用來服務分散的鄉村區或低密度都市郊區。因此，小型套裝系統和化糞池，會使鄰近都市地區之成長管理，變得困難並且不易預測。比較之下，集中式的污水設施可以容納高密度開發，也沒有土壤條件的限制。此外，化糞池漏水和損壞所造成的社會成本比公共污水系統成本還高。在開發環境敏感地區時，化糞池滲漏造成的環境衝擊越來越被重視。這就是為什麼許多州和地方政府的衛生管理單位，開始對化糞池系統設定標準。最近的趨勢是為了安全及容易預測環境衝擊之考量，逐漸增加對污水、點源污染排放，和污水滲漏的限制。

　　除了管理服務範圍擴張外，其他的污水課題還包括：是否強制要求連結污水管、公部門和私人開發者及個人間的成本分攤、是否允許污泥的處理方式 (土壤品質調整、掩埋，或海拋)，以及都市擴張的相關政策；其中，後者是規劃師最常面臨到的。舉例來說，未納入都市轄區內的社區，會希望能夠得到都市自來水和污水之服務。基磐設施服務的延伸，就被視為能讓開發與計畫達成一致的機會。因此，應該使對污水的規範成為引導開發之正面工具。

污水設施和服務指標

關於現況污水設施之資訊，除了私人的、基地內 (on-site) 系統和小型社區套裝處理系統之外，還應包括集中式 (區域) 的污水處理場，及污水收集系統的地點和容量。污水收集系統的構成組件包括了加壓站和加壓幹管，藉以使污水能穿越山陵線與無法用重力運輸的平緩地形。視系統的配置方式，在都市地區內可能會有若干個污水服務的範圍，所以污水處理系統的登錄清單資料，應包括服務範圍的地圖。針對小型套裝處理場和化糞池服務的範圍，也都必須用地圖來顯示服務地區。此工作需要針對各個污水服務提供者進行調查，包括政府與非政府單位、地方性衛生與化糞池清理廠商。

污水的登錄清單也記錄處理場的現況需求，佔處理容量之百分比。污水系統比較不會像自來水供水系統會有所謂的季節性差異，因為自來水夏天的需求量增加主要是因為草地的澆灌。其他的指標還包括流量 (每日平均值、最大值、最小值)、生化需氧量和其他操作性因子，這些都可從處理場操作者手中取得。最後，也需要提出關於污水放流之接受水體和衛生掩埋場的土地資訊，包括負荷污染量的條件、對水體水質的影響，和現有與未來接受水體的污染分解能力。彙整所有項目，這些資訊可以評估污水處理之運作、過剩的容量，設施現況條件和環境條件，才能建立起規劃工作的基礎。

就如自來水供應，污水系統服務水準的標準，經常用每人每天產生污水量，或是每機構每天的污水量來表示。這些數值是從現況使用量得到的。舉例來說，污水服務水準可以是 115 GPCD (加侖 / 天)。假使可能的話，土地使用計畫應將污水處理計畫列為附件，不然至少也應該在土地使用計畫中，參考引用污水處理計畫的內容。

 ## 學校設施

雖然地方性的學校系統管理，通常由獨立選出的委員會負責，規劃轄區內甚至可能包括好幾個學校系統，學校區位和辦學品質，對成長型態、學校可及性、學校地點適當性，和將學校同時做為社區集會與遊憩地點，是在土地使用規劃工作中的重要考量。學校被認為是鄰里的核心地點，通常在鄰里中擔任兒童遊戲場和集會場所的雙重功能。

小學和國中提供社區的公共教育服務。學校基地被歸類為小學、國中 (或初中) 和高中；或能將社區大學做為第四類學校。雖然學校建設是由地方性的學校系統負責，規劃時仍需妥善協調教育服務分佈與土地使用計畫兩者。

關於學校的資訊，經常會列在土地使用計畫中關於學校計畫的附件中，或在土地使用計畫適當處引用到學校計畫。其中關鍵的學校資訊包括：現有學校位置的地圖、學校類型和學校名稱。此地圖要配合圖表，呈現出每個學校的基地、學校規模、容量，並針對鄰里或住宅社區，和不同的學校管理形式 (公立學校、私立學校，和教會學校) 記錄學校註冊人數。學校資訊也可包括學校設施新舊與使用狀況、學校基地規模和特性、非上課時間是否能允許社區人士使用學校設施，及利用步行和自行車運具前往之可及性。假使有公共運輸路線能夠服務學校的，在此一併納入。

自來水、污水處理，和學校的規劃方法

自來水供應和污水處理兩者皆與土地使用規劃關係密切。自來水和污水處理系統的容量和位置，都應依需要服務的都市開發數量、類型，和地點來規劃；同時，都市開發的數量和地點也須視自來水和污水處理的提供狀況來決定。此外，自來水和污水處理的服務地區需要互相協調，因為污水服務是利用重力排水，自來水供應要利用高度差來提供穩定的水壓，兩者間互相調整配合才能有效地提供服務。關於污水排水區域的決策，需要考慮是否有高度差形成水壓，對自來水來說也是如此。因此，假使沒有自來水和污水處理的服務，就不可能進行高密度開發。同樣地，在土地使用計畫中規劃特定的土地使用形式，也要在計畫中反映出自來水和污水處理服務之技術與財務可行性。

過去十年之間，學校和土地使用規劃間的連結被強化了。現代的學校設計使用大量的土地，使得它們的地點必須是在價格較低廉的區位。因此，相較於其他的社區核心土地，學校開發基地在多元運具的可及性上經常是不盡理想的。

估計未來的公共服務需求量，包括了三種常用的方法。最常用的方法，在稍後會進一步介紹，是用每人乘數 (per capita multipliers) 計算。

在方法中假設未來的需求是直接與人口數和該地區經濟活動相關。第二種方法，是將類似社區、可互相比較社區之經驗納入，來強化每人乘數法。其他規劃轄區之經驗 (不論人口是增加或減少)，可以用不同的形式納入到分析當中。舉例來說，乘數本身就是可以調整的；相同地，估計結果可以依據類似社區的經驗，做上下調整。未來的財務變遷和成長造成之影響，都可以將這些社區比較之經驗，當作重要的參考。第三個方法是使用迴歸分析，將公共服務需求與人口，及地區特性如氣候、個人收入、降雨量等進行關聯分析。過去的資料如地方性消耗量，就是迴歸方程式中的輸入資料。分析過去資料所得到之參數，可以用來預測未來各種規劃境況和開發狀態在需求量的變化。

使用每人乘數法估計自來水、污水和學校的未來需求，可以歸納為幾個步驟。首先，人口和經濟活動的改變量，分配到與未來開發境況一致的地點和區位；所得到的結果，就是把未來的服務需求反映到不同空間上。這個方法不只是考慮人口特性，同時也考量到開發類型 (密集或蔓延式的社區，高密度或低密度，距離既有設施鄰近或遙遠) 來決定對社區設施的影響。

接下來的步驟是要檢查現有設施容量是否不足或超出，而其中面臨的課題多半是空間分佈不均。也就是說，社區中某些地區的基磐設施的容量過高，而其他地點卻有不足的情形。在那些設施容量明顯超過需求的地區，新的都市成長對財務之影響，會比設施容量略為超出需求的地方小。在基磐設施不足的地方增加都市成長，需要大量投資設置新的設施，因為這些設施通常無法小量的、低成本的漸進擴充。[4]再加上預測的需求增加，此容量分析能讓我們大致了解該地區是否需要增加基磐設施。

自來水供應的規劃

自來水供應的規劃是從推計立即與長期 (最長可達 50 年) 的未來需求開始，這是根據人口與就業的推計，在某些案例中還需考慮工業用水。過去研究指出，人口是估計整體自來水使用量之可信指標 (詳細之內容請參考 Dzurik 2003)。因此最常使用的方法，就是將推計人口乘上每人用水係數，再加上非住宅使用的用水量。有時候會略為修正這個方

法，針對住宅使用、商業使用、工業，和一般就業分別採用不同的每人用水係數，加上如電廠和大量用水產業 (例如紡織和食物處理) 的用水量。

在美國一般所採用的用水需求是每人每天 150 加侖 (GPCD)：家用 (住宅使用) 水量為 55 加侖，20 加侖於商業使用，50 加侖用於工業使用，25 加侖用於公共及其他使用。但是，使用量是隨地點而不同的，都介於 50 到 250 GPCD 間，視當地氣候、收入，和工業類型等因素而有差異。假使一個社區沒有或只有少許工業，用水需求應該會明顯地小於 150 GPCD。因此，分析地方性使用量和推計工業就業數之關聯，對估計用水需求會有幫助 (Goodman and Major 1984, 88-90)。

公共供水系統唯有在每平方英里人口超過 1,000 以上時，才能合乎經濟運作的規模；也就是說，平均基地面積應該在 1.5 英畝以下，或最小淨開發密度為每英畝 0.6 個居住單位。假使每平方英里的人口少於 500 人時，公共供水系統是難以維持收支平衡的。

規劃自來水之供應必須要評估現有和潛在的地下水、地表水供應，並且要設計擷取與處理水源，以及將自來水配送給使用者的方法。在使用地下水源時，須考慮抽取地下水若是超過地下水補注速率，就會造成地下水位降低。地下水位降低會損害鄰近的濕地，並且造成地層下陷。有時候，會需要水庫來調整與儲存地表水量。水庫所提供的服務通常不只是提供水的儲存，也收集沉澱的淤泥，還包括水利發電、遊憩和洪水控制 (請參考 Dzurik 2003 文中討論計算儲存容量的技術)。此外，保護集水區在本質上，也就是地區性土地政策計畫之目標。

污水處理的規劃

就如自來水系統，污水處理規劃也是長期的工作，主要污水管線的

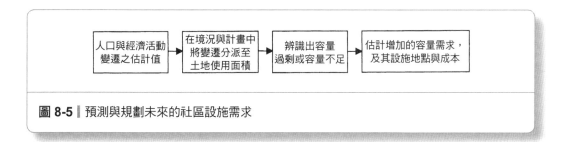

圖 8-5 ┃ 預測與規劃未來的社區設施需求

設計是放眼 50 年的期程,而處理設施是 25 年,也會將處理工場擴建納入規劃工場規模之計算。預測未來污水收集與處理的需求,要納入人口與就業的一般性推計,及具有大規模污水處理需求產業之就業。這些需求的地理分佈,就如第十一到第十五章討論的替選開發境況和計畫所呈現的,是污水規劃中需要參考的重要面向。人口、就業和土地使用接下來就轉換成對污水處理的負荷。

於一般的土地使用規劃中使用的最簡單方法,就是把自來水使用量做為產生污水數量的基礎。一般來說,規劃師將自來水需求量乘上 0.6-0.8 係數,而此係數最好是依照地方資料的研究結果,就能得到污水處理的需求量 (Tabors, Shapiro, and Rogers 1976, 28)。假使將用水的需求依照土地使用區分,此係數會隨著土地使用改變。以休士頓為例,住宅區的自來水需求量乘以 0.8,可以得到污水處理和收集的需求,辦公空間的係數是 1.0,零售業的係數是 0.5 (City of Houston 1987)。

設置污水處理設施的地點,對土地使用規劃和污水處理規劃兩者都非常關鍵。污水處理需要用重力流排放污水,因此使適合做為污水處理設施位置的數量減少。又因其可能產生臭味及人們的負面感受,污水處理工場不宜座落在鄰近既有與規劃的住宅與商業區。因此,土地使用和污水設施的規劃間之協調更形重要。實際上,初步的污水處理規劃應該要比住宅、辦公區、商業區,和工業部門的土地使用規劃更早開始進行,在適宜性分析地圖上劃設出既有設施,和未來能用重力流提供服務的新設施地點。

公共污水設施所服務的最小密度,一般來說是比公共供水系統高。至少要超過每平方英里 2,500-5,000 人的人口密度;也就是說,平均基地面積不應超過 1/2 英畝,淨開發密度為每英畝至少兩個居住單位。當密度小於每平方英里 1,000 人時,公共污水系統就難以收支平衡 (Carver and Fitzgerald 1986)。但是,考量降低健康風險並推動成長管理,公共污水處理在較低人口密度時,或許還算是適當的方法。

規劃師經常面臨到的問題是:大規模自來水與污水處理工場所節省的經費,能否能抵銷連接到這些區域服務中心較長的管線費用。證據顯示,自來水和污水的處理設施越大就越合乎經濟規模,能處理越多的自來水或污水,不論是短期或長期,都能夠降低單位處理成本。但是,因

為需要使用加壓馬達及其他必要的設備將水傳遞到偏遠地點，因此會造成運送管線規模的不經濟。於是在既有自來水和污水系統的條件下，共同考量空間和服務特性兩者來協助決定設施規模。因為人口密度及服務地區範圍會影響管線長度和能源成本，當服務地區面積擴大、密度降低時，配送自來水與污水的成本會促使設施規模降低。對每個規劃區而言，其效果還需視此地區的特殊條件而定。

最後，假使集中提供污水處理和自來水服務，服務成本的變化可以顯示社區開發形式和其財務衝擊是會有密切關聯的。證據顯示出分散成長形式之投資成本，是大於密集的都市成長形式，其原因主要就是分散的都市成長會增加自來水和污水的幹管長度 (Burchell et al. 1998; Frank 1989; Speir and Stephenson 2002)。

學校規劃

學校的設計在過去五十年間有許多改變，傳統概念的鄰里學校，被服務範圍涵蓋整個社區的學校所取代。改變的原因包括：試圖達到種族融合、住宅分散 (decentralization)、平均戶量降低造成居住密度下降和學區擴大、大規模的學校比較省錢等等。所造成的結果是從 1930 年以後，即便中、小學就學人口幾乎是過去的兩倍，全美國的學校數下降了超過 65% (Salvesen and Hervey 2004)。

為了在此變遷條件下提升學校規劃，許多州和地方政府採行了學校建設原則 (school-construction guidelines)。這些原則是根據國際教育設施規劃委員會 (Council of Educational Facilities Planners International; CEFPI) 的資料，按照不同類型學校包括的年級，提出對土地利用量和需要設施的一般建議。但在許多的案例中顯示出，這個指導原則對都市郊區和偏遠地區學校，太強調使用私人車輛的可及性，所以應謹慎地使用這些原則。舉例來說，北卡羅萊納州初擬的指導原則範型 (North Carolina Board of Education 2003) 就依據 CEFPI，假設學校位在鄉村或市郊，包括一層樓的建築物和戶外遊戲空間，滿足全數的停車需求，校車在校地上能依序前後排列。這個原則建議學校若包括從幼稚園到小學六年級 (K-6)，可使用 10 英畝土地；高中可以使用 30 英畝的可開發土地，每天使用人數每增加 100 人，就再增加一英畝土地。如此嚴苛的空

間需求限制在已開發地區尋找校地的可行性。因此,學校的座落地點就逐漸轉移到都市周邊地區,這就更限制了步行、自行車,和公共運輸的可及性。為了降低這些土地的需求,策略上可以和某些特定機構如遊戲場所和集會場所,簽訂分享土地使用 (和分攤成本) 的共同協定,透過使用時間之安排,來更有效地利用這些既有設施 (Salvesen and Hervey 2004)。

　　延續在本節最前面所整理的一般性方法,學校規劃的分析過程包括:預測註冊學生數、比較預測人數和既有學校設施、建立區位和空間需求標準,並設計學校地點的空間分佈形式。以下我們檢視各個步驟。

　　學校規劃的第一個步驟,是按照未來各年級的安排方式 (如 6-3-3),或按照鄰里、規劃分區,或其他適當地理單元預測未來學生註冊人數。可以依照每個地區的居住單元類型,計算學童產生率 (pupil-generation rates),將此比率乘上該地區推計人口數,就得到未來學生註冊數。考量地區特性如居住單元類型,學童產生率與特定地區產生學生總數是相關的。這個比率在獨戶住宅為主的地區較高,多戶住宅的地區則較低。比率還可按照小學、國中、高中分別計算,也可以依私立與公立學校系統區分 (假使兩者都具有相當規模)。也可調整此比率以反映學童就讀各級私立或教會學校比例,假使兩者都有充分的註冊人數。

　　接下來根據住宅區土地使用設計所提出的人口分佈,將各級學校總註冊人數分派到各地區。這個方法適合在土地使用計畫中設計學校地點的配置形式,在稍後較詳細的學校規劃和資本改善方案中再行調整。此步驟之結果,是依照年級所分派的學校需求空間分佈。

　　下一個步驟是檢查現況的學校地點清單,同時考量其容量、條件,和未來學校學生分佈的可及性。規劃師務必評估學校可能的擴建規模,並評估改建既有學校建物和基地,也要評估空地和更新地區的土地開發成新學校的適當性與可行性。考量區位和空間需求,要包括可接受的步行和公車服務範圍、最小基地規模標準或指導原則,和需要之基地數量。基於這些考量和基本目標,規劃師設計學校基地的配置形式,其中包括要保留的既有學校地點,需要擴張、修正,或不再使用的學校地點,及新的學校地點。不再使用的學校地點,就可以成為其他土地使用的基地位置。

結論

　　這一章當中，呈現出規劃師應掌握的社區設施關鍵資訊。這些資訊彙整如下：

- 既有基磐設施的區位和容量
- 對基磐設施的現況需求
- 基磐設施容量過剩的地區
- 現況有基磐設施服務，但即將出現基磐設施服務不足的地區
- 快速成長、對基磐設施容量有高度需求的地區
- 現在的基磐設施服務價格
- 規劃改善基磐設施的時間，和改善規模
- 規劃之基磐設施之改善與擴建，能吸引土地開發的程度，或達到現有土地使用計畫中之需求程度
- 針對容量過剩或不足之策略
- 無法充分使用到社區設施與服務的團體
- 承受現有基磐設施與使用所造成負面影響之團體
- 受到現有與規劃的基磐設施，和設施運作的影響，已經或將會造成實質環境衝擊的地區 (例如影響空氣品質與水質)

　　雖然規劃者通常不負責建造或直接管理社區設施，規劃師的行動會影響設施需求的時間與地點。因此，規劃師需要不斷的更新需求、剩餘容量，和每個設施提供服務之資訊。因為社區設施須要大規模的投資，不只是滿足既有公共服務需求，也增進了地區能吸引新開發的能力，所以社區設施是土地使用規劃賽局當中的主要影響力量。我們認為用土地使用規劃來連結規劃和社區設施，可以合理使用社區資源，並能協助管理社區開發。在土地使用規劃和社區設施間，尤其以運輸設施與規劃間的協調是最重要的。

　　就如人們旅行是為了到達其目的地，我們建議在登錄社區運輸條件時，規劃師應該用可及性指標，來補正廣泛應用的機動性指標。可及性指標能將運輸基磐設施與土地使用系統兩者連結起來。此外，在不同替選方案和政策境況中，這些指標可用來檢視，究竟是誰獲利或誰遭逢損

失。關於可及性指標之資訊可從最基本的地理資訊系統中取得，也可以從四階段旅運預測方法的過程中得到。就旅運預測而言，我們歸納出旅次產生、旅次分派、運具選擇，和路網指派四個步驟。我們強調規劃師應思考運輸規劃當今的挑戰與規劃的假設條件，仔細思考後再應用規劃之結果。最後，與討論優質計畫文獻的觀念是一致的，我們建議擬定指導原則，將運輸基磐設施資訊納入土地使用計畫的事實資訊基礎中。

對自來水、污水處理和學校設施，我們在之前的討論中建議採用服務品質指標，並歸納何以服務的供給需求會隨不同空間改變。計畫中應該彙整一份摘要：設施──都市成長計畫、擴大服務範圍的政策，及財務方案。這些資訊經常是資本改進方案的一部分，彙整之目的是為了在計畫中統整協調。彙整這些資訊需要從相關權責單位中收集設施之資訊，其中包括負責的單位、服務地區，和非政府組織如私人與非營利機構。

在規劃未來需求時要根據成長之預測和特定開發境況，我們建議使用每人乘數來配合未來土地使用設計之資訊。此外，我們強調規劃師經常要進行重要事項之權衡：是使用集中式的污水處理服務，使用化糞池，還是社區的套件式污水處理場；是用大規模的學校，還是每個鄰里都分別設置學校。這些權衡會影響土地使用開發形式，也會被開發形式影響，因此這些權衡之決定是計畫製作過程中的重要部分。

在這一章當中討論的基磐設施資訊，可以協助計畫辨識出允許或鼓勵開發的地點，並且避免開發不適宜開發之地點。再輔以人口與經濟預測、重要的環境因素，和土地使用之機會與限制，基磐設施系統資訊可以幫助規劃師了解現況與未來之都市成長動態，並與社區溝通他們的實際需求。

註解

1. 適時地配合開發提供基磐設施服務，和提供適當的服務規模，可以透過同時性 (concurrency) 規範、透過政府資本改善方案，或透過開發許可、稅收來達成。同時性規範和適當的設施需求，是為了確保當地區成長時不至於造成大量基磐設施之匱乏。適當服務程度之

界定，是依照每種設施所採用的特定服務水準來決定的。其他相關同時性之討論，請參考第十五章。

2. 其他的定義還包括：運輸與土地使用系統所產生的利益 (Ben-Akiva and Lerman 1985)、每個迄點的互動成本 (Levine and Garb 2002)，和互動可能性之強度 (Hansen 1959)。

3. 馬里蘭州蒙哥馬利郡的規劃師開發出對行人友善程度之指標，這個指標是根據：地區的建築物退縮、是否有路側人行道、步道，及公車候車亭。在 1990 年代早期，奧勒岡州波特蘭市的規劃師計算行人步行環境的分數，依據：路側人行道的連續性、穿越馬路的容易度、街道特性及地形。最近波特蘭的規劃師把這個分數指標進行更新，再納入地方街道交叉密度測定值、家戶密度和零售業密度。

4. 著重在財務成本，不應混淆操作成本是市政府最重要支出項目之事實。自來水和污水處理服務成本，包括：配送的基磐設施成本 (管線和加壓站)，操作成本 (維護和能源成本)、水的儲存，水與污水處理。從美國普查局所得到的資料指出，操作成本約佔污水處理的 64%，飲用水之 71%，教育支出的 90%。

參考文獻

Altshuler, Alan, and Sandra Rosenbloom. 1977. Equity issues in urban transportation. *Policy Studies Journal* 6(1): 29-40.

Baer, William C. 1997. General plan evaluation criteria: An approach to making better plans. *Journal of the American Planning Association* 63 (3): 329-44.

Ben-Akiva, Moshe, and Steve Lerman. 1985. *Discrete choice analysis*. Cambridge, Mass.:MIT Press.

Burchell, Robert W., Naveed A. Shad, David Listokin, Hilary Phillips, Anthony Downs, Samuel Seskin, Judy S. Davis, Terry Moore, David Helton, and Michelle Gall. 1998. *TCRP Report 39: The costs of sprawl-revisited*. Washington, D.C.: Transportation Research Board.

Carver, Paul T, and Ruth A. Fitzgerald. 1986. *Planning for wastewater*

都
市
土
地
使
用
規
劃

collection and treatment. In Urban planning guide: ASCE manuals and reports on engineering practice, no. 49, rev. ed., xiv, 577. New York: American Society of Civil Engineers, Urban Planning and Development Division, Land Use Committee.

Cervero, Robert. 2002. Built environments and mode choice: Towards a normative framework. *Transportation Research Part D* (7): 265-84.

Cervero, Robert and Kara Kockelman. 1997. Travel demand and the 3Ds: Density, diversity and design. *Transportation Research D*, 2(3): 199-219.

Cervero, Robert. 1996. Mixed land-uses and commuting: evidence from the American Housing Survey. *Transportation Research A*, 30(5): 361-377.

Cervero, Robert, and John R. Landis. 1995. The transportation-land use connection still matters. *Access* (7): 2-10.

City and County of Denver. 2000. *Blueprint Denver*. Denver: Author.

City of Houston. 1987. *Planning policy manual*. Houston: Department of Planning and Development.

Council on Environmental Quality. 1997. *Considering cumulative effects under the national Environmental Policy Act*. Washington, D.C.: Executive Office of the President.

Dzurik, Andrew Albert. 2003. *Water resources planning*, 3rd ed. Lanham, Md.: Rowman & Littlefield.

Florida Department of Transportation. 2002. 2002 *Quality/level of service handbook*. Tallahassee: State of Florida Department of Transportation.

Frank, James E. 1989. *The costs of alternative development patterns: A review of the literature*. Washington, D.C.: Urban Land Institute.

Gakenheimer, Ralph. 2000. Urban transportation planning. In *The profession of city planning*, Lloyd Rodwin and Bishwapriya Sanyal, eds., 140-43. New Brunswick, N.J.: Center for Urban Policy Research.

Geurs, Karst T, and Bert van Wee. 2004. Accessibility evaluation of land-use and transportation strategies: Review and research directions. *Journal of Transport Geography* (12):127-40.

Giuliano, Genevieve. 1991. Is jobs-housing balance a transportation issue? *Transportation Research Record* (1305): 305-12.

Giuliano, Genevieve. 1995. The weakening transportation-land use connection. *Access* (6): 3-11.

Giuliano, Genevieve, and Kenneth A. Small. 1993. Is the journey to work explained by urban structure? *Urban Studies* 30 (9): 1485-1500.

Goodman, Alvin S., and David C. Major. 1984. *Principles of water resources planning*. Englewood Cliffs, N.J.: Prentice Hall.

Handy, Susan, and Kelly Clifton. 2001. Local shopping as a strategy for reducing automobile travel. *Transportation* 28 (4): 317-46.

Handy, Susan, and Debbie Niemeier. 1997. Measuring accessibility: An exploration of issues and alternatives. *Environment and Planning A* (29): 1175-94.

Hansen, Walter. G. 1959. How accessibility shapes land use. *Journal of the American Institute of Planners* (25): 73-76.

Helling, Amy. 1998. Changing infra-metropolitan accessibility in the U.S.: Evidence from Atlanta. Progress in *Planning* 49 (2): 55-107.

Institute of Transportation Engineers. 2001. *Trip generation handbook: An ITE recommended practice*. Washington, D.C.: Institute of Transportation Engineers.

Isserman, Andrew M. 1984. Projection, forecast, and plan: On the future of population forecasting. *Journal of the American Planning Association* 50 (2): 208-21.

Kaiser, Edward J., David R. Godschalk, and Stuart F. Chapin, Jr. 1995. *Urban land use planning*, 4th ed. Champaign: University of Illinois Press.

Kaiser, Edward J., and David Moreau. 1999. *Land development guidelines for North Carolina local governments*. Chapel Hill: Center for Urban Regional Studies, University of North Carolina.

Khattak, Asad J., and Daniel A. Rodriguez. 2005. Travel behavior in neo-traditional neighborhood developments: A case study in USA.

Transportation Research Part A, 39 (6): 481-500.

Krizek, Kevin J. 2003. Neighborhood services, trip purpose, and tour-based travel. *Transportation* 30 (4): 387-410.

Levine, Jonathan C, and Jakov Garb. 2002. Congestion pricing's conditional promise: Promotion of accessibility or mobility? *Transport Policy* 9 (3): 179-81.

Miller, Harvey. 1999. Measuring space-time accessibility benefits within transportation networks: Basic theory and computational procedures. *Geographical Analysis* (31): 187-212.

Moudon, Anne V., Paul M. Hess, Mary C. Snyder, and Kiril Stanilov. 1997. Effects of site design and pedestrian travel in mixed-use, medium-density environments. *Transportation Research Record* 1578: 48-55.

North Carolina Board of Education. 2003. *Facilities guidelines*. Raleigh, North Carolina: Department of Public Instruction.

Northridge, Mary E., Elliot Sclar, and Padmini Biswas. 2003. Sorting out the connections between the built environment and health: a conceptual framework for navigating pathways and planning healthy cities. *Journal of Urban Health* 80: 556-90.

Ortúzar, Juan de Dios, and Luis G. Willumsen. 2001. *Modelling transport*, 3rd ed. New York: John Wiley and Sons.

Rodríguez, Daniel A., Asad J. Khattak, and Kelly R. Evenson. 2006. Can new urbanism encourage physical activity? Comparing a New Urbanist Neighborhood with Conventional Suburbs. *Journal of the American Planning Association* 72 (1), in press.

Rodríguez, Daniel A. and Joonwon Joo. 2004. The relationship between non-motorized travel behavior and the local physical environment. *Transportation Research Part D* 9 (2): 151-73.

Ryan, Sherry. 1999. Property values and transportation facilities: Finding the transportation-land use connection. *Journal of Planning Literature* 13 (4): 412-27.

Saelens, Brian E., James F. Sallis, Jennifer B. Black, and Diana Chen. 2003.

Neighborhood-based differences in physical activity: an environment scale evaluation. *American Journal of Public Health* 93(9): 1552-58.

Saelens, Brian E., James F. Sallis, and Lawrence D. Frank. 2003. Environmental correlates of walking and cycling: finding from the transportation, urban design, and planning literatures. *Annals of Behavioral Medicine*, 25 (2): 80-91.

Sallis, James, James F. Johnson, Marilyn F. Calfas, Karen S. Caparosa, and Susan J. Nichols. 1997. Assessing perceived physical environmental variables that may influence physical activity. *Research Quarterly for Exercise and Sport*. 68: 345-51.

Salvesen, David A., and Philip Hervey. 2004. *Good schools － good neighborhoods* (CURS Report 2003-03). Chapel Hill: Center for Urban and Regional Studies, University of North Carolina.

Speir, Cameron, and Kurt Stephenson. 2002. Does sprawl cost us all? *Journal of the American Planning Association* 68 (I): 56-70.

Stokols, Daniel. 1992. Establishing and maintaining healthy environments: Toward a social ecology of health promotion. *American Psychologist* 47: 6-22.

Stover, Vergil G., and Frank J. Koepke. 1988. *Transportation and land development*. Washington, D.C.: Institute of Transportation Engineers.

Tabors, Richard D., Michael H. Shapiro, and Peter P. Rogers. 1976. *Land use and the pipe: Planning for sewerage*. Lexington, Mass.: Lexington Books.

Talen, Emily. 1996. Do plans get implemented? A review of evaluation in planning. *Journal of Planning Literature* 10 (3): 248-59.

Transportation Research Board. 2000. *Highway capacity manual*. Washington, D.C.: National Academy Press.

Transportation Research Board. 2003. *Transit capacity and quality of service manual*. Washington, D.C.: National Academy Press.

U.S. Census Bureau. 2003. *Finances of municipal and township governments: 1997 census of governments*, vol. 4. Washington, D.C.:

都
市
土
地
使
用
規
劃

U.S. Census Bureau, Government Division.

Wachs, Martin. 2000. Education for transportation in a new century. In *The profession of city planning*, Lloyd Rodwin and Bishwapriya Sanyal, eds., 128-39. New Brunswick, N.J.: Center for Urban Policy Research.

Wachs, Martin. 2001. New expectations for transportation data. In *Personal travel: The long and the short of it*. Transportation Research Circular E-C026 (March): 37-43.

Zhang, Ming, Qing Shen, and Joseph Sussman. 1998. Job accessibility in the San Juan metropolitan region: Implications for rail transit benefit analysis. *Transportation Research Record* (1618): 22-31.

第九章
社區狀態報告

　　當在準備開發新的社區計畫時，你被要求提出關於這地區的人口與經濟、環境、土地使用、運輸及基磐設施系統的重要研究發現，並起始社區協力參與的過程來討論與精煉這些重要的發現，以輸入到計畫製作過程中。其中牽涉到了兩項平行進行卻交互影響的工作：(1) 整合與分析規劃支援系統之策略情報；以及 (2) 將這個情報結合社區的基礎資訊與參與，建立製作計畫之共識。最後，你的工作成果是將這些重要的發現及一份民眾參與計畫，彙整成為社區狀態報告。在社區狀態報告中討論規劃相關的議題、未來發展境況、及永續發展願景。你該如何完成這項任務？

在本章之中提供一套方案，將人口與經濟系統 (第五章)、環境系統 (第六章)、土地使用系統 (第七章)，及運輸與基磐設施系統 (第八章) 的重要發現，彙整成為社區狀態報告。目的是將從個別系統中所收集的情報組合、協調與分析，做為民眾參與之基礎和計畫製作過程之輸入，並做為朝向未來永續社區發展的進度指標。

　　本章也討論了社區參與過程的設計與執行，如何審視、增加，並調整所得到之情報。其中討論社區基礎資料的收集技巧，及如何建立關於規劃議題、境況，及願景之共識。規劃情報的產生，同時牽涉到了理性與技術性的分析，及許多主觀、過程導向的民眾參與。其目標即是為了

導向研擬與建立永續社區願景，建立協力的規劃過程。

分析和參與過程之產品就是社區狀態報告，其彙整社區規劃之議題，包括了政策及規範的適當性、基於價值之願景，及其發展境況之分析。這與 Meck (2002, 7-73 to 7-77) 所討論之地方性綜合規劃的「議題與機會成分」類似，製作社區狀態報告之目的，就是做為計畫準備作業的方向指引。

準備社區狀態報告

社區狀態報告的準備工作中，要完成兩項重要的規劃任務：(1) 整合與分析各個單獨規劃支援系統之策略性情報；及 (2) 將這些情報整合社區基礎資訊與參與，以建立製作計畫之共識。這兩個任務是平行的，彼此之間又是互相影響；其一是擔任分析性的「左腦」，另外一個則是負責過程導向的「右腦」(圖 9-1)。為了要發揮最大的效用，這兩份工作之設計務必是互動的、互為彼此的重要輸入。

資料分析的工作是將規劃支援系統中所得到的重要發現加以彙整，辨識其對社區發展與規劃之涵義。雖然個別的規劃支援系統基本上皆有

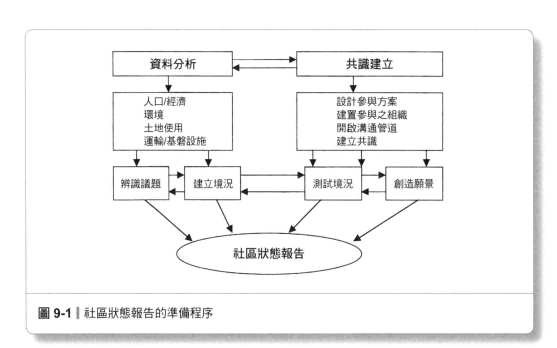

圖 9-1 社區狀態報告的準備程序

其功能性的討論核心，但資料彙整分析可連結所有的個別研究發現，形成更全面、整合的架構。這個架構能夠辨識社區之議題與關注事項，並開始建立未來社區發展的可能境況。

共識建立的工作，是要透過設計與執行一套包括各種活動、節目和制度建立的方案來達成，在這個方案中，納入社區的利害關係人、決策者及一般大眾，並提供資訊給他們。其中一項任務是要將資料分析部分中所得到之情報、課題和境況呈現給參與者，供他們審閱、評論，並進行微調。它能夠協助參與者測試未來社區發展境況，並創造永續發展之願景；它儲備社區參與之社會資本 (social capital)，這是爾後規劃階段會要用到的。

社區狀態報告則彙總規劃支援系統之分析、社區參與活動兩者的重要發現。在此報告中結合了事實與價值。它的格式是民眾與決策者都能夠取用的；它的設計，是將利害關係人及一般大眾檢視與測試過的議題、境況及願景，做為計畫製作過程之指導。當計畫製作過程中出現新的資訊或體認時，就要修訂這份報告，來反映社區知識的最新狀態。

在規劃過程中，把參與和資訊視為兩個分別的部分，或許比較簡單；實際上，兩者是緊密相關的。民眾參與不但能為規劃注入許多在地知識與歷史的內涵，甚至連資訊收集之議程，都部分受到參與者關切事項所影響。協力規劃 (collaborative planning) 已經跨越了傳統民眾參與，及規劃官員分析與消化資料兩者之間的鴻溝。在 Hanna (2000) 文中，就掌握到了資訊與參與之間微妙的交互影響：

> 參與和資訊之間的關係，是取決於參與的本質。關鍵的問題就是：是誰，在用什麼方式進行參與？民眾參與有助於塑造資訊開發；其影響是具協同加成效果的。參與者不但能促使在規劃過程中加入新的資訊、對舊資訊提出新的詮釋外，更能將知識傳佈給規劃過程的邊緣參與者 (包括代理與非代理參與者)。因此，不容易確實測量參與之成功與否。資料的準備與分析、與非代理參與者的互動，及將資訊呈現給民眾，都可能成為具轉變性之行動——即使它們的影響未必是明確的。資訊是建立共識的重要環節。……開發資訊、認同資訊之過程，是讓資訊對個人與機構造成重要影響的關鍵……。(401)

彙整關鍵的研究發現

　　每個社區都有其特殊的條件、問題及願景，而這些都是源自於社區的歷史、地理與政治背景。從各個單獨資訊系統彙整關鍵研究發現之過程，必須反映出該社區之特定觀點。然而，規劃師可以利用一般的辨識議題及建立境況技術，描繪他們規劃的地點、說出這些地點的故事。

辨識議題

　　議題辨識是用掃描規劃情報，來找出具爭議的地方事件、尚未解決的問題，或是具爭議的論點。如果被認定是相當重要的，這些議題就會被列入在計畫製作過程必須處裡之社區需求議程中。例如，2000 年丹佛市綜合計畫 (Denver Comprehensive Plan 2000) 中，列出下列的土地使用議題 (City and County of Denver 2000, 2002)：

- 土地使用與運輸功能之間無法銜接，交通壅塞日益嚴重、旅行里程逐年增加，相鄰的商業與住宅開發不能協調，路邊步行區安全堪虞又不舒適，使徒步往返公共運輸車站的人數減少。

- 分區管制規範自 1956 年沿用迄今，早已過時，不但過度複雜並難以管理。其中有不少早已不合乎時代的土地使用限制、衝突的開發標準，還欠缺基本的設計標準。

　　在準備後續計畫，即丹佛藍圖計畫 (Blueprint Denver) 時，丹佛的規劃師及市民都將目標鎖定為如何解決上述議題。丹佛藍圖計畫的副標題為土地使用與運輸計畫，奠定了重大計畫變革及更新分區管制的基礎。運用了新的策略之後，未來的成長就引導至指定之變動地區，遠離被指定的穩定地區。

　　另一個辨識議題的例子，是在加州未來人口變遷意涵的論爭中發現的 (Myers 2001)。州政府推計在 1990 至 2020 年間，加州人口會增加1,550 萬人——大約是 50% 的人口成長幅度。預期 65.7% 的人口成長數量是拉丁族裔。因為拉丁裔人之生活模式比較適合密集的都市，是否就意味著密集都市會越來越風行？ Myers (2001) 考量拉丁族裔在經濟上是否會兩極變化或融入社區，及機動性之提升，提出四種加州未來人口變

遷對住宅發展形式的影響。他表示規劃師並不需要非得在四種選項中選出個正確的「故事」，但是務必注意到各種人口變遷造成之影響及其衍生之規劃議題。

境況建立

所謂境況，是一套看來是合理可行，但在組織結構上又是各自不同的若干個未來景象 (Avin and Dembner 2001)。社區若想得知可能發生的情況，就必須找出並處理那些引導變遷的力量。境況應包括整合且一致的故事主軸，講述在合理的狀態下會如何造成變遷。境況應該要能區別既定之前提，及潛在變化之不確定性。境況之建立，是根據各種驅動力量：社會、科技、環境、政治與經濟。境況最適合用在未來可能出現重大變遷、結果不明確，並且時間涵蓋範圍是中到長期 (約十至二十年以上) 的情形。

在當今的規劃過程中，預知未來並不只是個分析的過程。過去認為未來是獨一無二的，這個觀念已被社區能用行動改變其未來之想法所取代。Wachs (2001) 表示：

> 預測不只是當作規劃基礎的一個輸入數字，更應將它視為在特定假設下的詳細估算結果，可以改變假設來反映各方的利益衝突。未來並不只是個獨一無二的偉大願景，或是在趨勢下無法避免之結果，而應該是操作、討論、辯論，甚至最終可能達到共識之標的 (371-72)。

在規劃過程中，境況用來比較可能的未來情境 (可能發生什麼事？) 與所欲求的未來情境 (「你希望發生什麼事？」)。其中牽涉兩個平行的過程 (Avin and Dembner 2001)。其一是客觀、分析性的，訂定未來情境可能的範疇；另一項則是主觀、參與性的，反映各個利益團體之欲求。並不是先辨識目標，然後依照此目標驅動規劃過程；而是先辨識出議題，建立評估準則以比較各種境況。理想上，評估中應包括財務的測試。在此過程中假設：當分析結果是對利害關係人展示出他們嚮往之未來情境時，他們可能會重新調整個人信念及需求。即便無法達成共識，這套過程也能釐清他們所能做的選擇。

在馬里蘭州的 Queen Anne 郡，規劃師比較了未來境況之基磐建設投資與過去之投資，突顯出成長率為一年四百戶之中度投資，及加速成長至一年六百戶的提高投資間的成本差異。透過這樣的比較後，郡的委員會就能評估若積極推動其聰明成長政策，會對稅收增加造成什麼影響 (圖 9-2)。

圖 9-3 展示一套建立境況的程序，其中辨別出資料分析及民眾參與之間的重要環節。分析的部分位於上端的橫軸，是為了要辨識出可能的未來情境。參與的部分則位於底部橫軸，與前者平行，可以協助參與者創造他們所欲求的未來情境。之後就會將可能與欲求的未來情境相互比較與評估，並且權衡兩者來開發最適的計畫與政策。境況是可以按照這些資料逐步建立，建立一個整體架構並用來分類各項的跡證，亦或是規劃師也可以用正式認可的未來情境為出發點，探索其他的可能變化。假使可行的話，最好是能將境況量化，如此才能測試境況並解釋財務的影響。

丹佛藍圖計畫 (City and County of Denver 2002, 27) 展現出了境況的另一種用途，其中比較了現況分區及丹佛市藍圖計畫中的家戶及就業成長分佈。在此，用量化之產出結果，比較替代計畫與依據現有分區管制

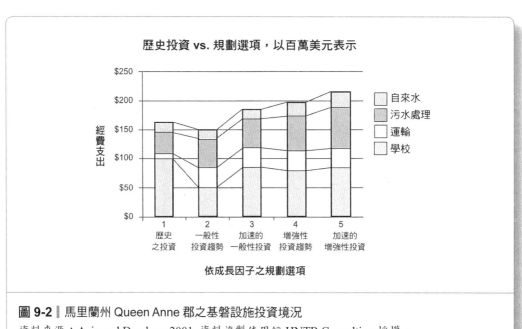

圖 9-2 ┃ 馬里蘭州 Queen Anne 郡之基磐設施投資境況

資料來源：Avin and Dembner 2001. 資料複製使用經 HNTB Consulting 授權。

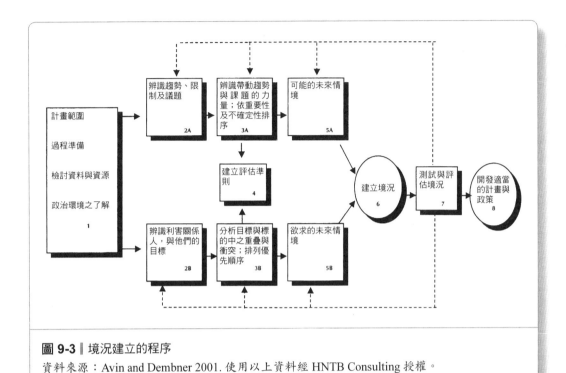

圖 9-3 ┃ 境況建立的程序

資料來源：Avin and Dembner 2001. 使用以上資料經 HNTB Consulting 授權。

設定之正式未來情境 (表 9-1)。在丹佛藍圖計畫的策略之下，相當規模
的家戶及就業人口成長，從穩定的鄰里社區 (穩定地區) 引導至運輸選

表 9-1 ┃
家戶數及就業數成長之分佈：丹佛藍圖計畫境況與分區管制境況之比較

	丹佛藍圖計畫境況		當前分區容量	
	家戶數	就業數	家戶數	就業數
市中心區	21,200	47,000	21,200	26,200
Lowry, Stapleton, Gateway 地區	16,400	17,500	14,600	16,400
剩餘之變遷地區	15,200	29,500	6,700	26,200
穩定地區	7,900	15,200	18,200	40,400
至 2020 年之總成長量	60,700	109,200	60,700	109,200

資料來源：City and County of Denver 2002.

擇與機會較多的市中心區、適合開發或再開發的地區 (變動地區)，形成混合土地使用之開發。值得注意的是兩者在總數上大致是相同的，只有分佈的方式改變了。在此案例中，替選境況被用來描繪丹佛藍圖計畫策略之土地使用邏輯。

建立社區共識

　　將規劃過程開放給民眾參與，對規劃師產生諸多的挑戰。其中一項挑戰是，規劃師必須要設計出既公平又有效率的參與計畫。第二個挑戰是，要與利害關係人分享規劃議程與規劃方向的控制權力。第三個挑戰是，要同時扮演此過程之監督者與公共利益鼓吹者的角色。幸好，有現成可供利用的技術能協助規劃師們克服這些挑戰。我們把重點放在兩種技術上——境況測試 (scenario testing) 與建立願景 (visioning)——當然還有其他別種方法。在民眾參與範疇中，沒有哪個途徑是必然導向成功的方法 (Connor 1986; Creighton 1992; Forester 1999)。規劃師應特別留意社區特有的狀況，運用創意來設計民眾參與方案，使他們能與利害關係人們並肩工作。

　　在設計參與計畫時，規劃師要做六個關鍵性的選擇 (Brody, Godschalk, and Burby 2003, 246)：

1. 管理——是否準備一份參與計畫，及如何支援民眾參與的工作。
2. 標的——是否要透過民眾教育、探索民眾偏好，或讓他們擁有影響力，將權力與民眾分享。[1]
3. 階段——在規劃過程中的什麼時候，開始鼓勵民眾參與。
4. 鎖定目標——在參與過程中，應包括哪些利害關係人團體。
5. 技巧——使用何種參與的技巧。
6. 資訊——在參與活動中，要用何種資料及哪些傳遞資料的途徑。

　　我們建議規劃師應準備一套民眾參與計畫。我們相信參與式規劃應包括三個方向：民眾教育、偏好，及影響力；在各個不同的規劃階段與規劃尺度中，分別調合這三個方向。我們建議在規劃的初期就將民眾納入規劃過程中，一直持續到執行階段；其中在初期是強調民眾教育與探

索偏好，把影響規劃的機會留到稍後的階段中。我們認為鎖定如人口、族裔、特定議題相關的利害關係人團體，有助於確實掌握社區全面的多元利益。就技術而論，我們偏好實作式的參與方法——假定人力與經費的限制上都許可的話 (Moore 1995)。最後，我們建議相關社區經濟及人口、環境、土地使用、運輸，及基礎設施系統的策略性情報，應透過各種不同管道廣泛散發傳遞，這些管道包括了從面對面的座談、網站，到各種報告。

協力規劃

在運用一項特定的參與技術前，規劃師應當設計一套整體的協力規劃方案 (Oregon Department of Land Conservation and Development 1996)。如第二章曾提及的，協力規劃基本上就是社區建立共識的過程 (Innes 1996; Innes 1998; Innes and Booher 1999; Susskind, McKearnan, and Thomas-Larner 1999)。共識建立有多種的區別特徵 (Godschalk et al. 1994, 20)：

- 包容性的參與
- 共同目的與問題之定義
- 參與者的自我教育
- 多種選項的測試
- 用共識 (相對於投票) 制定決策
- 分工的執行
- 了解面臨狀況之民眾

永續社區的土地使用規劃不一定會牽扯到衝突，但若沒能讓所有受影響的團體都參與其中，或發生了爭議使規劃過程脫離正軌，規劃方案還是有可能崩解的。所以，這種協力規劃過程通常是依循三個階段 (圖 9-4) 來進行。值得注意的是，在準備實際替代計畫之前，先讓利害關係人參與其中是相當重要的；因此，規劃的前置作業階段是個重要關鍵。

在製作計畫的前置作業期間，應先設計一套參與計畫。在計畫中辨識出利害關係人 (包括社區及利益團體的代表和決策者)，開啟溝通管道。針對利害關係人的意見納入，建立參與性的組織架構，也可以擴展

規劃前置作業階段
- 辨識重要關係人
- 開啟溝通管道
- 建立組織架構
- 討論規劃情報及議題
- 測試境況
- 產生願景

製作計畫階段
- 與參與者見面
- 與廣泛大眾進行溝通
- 同意規劃之目標
- 聯合分析各種替選的土地使用方案
- 討論規劃的細節
- 選擇所偏好之計畫
- 審視計畫草案中的各項元素
- 撰寫並展現最終之計畫

計畫執行階段
- 以永續發展評估準則監督執行成果
- 維持民眾對計畫的認識,與資訊流通
- 在開發提案的聽證會上作證
- 進行規劃相關議題的補充研究
- 當得到新的資訊或在情況改變時,提出計畫之修正

圖 9-4 ┃ 協力規劃過程

資料來源:摘錄自 Creighton 1992.

原先的架構。從規劃資訊系統分析所得到的情報、課題,及境況都被討論與評論。利用參與者的知識與期望檢測替代的開發境況。於是就產生大家都能認同的發展目標,和社區的未來願景。

在計畫製作的階段中,參與者會參與提案並回應其他的規劃提案。規劃師與參與者的團體定期會面,利用各種輸入、產出,及意見交換的技術,開拓規劃潛在的各種可能。進一步擴展參與技術,利用網站、報告書、座談會,及其他管道推廣至更廣泛的民眾 (Laurini 2001)。以大家認可之目標及永續發展的評估準則,分析並討論各種替選的土地使用方案。工作團體將處理計畫的細節,並注意替選方案造成的影響。依據

參與者及規劃人員之共識，選擇出較佳的計畫。參與者審視規劃草案中的各項元素，並將他們的看法回饋給規劃師。完成計畫之撰寫後，將之呈現給一般民眾與民選官員。

在計畫之執行階段，參與者可以負起監督計畫執行及維護的責任。在監視小組中的參與者，協助依據永續發展的評估準則，監督規劃產出之成果。規劃師在規劃過程中透過定期的規劃資訊報告、發佈新聞、網站更新，及其他媒體，確保民眾能了解計畫的執行狀況。當提出新的開發方案時，規劃師與利害關係人要在聽證會中作證，提出關於新開發方案會如何影響計畫的看法。執行相關規劃議題的補充研究，以測試各種計畫之假設，並充實資訊的基礎內容。當得到新的資訊或情況改變時，就要提出修訂計畫。

在設計一套協力規劃的程序時，可以用設計模型之推理過程來描述各元素間的關係。在圖 9-5 中，透過逐項回答下列基本問題，以建構此過程：如何制定決策、預期民眾參與是要達成什麼、民眾需要知道些什麼、規劃師要向民眾學習些什麼、哪些人是利害關係人、如何組織參與的過程、哪些特殊情況會影響參與技術的選擇，最後是，要選擇哪些參與技術。

計畫之複雜程度會影響選擇參與的策略，也會影響參與團體間的權力分配模式。務必要回答以下問題：規劃決策是如何制定的？決策制定過程中是否牽連到一個或更多的政府單位，如地方政府、州政府，和聯邦政府機構？民眾團體在決策制定過程中扮演何種角色：顧問、權力分享，或是其他角色？

參與和協力合作有多種可能的目標。第二組問題是關係著民眾將扮演什麼角色，和期待民眾參與是要成就什麼 (Godschalk, Brody, and Burby 2003)。民眾參與的最主要目的，是否就是要讓民眾同意某個提議的行動方案，例如設計都市的成長範圍？亦或是要他們評估一系列的替選策略，並就選出之最佳策略達成共識？還是要教育一群具代表性的利害關係人，告知他們社區發展可能面臨的機會及威脅，以引起他們對於未來計畫建置的興趣？

規劃過程提供了一個共同學習和產生知識之策略性機會。一方面，是要思考民眾需要知道些什麼，才能有效地參與；另一方面，是思考規

都市土地使用規劃

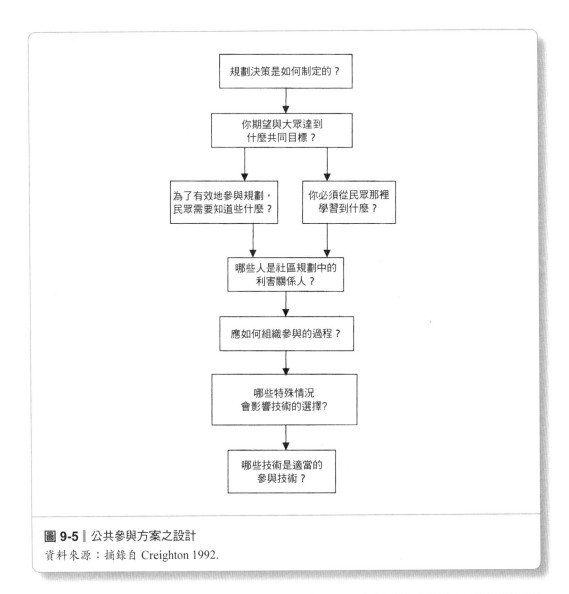

圖 9-5 公共參與方案之設計

資料來源：摘錄自 Creighton 1992.

劃師要從民眾那裡學習到什麼。在此，必須思考如何才能有效地溝通規劃資訊之分析結果，同時也要知道如何才能有效地聆聽民眾的心聲。最後，就能創造出雙向資訊與知識的交流機會 (Lowry, Adler, and Milner 1997; Smith and Hester 1982)。

　　成功的參與方案中的參與活動，是基於：誰會影響計畫、誰會被計畫影響之詳細評估上。這就代表著，要找出社區規劃之利害關係人是誰；也就是要知道規劃提案會影響及哪些團體、組織、或個人，並了解這些人願意介入計畫製作過程的程度。利害關係人相關資訊，可能要包

括他們關於製作計畫的議題中潛在之利害得失、權利及影響力。為了確保規劃中所有的利益都有其代表性、能徹底了解這些利益的關切事項，執行利害關係人分析對此會有顯著的助益 (詳見參考資料 9-1，利害關係人分析)。

參考資料 9-1
利害關係人分析

　　辨認並分析出社區的利害關係人團體，是協力規劃中的重要步驟 (Bryson and Crosby 1992; Godschalk et at. 1994)。這些人可能是當地的住戶、鄰里、利益團體、握有權力者、決策者、政府官員、委員會、商人、非政府組織、教育機構、專業人士及當地選民；他們受到社區政策與計畫之影響，也有能力影響社區政策與計畫。利害關係人團體之組成及規模，會視考量議題與參與利益的變遷，隨著時間改變；在決策過程中的不同階段，就會有不同的團體參與其中。總而言之，參與之結構就好比是一顆洋蔥：最核心部分是涉入規劃最深的決策者和主要的利害關係人，下個層次包括了次要的利害關係人——即社區組織的領導者，最外層部分則包括了一般民眾。

　　利害關係人分析就是找出關鍵利害關係人的過程。在分析中思考誰是利害關係人、他們關注的利益為何、目標為何、他們掌握的社區資源及權力之程度如何，以及他們會影響哪些人、影響的程度如何。這工作可透過矩陣或表格將利害關係人分析的結果整理出來，如此就能清晰地呈現並比較每個分類的關鍵元素，如下表所示。

敘述式利害關係人分析

利害關係人	關切之利益	目標與標的	握有之資源與權力	影響與互動
山岳俱樂部	環境保存	濕地復育	龐大的會員族群	與鎮代表會的關係
建築商工會	開發之利潤	可預測的開發規則	遊說經費	與商會的關係
鄰里	維持穩定性	維護其財產價值	得到媒體的注意	得到非政府組織的擁護
鄉村房地產的所有權人	出售土地的自由	將分區管制的限制降到最低	威脅用訴訟處理	由農民協進會所代表

參與工作之組織方式，會影響到參與的成功與否。這是表示，要注
意在計畫製作與執行的過程中，如何安排利害關係人與參與活動。可以
如參考資料 9-2 中，將整個過程視為一個工作時序表 (time line)。所有

參考資料 9-2
參與方案工作時序表

　　在參與方案的工作時序表中，應該包括日期、工作、活動，及產出之成果。
在與社區參與者協商前，就應先將此工作時序表備妥，詳細地解釋整個方案的基
本邏輯，及參與方案與整個規劃過程之間的關係。一旦大家都同意了此項參與方
案的工作時序表結構，此工作時序表就成為規劃過程中各項交互影響活動之指
南，並訂定出社區期望的各個項目之時間點，和預期的參與成果。工作時序表同
時可以提醒並告知依循此過程的其他團體、決策者和媒體代表。決定工作時間點
時，可能要預留彈性以因應突發狀況；但是一旦決定之後，大致上就應盡量按照
工作時序表進行。下圖，是 HNTB 規劃顧問公司提供，為了 Prince William 郡開
發品質專案所建立的工作時序表範例。

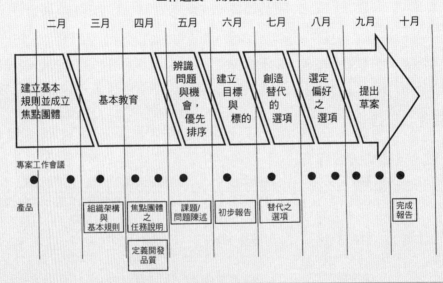

參考資料圖 9-2 ┃ 參與方案的工作時序表

資料來源：Prince William County Board of Supervisors 1994.

使用以上資料經 HNTB Consulting 授權。

在規劃過程中的參與者，都會樂於見到能有個明確、有組織的工作時序表可供參考，這樣一來，他們不僅能夠知道取得重要資訊、制定關鍵決策的時間，同時也能了解他們的參與機會是怎麼安排的。

每個社區都有其特殊的情況，這也會影響到參與方案之成功與否。在處理此部分時，必須思考哪些特殊情況會影響到社區參與技術的選擇。這些潛在的情況或會是參與方案工作人力或經費之限制，和值得注意的地方經濟、社會、政治情況，例如地方上有許多族裔團體，或近期的就業機會降低。州政府或許會強制要求在製作計畫中，要有民眾的參與，如華盛頓州的規定 (Brody, Godschalk, and Burby 2003; Burby 2003)。

規劃師可以採用各種不同的參與技術，包括密集的規劃設計會議 (charrette, 即高度參與式之設計討論)、座談、調查，和焦點團體 (Cogan 1992; Creighton 1992; Godschalk et al. 1994; Sanoff 2000)。試圖找出適當的參與技術，有助於選擇最適合社區條件與需求的工具組合。工具之選擇主要取決於工作人力和參與預算資源之多寡，與利害關係人的社會人口特色。舉例來說，小型的社區可能會選擇簡單的工作組合，包括座談及規劃委員會；大型社區可能要執行複雜的方案，包括鄰里諮商、社區調查、多組的專案工作團隊，及密集的規劃設計會議 (Godschalk et al. 1994)。當計畫陷入爭議時，可能要重新界定整理議題 (Kaufman and Smith 1999) 或指派調解委員會 (Godschalk 1992) 來處理。規劃師的工作是要確認規劃過程使用適當的參與技術。參考資料 9-3 中，介紹了配合規劃工作的常見之參與技術。

測試境況

境況之建立與測試，可以將分析過程與參與過程兩者連結起來。Avin 和 Dembner (2001) 將參與過程視為通往創造欲求未來之途徑。然而，他們指出，參與者欲求之願景，其實並不是建立在詳細的分析上；看似可行的未來情境，反而會讓人對未來產生錯誤的期望，因而界定出通用但無豐富內涵之目標和標的，反而隱藏了衝突的課題。

為了避免產生通用但無豐富內涵之規劃結果，境況應經嚴格的分析與社會大眾之測試。舉例來說，開發佛羅里達州 Palm Beach 郡的部

> **參考資料 9-3**
> **參與技術與規劃工作**

工作：利用特定參與者的面對面小組討論，做為課題辨識及計畫偏好之輸入。

- **密集的規劃設計會議** (Charrettes; Segedy and Johnson 2004)：密集的規劃設計會議，是結合民眾與設計專業者的設計討論會，用來解決問題並產生替代解決方案。規劃設計會議的過程在有限的時間內密集地工作，時間通常是一至五天。其所根據的想法，是在於只要訂定期限就能激發創造能力，並經專業與非專業人士間的團體互動，將抽象的概念轉變成為圖像，同時測試各種替選方案之可行性。

- **名義團體法** (Nominal Group technique; Cogan 1992; Delbecq, Van de Ven, and Gustafson 1975)：名義團體技術可用在十五人以下的小團體，以辨識問題、需求，及提出建議。要求團體中的成員先安靜地思考，並寫下他們的想法；接下來他們要輪流地說出自己的想法 (每人每次講出一個想法)，一直到所有的想法都呈現出來為止。接下來他們一起討論這些想法，分享別人的論點、增進了解、進行修改，並合併整理成為一份清單。最後，他們藉由投票來決定這些想法的優先順序。名義團體法企圖避免讓強勢的人支配整個團體，也讓較內斂的成員能克服其表達意見與發揮創意的障礙。

- **腦力激盪法** (Brainstorming; Cogan 1992; Sanoff 2000)：腦力激盪之目的是在於激發小團體的創意思考。這種方法鼓勵參與者們發揮想像力，無需分析或評論任何想法。其中的一種方式是將問題、需求，及建議分別寫在紙條上，放置在房間的中央。所有參與者分別拿起一張，在紙條上加上自己的想法。將紙條繳回後，再拿起另一張其他成員所繳回的紙條，也加上自己的想法，如此不斷地重複。參與者還可以用空白的紙條寫上更多的想法，一直到他們的想法與意見全部都表達出來為止。另一種方法是，小組的主持人掌控整個過程，催促成員們迅速地說出自己的想法，由記錄員將這些想法列在團體的清單上。

- **焦點團體** (Focus groups; Krueger 1988)：焦點團體是一種經策劃的討論方式，在隨興的、不具威脅性的環境下，來得到對共同關注議題之回應。這些團體由七到十人所組成，參與成員需要代表研究母體各個層面，或從特定的團體中挑選出來。由團體主持人陳述各種想法，來刺激團體成員關於其價值

觀與選擇之討論,並分析來自於不同角色、觀點,或目標的支持程度。這種團體討論是由類似的參與者進行許多次的討論,來辨識認知的趨勢和意見之形式。焦點團體之目的並非要達到共識或制定決策,而是要了解參與者是如何思考規劃的需求與期待。

• **雪片卡技術** (Snow cards; Bryson and Crosby 1992):在尋找想法的過程中,可以使用雪片卡技術來辨識並排序所產生的無組織想法。參與者們準備紙卡,在每張紙卡上寫下一個想法;再將這些紙卡固定在牆上,把類似的想法歸類在一起並分類標示,由參與者將圓點貼紙貼在所選擇的卡片上來表決優先順序。任何人都可以在不經過討論的狀況下,改變標示、在類別間交換卡片、合併類別,或增加新的類別。此時經常會浮現出能掌握綜合意見的穩定形式。表決數經加總之後,可以用來表示優先順序。

工作:從遠端收集大量參與者對規劃議題的意見或回應。

• **調查法** (Surveys; Cohen 2000; Dillman 1999):調查能讓規劃師在不經由團體的互動下,透過網路、電話、郵件,或參考群體收集各方意見。可以單獨使用調查,以觀察意見之變化;或是做為互動團體的參考點。調查法之優勢是其能有效、且具成本效用地收集到廣泛受訪者的意見回應。這些回應也能以量化的方式進行分析。其中,利用網路及郵寄問卷的調查方法,參與者還能自己安排填寫問卷的時間。

• **德爾菲法** (Delphi; Delbecq, Van de Ven, and Gustafson 1975):規劃師對特定的一組受訪者詢問一系列的問題。第一份問卷先徵求想法,並詢問支持這些想法的原因。接續的問卷彙整各種想法及其相關邏輯,或許會加入一些新的資訊後再置回團體中,讓受訪者們在下一階段重新思考;其中,無從得知各種想法與主張的原始提議者。每一組的成員審視各項主張、意見,和優先順序之邏輯性,重新回答問卷。這樣的過程會經過好幾個循環,一直到具有充分的共識為止。最後再用投票來決定優先順序。

門計畫的境況中,使用焦點團體建立各種目標與標的,產出五種境況 (Avin and Dembner 2001)。某個同儕評鑑 (peer review) 團體建議增加一個境況,並合併其中兩個。最後產出的境況,再用旅運需求模式及財務

評估進行測試。如 Wachs (2001) 指出的,「充分地測試參與者偏好與默契之各種替代假設及模型參數;對協力規劃會有很大的助益。這個工作只要將複雜資料庫及分析模型之應用,視為詮釋相對假設之工具,並沿用這些技術分析所得結果即可」(371)。

提出願景

創造欲求未來社區發展前景的工作,常稱為提出願景;這個工作與設定目標有密切關聯 (Ames 1998; Meck 2002, 7-73 to 7-77)。提出願景的過程,牽涉到將重要關係人籠統的目標及價值,轉換成較明確的產出和實質計畫。[2] 社區願景也與境況有關聯;境況較願景更詳盡,並具有分析性。如同許多的參與技術,在執行時,複合式的願景提出過程包括了一種或以上的民眾參與。願景提出工作經常要與民眾參與相互配合,以辨識出人們偏好的發展類別及成長形式。

猶他州的猶他展望 (Envision Utah) 規劃工作,就是以民眾為基礎之規劃過程中,應用多種參與技術的優良案例 (Calthorpe and Fulton 2001, 126-38)。猶他展望先調查地區居民的價值結構。在此調查中辨識出了四組中心價值:安全與安定的環境、個人與社區的富庶、個人的時間與機會,和財務安定。然後,就開始組織一系列務實的民眾座談:

- **我們該在何處成長?** 在第一次座談會中,在交給參與者的區域地圖上顯示現況的開發及環境資產。他們同時拿到一疊配合地圖比尺大小的籌碼,可以放置在地圖上,這是用來代表依照目前平均人口密度,再加上一百萬人口所需之面積。他們的工作就是要將籌碼放置在希望未來成長的地點。這個工作讓參與者們了解,必須透過再開發與填入式開發來提高使用密度。

- **我們該如何成長?** 在第二次座談會中,參與者仍然使用同一張地圖,但這次換成了代表各種開發的籌碼,涵括了標準的土地使用類別到新型的混合使用、高密度類別。他們也用色筆標示出需要保存的開放空間和農業土地。

- **社區設計的選項。** 最後一次座談會中,調查參與者對各類建成環境的喜好程度。參與者按照代表各類建成環境的相片來進行評分,並

　　填寫調查問卷。這個調查結果，可用來確認在應用地圖的座談會中所訂定之方向。

　　利用座談及調查結果做為輸入，規劃師為此區域創造出四種發展境況：其中兩者是依據標準的都市郊區開發形式，另外兩者則基於較密集、適合步行的開發形式。這些境況中所帶來的各種影響是相當驚人的：為了容納百萬人口的增加，最低人口密度之境況使用 409 平方英里土地，基磐設施支出是 376 億美金；最高密度的境況只用了 85 平方英里土地，基磐設施花費 230 億美金。

　　最後，在當地的報紙上刊出各種境況之描述、影響，及視像化的成果，並附上調查問卷。一共收到了約一萬八千份的回應，多數是偏好較高密度的兩種境況。

　　根據民眾參與的回應資訊，規劃師擬出了第五個境況──高品質成長境況。規劃師用地圖來展現此境況，並分析其影響與花費。此境況是利用一系列地圖來呈現的，展示各種區域設計的圖層──(1) 開放空間；(2) 各種活動中心、地區，及廊道；及 (3) 填入開發、再開發，及新開發的成長地區，並分別提出對應的策略與政策。在複合的圖層中，展現了分散與線性的都會形式，這種形式在山脈與湖泊之間形成一條將近一百英里的狹長延伸帶，其中潛藏了開發區域鐵路大眾運輸系統的可能性 (圖 9-6)。這些圖層並不是規定成長形式，而是將決定的權限交給地方政府，但還是能做為政治推動之工作指導。

　　在區域境況之開發過程後，邀請參與者幫六個小地區研究基地準備計畫，這些基地代表著該區域的標準狀況──村莊、市鎮，與城市。參與者被分成八到十人的小組，交給他們一張基地地圖及代表各種開發類別之籌碼。最後產生之計畫的焦點是在於能配合各個研究地區，混合使用、適合徒步之鄰里。

不斷地參與工作

　　民眾參與，並不因計畫準備與採用工作結束而中止。能實際引導與塑造未來發展的計畫，它們的力量通常來自於民眾對規劃結果的持續關

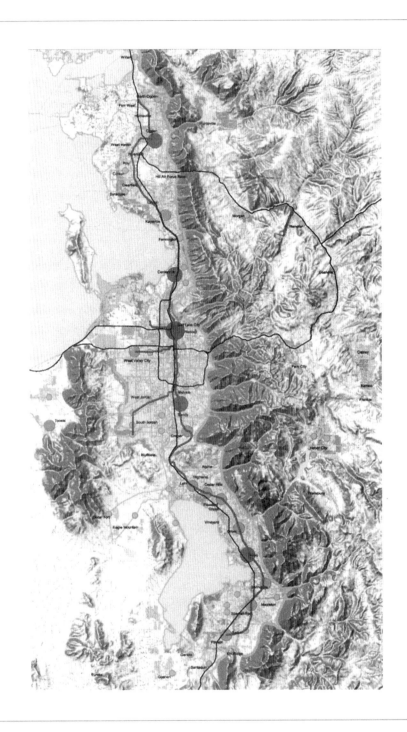

圖 9-6 ▏鹽湖地區複合圖

資料來源：Calthorpe and Fulton 2001. 使用以上資料經 Island Press 授權。

注，不斷地進行之民眾參與。在計畫製作過程中所起始的組織及活動，奠定了長期維持共識的基礎。計畫完成後之參與，其核心是在於監督開發之成果與執行，還包括定期之計畫修正與更新。

計畫監督與執行

計畫之監督、執行，與修正，是確保計畫跟得上趨勢、計畫政策如預期進行之必要手段。這些手段之執行工作，會在本書成長管理計畫的章節中詳細敘述。然而，我們在此簡單地討論民眾在持續的參與中所扮演之角色，這是從製作計畫開始，至監督、執行，與修正。

西雅圖鄰里規劃方案就是整合規劃資訊與民眾參與兩者之優良案例 (Seattle Planning Commission 2001)。在 1994 年，西雅圖建立其二十年期的綜合計畫「朝向永續西雅圖」(Towards a Sustainable Seattle)，其目標是在維繫其優質鄰里的同時，還能正向的、創意的回應成長與變遷之壓力。組織這個計畫的成長管理政策，是以其郊區──村莊策略為中心；此策略是將住宅與就業之成長，引導至具有分區管制及基礎設施容量、能接納成長的村莊地區。

許多西雅圖的社區人士十分反對郊區──村莊的策略，他們認為這個策略會破壞西雅圖的獨戶住宅特色。市議會回應保證其郊區──村莊策略下之鄰里，會透過鄰里計畫詳盡地說明如何達成該地區之成長管理目標與標的。市議會還通過了一套解決方案，讓鄰里規劃方案成為正式的工作。其中的思維邏輯是認為當都市支援與提供資源給鄰里時，鄰里就能在都市願景、目標，與政策架構之下，辨識與處理它們的需求。市政府提供了 GIS 資料庫與地圖、規劃經費，和技術支援。完成的鄰里規劃方案必須與綜合計畫一致：考量綜合計畫、合於法令，並與市政府協力製作。市政府設立鄰里規劃辦公室 (Neighborhood Planning Office) 以引導鄰里，並擔任推動者與中介者的角色。

在檢討鄰里規劃過程中學到的經驗時，西雅圖設計、建築，與土地使用部門 (Seattle Department of Design, Construction, and Land Use) 指出 (City of Seattle 2003)：

參與鄰里規劃及管理計畫的人數，已造就了民眾參與的優秀傳承。住在我們曾經研究過的每個郊區村莊的人們都表示（通常是主動地表示），至今的參與性與活動性仍然很高，這都歸因於三年前執行的鄰里規劃方案。他們相信自己的社區因為該項活動而變得更好。(5)

計畫修正之參與

在優良的規劃實務中，計畫應定期更新，才能因應各種變遷條件並維持其前瞻性。某些州，像是佛羅里達，它要求每五年應重新分析並更新所有的綜合計畫 (Brody, Godschalk, and Burby 2003)。如果社區能持續地推動參與組織與方案，計畫修正過程中就會有許多了解狀況的市民共同投入工作。否則，就必須在每次修正計畫時重新設計參與方案。

計畫修正的參與工作是屬於規劃委員會的職責，也可能被指派給為評估與修正計畫而特別組織的專案工作團隊或工作小組。在他們的討論中，會利用公共座談會或聽證會做為補充。為了協助他們，可準備一份關於計畫成敗的技術分析與報告，再加上從計畫被採用後的這段期間，印證計畫中推計及假設正確程度之敘述。計畫修正過程，是將規劃政策與提案的成效，告知給民眾與決策者的最佳機會。

結論

在這一章當中，顯示出資料分析與民眾參與在規劃過程中是息息相關的。這兩者應該被視為緊密連結、相輔相成的過程，而非分別、獨立的工作。規劃師要為他們所做的設計與運作負責，應就兩者來做全面性的設想。若這些過程是透明的、社區就能明白了解這些過程之目的，並能夠強化參與和社區學習。在這個階段當中，能將規劃情報加以散播與討論，製作計畫的過程就會更具成效，並能得到廣泛的支持。

本書的下一個部分是關於計畫的製作。從社區狀態報告對計畫製作的輸入資訊，包括社區正面臨的重要議題、可行的未來社區發展替選境況，及未來社區期望型態之願景。這些輸入就構成討論社區目標、標

的，及政策之起點，也為了朝向永續的未來成長及開發之計畫網絡進行
準備。

註解

1. Connor (1986) 找出參與標的與團體間之連接。教育、資料回饋，
   及諮詢，都是與一般民眾有關的。共同規劃、調解，及訴訟，則需
   領導者介入其中。衝突解決與預防，則是與一般民眾及領導者雙方
   都相關。

2. 在佛羅里達州的規劃條文中，鼓勵地方政府將其社區未來實質景
   象之願景明確地描繪出來，成為地方綜合計畫中的一部分 (Meck
   2002, 7-73 to 7-77)。這種願景是透過協力規劃的過程，與具體的民
   眾參與共同開發出來的，再經權責單位採用。創造願景之後，地方
   政府就會檢討其綜合計畫、土地開發規範、資本改善方案，來確保
   它們能協助社區朝向此願景邁進。

參考文獻

Ames, Steven C., ed. 1998. *A guide to community visioning*. Chicago, Ill.:
APA Planners Press.

Avin, Uri, and Jane Dembner. 2001. Getting scenario-building right.
Planning 67 (11), 22-27.

Brody Samuel D., David R. Godschalk, and Raymond J. Burby. 2003.
Mandating citizen participation in plan making: Six strategic choices.
Journal of the American Planning Association 69 (3): 245-64.

Bryson, John M., and Barbara C. Crosby. 1992. *Leadership for the common
good: Tackling public problems in a shared-power world*. San
Francisco: Jossey Bass.

Burby, Raymond J. 2003. Making plans that matter: Citizen involvement and
government action. *Journal of the American Planning Association* 69
(1): 33-49.

都市土地使用規劃

Calthorpe, Peter, and William Fulton. 2001. *The regional city: Planning for the end of sprawl*. Washington, D.C.: Island Press.

City and County of Denver. 2000. *Denver comprehensive plan*. Retrieved from http://www.denvergov.org/CompPlan2000/start.pdf, accessed May 2, 2005.

City and County of Denver. 2002. *Blueprint Denver*. Retrieved from http://www.denvergov.org/blueprint_denver/, accessed May 2, 2005.

City of Seattle. 2003. *Monitoring our progress: Seattle's comprehensive plan*. Seattle, Wash.: Department of Design, Construction, and Land Use.

Cogan, Elaine. 1992. *Successful public meetings: A practical guide for managers in government*. San Francisco: Jossey-Bass.

Cohen, Jonathan. 2000. *Communication and design with the Internet: A guide for architects, planners, and building professionals*. New York: Norton.

Connor, D. M. 1986. A new ladder of citizen participation. *Constructive Citizen Participation* 14(2): 3-5.

Creighton, J. L. 1992. *Involving citizens in community decision making: A guidebook.* Washington, D.C.: Program for Community Problem Solving.

Delbecq, A., A. H. Van de Ven, and D. H. Gustafson. 1975. *Group techniques for program planning: A guide to nominal group and delphi processes*. Glen View, Ill.: Scott Foresman.

Dillman, Don. 1999. *Mail and Internet surveys: The tailored design method*, 2nd ed. New York: John Wiley.

Forester, John. 1999. *The deliberative practitioner: Encouraging participatory practices*. Cambridge, Mass.: MIT Press.

Godschalk, David R., David W. Parham, Douglas R. Porter, William R. Potapchuck, and Steven W. Schukraft. 1994. *Pulling together: A planning and development consensus-building manual.* Washington, D.C.: Urban Land Institute.

Godschalk, David R. 1992. Negotiating intergovernmental development policy conflicts: Practice-based guidelines. *Journal of the American Planning Association* 58 (3), 368- 78.

Godschalk, David R., Samuel D. Brody, and Raymond J. Burby. 2003. Public participation in natural hazard policy formation: Challenges for comprehensive planning. *Environmental Planning and Management* 46 (5), 733-54.

Hanna, K.S. 2000. The paradox of participation and the hidden role of information. *Journal of the American Planning Association* 66 (4): 398-410.

Innes, Judith E. 1996. Planning through consensus building: A new view of the comprehensive planning ideal. *Journal of the American Planning Association* 62 (4): 460-72.

Innes, Judith E. 1998. Information in communicative planning. *Journal of the American Planning Association* 64 (I): 52-63.

Innes, Judith E., and David Booher. 1999. Consensus building and complex adaptive systems. *Journal of the American Planning Association* 65 (4): 412-23.

Kaufman, Sanda, and Janet Smith. 1999. Framing and refraining in land use conflicts. *Journal of Architectural and Planning Research* 16 (2): 164-80.

Krueger, Richard A. 1988. *Focus groups: A practical guide for applied research*. Newbury Park, Calif.: Sage.

Laurini, Robert. 2001. *Information systems for urban planning: A hypermedia cooperative approach*. London: Taylor and Francis.

Lowry, Kim, Peter Adler, and N. Milner. 1997. Participating the public: Group processes, publics, and planning. *Journal of Planning Education and Research* 16 (3): 177-87.

Meck, Stuart, ed. 2002. *Growing Smart legislative guidebook: Model statutes for planning and the management of change*. Chicago, Ill.: American Planning Association.

Moore, C.N. 1995. *Participation tools for better land-use planning:*

Techniques and case studies. Sacramento, Calif.: Local Government Commission.

Myers, Dowell. 2001. Demographic futures as a guide to planning. *Journal of the American Planning Association* 67 (4): 383-97.

Oregon Department of Land Conservation and Development. 1996. *Collaborative approaches to decision making and conflict resolution for natural resource and land use issues*. Salem, Oreg.: Author.

Prince William County Board of Supervisors. 1994. *Recommendations of the Prince William County citizens development task force*. Prince William County, Virginia: Author.

Sanoff, Henry. 2000. *Community participation methods in design and planning*. New York: John Wiley and Sons.

Seattle Department of Design, Construction, and Land Use. 2003. *Urban village case studies*. Seattle, Wash.: Author

Seattle Planning Commission. 2001. *Seattle's neighborhood planning program, 1995-1999: Documenting the process*. Seattle, Wash.: Author. Retrieved from http://www.cityofseattle.net/planningcommission/docs/fmalreport.pdf, accessed May 2, 2005.

Segedy, James A., and Bradley E. Johnson. 2004. *The neighborhood charrette handbook*. Louisville, Ky.: University of Louisville. Retrieved from www.louisville.edu/org/sun/planning/char.html, accessed May 2, 2005.

Smith, Frank J., and Randolph T. Hester, Jr. 1982. *Community goal setting*. Stroudsburg, Pa.: Hutchinson Ross.

Susskind, Lawrence, Sarah McKearnan, and Jennifer Thomas-Larmer, eds. 1999. *The consensus building handbook*. Thousand Oaks, Calif.: Sage.

Wachs, Martin. 2001. Forecasting versus envisioning. *Journal of the American Planning Association* 67 (4): 367-72.

PART III

綜覽土地使用計畫的研擬

　　在本書的第一部分介紹了一個土地使用規劃的概念架構──在此規劃架構中強調土地使用賽局的概念、永續三稜鏡傳達出社區與其利害關係人的價值觀，及「好」的規劃方案和「好」的計畫。如第一章所討論的，這個規劃方案協助四種社區的功能：它建立互動的規劃支援系統，提供規劃所需的情報；它創造計畫的網絡架構，呈現對未來社區的共識；它建立包括規範及資本支出的開發管理方案，以執行計畫；它監督執行工作和社區狀況，為了更新資訊系統、調整計畫網絡架構，和開發管理方案。

　　在第二部分討論到規劃師如何建立並操作規劃支援系統，以充分了解都市之實質、社會，和經濟系統變遷。在結論中建議利用策略性規劃情報，納入逐漸浮現出的議題和可能的未來境況，建立起社區的共同願景。其產出的成果就是社區狀態報告，結合了課題、境況，和願景三者的共同考量。

　　規劃師和社區在此時應已有能力建立計畫，在計畫中

不但納入社區狀態報告並更進一步精煉議題、境況,和願景,將其組織起來成為一系列實質設計和執行方案,引導社區未來的開發和再開發。這種計畫的格式究竟為何?一個計畫如何與其他計畫產生關聯,並結合產生有效的計畫網絡架構?製作這一類計畫的過程和技術為何?這些討論題目將在本書接下來的部分中逐章討論。圖 III-1 當中,顯示出土地使用計畫在社區土地使用規劃方案中扮演的角色。

優質的計畫展現出社區關切自己的未來、進行對話的結果,最終是用明確的空間和行動陳述來表達。也就是說,在此土地使用規劃方案中的計畫製作功能,創造了一個空間設計架構來促進永續的未來都市土地使用形態,再利用特定的開發管理行動方案強化長期執行工作。這些計畫將引導開發管理決策、基磐設施公共投資和社區的更新。一個好的計畫架構及執行方案,可以提供規劃者、民選和派任官員、開發相關產業、土地使用賽局中的社區利害關係人,和一般民眾做參考,用以評估各項公私開發方案是否能與社區目標和政策一致。

沒有特定的計畫架構能滿足所有社區的要求;也就是說,沒有能夠一體適用的標準方法。有些社區會使用稍後章節中討論的一、兩種計畫類型。其他的社區可能會結合許多種不同計畫的形式,形成單獨一個多

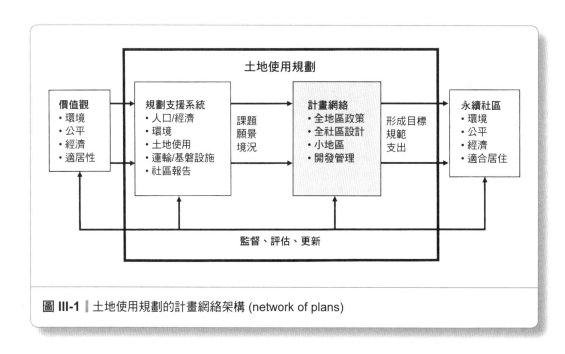

圖 III-1 ┃ 土地使用規劃的計畫網絡架構 (network of plans)

元的複合計畫。無論如何，一個社區的計畫架構應要能配合該社區特定的土地使用賽局，平衡永續的社區價值、社區面臨的特定議題，和可能的未來境況。以丹佛市的計畫架構 (在第二章與第三章中討論的) 為例，它與西雅圖的計畫 (在第二、十三，和十五章)，及加州 Davis 市 (在第三、十四章中討論) 整合方式不同。然而，接下來的章節會建議若干種實際應用的計畫類型，其中涵蓋了最一般、綜合性的到特定性的，從區域尺度到鄰里尺度，從願景設計到務實行動。討論的內容構成豐富完整的選項，可以讓規劃師整理出適合他們規劃社區狀況之計畫架構。

第三部分的預覽

接下來的六章解釋與討論研擬計畫的原則、過程和技術，可用來製作四種不同類型的計畫：地區性土地政策計畫、社區土地使用設計計畫、小地區計畫，和開發管理計畫。因此建議讀者在接下來的章節之前，先回顧第三章中針對這些計畫類型的介紹。

第十章「計畫研擬過程」，提供了針對各種不同計畫類型的研擬過程，其幕後方法和其變化。在這一章當中包括了為計畫研擬過程建置妥善的基礎、了解製作空間計畫中五種核心工作的整合、決定各種不同計畫類型的規劃進程，和規劃各種不同土地使用應該注意的事項，其中包括運輸。

第十一章「地區性土地政策計畫」，敘述劃設政策地區 (policy districts) 之過程，包括為了容納都市成長由鄉村轉變成為都市開發規劃區、鼓勵再開發和填入開發的地區，和不應引進開發和避免開發的自然保育地區。在這一章中也說明了主要活動中心的地點，和主要的自來水供水、污水下水道，與交通設施。地區性土地政策計畫不只包括地圖上的政策地區，同時也說明應用於每個政策地區的各種執行政策。這種類型的計畫可做為一個區域、郡、都會區，甚至鎮或市做為最初始的計畫類型。

第十二章和第十三章的內容是關於建立社區土地使用設計計畫。這種社區層級計畫是依據前一個層級地區土地政策計畫提出的政策或地

圖，但在土地使用或都市型態上會更詳細，格式與方法上也更為複雜。

第十二章「社區土地使用設計：就業與商業中心」，敘述各種不同類型的就業、商業，和市民活動中心，也討論到設計之規模、使用之混合，這些中心的區位，及和其他中心與運輸系統之間的關聯。規劃工作包括將就業、零售空間，和市民活動設施分派到各個不同中心。

第十三章「社區土地使用設計：住宅社區」，討論能達到永續、聰明、適居願景社區之組成，其中不只是包括住宅，還包括用來支持每日家計生活的所有土地使用和活動——地方性購物與服務；地方性就業；學校和托育中心；社區中心；開放空間與遊憩；汽車、自行車、步行、和公共運輸路線；以及，與區域商業、就業、文化活動的銜接。這一章中簡略地描述居住地區的設計，和整合居住地區、社區活動中心，和開放空間的設計。雖然為了便於解釋應用的方法，我們把社區土地使用設計的討論分為兩章，但是我們還是必須了解：對規劃師與社區來說，這兩個部分其實是結合在一起的土地使用設計工作。

第十四章「小地區計畫」。承續之前一般性大尺度的地區與社區計畫，小地區計畫著重在規劃範圍內重要的特定地理範圍。小地區計畫的例子包括了：鄰里地區計畫、商業區計畫、運輸廊道計畫、再開發計畫，和其他的計畫。在這一章中討論小地區計畫的本質，及這些計畫對社區計畫網絡架構的貢獻，接下來解釋適合這一類計畫的參與式規劃程序。這些計畫必須更主動地結合公私部門參與；一般來說，其實質設計與執行上，會比社區或地區計畫要有更多的細節。

第十五章「開發管理」，討論開發管理的最佳策略，不只是選擇執行工具，也包括了監督執行及比較計畫之產出與行動。這一章回顧地方層級開發管理計畫與方案中好用的工作項目與工具，並介紹在設計與執行開發管理方案時，同步進行規劃參與活動和技術分析的程序。

整體來說，接續的章節中敘述了各種不同的計畫類型，可針對分別的規劃情境調整應用，並解釋規劃師研擬計畫的過程和技術。

第十章
計畫研擬過程

在開發特定的土地使用計畫研擬方法之前,你必須先大致建置一個能協調諸多計畫研擬工作的架構。這個架構要能引導社區:1) 為計畫準備工作紮下基礎 (建立組織結構、劃定規劃地區,並與其他計畫及政府機構互相配合);2) 概括地列出需要完成之計畫內容;3) 訂定分派土地使用與設計土地使用空間排列的各項工作順序;4) 設計土地使用的空間排列時,說明各種土地使用應分別注意之事項為何。你該如何建置這個架構?

研擬計畫的前置工作是要達到多重之目的。其一,是提供一個讓利害關係人團體、個別民眾,民選與派任官員參與計畫研擬的過程,他們在此過程中開發、討論社區未來的長期構想。考量第二章曾經討論的永續三稜鏡模型,這個過程就是要創造一份計畫,平衡多元目標以達到三稜鏡的核心。第二個目的是要教育、啟發,並說服利害關係人,讓他們對想要創造的社區類型抱持著共同的願景。第三個目的是要將技術及一般的社區基礎知識,轉變為行動以達到這個願景。

本章在開始討論具體的方法之前,先概述四種研擬計畫的觀點。首先,我們會討論到為計畫研擬過程奠定基礎的必要工作。其次,我們會

敘述一些社區規劃方案中實用的計畫類別，及社區該如何從中選擇。這個討論包括：在計畫研擬過程的各階段中，應考量的各種計畫類別；規劃師的注意力會隨著各階段推進而改變；以及，規劃師如何選擇各種不同計畫類別，組合後形成複合的計畫。第三，我們討論到設計分派空間的土地使用計畫時，整個過程之核心是五個沒有固定順序的工作項目。這些工作可以應用到各種類別的計畫，不過執行各項工作所運用的特定技術，還是會依計畫類別和土地使用類別的不同而改變。第四，我們建議在設計一份計畫時，須討論各種土地使用的適當順序，要同時處理所有的土地使用活動是難以盡善盡美的；將其中的工作分為大分類後再分別處理，有助於使整個過程更易於管理、更有效率。

研擬計畫前的準備

要為計畫研擬打下穩固的基礎，要先建立一個組織化的架構、清楚劃定規劃範圍、連結到其他的地方性計畫與方案，並啟動政府之間的合作 (Anderson 1995; APA 2002, ch. 7; Hopkins 2001; and Kelly 和 Becker 2000)。

設定參與計畫研擬的組織及程序

在開始準備計畫前，地方立法單位與規劃師應該為計畫研擬設定參與組織，並訂定參與程序。可以將準備社區狀態報告 (見第九章) 的制度性安排進一步引入計畫研擬中。很多社區已經建置常設的規劃委員會，可為規劃課題提出建議、監督計畫執行、調解開發課題，並負責與民眾溝通連繫。這個委員會與規劃師，均負起關照計畫研擬過程的重大責任。此外，許多社區會指派計畫研擬專案小組，其中包括利害關係人團體的代表，能在計畫準備過程中支援規劃委員會。專案小組擴張了各種利益的代表性，提供專業協助，還能大致擔負起執行社區參與及計畫準備細節之責。地方政府也需要合格的專業人士，執行本書中討論之技術面計畫研擬程序。社區可以爭取來自於州、區域機構，或顧問們提供的技術支援，在技術功能上得到協助。

在計畫的組織架構中，計畫研擬過程應包括一套納入核心民眾及利

害關係代表人的參與程序。越來越多的社區傾向應用廣泛參與、共識建立的規劃與執行過程，其中的參與人員包括：民選官員、社區利害關係人團體、派任官員，和有興趣參與規劃的民眾。藉由將社區所有面向都納入規劃過程中，以確保計畫能得到廣泛的支持，獲致更有力的執行承諾。如之前第九章中提到的，規劃初期的參與過程主要是為辨識課題、提出願景、目標，和提供建議的政策。稍後，則包括民眾對計畫草案的檢討與評論。參與工作通常會將許多方法進行排列組合——調查、座談會、廣泛傳遞提案與替選方案資訊、公開聽證會、評論撰寫，及利用專案顧問小組。

劃定規劃地區

決定規劃的地理範圍是撰寫土地使用計畫初期之工作，這個範圍被稱為規劃地區 (planning area)。郡的規劃地區應該包括整個郡，然而它的開發重點可能會是在具土地開發課題壓力的廊道和部分地區。對成長中的城市來說，規劃地區應該遠大於目前的市區邊界及域外管轄範圍 (extraterritorial jurisdiction)。如果可行的話，應該要涵蓋未來 20 到 30 年計畫或市場力量可能造成開發壓力的所有地區。這些是最可能需要利用都市服務的地區，或是被列為域外管轄範圍之擴張與行政區合併之地區。基於人口、經濟，及環境資訊，規劃過程初期就應先決定規劃地區，並與相鄰政府進行協調。規劃地區的範圍應該要擴大，參與過程及資訊基礎至少要能涵蓋未來都市成長的範圍。計畫基礎資訊的範疇需超越規劃地區，要擴及地方行政轄區座落區域之經濟、環境，與開發市場系統。

連結至其他的地方計畫及方案

土地使用計畫應能展現其綜合觀點，並考量其他社區計畫與方案之課題，如自來水與污水計畫、運輸計畫，和資本改善方案。或許還會包括關於經濟開發、開放空間、住宅，和災害紓解等計畫。這些計畫都應於土地使用計畫研擬工作中列入考量，反之亦然。協調是雙向的，最重要的是要維持與各計畫間的一致，確實使土地使用計畫具更通盤之思維。

一致性與協調性可以用若干種方法來達成。土地使用計畫中運用的基礎資訊及假設，應與自來水、污水，及運輸計畫維持一致。應盡可能地讓這兩類計畫運用相同的經濟與人口預測，假設相同的服務範圍及服務水準。在運輸計畫中分析運輸需求，在自來水及污水處理計畫中的分析自來水及污水設施地點，都應根據土地使用計畫提議的未來開發形式。同時，在土地使用計畫中，像是決定居住與就業密度時，也要把自來水、污水設施和運輸規劃，納入考量因素。

府際協調

在規劃地區涵蓋全部地區的案例當中，多數案例顯示出未來二十年間可能會面臨到開發的壓力，此時計畫就應藉由府際協調來達成一致性。舉例來說，政府間的協調，可以讓基磐設施及都市服務達到經濟規模，並協助塑造區域就業形式與開放空間網絡。數個地方行政範圍可以分享自然環境資源 (如自來水供給集水區)，或影響同一個脆弱的環境系統 (如河口濕地)。他們可以針對這些共同擁有的資產進行政策協調。市政府及郡政府間可能會需要協調域外管轄區域以外地區的土地使用規範。兩個或以上的城市可以沿著彼此鄰接之邊界，協調他們的計畫。政際協調應該要擴及州及聯邦政策管轄的土地，其中包括指定的敏感地區、聯邦軍事基地，和國家公園等。故此，土地使用計畫的基礎資訊應分析周邊區域所發生之事件、推計的未來狀況，和州及區域計畫的內容。協調工作其實就是將各機構的代表，與其他政府納入計畫研擬過程的參與式規劃過程。

研擬計畫過程中各階段產生的計畫項目

研擬計畫時，要先決定計畫中要包括哪些基本的項目。這個過程可組織成四個階段，如表 10-1 中所示：1) 準備社區狀態報告和願景陳述；2) 在方向設定架構中，包括目標、標的，和政策；3) 選擇一種計畫的類型，或組合多種的計畫類型；4) 製作一份監督與評估的計畫組成部分。各階段之順序及產品，是從較概括的提出願景，到特定的設計與執行方法；從較大或區域規模尺度，到較小、鄰里的規模尺度。階段

表 10-1 ┃
計畫研擬過程各階段產出之計畫組成項目

第一階段：社區狀態報告

現況與逐漸浮現之趨勢

地方法令的檢討

威脅、機會，及課題

境況與願景陳述

第二階段：方向設定之架構

目標與標的

政策

第三階段：各種計畫

地區性土地政策計畫

社區土地使用設計計畫

小地區 (或特定地區) 計畫

開發管理計畫

第四階段：監督及評估程序

間之順序並不是硬性規定的，有時幾個階段會同時進行，彼此間也會交互回饋影響。

第一階段：社區狀態報告

在第一個階段中所提供的初步資料，會在後續計畫研擬階段中產生土地使用計畫中的組成項目。在這個階段中最重要產品就是社區狀態報告和願景陳述，有時彙整後就稱為課題及願景陳述 (APA 2002)。這些產出都非常籠統、不具空間性，或許還能做為最終計畫的附件。在第九章鋪陳出一套彙整與分析資訊的方案，能產生一本基於共識的社區狀態報告。

社區狀態報告應基於社區目前、推計或規劃之人口與經濟、土地使用、運輸與基礎設施，和自然環境的描述與分析之上。這份報告通常包括了幾個關鍵的元素：

1. 敘述可能影響未來計畫期間之課題、現況條件，和逐漸浮現之趨
   勢；
2. 檢討現行地方性開發管理法令之適用性；
3. 未來開發的各種替選境況；
4. 社區所傳達之價值觀與社區演變之意象，做為提出未來欲求願景的
   基礎。

因為規劃之事先準備工作是以未來導向的，這可以用推計與可能出
現的未來境況相比較，以了解未來會發生什麼事情；與社區欲求的未來
相比，看看社區又會希望發生哪些事情。願景陳述可以根據期望境況與
可能境況中推演的事實。因此，規劃師也可以選擇在社區狀態報告中，
納入未來各種可能的境況描述與評估，和一份透過辨識社區價值觀與社
區未來整體意象之願景陳述。

社區狀態報告應該結合技術性與參與性的方法 (見第九章)。技術
預測方法是要由規劃師探討，並詮釋規劃支援系統所揭露的狀況與關聯
性 (見第四章至第八章)。規劃師擔任的是獨立分析者，辨識、澄清，
並量化現況與逐漸浮現之狀況。規劃師的角色是科學的先知，負責喚起
人們注意到現況、趨勢，和未來或會出現狀況的事實。這些事實可以做
為辨識課題、建立境況、提出願景，和設定具體方向 (見以下的第二階
段) 的輸入，告知參與者現況及正浮現之情況，和它們的潛在涵義。

在參與方法上，規劃師運用參與式課題辨識、境況建立、願景提
出、方向設定，決定技術分析的焦點。計畫資訊系統可用來澄清並量化
參與者辨識的課題與期望。所以技術資料與參與程序間的關係就反轉過
來了：由參與者定義出技術分析的範疇與焦點。這兩種方法並非各自獨
立的，而是互補運用的。

總之，社區狀態報告對規劃提供了各種貢獻。首先，可以提供目前
狀況及期望規劃產出之明確圖像，協助決定目標及排定目標間之優先順
序。第二，完善地分析的狀況、趨勢，和其原因，有助於尋找有效的解
決方案。第三，著眼於地方課題及解決方案的完善分析基礎，有助於計
畫在執行時面對法律與政治之挑戰。

第二階段：方向設定的架構

方向設定之目的，是提供計畫研擬 (第三階段) 及計畫監督與評估 (第四階段) 明確而重要的基礎。依據設定之方向，社區就能控制規劃議程以確保長期公共利益超越短期利益及私人關切事項。官員、規劃師，和民眾就能藉以打破固有的模式，脫離漸進的決策制定過程。

更明確的說，我們將方向設定視為幫助規劃師、民選官員、派任官員，和社區決定追求之目標、制定標的來衡量達成目標的程度，再制定政策引導進一步的規劃與日常開發管理決策。規劃師應期望將這三個元素應用在地區土地使用設計、小地區計畫，與開發管理計畫中。採用這些元素的原因，是要有法律與政治的依據，做為開發許可決策、資本改善、變更土地使用分區、進一步研擬計畫，和其他地方決策之指導。最後，規劃師常常會同時執行第一階段與第二階段中的工作。現況與浮現情況之調查可做為方向設定的資訊來源，就在決定社區關切事項、價值觀，與優先順序的同時，可以協助決定哪些課題與資料是具關鍵性的。

目標與標的

社區狀態報告中所呈現之結果，就是辨識目標工作的起點。目標是指社區所期望的理想未來狀況。目標之價值是在於目標本身，而非視其為達成其他事項之操作工具。表達目標的方式常是用形容詞和名詞，而不是量化的。設定目標可以引導計畫研擬過程。目標的例子包括：具美感讓人愉悅的都市中心地區、優良的環境品質，和提供適量的平價國民住宅。

在偏好的替選計畫之評估與共識建立方面，社區對計畫目標之認同是很重要的。然而，要讓設定目標的過程能確實地根據即時的、準確的、易於理解的計畫資訊，也是重要的。藉由讓參與者在目標設定前，先辨識課題和測試境況，就能將社區的默契與知識提升到適當的工作水準。目標設定是個參與的過程，是為了讓研擬的計畫能代表社區價值與利益 (Smith and Hester 1982)。目標定義了社區開發中欲求的未來狀態特質。目標設定並不是規劃過程中的某個項目，而是持續地社會學習中的一部分。因為目標是引導規劃工作不可或缺的，目標設定的過程是經長期的發展而產生出來的。最近的一些版本或會稱之為設定基準

(benchmarking)，有時又稱為提出願景 (visioning)。然而，設定基準比較像是標的 (明確可測量) 而非目標 (長期的方向)。提出願景雖然是相關的，通常它是建立未來欲求意象之獨立過程。

標的是實際、可測量的產出結果，用來引導目標之達成。標的可以是根據各項工作的時間基準，是達成最終目標的中間步驟。標的也會是在大目標之下的一個方向。舉例來說，水質要在 2020 年之前達到環保署規定的標準，就是在環境品質目標之下的一個標的。達成目標前會有許多中間的步驟，滿足這些標準就是其中之一；其他標的還包括像是 2010 年要將一個重要的環境分區納入開發規範，或是 2015 年要收購一條兩英里長具環境敏感性的河川廊道開發權。

規劃師要處理若干類別的目標，這些目標是按照它們的來源區分：

1. 傳承的目標，或「既有的目標」，來自於之前曾經採用、目前仍然遵循之地方政府的政策目標；目標設定過程是從這一類目標開始著手。
2. 命令的目標，或「必要的目標」，來自於州與聯邦政策，和司法系統對於法令權責與憲法之詮釋。
3. 普遍的目標，或「當然的目標」，來自於規劃文獻中敘述之優良都市型態、良好的土地使用管理，及優質的政府運作過程。
4. 需求的目標，或「適應的目標」，來自於需要容納的未來人口及經濟變遷之預測。
5. 期望的目標，或「社區之所欲」，來自於參與式目標設定過程中傳達出的各種價值觀。

有三種方法可用來建構規劃目標。第一，目標是要舒緩地方性的問題，例如：水質不佳、窳陋的鄰里，和嚴重壅塞的交通。第二，目標可藉由詢問「我們想要變成什麼樣子？」來定義對未來狀態的期待。第三，可藉由參考既有之政策、務必遵守的規定、一般性標準，和推計得到之需求，來定義目標。

目標設定的主要輸入是在過程中參與者共同彙集的知識、技巧、能力和經驗。雖然多數的過程是反覆進行的，其中包括三個開發階段構成了目標設定工作。第一個階段是目標找尋，著重在產生新的想法。目標

整合，焦點是在於目標的形式與主題，也在於提升各方的默契。目標選擇，則是設定目標優先順序之過程。

政策

方向設定架構的第二個元素，是由規劃政策所構成的。政策被認定是為了達成目標與標的時，必要之行動說明或要求。政策源自於目標與標的，但是更直接地導向政府應採取何種行動才能達到目標。政策是用動詞來表示的；政策中會使用強制性的字眼，像是應當、必須、務必，或是會用一些建議性的詞彙，例如可能、考慮、可以。舉個例子，具有視覺美感的中心商業區之相關目標，可能需要的政策是要求主要街道旁新的開發，應該提供行人寧適的環境，並沿著道路種植有樹蔭的樹木。政策通常不會闡述行動的細節。例如，它不會明確地說明主要街道上要種植多少樹木來提供樹蔭。政策也不會明白地用到法令語彙，或是會影響到哪些土地範圍。舉例來說，一份政策提到自來水與污水管線之延伸，只會延伸到使用者支付費用的地點，和稅金超過開發所需經費的地區。政策也可以用特定標準來表示。舉例來說，政策標準或會指定在主要街道旁種植橡樹，使樹木與街道上現有的樹種能夠一致。

就如目標設定過程，需要由規劃師來引導社區的政策研擬工作。規劃師在此必須協助參與者檢視現有及提議之政策，加入新政策，再將結果彙整成與目標、標的一致的政策聲明。政策聲明應該要明白地指出政策與目標、標的間的連結。要產生這樣的連結，就應在每個主要目標下分別說明政策，遵循著與目標相同的組織分類 (例如：實質的、經濟的，和環境的)，或用其他方法明白地指出哪些政策是要推動哪個目標。如此，決策者及政策使用者爾後才得以了解政策之適用性。參考資料 10-1 是說明一套方向設定架構，其中指出了目標、標的，與政策間的連結。

參與過程與規劃之方向設定階段關係匪淺。地方規劃方案與未來土地使用形式影響到的所有個人與團體都會進入開放的參與過程中，這就影響規劃結果之正確性、實用性和其效果。因此，雖然規劃師是擔任協調者的角色，過程中還包括了民選與派任的政府官員、個別的民眾，還有來自代表環境、經濟開發、公平性，和適居性利益的團體。參與其中

參考資料 10-1
說明連結目標、標的，與政策的方向設定架構

目標一：密集與連續的都市景觀，增加都市適居性。

標的 1.1： 在 2030 年以前，達到每英畝 10 個居住單元之平均密度。

　政策 1.1.1： 修訂開發規範，建立最低開發密度之規定，來規範所有新的大規模土地細分開發方案。

標的 1.2： 在 2030 年以前，新開發方案中要有 50% 是混合居住與就業地區之設計。

　政策 1.2.1： 修訂開發規範，在所有大規模開發方案提案中，提供誘因以創造混合居住與就業使用的地區。

標的 1.3： 在 2030 年以前，提增行人及自行車工作旅次，由目前的 5% 增加到 10%。

　政策 1.3.1： 指定並建立一套安全、連續的行人與自行車道網路，連接所有住宅與就業地區。

　政策 1.3.2： 建立一套運輸管理方案，提供誘因鼓勵員工以步行或自行車往返工作。

目標二：公共設施與服務能有效地服務新的開發。

標的 2.1： 在 2030 年以前，每個新開發家戶的平均公共服務成本降至區域平均值。

　政策 2.1.1： 在開發規範中建立「適當設施」規定，配合資本改善方案協調公私部門之開發。

　政策 2.1.2： 藉開發規範提出之誘因，推動群簇式開發以增加提供服務之效率。

　政策 2.1.3： 建立開發衝擊費之分級收費系統，反映實際服務成本及成本變動。

資料來源：摘錄自 Kaiser et al. 1998.

並掌握土地使用與開發決策權的人，參與時務必完全了解他們的利益，還要有充分的權利以確保產出平衡的規劃結果。

第三階段：計畫

計畫研擬過程的第三個階段，是關於以社區狀態報告和遠景、目標、標的，與方向設定架構的一般政策為基礎，研擬出更明確的計畫。在此過程中，選擇適當的計畫類型，這包括從一般性的空間計畫 (地區性土地政策，或社區土地使用設計)、小地區計畫，到著重於執行的開發管理計畫 (見表 10-1)。

一般會先處理地區土地政策計畫，其中區分都市開發、都市保存，及鄉村開放空間的大面積地區。接下來的就是將地區計畫劃定之都市地區，研擬社區土地使用設計計畫，其中會提出特定的土地使用、社區設施，與基磐設施之安排。這個過程通常會產出兩套計畫，或是一套包含土地政策地區及土地使用設計的複合計畫。

社區或許會選擇著重其中一種，或同時選用兩種空間計畫。區域機構或郡可能會建立一套地區土地政策計畫，但不用接續的土地使用設計。如此一來，在地區計畫中指定做為都市使用的地區，可能就必須依照區域或郡範圍內城市研擬的土地使用設計。相對地，一個都市社區可能會選擇直接應用都市土地使用設計，而不使用地區土地政策計畫，或是在較粗略的地理尺度上仰賴地區或郡的地區計畫。其他的社區也能採用這兩類空間政策計畫的項目，產生一套複合式計畫。

小地區計畫著重社區中的特殊地區。這些計畫針對如中心商業區、鄰里、開放空間網絡，和運輸廊道等策略地區，補強地區與社區計畫之不足。小地區計畫在空間安排、實質設計和執行方法上，是較前兩者更為清晰詳盡的。

開發管理計畫將重心轉移到執行上。這些計畫是用來補充地區土地政策、土地使用設計和小地區計畫，也經常被併入到這些計畫中。開發管理計畫是針對較短期，多半是五年的行動議程提出方案，其中包含開發規範、資本改善，和其他能讓地方政府影響土地使用變遷的各種手段。在開發管理計畫中，比較注重都市化的實際發生時間，使公共開發之基磐設施與私人開發達到平衡。它也會特別注意如設計品質、開發成本及成本之分配使用，和政府干預都市化過程的公平課題。

第四階段：監督與評估方案

在監督與評估方案中說明社區必須執行的工作，以追蹤計畫在滿足需要、解決問題，和達成目標上之成效。它包含了三項行動：社區執行計畫政策與開發管理方案之成效；開發與土地使用變遷，和計畫間的一致程度；達成標的(目標之數量化指標)的程度。用監督變遷狀況的結果為依據，就能持續評估計畫成效並定期更新計畫。

監督結果報告分為兩個階層。第一個階層，可能是每年度或每兩年提出之成效評估，其中或會建議調整政策及行動方案。提出第二個階層的結果報告要隔比較長的時間，大約五至七年，其中包括更完整的檢討修訂，或許還會建議重新進行規劃。

設計土地使用之空間排列

無論是地區土地政策計畫、社區土地使用設計計畫，或小地區計畫的設計程序，都可以用需依序完成的五項工作來表示。這些工作可以用在各種土地政策地區，和土地使用設計計畫與小地區計畫的特定土地使用分類中。因此規劃師會不斷地重複操作這五項工作的程序：為了計畫中的每一種土地使用分類，分別進行一次。例如，這些工作可以用在地區土地政策計畫的都市開發地區與環境保護地區；可用於土地使用設計計畫之就業地區、住宅鄰里和開放空間；也可用於具細緻尺度的小地區計畫，其建築設計、活動中心，與街道造景之中。[1]

工作一：導出土地政策地區、土地使用設計中的項目、特定的土地使用活動，或社區設施的區位準則、偏好、規格與需求。

針對 a) 決定開發地區的區位、土地使用或混合使用，和運輸與其他社區設施；b) 這些土地使用與設施之間的空間關係，建立原則及標準。這些原則及標準是依據：方向設定架構中所訂定之願景、目標、標的與政策；環境的過程、家戶、廠商，和其他土地使用者之區位偏好；特定社區設施及活動中心之區位需求與偏好。

工作二：針對特定土地政策地區、土地使用設計項目、特定土地使用活動，或社區設施，繪製土地適宜性的分佈地圖。

利用工作一所完成的設計原則與標準，將特定土地使用地區、土地使用設計之項目、特定土地使用活動，或社區設施繪製成土地使用適宜性地圖。適宜性分佈之變化形式，會因環境因素之空間分佈 (如坡度、土壤品質、排水性)、現況及規劃之土地使用影響抵達目的地之容易程度，和運輸及其他工作一提到的基磐設施系統，而有所不同。

工作三：估計土地政策地區、土地使用設計項目、特定土地使用活動，或社區設施之空間需求規模。

針對特定土地政策地區 (例如從鄉村轉換為城市的「移轉」地區) 或土地使用設計項目 (例如中心商業區、辦公園區，或混合使用的鄰里)，估計容納未來活動水準所需之土地數量規模。這個估計工作的根據是人口及經濟推計，和對未來開發密度之假設或政策。

工作四：在初步的地區土地政策或土地使用設計的預定區位上，分析適宜開發的土地供給容量。

決定土地容量以容納土地政策地區和土地使用設計中所列的各種地區。每一種適宜地區的容量，可以用居住單元數、家戶數、員工數，或是只是用英畝數來表示。土地政策地區和土地使用設計項目的容量，還要與運輸及其他社區設施之容量協調配合，確使公眾投資能支持欲求之結果。

工作五：設計替選土地政策地區或土地使用設計項目之空間排列與規模。

為未來開發及再開發地區、活動中心、特定土地使用、運輸與其他社區設施、開放空間，建立替代的空間排列與規模。這是個綜合的步驟，也是在五個工作中最具創造力的步驟。圖 10-1 中描繪出五項工作的相互關聯。圖中也強調規劃師在土地使用規劃時，所追求的三種重要的整體均衡。其中之一是供給與需求的均衡。將這張圖分為上、下兩個部分；在上半部的兩個工作強調在適當區位的空間需求分析，再由土地政策地區或土地使用設計容納這些需求。在下半部的工作，則分析了因

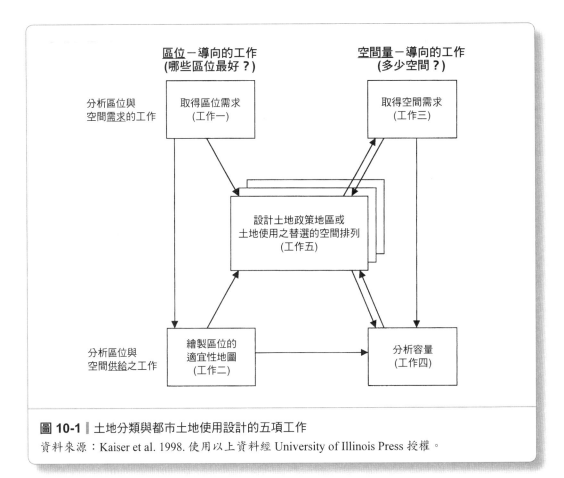

圖 10-1 土地分類與都市土地使用設計的五項工作

資料來源：Kaiser et al. 1998. 使用以上資料經 University of Illinois Press 授權。

應目前及未來需求之土地供給和基礎設施容量。設計是位於圖的中央，是綜合的工作，使供給與需求兩者達到均衡。

第二種均衡是為了容納未來土地使用之適當區位與適量空間的均衡。在圖左側的工作是區位分析 (包括需求與供給)；圖中右側的是空間量分析 (同樣地，也包括需求與供給)。而在圖中央就是綜合、平衡替選區位與空間考量之重要設計工作。

第三種均衡已經包含在前面兩者當中，是指圖中四個角落的分析工作與在中央綜合工作之間的均衡。實務的設計是要在良好的分析基礎上。然而，分析只能做到有限程度，最後還是要有創意的設計才行。

一般來說，我們建議這些工作是從左上角開始，往右、往下進行，要不斷地安插需要分析的替選設計 (工作五) 到這個過程中。也就是說，我們建議先分析需求再分析供給 (由上至下)；先考慮區位再考慮

空間量 (由左至右)；從分析工作進行到綜合工作，再回到分析工作檢
視測試性的綜合提案。

　　以下討論，將這五項工作做更詳盡的說明。

工作一：產生區位原則

　　區位需求或稱區位指導綱領，是配置土地使用之原則，使土地使用
能在具備適當實質環境特性的土地上，並與基磐設施和其他土地使用有
適當的關聯藉以推動永續開發。區位原則是從多個來源得到的。首先，
來自於規劃初期之願景、課題、標的、目標和政策。接下來，各種不同
的土地使用有市場導向與社會使用導向之偏好。這些區位偏好是由人
民、廠商，和機構需求間的交互影響得到的，因此才會有前往特定活
動、服務，與設施之可及性；以及，鄰近土地使用間的相對相容性。最
後，因自然災害形成之風險考量，例如洪水，和建築在陡坡或不適開發
土壤之經濟可行性。

　　在美國各地的區位原則通常是大同小異的，各地方都具有共同文
化、技術、對公共利益的詮釋，甚至社區計畫中特定目標與標的也是類
似的。基於這個原因，我們在接下來章節中討論了區位原則，並期望這
些原則能應用到美國一般的規劃狀態。然而，當應用在不同文化、技
術，和政府結構時，還是需要先做大幅度的調整。

　　在此同時，美國社區的社區願景、財政能力，和多元文化存在著相
當大的變異，每個社區必須找出他們自己的區位原則。例如，某社區會
認為居民應在 10 分鐘的通勤時間內到達零售活動中心，其他社區或能
接受平均 20 分鐘的路程。在形成規劃目標與政策時的社區參與越多，
就會有越特定的社區目標與一般政策，其區位原則就會益形獨特。因
此，規劃師不應過於急躁地使用本文中引用的通用標準，而忽略其中潛
藏的成本和與某特定社區之整體關聯性。

　　一般性區位原則的構想是用在地區性土地政策計畫、社區土地使用
設計計畫、小地區計畫，也可以用於開發管理計畫。針對地區性土地政
策計畫，舉例來說，規劃師要訂出區位原則來決定都市過渡 / 轉變地區
(鼓勵成長的地區) 並劃設其範圍、環境保育地區，和優良農業生產地
區。至於在社區土地使用設計計畫，規劃師要辨識出更為明確的區位原

則，來劃定就業地區、商業／娛樂／文化中心、住宅社區、農業及林業活動，與環境保護地區，甚至會包括對更獨特的土地使用，例如多戶住宅、辦公園區，和特殊的設施，例如支持未來土地使用形式之運輸及污水收集處理設施。最後，針對開發管理方案，規劃師找出的區位原則要能引導特定土地使用管制之應用；例如，開發權移轉的開發容量接收地區、保護自來水供應集水區之規範，或適合計畫單元整體開發中浮動分區的地點。

地區性土地政策計畫區位原則之舉例說明

地區性土地政策計畫一般的區位原則，用以劃設成長、保育、再開發和穩定地區；它們是明確的、可以辯證的指導綱領。

- 自然保育區應座落在自然、遊憩、具生產力，或景觀資源地區；自然過程容易受到都市化與某些農林業活動威脅的地區；以及，災害對都市開發構成危害的地區。這些地區可能包括，例如，供水水庫、注入水庫之溪流，和這些水體的緩衝區，或是其集水區之範圍。

- 建成區可以指定為穩定地區或再開發地區。這些地區中可能會滲雜著保育區，例如溪流廊道，社區應讓其「不開發」或「再開發」後做為開放空間；舉例來說，河灘地或疏洪道。

- 從都市外緣的鄉村地區轉變成都市利用之都市過渡／轉變區，應位於都市服務，如自來水與污水下水道，容易與經濟地延伸到達的地區；現況具有道路服務，或道路與其他運輸系統容易延伸到的地區。該地區不應位於具自然災害威脅、優良農業土地、脆弱自然環境系統，和現況或規劃的自來水水庫集水區中。

- 鄉村／農業／林業地區應位於具有高度農業、林業生產潛力，或採礦地區。鄉村的非農業地區，無須座落在容易於近期內提供都市服務的地區，這些服務對於農業生產並不重要；不受環境災害的威脅，不易受到都市化過程而破壞的自然環境過程與特性。這些土地可能會是爾後都市土地的供給地點。

- 劃定的土地政策地區，應該要能配合規劃的自來水與污水下水道服務地區、運輸系統之提升改善，和其他主要資本改善方案，如：洪

水控制方案、自來水供應服務之擴張、機場、區域公園等。

社區土地使用設計計畫區位原則之舉例說明

　　無論都市擴張地區、穩定地區，和保護開放空間的地理界線在哪裡，要小心地在這些範圍內，調節複雜的都市功能。土地使用設計計畫的一般性原則應討論各種計畫的項目，例如：就業地區、生活地區、購物地區、運輸與社區設施系統及自然系統。

- 就業地區主要是製造業、批發業、貿易、辦公室，與服務產業的就業地點。該地點應位於運輸路線與主要道路容易到達的位置，能方便地連結到其他就業地區、區域公路，與大眾運輸系統。它們必須避開脆弱的環境系統，其空間分佈要能避免空氣污染集中。它們必須有足夠的基地規模，經濟地提供公私部門開發使用，並能吸引重工業以外的產業進駐。

- 生活地區包括住宅鄰里，和與主要是住宅構成的混合使用鄰里。這些地區必須能方便地連結到就業地區、購物區、休閒活動場所、大眾運輸與道路、開放空間與社區設施。這些地區與不相容的土地使用，像是重工業與高車流量道路，應該用緩衝區來區隔。它們必須包含小型到中型規模的遊憩、購物、辦公、教育，與其他社區服務設施。它們必須包括各種不同的密度、住宅類型和區位，以供消費者選擇。它們位置是在能合乎經濟開發與服務之區位。

- 購物、娛樂與文化活動地區，包括主要的購物與娛樂地區，和教育、文化與遊憩設施，如：學校、博物館、音樂廳、圖書館、體育館，與大型休閒育樂園區。這些地區必須集中配置，方便地連接到生活地區，具有大眾運輸和區域道路系統之服務。這些地區必須有足夠空間以容納活動所需，各種貨品與服務能夠抵達這些區位，能做為各種交易的場所。

- 運輸設施應視為地區內包含道路與鐵路的多運具系統，與計畫之土地使用和土地使用設計之活動中心緊密地結合。這些設施必須處理住宅區及活動中心內的行人活動需求，連通居住與就業地區，和購物、娛樂，和文化中心之內與之間的連繫。道路設計應符合不同土地使用或混合使用之需，這些使用包括住宅區、都市中心區、商業

中心，與工業區中，運具包括了徒步、自行車，汽車與公共運輸。未來運輸設施基地與廊道的劃設與保護，應被視為土地使用計畫中的一部分。

- 社區設施 (如醫療機構、警察局與消防局、飛機場，與火車站) 應與規劃的土地使用形式配合。它們必須位於特定使用人群容易抵達的地點；開發基地應合乎建設之經濟效益，並有充分的空間可供未來擴張之用。應妥善劃設與保護建議之設施地點。

- 基磐設施計畫必須與規劃的土地使用與活動中心互相協調。公共投資的時機應與土地使用設計中的計畫開發同步。未來的自來水源，或固態廢棄物管理設施應妥善地劃設與保護。

- 主要的公園與大型開放空間應該利用保護重要與脆弱的自然過程、環境，及為了特殊自然特色預留之區位，藉以提供各種遊憩機會。劃出林地與其他開放空間，讓它們成為鄰里與地區的範圍界線，並舒緩氣候、噪音、燈光，與空氣的污染；它們也應提供成為人們前往開放空間的路徑。

- 大部分的開發應避開環境災害地區，如洪水平原、斷層、可能滑動的陡坡，與不穩定的土壤。採用化糞池的低密度開發，應禁止在具不適宜土壤類型的地區，和適合都市開發的地區進行開發。

區位標準與原則之比較

「標準」是在以上討論的原則中，再加入了明確性與意義性 (Porter 1996)。舉例來說，「避免環境災害」的原則，更明確地以標準來說明──就如地圖上劃定的 50 年重現期洪水平原範圍內，不允許進行任何開發。「可及性」可以轉換為特定的距離，以英尺、英里，或旅行時間來計算；舉例來說，鄰里公園的半英里服務範圍。「機動性」可以由車輛旅行時數、每人平均延滯時數，及每人平均車輛旅行里程來表示。「足夠的空間」原則，可以轉換成特定的最小英畝數；例如，社區公園或學校的最小空間標準為 15 英畝，或每千人 1.5 英畝公園之空間標準。「經濟的公共污水處理」可能是在特定的地圖上，由地形稜線所界定之污水處理集水區。制定標準的好處是在於可以更精確地劃定範圍，就能提供適宜性分析與設計工作明確的依據。部分的標準是法律訂定的。在

保護公共衛生、安全，與公共福祉上，人們會採用認為是必要的最低或最高標準，讓這些標準成為規範與執行的一部分。至於在計畫的研擬上，我們會使用「欲求」(desirability) 標準而非最低標準。欲求標準所建立的品質會優於最低標準——可以實際達到之水準，還能逐漸接近願景中陳述之目標與標的。

工作二：繪製區位適宜性地圖

在此工作中，我們將工作一的區位原則與標準，根據原則與標準中引用因子之空間形式，套繪在地圖上。意即，根據土壤、坡度、洪水平原，前往現況或規劃之就業地區、購物與休閒機會之可及性，自來水與污水管線、道路與運輸的可及性，及其他資料；我們在決定這些標準後，繪製特定土地使用類別相對適宜性之區位。在製作地圖中分別顯示土地使用計畫中的每一種土地使用、政策地區，或運輸與社區設施，在規劃區內的相對區位適宜性。在第六章已經回顧了繪製土地使用適宜性地圖的方法。

適宜性地圖還不能算是土地使用設計。它僅是社區區位原則的疊圖分析，其中潛藏了各種土地使用設計之可能性。它反映出各種可透過疊圖分析原則的套疊結果 (也就是說，包括在現狀、假設，和未來規劃的提案中，所有可套繪之原則)。適宜性地圖無法反映未來土地使用和運輸與社區設施之間的關係。再者，規劃師可能只會需要從適宜性地圖上諸多標示出適宜的地點中，選用少數地點。然而，也有可能會有些基地能適合好多種土地使用，規劃師將需要決定對某個區位建議一種適宜的土地使用，而排除其他適宜的土地使用。

工作三：估計空間需求

於工作一與工作二中是強調區位之考量，現在要估計的是未來會需要多少土地，才能容納未來預期的人口、經濟，與納入在土地使用設計中的環境過程。空間需求的基礎是在於：人口與就業的推計、現在與未來開發密度之研究，及未來開發特性之政策與期待 (例如，房屋種類與密度之混合)。

計算空間需求通常被分成若干個階段。對於土地政策規劃階段與土

地使用設計的初期階段，我們只會針對非常一般性的土地使用種類 (例如，都市過渡 / 轉變地區，或整體住宅開發) 大略估計土地面積。稍後，在土地使用設計中估計特定土地使用種類之空間需求，再次檢查與微調之前的初步估計值，藉以反映人們期望之開發、消費者偏好，與各種密度或混合使用的區位適宜性之特性。舉例來說，位於中心商業區附近的住宅或工業，密度會比都市邊緣地區高。

在土地使用設計階段，空間需求評估技術使用四步驟程序，以更謹慎地反映假設與政策：

1. 檢視每個土地使用種類的現況密度特性，並依開發時間、開發類型，及中心地區與周邊地區，檢視密度之變化。

2. 決定土地使用設計中住宅與就業地區未來需要容納的人口與就業水準。

   同時，計算區域商業活動中心的空間需求，這是以推計交易地區人口、推計零售業銷售金額，及特殊經濟部門之就業數為基礎。這一類指標也被用在社區設施上 (例如，人口是未來遊憩設施的需求基礎)。

3. 導出未來的空間標準。考量現有密度與對這些密度之相對滿意程度、偏好的趨勢與開發實務、目標與政策，和在土地使用設計所推動之目標式原則。空間標準可以用以下的詞彙來表示：每個就業數之工業用地面積、每 1,000 人之遊憩或學校基地面積、貿易地區中每位消費者的零售空間面積 (平方英尺) 等。並且具體設定這些設施，如學校、購物中心、工業園區、辦公園區等最小基地面積標準。

   公共運輸與其他大眾運輸之規模是土地使用——運輸設計中的一部分，它會以各種方式影響未來的空間標準。它會降低主要活動中心的停車空間需求，造成更密集、更多行人導向之開發形式。它也能讓公共運輸車站附近的地方商業與住宅開發，形成較高密度、混合使用的節點。

4. 將步驟 3 之空間標準，乘上未來人口與就業數，就能得到各種空間需求之估計值。舉例來說，若工業部門的空間標準為每英畝 25 名員工，而該部門之推計就業員工數為 10,000 名，就是指空間需求

為 400 英畝。若公共運輸車站附近鄰里之住宅密度為每英畝 25 個居住單元，而該區預計提供 1,000 個家庭居住，那麼計畫就必須提供約 40 英畝土地以供住宅使用。

工作四：分析容量

供給土地之地區包括了非都市使用的土地 (如農業使用)、空地，和準備進行再開發與大規模整建的地區。規劃轄區會根據適宜性分析或初步土地使用設計方案之建議，劃分成不同的地區。在每個地區中可使用的面積，依據適宜性分析的等級進行彙整。特定土地使用活動就按照該土地使用之適宜性的等級，在地區中進行適當的安排。若在適宜性分析中使用 GIS 系統，計算之容量就是適宜性分析中適宜該土地使用之多邊形面積。基於工作三中的空間消耗標準，適宜開發之面積可以轉換計算成相當的居住單元數、人口，或員工人數。舉例來說，若工業區的空間標準是每英畝 25 名員工，100 英畝適宜開發地區之容量是 2,500 名員工。相反地，這類轉換工作或會到工作五當中再來進行，屆時將要平衡容量與空間需求兩者。工作四之產出結果，是按照每個規劃地區可能出現之土地使用，標示出各個規劃地區容量的地圖與表格 (如，適宜的範圍，或土地使用設計之初步結果)。彙總之資訊可以包括整個的規劃地區，或是全部面積中的幾個分別的部分 (如東、西、北、南區)。

工作五：設計未來都市型態

前面的四項工作都是分析性的。第五個工作則是要創造人們期望之土地使用、運輸，與社區設施的替選形式，容納未來的人口與就業，同時能配合區位原則、適宜性地圖的意涵、空間需求和容量。一般來說，規劃師會探索許多設計方案與分析境況，在數量與品質間達到平衡。透過土地使用、運輸、自來水及污水計畫間之協調，以追求永續三稜鏡模型中的適居性、效率、環境，與公平價值觀。

藉由境況或替選土地使用 / 運輸設計方案中，在各種區位某種土地使用所需面積與容量間進行比較，就能測試設計草案構想。當土地被暫時地分派給某種土地使用，該地區的容量中就應扣除其他土地能使用的面積；這是因為一個地區無法同時容納兩種土地使用，除非是混合使用

的土地。有一種空間的記錄系統是用地圖與表格來操作；這部分會在後續章節中再詳加討論。若面臨土地供給不足，部分先行分派給其他使用的土地、但適合稍後分派土地之土地使用，可能被重新分派給新的土地使用，並把原先分派的土地使用換到其他的區位。若缺少適宜開發的土地，規劃師或許會需要降低適宜性標準、提高未來密度、拓展規劃地區範圍，或降低未來要容納的人口與就業水準。一般來說，開始規劃時都會提出一個較大的規劃研究地區，因此平衡土地供需的工作中會顯示適宜開發土地是過剩的，而非不足的。這種過剩是意料中的，並不構成縮小規劃地區範圍的理由，除非它對規劃單位的資料管理能力造成負擔，或是超過執行規劃地方的政治影響範圍。

我們再一次指出，土地使用設計結合相關的運輸系統設計，就成為都市空間結構設計的一部分。因此，這個設計實際上就是土地使用 / 運輸設計，把運輸納入未來都市型態的設計中：土地使用設計用來處理運輸之需求，運輸手段也能支援特定都市土地使用設計的提案。在社區承諾致力於聯合土地使用與運輸設計之都市型態後，接著要進行結合運輸規劃與工程之系統分析，包括旅次產生、旅次分配、運具分配，並依照多元運具路網來指派旅次。實際上，這四個步驟就類似於工作三、工作四，與工作五的結合，在估計容量的限制內，估計未來人口與方案設計之需求，並把人口分派到方案設計當中。讀者可以參考第八章中整合土地使用與運輸規劃之討論。

各土地使用在設計過程中的考量順序

為了避免同時處理所有土地分類或土地使用的複雜性，我們建議規劃師把土地使用分成若干種大類別。首先是在地區性的設計中，將開放空間，如保育區、農業、林業與區域遊憩區，從一般都市土地使用中區分出來。接下來在社區土地使用設計中，從都市使用的大類別區分出區域活動中心 (就業、零售，和大規模社區設施)，與包括了住宅與小規模社區設施的住宅區。劃分都市使用與開放空間的意義，是因為接續地區計畫的基本土地政策之後，就要明確的在社區土地使用設計中強調活動中心與住宅土地之形式。規劃師必須在此過程中留意整體的設計：

在逐漸精煉這些計畫時，規劃師將進一步區分這些廣泛的類別。舉例來說，或許會有好多種具不同區位、空間需求的就業中心和零售中心。

在此建議配置未來的開放空間，或稱為「非都市」空間，應該是土地使用設計程序的第一個步驟。在這種廣泛的類別中包括了重要環境過程之土地（例如，過濾養分與舒緩洪水的濕地）、災害地區（如，洪水平原、地震斷層帶）、資源生產（例如，優良農業用地或礫石礦床）、文化資源（如，歷史遺跡）、區域性戶外遊憩地區，和提供視覺美感目的之地區（如，鄰里地區邊界之界定，或提供欣賞天際線景觀之觀景點）。

在開始研擬土地使用計畫時，就先設計開放空間是基於以下幾點原因。首先，許多開放空間之需求可按照實質環境特徵來說明，這些實質特徵早已存在，並能利用規劃資訊系統套繪出地圖。相較之下，人類活動的區位需求是高度相互依賴的，甚至部分是取決於計畫研擬過程中所配置之未來就業、商業和住宅地區。第二，與都市使用需求相比之下，自然過程的區位需求比較不具彈性；自然過程只會發生在環境條件許可之處，沒有辦法存在於其他的地區。第三，環境或自然災害問題之技術性及災後解決方式，成本越來越高，而效率卻是越來越低。最好是能夠預先設想並避開這些問題。最後，市場導向的都市開發過程，無法為了環境與遊憩的目的，在適當區位提供充分開放空間。因此，開放空間在市場導向的都市開發過程、人類價值導向與經濟導向的規劃過程中是脆弱的，尤其是那些容納自然過程的開放空間。

在研擬出暫時的開放空間使用形式設計後，規劃師下個工作是劃設鼓勵新都市開發的地區。對於地區土地政策計畫，這些地區就是「都市」地區，包括了「都市已開發地區」與「都市過渡／轉變地區」（未來將會開發的地區），或會包括都市周邊的鄉村社區。

土地使用類別考慮的下個階段，是之前在社區土地使用設計的格式所討論的。規劃師首先將焦點轉至針對都市活動中心與設施之區域或社區空間結構；都市活動中心與設施包括：工業與辦公就業中心；區域商業活動中心，主要是零售與服務地方人口的辦公使用；區域性設施，如機場、廢棄物處理與儲存、大學、醫學中心等。

在替區域、社區活動中心和設施設計了替選方案後，我們建議規劃師接下來劃定住宅社區的區位，其中包括混合使用的社區。這個步驟中

包含地方性購物與遊憩設施空間、小學與其他服務當地居民的設施、小規模的開放空間,或許還包括小型的辦公空間和其他就業地點。當然,某些住宅使用可能會位在商業活動中心之內。

　　土地使用計畫的研擬過程並非是個簡單的線性過程,還須在主要的土地使用活動類別之間、之內,進行多次的回饋與調整。這是個反覆進行的過程。所有土地使用設計分派在一開始都還是暫定的,需要藉由設計過程中的調整來反映後續浮現之負面影響或未來機會。表 10-2 中整理計畫研擬中,主要土地使用類別一般的考量順序。

結論

　　地區性土地政策計畫與社區土地使用設計計畫,兩者使用類似順序的階段。這些階段包括:建立適當的基礎,來制定計畫並說明其目的與範圍;說明計畫的格式;執行一系列均衡的土地與土地使用分析與設計工作;最後,創造出能平衡社區需求與期望的設計。

　　建立基礎的工作,包括:與社區並肩工作來釐清計畫之目的,建置研擬計畫的組織與過程,並創造採納計畫、執行、監督與更新計畫之承諾。它也包括了說明計畫範疇與重點,與可以配合長期時間地平線(time horizon) 的地理規劃地區。

　　計畫是會使用一種或多種格式,這是在各種計畫類型中進行的選擇與混合。它也包括具體說明計畫組成的成分及它們的組織方式,使計畫成為易理解、具說服力,並且有用的社區未來開發指南。

　　實際的計畫研擬過程,是個納入分析工作和設計工作兩者的複雜方法——導出區位原則、繪製土地使用適宜性地圖、分析未來空間需求、分析適宜地點容量並提出可能的替選設計方案,設計空間的排列以均衡考量前面各項目。分析工作包括:形成區位需求、納入這些需求於適宜性分析中、估計未來的空間需求,為適宜開發的土地與暫定之土地使用設計計算容量。設計工作需要規劃師綜合分析之結果,創造空間排列之解決方案。這個綜合工作就是土地使用設計的核心;在設計之前的分析工作則是提供資訊,以協助設計工作中之創造與決策。

　　要讓整個過程更為流暢,土地使用分類被分為以下類別:開放空

表 10-2｜
建議計畫研擬中的土地使用種類考量順序

I. 開放空間使用

強調於保護重要環境過程，並避免自然災害，保護經濟性的自然資源，例如農業與林業土地，提供區域性的戶外遊憩，與美學的訴求。

II. 一般都市使用的土地

著重在劃設未來 10-20 年之間，應利用政策鼓勵新開發、再開發，和主要基磐設施投資的地區

III. 區域性活動中心與設施 (在都市使用地區之內)

A. 就業中心與地區
　1. 製造與相關活動
　2. 批發與零售使用
　3. 辦公就業中心
　4. 其他特殊使用 (例如產業研究園區或渡假村開發)
B. 區域性商業中心 (主要是零售與服務)
　1. 中心商業區
　2. 周邊的都市中心——較舊的商業中心、較新的區域購物中心，與多功能中心
　3. 公路導向之中心
　4. 其他特殊的中心 (例如 都市導向的旅遊業)
C. 區域性遊憩、教育，與文化設施
D. 區域性運輸 (公共運輸、公路、機場、火車、運具轉乘)

IV. 區域性社區 (在都市使用地區之內)

A. 住宅
B. 地方性，人口服務活動與設施
　1. 學校
　2. 地方性購物
　3. 公園或鄰里開放空間
C. 人車流通 (公共運輸車站、停車場、道路、自行車道與路徑，行人徒步區，運具轉乘)

V. 特定區，行政區，與小地區之規劃適用上述各項目

間、一般都市使用、區域活動中心和住宅社區。設計過程的進行順序是——先規劃開放空間，接下來是一般都市地區，再規劃活動中心與地區運輸，最後就是住宅社區與小地區計畫 (包括人車流通部分)。當然，在過程進行中一定要反覆考量與持續調整；這個過程不是線性的，

但是在綜合出整體空間方案之前先將土地使用區分類，逐一處理這些類別能讓計畫研擬過程較為易於管理。

　　接下來幾章是要探討將這種分析與綜合方法，應用於三種土地使用計畫：地區性土地政策 (第十一章)、社區土地使用設計 (第十二及十三章)，以及小地區計畫 (第十四章)。

註解

1. Anderson (2000) 針對估計空間需求，與各項土地使用及社區設施的供給原則、標準，與方法，提出了深入解釋。

參考文獻

Anderson, Larz. 1995. *Guidelines for preparing urban plans*. Chicago: APA Planners Press.

Anderson, Larz. 2000. *Planning for the built environment*. Chicago: APA Planners Press.

American Planning Association. 2002. *Growing Smart legislative guidelines*. Chicago: Planners Press.

Hopkins, Lewis. 2001. *Urban development: The logic of making plans*. Washington, D.C.: Island Press.

Kaiser, Edward J., David R. Godschalk, Richard E. Klosterman, and Ann-Margaret Esnard. 1998. *Hypothetical city workbook: Exercises, spreadsheets, and GIS data*. Champaign: University of Illinois Press.

Kelly, Eric Damian, and Barbara Becker. 2000. *Community planning: An introduction to the comprehensive plan*. Washington, D.C.: Island Press.

Porter, Douglas, ed. 1996. *Performance standards for growth management*. Planning Advisory Service Report No. 461. Chicago: American Planning Association.

Smith, Frank J., and Randolph T. Hester, Jr. 1982. *Community goal setting*. Stroudsburg, Pa.: Hutchinson Ross.

第十一章
地區性土地政策計畫

　　利用社區報告中之課題、境況和願景,與方向設定中架構的目標與政策為基礎,你被要求為了自己工作的區域規劃機構,研擬一份地區性土地政策計畫。在計畫中明確展示出空間分佈;也就是說,它必須包括一張土地政策地圖,在圖中說明鼓勵開發與再開發的地區,也劃出為了保護生態資源和高生產力農業而不鼓勵開發的地區。

　　計畫中必須說明專門針對該地區的公共政策。它必須包括自來水及污水下水道的規劃考量、區域運輸規劃的考量,和土地市場動態的考量。計畫中也必須在適當的區位提供充分的空間,以容納社區報告提出的人口、經濟,與環境的因素。

　　我們假設規劃機構和社區已經完成了第一階段的社區狀態報告和願景提出,以及第十章計畫研擬過程所討論的第二階段,目標及一般政策制定架構。第三階段的任務就是要訂定一份計畫網絡,此計畫網絡能夠更明確地反映第一、二階段所提出的課題、願景、目標、政策綱領,及偏好境況。這些計畫要充分地理解土地市場,和廣泛的土地使用賽局及其利害關係人;從社區狀態報告到建立偏好境況,都持續應用第九章所提及的協力規劃過程。在本章中所討論的地區性土地政策計畫,是計畫網絡中若干種計畫類型中的第一種。

　　第十二、十三章討論社區土地使用設計計畫,是第二種類型的綜合

土地使用計畫。實務上，規劃方案有時會使用兩種方法：當該郡的計畫或區域計畫是使用地區性土地政策計畫格式，隸屬於該郡的都市就在地區計畫劃定的都市範圍中，採用社區土地使用設計計畫。其他社區或許會以複合的計畫格式，結合這兩類計畫。接續這種綜合性政策計畫之後，社區通常把小地區計畫(第十四章)加入計畫網絡，在規劃轄區中的特定地區處理特別的課題；也有時候會將它們納入綜合計畫。最後，就是用開發管理計畫(第十五章)提出行動手段，達成地區土地政策計畫、社區土地使用設計，及小地區計畫中擘畫的未來願景。開發管理方案通常被納入土地使用設計計畫和小地區計畫中。

本章首先描述地區性土地政策計畫的本質，和它如何對永續的未來願景做出貢獻。第二部分是敘述計畫的設計過程，大致上是應用在第十章討論的五個步驟。接下來的兩個部分，分別針對政策地區中的開放空間和都市/都市移轉區，提出依照五個步驟來進行具體規劃技術。這些技術適用較狹義的土地政策分類，也能用在社區土地使用設計的起始步驟中，這在爾後的章節中會討論到。第五部分是說明為了每個政策地區，建立一套可供執行的政策。第六部分，描述如何將所有的項目組合成為綜合的地區土地政策計畫。最後的部分總結本章之內容，並展望後續的章節。社區計畫的制定，在參與過程中納入了許多的參與者。在本章中，把重點放在廣泛協力規劃過程中規劃專業人員的技術工作上。雖然這只是整體過程中的一部分，規劃者必須要有能力完成這些工作，也要能調整這些技術工作達成有效社區計畫過程。

地區性土地政策計畫的概念與目的

針對社區土地開發及環境保護政策，地區土地政策計畫是個明確的空間聲明。它套繪出區域、郡、都市及其周邊地區的地圖，這些地區最適合容納從鄉村轉變為都市開發之成長，和因應變遷的再開發、填入開發地點；同時也指出不應開發的地區。這些地區包括，如：特殊的野生動物棲息地、水質為重要考量之集水區，水災、暴潮、侵蝕等對開發造成威脅之自然災害地區。有時候也會標示出主要活動中心的區位。它或許還會包括主要的自來水、污水處理，和運輸等設施，雖然土地政策計

畫格式在實務上經常會省略這些項目。本質上，這類型的計畫劃定明確界定的地區，應該包括未來開發及再開發地區，及其他不應該開發的地區。

　　就如同分區管制，地區土地政策計畫把規劃轄區劃為政策地區(districts)。然而，其分類不會如分區管制那麼詳細。政策地區的面積較大，其邊界是較為一般性的，依循著自然環境特徵或基磐設施的服務界線，而非如分區管制按照基地線劃定邊界。此外，計畫中針對各個政策地區分別說明一般性的執行政策或策略；分區管制則是說明特定的標準或規範程序。所以，地區性土地政策計畫屬於政策內涵的聲明，而不是法令規範。

　　地區性土地政策計畫使社區或區域有效地將運輸與公共設施，包括自來水與污水設施，集中至預定的鼓勵成長地區。這些地區的面積要能容納預期之成長，必要時也要隨時間擴充以反映成長速率之變遷。這個計畫藉由指定保育區及農業生產區，紓解重要的環境地區，和特別的農、林業地區的開發壓力，並落實抑制設施及服務提供之政策，避免上述地區的開發使用。

　　土地政策地區的分類並不是新近出現的概念。Ian McHarg 的土地規劃方法 (McHarg 1969) 是個極具影響力的早期案例，雖然大家都不認為這就是地區性土地政策之規劃。他建議把規劃區域分為三個大分類：自然使用、生產和都市。自然使用地區有最高的優先權，它不包括農業地區。生產地區在優先順序上排名第二，包括農業、林業及漁業使用。「生產」意味著從土地資源生產食物、紡織品及林木；它並不包括工業的生產。都市地區，包括工業生產使用；都市地區是在土地分配給上述兩個優先的使用之後，才分配剩下的土地。因此，都市地區將配置在不適合自然過程，或生產食物、紡織品的土地上。在實務上，這類方法會有一些土地在上述三種土地類別中作權衡調整，藉以創造出更有效率的都市形式，而不是將都市使用嚴格限制在極度不適合自然過程與生產食物、紡織品的土地上。

　　同樣是在 1960 年代，夏威夷把套繪出的土地政策地區併入州的土地使用管理方案中 (Bosselman and Callies 1972; DeGrove 1989)。夏威夷將其土地分為四種類別：保育區、農業區、鄉村和都市。在這個例子

中,各種土地分類政策是以州政府的規範為後盾,禁止了某些特定的使用,也規定了開發的措施。因此,夏威夷土地政策地區不僅是個政策計畫,更成為明確的土地規範基礎。

第三個早期的地區土地政策計畫格式案例,是明尼蘇達州雙城都會委員會的「開發架構」(development framework; Reichert 1976)。於 1970 年代建立,此開發架構把包括七個郡的區域,劃分為一個都會之都市服務區、若干個獨立成長中心,及一個鄉村服務區。都會之都市服務區進一步再細分為「完全開發區」(Minneapolis, St. Paul, 及其他 20 個都市邊緣的郊區) 及「規劃的都市化」地區 (其他的都市郊區,和位在都市成長路徑上之土地)。第三章中的圖 3-1,敘述了應用土地政策分區地圖做為引導北卡羅萊納州 Winston-Salem 和 Forsyth 郡開發的重要元素。第三章中的圖 3-2、圖 3-3,為馬里蘭州 Howard 郡同時包括了土地使用設計的混合計畫,它也包括了土地政策地區方法之元素。

土地政策計畫尤其適用於在永續三稜鏡中,探討生態與經濟效率之向度。它保護了在區域中對生態、農業永續關鍵的環境過程及資源地區。它也在保育地方資源的同時,預留充分與適當的空間做為經濟活動之用,以推動區域之經濟成長。它透過協調都市土地轉變與最具效率之基磐設施投資配置,提供自來水、污水處理,和其他公共設施來促進經濟效率。雖然不是那麼直接的影響,土地政策計畫還能促進永續三稜鏡中的公平性與適居性。它能控制都市的蔓延,使土地使用形式更為公平。密度課題已開發或開發中地區才會有之課題,其中「再開發」密度就暗示著適居性課題。在適居的區域願景中指出,最好能設計出區域形式之開放空間元素、都市分區及中心,甚至基磐設施、運輸,和綠道之廊道都應可以連結。因此,在此處理了一整套之永續價值觀,在計畫研擬過程中還需要有各式各樣的利害關係人介入。

地區性土地政策規劃的整體程序

在此建議之地區性土地政策規劃程序,包括了五個步驟:

1. 假使尚未完成計畫擬定過程的第一、二階段 (參考第九、十章),方向設定不僅包括了目標及一般政策,還包括了課題、境況,和社

區報告中的願景;

2. 研擬土地政策分類系統,並應用在計畫中;

3. 套繪各種土地分類,做為政策地區;

4. 對每個土地分類地區,逐項說明即將執行的政策;

5. 採納並執行計畫。

 方向設定

如果已經完成了方向的設定,地區性土地政策規劃的起點,就是分析:現有和即將浮現的課題、可能和期望的境況、願景陳述、目標與標的,和一般的政策,這些是在第九、十章,及本章都已提及的。如果先前尚未完成方向的設定,地區性土地政策規劃應該要採用在第九章討論的包容性協力規劃程序,開始著手方向設定的工作。

研擬土地政策分類系統

接下來,要決定做為計畫中政策地區之土地政策分類系統。稍後若提升了對問題及課題之了解,這些大類別是可以再行修改的。

現今,大部分計畫的政策地區可分為三種基本的類別:針對做為都市成長的地區,地區性土地政策計畫使用許多種不同的名稱,在此略舉數例,如:聚落地區、都市地區、都市過渡/演變地區、開發地區,或規劃開發地區。因環境因素限制開發的地區,稱為:保育地區、開放空間,或是重要環境考量地區,在此也略舉數例。還有其他的地區,雖然在環境上並不是那麼地具關鍵性,但在計畫年期當中未被指定做開發之用途,常被稱為鄉村地區。這些地區主要是用於農業或林業活動。有些鄉村地區,幾乎可以預期是永久地避免都市開發染指之地區。還有些地區是近期內不允許都市開發的地區,除非在新的計畫需要更多的都市化土地,才可能解除限制。

圖 11-1 是作者回顧許多的計畫,提出一般性土地政策分類中可能的階層供做參考。視使用時的特定狀況,使用的詞彙會有所不同,也可能會有其他重要的名稱未列在其中。

保育地區是指:開發可能危害重要、稀少,與不可替代之自然、遊憩、景觀,和歷史之資源;優良的農業及林業資源土地;必須長期保護

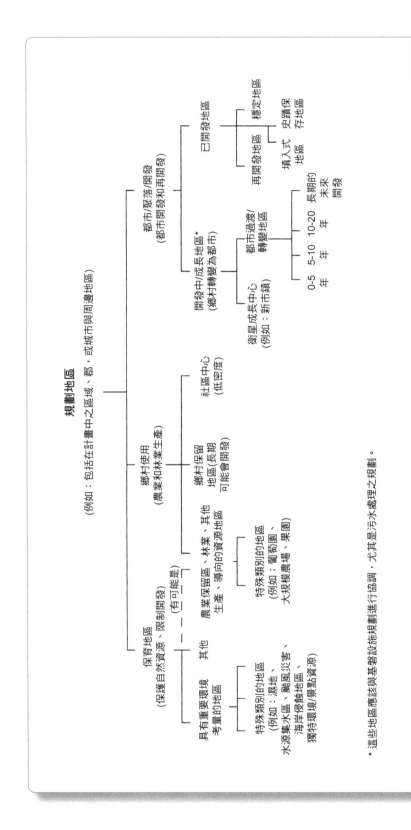

圖 11-1 ▌土地政策分類類別階層

* 這些地區應與該基礎設施規劃進行協調，尤其是污水處理之規劃。

的自然資源，或開發後自然災害會對生命及財產造成威脅的土地。這些地區包含之土地、濕地，或海岸線都應該是禁止開發的，或是只能謹慎地在嚴格控制之下進行開發。保育地區經常被分成三類（見圖 11-1 的左側）。第一類是具有重要環境考量之地區，像是洪水平原、濕地、河川、海岸線、珍貴的野生動植物棲息地，和優良的水源集水區；因為這些地區對大眾利益有顯著的意義，能夠理解嚴格規範都市及密集鄉村活動之原因。第二類是優良資源的土地，像是高生產力的農業與林業土地。第三類包括了比較不具環境脆弱性、不易受到破壞的地區，可以在規定的標準下限制相容使用的開發數量來保護自然過程；例如，自來水供應集水區。

　　都市聚落地區（見圖 11-1 之右側）是計畫中引導大部分都市成長的地區。它們通常被區分為已開發地區，和從鄉村轉變成為都市的地區。已開發地區包括社區希望能保護的既有穩定鄰里、適合填入開發的空地，和社區期望推動再開發成為混合著不同使用與密度的鄰里及商業地區。已開發地區的類別可以再行細分；對每個細分的類別提出對應之政策組合。都市移轉地區應該是比較不受環境限制因素所影響的，必須具備既有之都市服務，或是座落在適合污水處理、自來水、運輸，及其他都市服務能有效擴張的地區。都市過渡／轉變地區有時會區分為近期開發地區，其設備與服務應在短期內提供；至於長期開發地區，設備與服務則是稍後才需提供。舉例來說，過渡／轉變地區可以分為 5 年、5-10 年，及 10-20 年服務地區。有些計畫還會提出第三種都市地區，在鄉村地區特定區位的衛星成長中心。衛星成長中心可能是代表著新市鎮，或是其他土地混合使用的大型規劃社區，這些地區要有都市水準之服務。

　　鄉村地區分類（圖 11-1 的中央部分）的開發壓力，一般來說是比較小的；該地區也不需要都市服務、不需要在容易延伸都市服務的範圍；該地區的現況或許會是農業、林業、採礦業之用，但並不是這些使用中的重要生產地區；適合適當數量之低密度就業及住宅使用。此地區的自然資源不應該脆弱到會受鄉村或低密度都市活動之威脅；否則，就最好劃為保育地區。鄉村地區包括的農業及林業地區會再被細分為小地區，不再會適合做為商業規模的農業及林業管理。它們也會包括鄉村「保留區」，其中一些保留區最終會因都市化被重新分類；然而，目前不會提

供都市服務，也不鼓勵配合都市服務之都市密度成長。在鄉村地區內，計畫中有時候會指定鄉村居住社區節點、鄉村商業或工業節點，這些聚集的低密度居住、商業及工業使用，是無需提供都市基磐設施及服務的。

　　不論是選擇哪一種土地政策分類系統，它在計畫中用表格說明，可以製做類似表 11-1 的表格。在此表格中整理計畫中的土地政策分類的種類、每一種分類之目的，關於該地區的土地種類、基磐設施、土地使用密度，和適合該地區之公共政策。這張表格可以做為土地政策分類地圖的補充，並有助於說明這張地圖；在稍後會討論到。

 繪製土地政策地區

　　一旦決定了土地政策分類系統，規劃團隊就將它們繪製在地圖上。也就是說，規劃師必須將分類系統中各種政策地區，在地圖上畫出範圍。這個設計過程中的主要工作，是依循著在第十章介紹的五個步驟，圖 10-1 中有摘要的說明。這個過程中包括：對每個土地政策類別研擬區位準則、對每個類別分別繪製適宜性地圖、推計其空間需求、評估適宜的土地和暫定的土地政策地區之容量，最後畫出土地政策地區地圖。這個工作的挑戰是在於對能有效服務之區位提供充分的開發土地，保護易受開發威脅的自然與農業資源的同時，也能留意土地的開發市場。如何在規劃保育地區及都市成長地區時套用這個過程，本章稍後的部分會詳加說明。

 為每種政策地區制定執行政策

　　在設計及套繪土地政策分類系統的同時，規劃師研擬執行政策，藉以推動土地政策地圖上指定地區期望的土地使用。這些政策包括對希望都市開發的地點提出公共投資承諾，這包括道路、公共運輸、污水處理、自來水供給、學校，及其他政府設施與服務。對於希望不要開發的地區，就限制公共投資，或大幅提高使用價格來抑制該地區開發。政策也應提出規範或管理標準的方向，包括：禁止開發、降低開發密度、保育區內的開發需要求進行敷地規劃，其他不應開發的地點或是在哪些地點務必管制開發的負面效果。最後，政策會對可開發或不可開發區，提

表 11-1 ▏
土地政策分類系統之摘要描述

土地類別	目的	特性	居住人口密度	一般政策
已開發——保育區和填入開發	在穩定鄰里之填入式開發和保護	穩定；已經妥善開發，具有完善的基礎設施、社區設施和服務	現況是中至高密度。	保護規範、公共空間維護
已開發——再開發	在現況不當開發之已開發商業和住宅區，進行再開發	目前的都市土地開發效率不佳，具有都市服務	現況是從中至高密度。	提升基礎設施和規範，公私部門之聯合開發
過渡/轉變區——一般性	未來密集的都市開發在最適合的土地上，可以對必要的公共設施和服務，訂定預期提供時程	依都市之用途進行開發，但尚未具備一般都市服務的土地；需容納未來十年的人口成長的土地；可立即得到一般都市服務限制的土地；大致上沒有嚴重的實質開發限制的土地。	中至高密度。	提供都市基磐設施和服務、支援性的開發規範
過渡/轉變區——立即開發		土地指定作為短期之開發，通常是緊接著「已開發地區」，已具備大多數開發需求之基磐設施，或缺乏之基磐設施的開發，不是在災害或環境敏感地區中。	中至高密度。	提供基磐設施、與規範；社區設施支援之法令規範；行政區合併與社區改進方案之協調
過渡/轉變區——中期程的開發		土地指定作為中期之開發，其開發者也參與基磐設施的開發中；通常是緊接著的「立即開發」區；不是在災害或環境敏感地區中。	中至高密度。	讓開發與小地區計畫中的公私部門合作，提供都市基磐設施的時間能配合一致
鄉村	供給農業、林業管理、礦業採擷，和各種其他大基地密度的使用，包括不需都市服務的過度使用；自然資源不會受到損害；鼓勵景觀資源之保護、有限的、或其他的，重要的自然、景觀或未被分類的資源不合理的改變。	適合自然資源管理和相關使用用地的土地；具有高度商業化之農業、林業和礦業潛力的土地；有一個或多個開發付出昂貴成本並受到災害威脅；以及雖未被劃定為保育地區，但是有不可替代的、有限的、或重要的自然、遊憩、或景觀資源之土地；要利用私人化糞池和化糞井養開發的土地。	由地方狀況和規劃標準來決定的低密度獨戶住宅、低密度商業及工業開發基地。	在規範中，涵蓋了化糞池和聚集村落鄉村等級的服務（像是密度低的服務），義消部隊）
保育區	為尚未受到人為擾動，有限的自然、遊憩、或景觀資源，提供有效的長期土地管理。	包含重要濕地的土地；野生動植物棲息之未開發海岸線；公有之自來水供應地下水合水層；不容易前往的大面積未開發林地；重要自然景觀和休憩資源之土地。沒有提供服務，有限度的對外開放。	基本上，非常嚴格的開發限制，致不允許開發。	非常嚴格的開發管制；不允許基礎設施收購土地和開發權。

出如優惠租稅措施、減稅方案、資金援助、優惠服務條例，及其他措施等的誘因。每個政策分類地區都會有一套自己的執行政策，最終是以資本改善、規範，及誘因等方式呈現。

⟨A⟩ 結合各步驟結果成為一份計畫，以供出版、採用，並執行

統整上述各步驟結果的呈現方式，要能促進公共辯論、評估，並且選擇出明確的空間開發政策。採用計畫之後，應該將此地區性土地政策計畫出版，利用清晰、好用的格式提供給民選與派任的官員、居民、開發商，及其他土地開發的產業。

到目前為止，我們可以說規劃師和社區已經完成了方向設定工作，並且已經決定了要用地區性土地政策計畫格式，做為綜合性空間政策規劃的下個步驟。在本章接下來的部分，我們把重點放在政策分類地區中兩種類別的課題及程序——開放空間／保育地區，和都市地區。我們賦予開放空間相當廣泛之意義，將能夠切合地區土地政策計畫，及下一章要介紹的土地使用設計計畫。

在土地政策地圖上劃定開放空間保育地區

在地區性土地政策計畫中，或土地使用設計亦然，指定某個地區成為重要環境地區或保育地區，是為了若干個目的：

- **通知**地主、開發商、民選官員，及其他人，因為某些土地的自然環境與特色對特定的人類活動是敏感的，因此要控制其開發或予以徵收，或是某些基地未來可做為公共遊憩、文化，或景觀的使用。
- 為開放空間保護方案中的規範、徵收，及其他公共行動如停止污水處理及其他都市服務，**提供了法律或政治的基礎**。
- 在適合做為開放空間的土地中**建立優先順序**，將人們的注意力與資源集中在既有及潛在的問題，或在機會上最重要之地點。
- **否決對這些地區的公共補貼，和其他會鼓勵開發的行動。**（例如，刪減尚未開發屏蔽島嶼其資本改善方案中的貸款或資金）

前一章的圖 10-1 中介紹的五個步驟的土地設計程序，在此針對開

放空間分派做了小幅度修改。首先，在五個步驟程序的第一個步驟之前，規劃師務必先決定各種開放空間分類之目的；這些目的並沒有必要像其他土地使用那麼的明確。其次，空間需求和容量分析 (步驟 3 和步驟 4) 也不能像應用於都市使用般地適用於開放空間。因此，地區土地政策計畫中的保育地區，或社區土地使用設計中之開放空間使用，劃定之工作順序如下：

- 前置工作：按照計畫中所會用到的每一種保育 (開放空間) 分類，決定其要達到之目的，以及能與這些目的相容之人為使用。
- 工作一：對於每個開放空間目的，擬定區位原則和標準，包括說明與此開放空間目的一致的人為使用。
- 工作二：藉工作一所建立的原則與標準，分析土地供給，為了每個開放空間之目的繪製適宜地區地圖。
- 工作三：對於某些特定開放空間類別會需要最小規模之土地者，制定最小面積的標準 (這是因為總空間需求量之估計工作，並不適用於大部分開放空間之目的)。
- 工作四：分析土地容量，包括適宜的土地，和基於滿足開放空間目的之面積、形狀，及其他的必要特徵，暫時指定為開放空間的土地。
- 工作五：嘗試性地將土地分派至開放空間；也就是說，設計一個開放空間系統。

上述的這些步驟需要依照每一個開放空間種類，逐一予以進行，但是必須注意哪些可以達到多種開放空間保育目的之土地。其結果應該被視為是一種「嘗試性」的分派，因為規劃師可能會在後續之計畫研擬過程中，重新分派一些空間到都市使用上。

 前置工作：決定開放空間保育分類之目的

開放空間並不是一種單獨的土地使用，而是廣泛地包括了許多種土地的使用。在剛開始研擬計畫時，區分開放空間的類別可以依特定區位、服務某些主要目的來進行。舉例來說，某個保育地區的主要目的，可能是為了保護人民及財產免於水災威脅，而另一個地區則是要保護自

來水供應集水區的水質。不同的目的，就會有不同的實質環境和區位需求，與不同的執行政策。因此，開放空間分類規劃的第一步是以開放空間之使用目的為基礎，判斷計畫中開放空間的主要類別。

接下來敘述之開放空間目的，是由回顧開放空間之報告和計畫中整理出來的。在此建議的這些類別，雖然不能包括所有的開放空間，但是可以隨著任何社區之需要而進行修改。此外，有些計畫中的分類可能需要符合多種不同目的，舉例來說，洪水平原也有可能是個遊憩地區，或是野生動植物棲息地。

- **保護人民財產免於自然環境災害**。這些地區暴露在水災、山崩、雪崩、地滑、地震、暴潮、颶風、海岸線變遷、火山爆發，及其他自然災害之下。應禁止在上述地區進行開發，或是透過嚴格規範，避免社區面對生命損害、財產損失、經濟與社會結構的擾動，和保護開發免於災害的成本。

- **保護自然資源及環境過程**。這些地區的重要自然過程，容易受到建設工作、都市土地使用活動，農業、林業，和礦業活動的破壞。這些自然過程對自然和人類都提供了實用的功能，例如水的儲存與淨化、空氣污染的擴散、洪水控制、沖蝕管制、表土的生成堆積、野生動物哺育及繁殖，和野生動植物棲息地。更明確的目的包括保存河口地區、淡水濕地、獨特的林地、海岸線、特殊的集水區，和地下水補注地區。這個目的與前述第一類恰巧相反；它主要是保護自然環境免於人類危害，而非保護人民財產免於環境災害。

- **保護與管理經濟生產用途之自然資源**。這些地區包括優良農地、優良林地，礦藏地區 (包括鄰近都市地區，可用於營建業之砂地和礫石地)、為商業和休閒漁業用途的魚貝類繁殖地區、自來水源集水區，及提供民生用水的地下儲水層之補注地區。這個類別與第二類的區別，是在於其所關切的是保護經濟，而非保護環境的價值。雖然在大多數的計畫中已把農業及林業歸類在鄉村區之中，但是重要農業及林業土地還是有可能會成為保育地區中的一種特殊類型。

- **保護與提升自然及文化的寧適性**。這些地區擁有獨特的土地景觀，例如懸崖、峭壁，和其他的地質構造；清澈溪流、湍流，和瀑布；

以及重要的海岸線。甚至包括例如能令人賞心悅目的橋樑、墓地、教堂、田園或森林景觀，以及能做為欣賞這些景緻之前景都包括其中，雖然這些目的通常只能在土地使用設計計畫中才會有所著墨（請參考下面一章）。保護並提升自然與文化寧適的開放空間，與前三類不同之處是，它需要有大眾能夠前往之通道及基磐設施的改善，才能達到此開放空間的最大利益。

- **保護或提供戶外遊憩、教育，或文化設施**。這些地方適合做為戶外遊憩、步道、露營區、競賽場地、動物園、高爾夫球場、戶外音樂會場地等。因此，開放空間提供了社會使用價值及環境價值。

- **形塑成都市形式**：這些地區可能是綠帶、楔型地的開放空間及廊道、緩衝區、廣場、共有地、建築物退縮線，和其他能建構城鎮或都市意象之開放空間。伴隨著自然之公共設施提供，這個目的通常與都市設計息息相關。這個目的可以適用於各種都市的尺度，從都會的形式、小地區計畫，甚至到計畫單位之開發。

前面三個目的是最常與地區土地政策規劃相關聯的，第四、第五，及第六個目的則較常用在接續的土地使用設計和小地區計畫。最重要的保育地區，如具生產力的濕地、瀕臨絕種物種的棲息地，或海岸侵蝕地區，有時會被指定為「重要環境地區」(environmentally critical areas) 及「環境考量地區」(areas of environmental concern)，它們將在後續的開發管理方案中，得到明確的直接關切。有些則在保育地區內的農業或都市使用，它們會為了保護自然過程免於都市化的危害，或是保護人民及財產免於自然災害威脅而被禁止開發。然而，所見到的狀況多半是，如果基地開發標準或最佳農林業管理措施，足以保護面臨威脅之環境價值，就不會被完全地禁止開發。

因此，計畫中或會有多種類別的開放空間保育政策地區。舉例來說，在計畫中可能會納入自來水供應集水區、洪水平原、濕地、優良農地與林地，及海岸保育地區。每個政策地區都有各自的一套執行政策，其中或許會有幾個政策可以用來服務多個開放空間目的。（例如，海岸保育地區或可做為遊憩，及暴雨時之保護目的）

工作一：研擬區位原則

　　基於社區未來願景與目標，強調重要開放空間之目的，每個社區務必決定自己的設計原則。然而，在第十章當中討論了地區土地政策計畫的一般區位原則，接下來為特定土地政策地區訂出較特定之原則，闡述設計原則的概念，並建議規劃師能開始著手之處。大部分原則是意圖引導土地政策分類及都市土地使用設計，但是其中有一些，特別是最後的幾個，也能用在開發管理系統的設計上。

開放空間設計原則 (不論戶外空間之目的為何)

　　保育地區之土地應該包括 (可能會從下列清單中來選擇)：主要濕地；未開發且獨特、脆弱的海岸線，在開發上是危險的；重要野生物種棲息地 (例如，對那些獨特且瀕臨絕種生物之生存，具關鍵性的棲息地；具特殊生物多樣性的在地野生物種棲息地)。公有的供水水庫及集水區；州、聯邦，及其他政府管轄的公園及森林；州及區域機構界定之「重要環境考量地區」；洪水平原；陡峭坡地與土石崩落地區；其他具有重要自然、景觀，或遊憩資源的土地。

- 相容性原則：開放空間地區的預計的使用，必須是 (a) 配合當地的實質環境特徵；(b) 地區內的各種土地使用彼此間能夠相容，能避免某個特定的土地使用，而破壞了基地在其他使用目的之價值。
- 連結或連續原則：如果開放空間地區能夠連結到多用途開放空間的系統或網路，就能提升開放空間之價值。
- 可及性原則：視開放空間地區的預期功能而定，是否應讓民眾前往會是很關鍵的。舉例來說，對於遊憩的基地而言，讓民眾前往該地點應是不可或缺的，但對於保護瀕臨絕種物種棲息地而言，拒絕民眾前往或許也是必要的。
- 都市壓力原則：如果重要戶外空間地點面臨立即的都市開發壓力，其優先順序就會提升。

保護人民及私人財產免於自然災害的開放空間原則

- 在計畫中，不應配置都市開發到洪泛河道或是洪泛河道邊緣的地

區，並依據規範禁止河道及洪泛河道範圍內之土地佔用。在聯邦的洪水平原管理綱領中，重現期 100 年頻率的洪水是最常被當作標準，但有些社區是採用重現期 50 年的洪水為標準。

- 允許的使用，包括那些不會減低儲存洪水能力的，和使用中不具浮力、易燃、具爆炸性的，或毒性物質。
- 任何結構物中最低樓地板的高度，應至少比重現期 100 年頻率 (或是 50 年頻率) 之洪水高出 1 英尺。

保護及管理有價值的自然資源和環境過程的開放空間地區原則

- 辨識出可以當作基本規劃單位的生態系統單元。其中的一種方法是依據集水區的觀念，來訂定生態系統單元。集水區代表著自然運作過程的地理界線，例如暴雨逕流或供水的水源。它是相當容易辨識的；它與動植物社區、其他自然資源與過程的範圍都有關聯，它也代表著為了都市開發提供污水處理及自來水服務時，必須考慮之基本實質環境系統。另一種替代的方法，或許可以基於其他的環境特徵來劃定地理單元 (例如，土壤、地質，或野生物種棲息地)。請見第六章當中關於生態系統單元、野生動物棲息地，與相關原則之討論。
- 維護及管理植被覆蓋，尤其是在陡坡及河流的沿岸，藉以維持自然入滲及逕流的過程；避免過度的沖蝕、沉澱作用，及有機物質污染，影響到河川水體；穩定河岸邊坡；提供野生物種棲息地；及控制適合魚類生存的水溫。陡坡的坡度標準是從 10% 到 25%。有時在計畫中的開放空間百分比，是與坡度連結在一起的；也就是說，坡度越陡，就需要越多的開放空間，規範所容許的密度、計畫配置的整體開發密度就越低。沿著河岸的緩衝區寬度的標準，則是從 50 英尺到 300 英尺。
- 將濕地及緊臨濕地的地區，在計畫中規劃為開放空間保育地區。在開發管理方案中，針對這些地區應用特別的管理方法。
- 保留幾個較大面積的地區，而非許多個小面積地區。這些地區的面積，必須要大到能充分地支持野生物種及自然的過程。
- 希望能保存的野生物種棲息地，應該要有適當的規模與形狀，它們

的簇群分佈可以用廊道來連接 (參考 Dramstad, Olson, and Forman 1996; Noos and Cooperrider 1994; 和第六章)。

使用開放空間來保護及管理經濟生產之自然資源的原則 (例如水源供給集水區)

- 在水供給集水區與主要地下水補注區中，只分派適當的土地使用及低密度開發；透過針對這些地區之規範，限制其使用、密度與不透水層鋪面。舉例來說，商業與工業使用是屬高風險土地使用，其中包括汽車保養場和加油站、化學物品的處理及儲存、乾洗店和實驗場所等。低風險的土地使用包括辦公建築、低密度住宅及自然野地 (rangeland)。

- 藉著開發管理措施，指定並且保護未來之水源集水區，藉以確保允許之土地使用不會造成過量的污染。例如，對化糞池系統及垃圾掩埋場，應建立附加的限制規定。

使用開放空間來保護、提供，及增進自然寧適之原則

- 對那些最罕見的寧適地區，給予最優先的保護。這些寧適的特性，可以包括森林植被 (地區之面積比例)、坡地 (坡度超過 20% 的面積比例)、各種類別的棲息地、濕地、河川 (例如水質；河川等級和坡度；洪水平原的平均寬度、平均河谷高度及寬度；河流寬度、深度、流速，及構成河床的物質)。

- 在實質及視覺上，充分提供通達寧適地點之可及性。

利用開放空間提供與增進戶外遊憩、教育，及文化活動的地點之原則 (大部分在以下所列之原則，主要是應用在土地使用設計，而非地區土地政策計畫)

- 先將都市遊憩地區區分為使用者導向的遊憩地區，和資源導向的遊憩地區。使用者導向的都市遊憩地區應該是位於鄰近使用者的地區，其所從事之活動包括：網球、高爾夫球、游泳、野餐及戶外活動等；不僅是週末，即使是平日也經常會有人使用。這些基地的規模大小從 1 英畝到 100 英畝。雖然資源導向的遊憩地區不應距離使

用者太遠，但還是要優先選擇具備最佳土地資源和水資源的地點。其所從事的活動包括：野餐、遠足、游泳、打獵、釣魚、露營和泛舟等。這些地區通常是在週末或整天的活動中才會用到。這些地區的面積大小從 100 英畝到數千英畝；例如縣立與州立公園，和森林保留區。

(附註：資源導向之遊憩、教育及文化地區，應該在一開始研擬計畫的時候就進行配置，因為它們是依賴著在該地點、該資源的實質特性而定的。暫定之區域尺度、使用者導向遊憩地區區位，應該是在地區土地政策計畫階段中被選擇出來，在稍後土地使用設計階段，當未來人口分佈更明確時再行確認。社區尺度及鄰里尺度的遊憩地區空間分派，可以等到土地使用設計的最後階段再來進行，並能當作在第十三章中居住地區中的一部分；它們通常不會屬於地區性土地政策計畫的一部分。)

利用開放空間塑造都市形式之原則 (與地區土地政策計畫階段相比，它與土地使用設計階段更為相關)

- 盡可能地利用為上述各種目的所建立的開放空間。
- 開放空間之設置，能清楚地勾勒出社區、鄰里、地區，及其他都市形式元素的輪廓。
- 利用高地、海岬、峽灣，及其他重要的區位優勢，以提供視野。

工作二：為每個開放空間目的繪製土地適宜性地圖

在這項工作中，規劃師按照在工作一決定的區位原則，利用地理資訊系統繪製開放空間使用的土地適宜性分佈圖。為了計畫中每一種開放空間的分類，分別繪製一張適宜性地圖。在繪製過程中需權衡區位原則中許多變數，因為這些變數會影響到一塊土地做為特定開放空間目的之適宜性。為了特定的開放空間目的，它組合了各種變數的分析結果，成為一張涵蓋整個規劃地區的適宜性分佈變化圖。舉例來說，一張適宜性地圖是為了協助標示出為避免天然災害造成財產損害風險之開放空間，這些就可以依據結合洪泛河道、洪泛河道周邊、颶風洪水地區、地震陷落地區和液化地區，以及其他災害地區的資料。也可能會有複合的地區

地圖，能顯示出一些土地可以同時滿足多種開放空間之目的，使這些地區變得更重要而被指定為保育地區。參見在第六章中對於分析、判斷，及繪製複合土地適宜性地圖方法的詳細說明。

　　對提供開放空間用途土地的適宜性分析，通常除了環境適宜性之外還會考量一些別的因素。舉例來說，開放空間的分類可以依據該空間是否是 (1) 已到受保護的；(2) 重要，但是尚未受到保護，並且正面臨到都市開發壓力；(3) 未受保護，但也尚未受到都市化的壓力 (這種土地將會在短期內，即使沒有政府的干預也能持續提供開放空間的服務)。

　　波特蘭都會區之區域政府 (1992) 採用 3 種不同類型的評估準則，估計收購自然土地或其他保護行動的適宜性——生物評準、人為評準，納入使用者觀點；及土地保護評準，例如是否利用土地信託保護土地資源。在這幾個類別之特定評估準則，包括：

生物評準

- 生態系統的稀有性
- 與其他棲息地之連結
- 生物多樣性
- 宗地大小
- 濕地及水道
- 生物復育 (biological restoration) 的可能性

人為評準

- 公共可及性 (public access)
- 視野與景觀
- 地方民眾的支持
- 歷史及文化的重要性
- 與其他受保護的、提案的基地之連結
- 區位及分佈

土地保護評準

- 在都市成長範圍之內，或是外圍

- 開發限制
- 分區管制
- 其他現行的保護手法 (例如：土地信託)

　　空間資料庫中的部分資料是引用自涵蓋整個轄區的一般規劃支援系統。其他更詳細的資料是在 157 個選擇地點中利用田野調查來收集的，之後放進空間資料庫，再由專家加以分析。這些資料被用以辨識出綠道 (greenways) 的位置、人行及自行車道和公園，也辨識出野生物種棲息地，與一般保育區。再次重申，在此使用的適宜性分析方法，請參考第六章的敘述。

 ## 工作三：估計空間量的需求

　　空間量的標準，大致來說，與用來保護自然過程、避免開發暴露在自然災害下，或與塑造都市形式的開放空間是不相干的。用來做為保育目的之開放空間數量，主要是以實質因素的形式來決定的 (例如，有多少土地是座落在洪水平原上)，再加上特定標準之應用 (例如，在 100 年洪水平原的土地，會比 50 年多)。

　　然而，在遊憩使用中包括了三種空間需求的類型：

- 在每 1,000 人口中，特定類型的遊憩基地的數量，
- 遊憩基地的最小面積規模，以及
- 每 1,000 人口中的整體遊憩面積。

　　這些標準應該要按照各社區的休閒活動文化，及財務能力來調整。此外，某些因素，像是遊憩使用地點的實質環境適宜性，在決定土地需求量上會變得重要；例如，假使這個基地是在坡地上，通常就會需要更大的面積。

　　為了支持野生動物或植物族群的存活，也可以依據生態原則來建議最小的面積。針對一些濕地的棲息地，最小的規模是從 10 到 15 英畝不等。請參考第六章的景觀及野生物種棲息地，包括圖 6-14。也請參考 Dramstad, Olson, and Forman (1996)。

工作四：分析容量

就如空間需求一樣，除了對遊憩土地和某些野生動植物棲息地外，這個工作鮮少與開放空間的分派有關。為了遊憩目的，規劃師會比較最小面積標準與適宜地點之面積；為了其他開放空間目的，我們可以說：適宜性地圖同時詮釋了供給與需求。

 工作五：為開放空間保育政策地區進行嘗試性的土地分派

以前述各種分析為基礎，規劃師在此工作中分派土地，以做為開放空間目的之地區。理想上，為了要能與規劃團隊、政策制定者，和利害關係人進行討論，規劃師會探討許多個替選設計。規劃師對每個替選方案劃出開放空間範圍，計算其土地面積，並摘要整理成為表格。表 11-2 是一種開放空間分派的摘要整理方法。這個表格必須再配合一張地圖，圖中指出各種開放空間分類的地點與範圍；或許圖中還要標註在整體計畫中提供特定開放空間之目的，和其相對之優先順序。在表 11-2，以及接下來的幾章當中，xx 是用來代表在實際的方案中應填入的面積數字。數字大小會隨著個案而變化，因此在表格與文字中是以 xx 表示。

在到其他土地使用類別都被納入到計畫中之前，開放空間的配置都還只能算是嘗試性的設計。在此時，有些土地似乎是非常適合做開放空

表 11-2
嘗試性開放空間分派說明表

開放空間分類 / 設計項目 [1]	開放空間優先類別			
	高	中	低	總計
自然資源保育	xx^2	xx	xx	xxxx
優良農業保育	xx	xx	xx	xxxx
水源供應集水區	xx	xx	xx	xxxx
區域公園的土地	xx	xx	xx	xxxx

[1] 這些分類都是說明用的，會隨著計畫不同而改變。
[2] xx 代表在實際的案例中，填入若干英畝的數字。

間使用，但有可能在稍後的設計過程中，發現它更適合做為都市的使用。換言之，藉由開放空間使用所得到之利益，最終還是要與其他土地使用對空間之需要來權衡。開放空間的指定也必須通過政治接受程度的檢測。檢測時須考量：地方政府規範權責和財務能力，及開發管理方案中包括的執行策略。政府轄區準備要投注多少力量於規範保育目的之土地，及收購財產權利上？如果準備透過規範措施建立保育地區，土地持有人能經濟地使用他們受到規範之土地嗎？或者，會在法庭上面臨「佔用」(taking；譯者註，此即美國憲法第五修正案中：政府不得在未支付適當補償費用情形之下，佔用人民財產)課題的挑戰嗎？假使這些地區不適合用法律規範，地方政府是否準備好要購買保育地區的地役權，或購買該地的產權？有沒有非營利的保育組織或土地信託機構會願意維護這塊土地嗎？對於這一類問題的答案，將有助於規劃師決定哪塊土地、多少土地，指定為開放空間保育地區是可行的。

劃定都市成長與再開發政策地區

在分派了開放空間後，地區土地政策規劃的下個階段就是指定都市開發及再開發的地區；例如，都市地區、都市過渡／轉變地區，及鄉村社區，或是在這幾個類型中的一些變型。這個階段包括了要決定容納都市成長數量，以及在若干個政策地區間進行分配。

為了容納都市成長與再開發，劃定都市政策地區的過程包括了相同的五個土地使用設計基本工作，這部分在第十章已大略描述過了。

- 工作一：為容納重要的都市成長，為每個政策地區制定區位原則，尤其是「已開發」地區、「都市過渡／轉變」地區(或是，鄉村—都市之移轉)、「鄉村社區」地區，或是其他相當的政策地區及次地區。舉例來說，「已開發」地區或是類似地區，可以再區分為「再開發」及「穩定，包括少許填入式開發」的次地區。
- 工作二：為每個政策地區繪製適宜性地圖。
- 工作三：決定計畫中要容納的都市成長數量(人口與就業)，並將這些成長量分配到各類的地區當中，將這些成長量轉換計算為每類

地區的空間需求。如果地區分類中包含若干個次地區，像是數個衛星成長中心、數個重要部門，或在不同的時間轉變為都市，就須決定成長的分配，及依此分配下每個次地區、部門，或時間之空間需求。在此過程中，需要考慮對市場力量敏感的區位、密度偏好和土地供給。

- **工作四**：在適宜性地圖上對每類地區及次地區，分析適宜土地之供給量。
- **工作五**：基於空間需求、適宜土地之形式，及接受成長的容量 (也就是說，平衡空間需求和土地供給)，設計地區之範圍及規模來容納都市成長。

 工作一：研擬區位原則

應該要為每一類容納新成長與再開發的政策地區，分別研擬區位原則。我們已經在第十章中，針對地區土地政策計畫的區位原則做了初步的討論。以下進一步討論三種政策地區分類的區位原則──都市──已開發地區、都市過渡 / 轉變地區，和鄉村社區地區。這些區位原則是用來說明的例子；它們其實不完整，也不見得能適用於每個計畫。社區應該從社區願景、目標、政策、獨特的土地特性，以及在計畫中使用的土地政策分類系統，歸納出自己的區位原則。

已開發地區的區位原則與標準

「都市–已開發」地區是預期用來容納兩種開發：再開發，和填入式開發。它也是鄰里保存地區及穩定地區；也就是說，這些地區將受到保護，免於不受歡迎的填入式開發及再開發壓力。在計畫中可能會針對不同的目的指定次地區，所以在「已開發」地區內也可分別劃定次地區；每個次地區必須以其適宜性地圖為基礎、分別分配成長及開發的某個比例，並有分別的執行配套政策來支持。「已開發」地區或許會包括填入式開發，其一般原則包括：

- 具備良好基磐設施的地區，有足夠容量去吸收額外的都市開發；
- 地區內有可建築用空地之供應；
- 具有充足社區服務的地區，可以支持額外的開發；和

- 不受災害威脅的地區。

    在「已開發」地區中規劃的再開發地區，包括下列準則：

- 衰敗中的地區，現況是不當的混合使用；
- 對未來都市成長的期待類別，具有區位優勢的地區；
- 具適當基磐設施，和可以進行基磐設施再開發的地區；
- 不受災害威脅的地區。

做為都市過渡／轉變地區的區位原則與標準

都市過渡／轉變地區類別之目的，是除了建成(已開發)地區之外，再提供充分的土地供鄉村轉變為都市之用。

- 不受實質自然災害威脅的土地；因此就應該避免像是洪水災害地區。
- 土地必須避開脆弱的環境地區 (如，野生動植物棲息地及濕地)。
- 土地要有可供使用的公共自來用水、污水系統，與運輸系統，或位在能經濟地延伸上述基磐設施之地點。
- 最好是能具備較佳的就業與購物可及性。
- 已規劃運輸投資之土地比較適合都市成長。
- 區位不應強烈背離市場趨勢。
- 應該避免利用適合做商業規模之農業與林業的土地。

鄉村社區地區的區位原則與標準

鄉村社區的分類目的就是，在鄉村地區內提供簇群式的低密度土地使用，使之能符合居住、購物、就業，與公共服務之需。它們的面積和密度都沒有大到需要使用公共自來水及污水系統服務的水準。

- 在區域公路網絡上、或鄰近區域公路網絡的地點，比遠離公路網絡的地點適合。
- 應避開優良農業及林業土地，尤其是那些具有商業管理規模的。
- 在具適合設置化糞池系統土壤的地區，是較適合的。
- 選擇能夠改進與擴張既有鄉村社區中心的地區，應優先於建立新的社區中心。

工作二：繪製「已開發」地區、「都市過渡／轉變」地區，及「鄉村社區」地區的土地適宜性地圖

使用如前面舉例說明之區位原則，與用以衡量這些因素的空間分佈變數，規劃師為每個主要地區製作出適宜性地圖，藉以分派都市成長；這些主要地區包括如：已開發地區、再開發地區、都市過渡／轉變地區，和鄉村社區。舉個例子，一份初步的都市過渡／轉變地區適宜性地圖，會辨識出能夠利用重力排放污水至既有處理場的污水集水區 (sewershed) 土地，這些土地包括能夠得到加壓站服務的合理範圍，但是不應位在重現期 50 年的洪水平原、高生產力農地，或是其他之前標示為重要生態保育區的土地上。

工作三：為每一種都市地區，估計空間量的需求

這個工作包括幾個次工作：

a. 決定未來的人口規模，和將要容納的居住單元數；

b. 分配這些成長至幾種類別的都市地區當中；

c. 估計每種類別的地區會需要多少英畝土地，以容納分配到的居住數量，和與預期都市人口相關的商業、工業，及社區設施數量；

d. 加入土地的安全係數，來反映不確定性，以及避免因可開發土地的短缺迫使地價上漲。

土地的空間需求不只是以推計人口的水準為依據，也視各政策地區在未來開發中假設的粗密度。舉例來說，指定給鄉村社區的成長密度，將會低於指定到開發地區或移轉地區成長的密度。

次工作 3a：決定容納未來居住人口所必要的居住單元數

人口預測是社區報告當中，人口經濟分析與境況所得到的部分結果，也是在此工作中進行決定的依據。人口預測會將人口水準除以預測之平均戶量，將預測人口大致轉換成相當數量的家戶數。所得到的家戶數目就代表對住宅的需求。這個需求需要小幅向上調整，以解釋在未來任何時間點都會出現之空屋率。舉例來說，為了解釋百分之五的空屋率，規劃師將未來家戶數除以 0.95，得到的住宅需求數量之估計 (使用

的住宅數加上空屋數)才能容納未來家戶數量的需求。

次工作 3b：在每個不同的政策地區配置未來的住宅

規劃師將住宅需求分配到幾個土地政策地區當中，讓這些地區能夠容納未來的成長，其中是以「已開發」及「都市過渡/轉變」地區為主，其中有一些會被分配到鄉村社區地區及一般鄉村地區。假設大多數的保育地區都不用容納任何的成長。例如，百分之三十分配到已開發都市地區；百分之六十分配到都市過渡/轉變地區；百分之十被分配到鄉村社區中心和鄉村地區，而完全沒有任何成長是被分配到保育地區中。參考圖 11-2，是此分配境況的圖形說明。接下來，分配到都市過渡/轉變地區的百分之六十住宅當中，500 戶分配到北區；500 戶分配到西區，800 戶分配到東南區。這些對地區及次地區的數量分配，是根據檢視各地區的適宜性地圖、關於未來都市形式之土地使用政策，及預期的開發市場趨勢。這些配置結果在稍後過程中可能會需要再做調整，以反映這個配置與空間需求(工作 3c)和容量(工作 4)之間的與轉換計算結果。

次工作 3c：估計未來都市開發所需的空間

到目前為止，規劃師已經分配了居住單元的數量。接下來必須轉變計算這些居住單元成為對土地的需求，包括商業及工業使用、社區設施、運輸系統，都市開放空間等伴隨著人口與住宅的各種使用。在此工作中，規劃師必須先決定平均都市尺度的開發粗密度。都市尺度的粗密度不只用於住宅，也用在所有支援的土地使用。在社區之間，和社區內各個政策地區類別之密度都會是不同的。規劃師通常的做法是，計算都市地區及都市地區分別部分之現況密度，估計其變化的程度，並預設類似的密度在未來仍會持續。為了計算這些密度，規劃師只須將現況的住宅總數除以現況所有使用的已開發土地面積(包括運輸、工業、商業、政府，甚至都市開放空間及荒地)。估計鄉村地區的粗密度時，規劃師會把街道或一些鄰里設施包括在計算中，但不會納入其他都市使用。估計的未來密度是依據鄰近地區的現況密度、趨勢與推計，和在目標和計畫當中暗示期望密度之增減為基礎。

為了要估計各分類，或許也包括次分類之土地量，規劃師將地區中

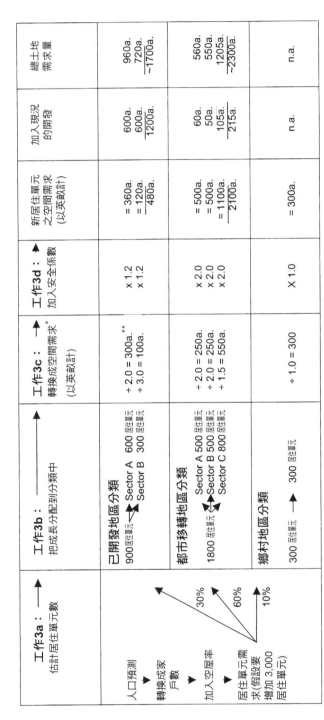

工作3a： 估計居住單元數	工作3b： 把成長分配到分類中	工作3c： 轉換成空間需求* （以英畝計）	工作3d： 加入安全係數	新居住單元 之空間需求 （以英畝計）	加入現況 的開發	總土地 需求量
人口預測 ↓ 轉換成家戶數 ↓ 加入空屋率 ↓ 居住單元需求（假設要增加3,000居住單元） 30%　60%　10%	**已開發地區分類** 900居住單元 → Sector A　600居住單元 　　　　　　　　Sector B　300居住單元	÷ 2.0 = 300a.** ÷ 3.0 = 100a.	x 1.2 x 1.2	= 360a. = 120a. 480a.	600a. 600a. 1200a.	960a. 720a. ~1700a.
	都市移轉地區分類 1800居住單元 → Sector A 500居住單元 　　　　　　　　Sector B 500居住單元 　　　　　　　　Sector C 800居住單元	÷ 2.0 = 250a. ÷ 2.0 = 250a. ÷ 1.5 = 550a.	x 2.0 x 2.0 x 2.0	= 500a. = 500a. = 1100a. 2100a.	60a. 50a. 105a. 215a.	560a. 550a. 1205a. ~2300a.
	鄉村地區分類 300居住單元 → 300居住單元	÷ 1.0 = 300	X 1.0	= 300a.	n.a.	n.a.

* 在本欄中的密度是假定全市為一致的粗密度，以每英畝容納若干居住單元計，也就是將居住單元的總數除以都市已開發土地面積。這種計算方式可以讓空間的需求，能考量到非居住使用的都市土地，如運輸用地。
（a＝英畝）

** 300居住單元

圖 11-2 ▏估計未來成長空間需求之工作圖解說明

的居住單元數目除以假設之粗密度,所得到的就是特定分類中需求的土地面積英畝數估計值。舉例來說,如果 500 個居住單元被分配到位於過渡地區的 A 區 (如圖 11-2 的例子),某人因此假定每英畝兩個居住單元的平均粗密度,計畫中就必須在 A 區指定出至少 250 英畝土地,再加上對於偶發事件及市場供應原因等附加因素的考量,這將在之後的章節中提到。

次工作 3d:調整估計值,提供安全係數以避免迫使地價上漲

上列三個次工作產出了最小空間需求之估計。然而,還要向上調整這些估計值,基於兩個原因:為了給消費者在地點及住宅種類上提供充分的選擇;以及,避免因為過度限制可開發土地之供給,造成土地及房屋價格上漲的壓力。調整數量的方法,通常是由以下兩個方法中選擇其一。第一個方法從工作 3c 所計算的估計空間需求,再增加某個百分比值;也就是說,空間需求是依據規劃師對需要多少調整數量之判斷得到的,增加的空間需求百分比是在 20% 到 100% 之間。第二個方法在工作 3a、工作 3b,和工作 3c 當中,用超過 20 年的預期成長水準,再多加上五至十年來估計需求之土地供給。除了鄉村地區及一般的次地區之外,應該為每個政策地區制定這種土地數量調整或超額供給。在圖 11-2 的例子中,A 區估計需要 250 英畝的土地做為都市過渡 / 轉變地區分類之用,會調整增加約 50 至 250 英畝 (20% 到 100%),計算的結果就是 300 至 500 英畝。

工作三的變型方法:空間量需求之估計

當然,可以用來估計空間需求的方法不只一種。舉例來說,規劃師除了納入非住宅區土地使用需求來計算都市尺度的粗居住密度外,規劃師還能用其他方法估計非住宅使用面積。其中一個方法就是計算現況的每仟人口與現況的非住宅區開發面積之比值;或是,計算非住宅區的英畝數與住宅使用面積之比值。這些比值可能在稍後會和預測住宅區開發所估計土地面積需求數 (依據人口預測) 一併使用,計算非住宅使用的需求面積。

另一種較為複雜的方法,是分別估計住宅與就業的空間需求。每個估計工作分別依序按照人口與就業來推計,配合使用分別的粗密度 (其

中納入運輸與直接相關的基礎設施)。這個方法能讓規劃師對就業中心及居住地區使用不同的分派政策。當地區性土地政策計畫中的就業中心是個分別的政策地區,舉例來說,就會較為適合使用這個方法。

另一個或許較粗略,但相當簡單的空間需求估計方法,利用代表就業成長(包括製造業、批發業,及商業土地使用)與人口成長(其他所有的土地使用,包括運輸)的一個乘數,就能用以增加現況都市土地使用的總面積。例如,如果預期人口成長百分之五十,該地區包括的「已開發」及「都市過渡/轉變」兩種政策地區,就會比現況開發多百分之五十面積,再加上 20% 至 100% 向上修正的數量調整,以反映不確定的成長速率、區位的選擇,及避免土地價格上揚。雖然這個方法不能讓規劃師考量密度變遷及戶量規模,它經常能得到與較複雜計算過程類似之結果,尤其是當規劃師並未預期過去及現在開發趨勢會有大幅改變時。

工作四:分析容量

在這個工作中,規劃師利用土地特徵的組合,估計出能讓開發更具吸引力、更合適的都市地區土地數量。這個估計是依據每個地區類別的適宜性分析地圖。此估計應該是按面積相對較小的地區,例如,規劃地區或 GIS 疊圖所構成的多邊形。這些估計可以在適宜性地圖上加註標記來彙整,或是使用表格,或兩者並用。土地供給分析能適當地協助決定土地政策地區規模,確保不會分配過多地開發到一個地區,超過該地區土地供給所能容納的程度。

工作五:設計都市政策地圖

在這個綜合的工作中,規劃團隊採用了四種預備工作的結果,設計若干個替選的政策地區地圖,說明在已開發地區、再開發地區、過渡/轉變地區、鄉村社區地區當中,哪些地區是最適合用於容納都市的開發。每個從這個過程中得到的替選設計,都應平衡空間需求和適當土地之供給;平衡對優良區位的需要,與對充足空間的需要;以及平衡都市開發的需要,與資源保育的需要。

一般來說,替選設計方案之一就是應該展現出都市開發中的「大約

的趨勢境況」(more-or-less trend scenario)。這個趨勢，也稱為「政策不變」的替選方案，提供了一條未來的基準線，用來和其他政策導向替選方案做對照。

納入污水下水道規劃之考量

在繪製都市過渡／轉變地區的過程中，包括了對自來水及污水下水道等相關考量之分析。特別是污水下水道規劃考量，是反映在區位原則、繪製適宜性地圖、分析空間需求，及潛在的都市成長地區之容量。也有一些其他自來水供給不足地區的例子，假使不改變成長的區位，就會對容量採取基本的限制。土地使用規劃應該要反映第八章所討論的自來水及污水規劃的考量。於是，自來水及污水處理場、收集系統，和服務範圍的規劃就必須反映出地區土地政策規劃中更廣泛的目標，包括環境保護，減災、農業生產，及都市形式的效率。規劃自來水供應的協調，特別是要保護供水水源(例如水庫集水區，和供應自來水地下水層的補注區)的保護也是格外重要的。例如，在土地政策計畫中，自來水供應保護區即是一種保育地區。

為了地區土地政策規劃之目的，規劃師必須檢視區位及空間量，與污水下水道、自來水供應之間的關聯。從區位的角度來看，劃設都市過渡／轉變地區必須和污水下水道服務地區的擴張相互協調，另一方面也須視現有污水處理場的區位、容量，現有工場擴張潛力之評估，及未來或規劃的工場位址等考量因素。在此的基本邏輯，是根據其效用的；也就是說，工場地點和服務地區的範圍與區位，應該要反映在會影響可行性、成本，和提供公共污水處理的效率的合理工程措施上。這些將需要與其他「聰明成長」的考量取得平衡，例如環境保護、自然災害的舒緩、交通網路的組織，特別是商業與工業中心的最佳區位。

從空間量角度來看，這個分析應包括兩份評估：

1. 在需求方面，要評估：替選都市過渡／轉變地區與替選自來水、污水處理服務地區，在建設完成後的人口與就業容量；將此建成後的容量，轉換為污水收集處理與自來水供應最終需求暗示的空間形式；用公用設施容量服務此建成後之需求水準。

2. 在供給方面評估：現況及規劃的污水收集、處理，自來水供應、分配能力，這些評估是依確實的工場地點及服務範圍來進行的 (相較於前一項，在土地政策地區境況中，暗示需求之空間形式)。

第一個評估── 是評估污水及自來水服務潛在需求的空間形式──規劃師在此要完成好幾個評估工作。首先，他們必須評估政策地區、次地區，及服務地區可以開發的土地量。這裡包括的土地，要排除浸水的地區、濕地或洪水平原、陡坡上的土地、政府擁有的土地如國家森林及大型公園，或是其他不適合開發的土地。其餘的就是預期適合開發的土地。

其次，針對都市過渡 / 轉變地區和已開發地區的各類型服務的服務範圍，規劃師假定未來開發的整個都市之平均粗密度。除了能用在實際的居住地區外 (請參考本章稍早的討論)，都市尺度粗密度還能應用在商業、工業、混合使用地區，也能用在與都市開發相關的都市開放空間和社區設施。

第三，在每個潛在都市政策地區和污水處理服務地區，將粗密度乘上可開發土地面積，得到的預期居住單元數量，就是各個地區在建設完成後的合理水準。

第四，接下來規劃師把居住單元數量轉換為對污水收集與處理能力、自來水處理與分配能力之需求。地區建成之後的居住單元數要乘上一個比例，來解釋住宅市場隨時都存在的空屋率。例如，假設百分之五的空屋率，建設完成後的居住單元數應該乘上百分之九十五，就是會接受自來水與污水的服務的居住單元數。家戶數量乘上平均戶量，就得到每個服務地區建成後的人口數。這個人口的估計，接下來再乘上每人每天需要使用的水量，和隨著商業、工業，及政府活動所產生的每人每天污水量。因此，如果有 10,000 人預期會居住在服務地區當中，連同相關工業、商業及社區服務活動，估計他們平均每人每天產生約 125 加侖污水，這個數字是依當地工業活動的種類與數量計算出來的。這就表示服務地區都市化潛在的建成水準，是每天估計會有 125 萬加侖的污水處理需求。

第二個估評，是關於現況及規劃的污水處理和自來水供給之設施容

量評估，再加上預期設施能上線使用的時間表。這個設施容量可以與前面的需求估計時間表互相比較。如果估計的供給與需求不能達到平衡，規劃師就必須調整地區性土地政策計畫，和／或是短期、長期的污水處理規劃，來讓它們能在每個都市移轉地區、次地區、服務地區，和在每個五年、十年的時間範圍內達到平衡。

舉一個關於污水處理的簡單例子，來說明在這些評估中還要包括些什麼。假設一個小城鎮裡的現有的污水處理工場具有每天處理 1 百萬加侖 (million gallons per day, mgd) 污水的容量，並且服務 600 英畝範圍內的 3,800 人。潛在的污水集流範圍是在污水處理場的上游，可以用重力流的收集系統將污水傳送到污水處理場，面積約為 1,600 英畝。其中，湖泊、洪水平原、陡坡、政府擁有的環境保護區，及其他不可開發的土地面積大約為 300 英畝，剩下的 1,300 英畝適合開發的土地，就是潛在的污水集流範圍與都市政策地區。如果我們假設未來將大致上會與現況都市粗密度相當，每英畝 2.8 個居住單元，我們估計這個污水集流範圍 (約略就是已開發地區和都市過渡／轉變地區) 開發完成後將能容納 3,640 個居住單位，並包括了和居住人口相關之商業、工業、社區設施與開放空間。如果我們讓空屋率維持在百分之五，在住宅供應市場的家戶數將達到 3,460 戶。假設全國平均每戶量為 2.6 人，就代表著合理建設完成的人口規模將為 9,000 人。在每人每天產生 125 加侖 (gpd) 污水的狀況下，每天收集及處理的污水量將是 1.125 百萬加侖 (mgd)。但是，目前處理場的處理能力是 1 mgd。因此，如果可行的話，計畫中就需要考慮建議在現有基地上，擴張未來處理場百分之十的容量；如果不可行的話，就必須減少都市過渡／轉變地區或服務地區來配合工場的處理能力。或者，如果現在的處理場已經過於老舊，或許可以在略為下游的位置建造更大更新的處理場，來服務不同的、更大的地區。

為每種政策地區研擬執行政策

依照上述過程中製作的土地政策地區圖，必須要有配套的執行政策來支持。一般來說，對於每一種地區類別提出分別的配套政策。也就是說，各種類別的地區會有它自己的一套執行政策來支持。下列應用在都

市過渡／轉變地區的政策例子，說明了這個想法。

- 社區禁止新開發的都市過渡／轉變地區使用化糞池 (為了抑制低密度開發佔用了在計畫中規劃之都市密度地區，以及避免用爾後要用公共污水處理取代基地內的污水處理)。
- 社區應該建置資本改善方案，藉以能適時地在都市過渡／轉變地區延伸公共基磐設施及社區設施。
- 土地使用管制將要求在新開發進駐使用時應有適當的公共設施，或許可以透過設施法規訂定適當的標準，或是其他形式的「同時性要求」(concurrency requirement)。我們也可以參考第一章曾經討論過的類似政策，在馬里蘭州聰明成長計畫中的「優先投注經費地區」政策。
- 在分區管制中應該要允許、鼓勵，甚至規定開發應該超過最小的都市密度。

其他地區的政策執行，在表 11-1 最右側那一欄中有進一步的描述。

彙整成為綜合的地區性土地政策計畫

本章所解釋的過程與方法，構成規劃師在社區協力規劃過程中之角色比較偏向技術性的那一部分。當依循著參與方法適當地執行每個工作，過程中納入許多參與者的價值觀，規劃師可以協助成就一份技術性有效的計畫，這個計畫也能反映出社區的價值。

產生的地區性土地政策計畫，應該是由數個部分組成的：

1. 計畫中關鍵特色的摘要彙總。
2. 一份關於課題、現況，及趨勢之說明。
3. 檢討現行開發管理法令和措施之適當性。
4. 對未來開發的替選境況，及偏好之境況。
5. 說明願景，輔以目標和標的，以及一般的開發及環境政策策略。

這些組成項目，在計畫網絡的每一種計畫中都是常見的。此外，地

區性土地政策計畫還會特別地包括：

6. 土地政策地區的地圖。

7. 對地圖上的每一類土地政策計畫地區，都有其執行政策。

肯塔基州 Lexington-Fayette 郡的計畫，就是地區性土地政策規劃方法的一個例子。計畫轄區涵蓋了 Lexington 市及 Fayette 郡的全部範圍，被分為兩個主要的地區：都市服務地區 (USA; urban service area) 及鄉村服務地區 (RSA; rural service area)。對都市服務地區的計畫，在綜合計畫中有詳細的說明 (Lexington-Fayette Urban County Government 1996)。對鄉村服務區的計畫，在稍後的鄉村服務地區土地管理計畫 (Rural Service Area Land Management Plan) 中也有清楚說明 (Lexington-Fayette Urban County Government 1999)。都市服務地區界定了政府承諾提供污水處理、自來水、警察、消防、道路照明、垃圾收集、圖書館，和公共運輸的地理範圍。都市服務地區包括了幾個具有特殊考量的政策次地區：都市核心、就業中心、都市活動中心、商業廊道、既有開發 (鄰里)，及都市成長 (都市過渡 / 轉變) 地區。鄉村服務地區也包括幾個次分類，其中最大的 (接近百分之九十的土地) 是核心農業及鄉村土地地區，包括了養馬場及優良農業土地，其中農業土地是地方農業經濟的基礎。另一個重要的次地區是自然地區 (環境保護)，涵蓋了百分之七的土地。另外的政策地區包括了鄉村活動中心、既有的鄉村住宅聚落，以及緩衝地區 (主要是介於鄉村及都市政策地區之間)。為每個政策地區建立開發與環境保護政策。例如，為核心農業區及鄉村土地地區建議的政策包括：最小基地面積要有 40 英畝土地；為了未開發的小開發基地之合併提供誘因；指定地區成為「購買開發權」(purchase-of-development-rights) 方案的優先地區；指定開發權利轉移 (development-rights-transfer) 方案的傳送區；以及結合綠道、歷史景點，及有農業使用的景觀道路的政策。計畫也包括特殊計畫的項目，像是交通運輸及鄉村道路，歷史地區、污水下水道擴張範圍，及一個計畫執行或行動項目。圖 11-3 是簡化版本 Lexington-Fayette 都市──郡的土地政策地圖。

都市服務地區也有土地使用設計計畫，在計畫中說明都市使用的形式，在之後兩章會討論到這類計畫的規劃方法。在土地使用設計後會採

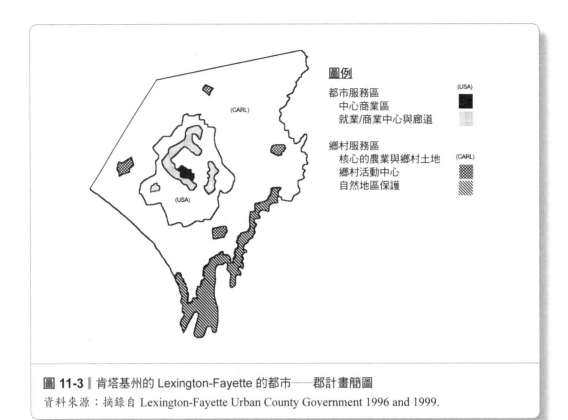

圖 11-3 ▎ 肯塔基州的 Lexington-Fayette 的都市──郡計畫簡圖
資料來源：摘錄自 Lexington-Fayette Urban County Government 1996 and 1999.

取開發管理計畫，界定了特定的分區管制，或其他開發控制的方法，這
會在第十五章中討論。社區土地使用設計計畫也可以說明在都市過渡 /
轉變地開發的時間與地理順序；利用資本改善方案使其付諸實現；訂定
開發規範的時間；以及，修正服務地區之政策。

結論

　　地區性土地政策，對成長的區域、都會地區，或郡而言，是詳細空
間計畫網絡中最先開始的一個階段。它要平衡在自然系統、人類活動系
統，及市場系統中各利害關係人之間的價值觀。它尋求平衡永續三稜鏡
模型中的多個面向──尤其是環境與經濟，同時兼顧公平性及適居性。
它也透過禁止或謹慎地控制地區的都市與農業使用，試圖保護具有生態
價值或高生產力的自然資源。地區性土地政策計畫阻止在危險的地區進
行開發；相對地，它鼓勵在適宜的地點開發。它提供了讓公共利益團體

及與決策者投入此關係著土地資源利用之土地使用空間政策，對混合土地使用、運輸、土地使用設計中的都市設計、土地規劃過程中的小地區計畫階段等工作準備，提供了更詳細的選擇機會。

　　土地政策計畫提供了開發法規、社區設施與基磐設施的理論依據。下面兩章討論的土地使用設計計畫，是以地區性土地政策計畫為基礎，特別強調的是都市政策地區內的人為系統及社會價值。規劃師也許會把地區性土地政策計畫假想成簡單的「寬鬆的大衣」，把都市土地使用設計假想成「合身的西裝」，還要特別注意到許多隨身的配件。而對這些配件的關照，就是用「小地區計畫」形式來呈現的。

參考文獻

Bosselman, Fred, and David Callies. 1972. *The quiet revolution in land use control*. Washington, D.C.: U.S. Government Printing Office.

DeGrove, John M. 1989. Growth management and governance. In *Understanding growth management: Critical issues and a research agenda*, David J. Brower, David R. Godschalk, and Douglas R. Porter, eds., 22-42. Washington, D.C.: Urban Land Institute.

Dramstad, Wenche E., James D. Olson, and Richard T. T. Forman. 1996. *Landscape ecology principles in landscape architecture and land-use planning*. Washington, D.C.: Island Press.

Lexington-Fayette Urban County Government. 1996. *1996 comprehensive plan: Growth planning system*. Lexington, Ky.: Author.

Lexington-Fayette Urban County Government. 1999. *Rural service area land management plan*. Lexington, Ky.: Author.

McHarg, Ian. 1969. *Design with nature*. Garden City, N.Y.: Natural History Press.

Noos, Reed, and Alien Cooperrider. 1994. *Saving natures legacy: Protecting and restoring biodiversity*. Washington, D.C.: Island Press.

Portland Metropolitan Regional Government. 1992. *Metropolitan greenspaces master plan: A cooperative regional system of natural areas, open-space, trails and greenways for wildlife and people.* Portland, Oreg.: Author.

Reichert, Peggy A. 1976. *Growth management in the twin cities metropolitan area: The development framework planning process.* St. Paul, Minn.: Metropolitan Council of the Twin Cities Area.

第十二章
社區土地使用設計：就業與商業中心

　　為了將更明確地基於形式目標 (form-based goals) 與政策加入計畫網絡中，你服務的機構要你帶領社區製作一份土地使用設計。你的主管最想做的是將就業中心與服務居民商業活動中心的空間組織，能與同時進行的運輸規劃程序互相配合。你會如何建議規劃機構在此區域的建構下，為主要的活動中心建立設計原則及區位原則？針對既有中心的擴張或再開發，繪製適宜性地圖並找出新的中心地點？估計各種可能的區位與中心會需要多少空間？計算出規劃的中心能提供多少空間（或容量）。最後，要如何製作替選的規劃設計，讓設計供給量和推計空間需求能達到平衡？

　　城市與鄉鎮是區域及郡的都市化地區；通常它們的空間政策計畫必須比前一章討論的土地政策計畫格式更為明確。特別的是，這些社區會以地區土地政策計畫所劃設的開放空間和一般都市形式為基礎，擬訂詳細的都市地區空間政策。這種土地使用設計格式讓社區的綜合計畫更具有特定性。

　　土地使用設計格式讓社區能發揮永續三稜鏡中的各種向度：適居性、經濟效率，尤其是公平性。地區土地政策計畫之優點是其利用都市自來水及污水處理的資本改善方案，配合都市成長形式之環境品質與整體效率。土地使用設計則讓社區進一步著重在人們的使用價值，平衡環

境與經濟價值觀。它強調活動中心、居住地區、社區設施、運輸,和開放空間等空間排列,藉由地區土地政策計畫提出簡化的都市形式,進一步創造適合居住、公平,和有效率的實質環境。也就是說,土地使用設計仍然是一個社區的綜合政策計畫,它包括了特定地區的設計,接下來再由強調適居性的小地區計畫進一步發揮。

社區土地使用設計是個研擬社區空間結構的過程,完美地銜接主要及次要的活動中心、居住鄰里、交通循環系統、社區設施,及基磐設施。為了教學的目的並簡化這個複雜過程的解釋,我們將這個過程分為三個部分——開放空間 (在第十一章已討論過);就業、商業及市民活動中心 (在本章中介紹),及居住社區 (將在第十三章中介紹)。然而,實際上,這三章的順序及技術性的推動進程,並不盡然是依循著固定的次序,有時候幾乎是同時,有時候間歇地進行,各工作間還有許多的回饋與調整。

本章有兩個主要的部分。第一部分是描述都市地點的活動中心種類,用以容納這些活動中心的土地使用,和設計工作之本質。接下來的第二部分解釋計畫的製作過程。它包括進行前置的準備研究、建立區位原則、為各種土地使用及活動中心類型套繪適宜的區位、取得各個中心之空間需求,及計算適宜區位的容量。以這些分析為基礎,這過程接下來創造就業中心及商業活動中心的設計草案,而藉著分派空間需求至特定區位的中心,使該設計草案更為具體。在本章的結論中彙總本章討論的重點,並且介紹將住宅地區納入土地使用設計中尚需面對之其他挑戰。

土地使用與活動中心的類型

在土地使用設計工作中配置都市活動中心時,需要先了解各個活動中心要容納哪些土地使用活動,以及這些土地使用最佳組合的中心類型。同時,也需要了解區域運輸系統,以及這個運輸系統如何與這些中心的活動之間交互影響,並在區域間把它們連結起來。

在活動中心中主要的土地使用

在一個社區中，五類土地使用佔用了大多數活動中心的土地：1) 經濟基礎活動，及相關的服務；2) 零售及消費者服務；3) 以人為導向的社區設施；及 4) 辦公空間；再加上 5) 運輸，包含停車空間。其他商業中心的土地使用，像是住宅及開放空間也是很重要的，但是在長期、都市尺度、土地使用設計過程中的重要性並不如上述五種土地使用；其他章節中也會介紹 (例如，「居住地區」在第十三章，「小地區」在第十四章)。

經濟基礎活動及相關服務包括：

- **製造業**——精煉、製造、組裝，及生產與製造地點的原料儲存；
- **批發及配送**——商業批發、製造商之銷售通路、批發代理商、中盤商、期貨經紀商、批發裝配商；多數的批發都會關聯到倉儲和儲藏；有些會包括卡車轉運站；有些則只含辦公室和展示空間；
- **總部、開發研究，及後勤部門活動**——製造、批發、金融及保險、資訊與科技、政府，和其他經濟基礎產業；和
- **高等教育**——服務的市場超越地方的社區範圍。例如，學院、大學。
- **其他**——例如，全國轉運核心的機場航站，或主要觀光景點。

請參考在第五章討論到的經濟基礎活動，及對其未來的推計。

這些經濟基礎活動具有相對嚴格之需求，包括要能連接到公共設施和區域運輸、適當的土地實質特色，例如在平坦地形上的大面積基地，有時也為了行銷目的要具有能見度。另一方面，它們不像零售及消費者服務業，後者要能方便地連接到當地的消費者。

服務人口的商業活動包括：

- **零售活動**，商店及百貨公司、大賣場等；
- **個人的服務**，像是藥品服務供應商，及個人律師 (有些服務活動會需要辦公空間；其他的如餐廳及美容沙龍，可能會和零售業的開發結合在一起)；及

- **娛樂活動**，例如電影院與酒吧。

這些以地方消費為導向的活動，最重要的就是要能連接到地方市場，這超越了所有其他的區位因素，與經濟基礎活動相較就形成了對比。某些商業服務，例如汽車銷售和修理場、建築材料賣場，及其他商品重量較重的商業活動，與半工業產業的風格相符，常常聚集在個別的公路導向中心或廊道，但在區位上，它們還是要與當地消費者有所接觸。

市民使用、公共和半公共，或社區設施是與零售業及消費者服務息息相關的。它包括直接用來服務地方及外地人口的設施及活動，也因此常設置在消費者導向的活動中心，並且也有零售及服務的活動。例如會議中心、博物館、體育場、社區中心及相關設施，如提供一對一政府服務的法院大樓和市政大廳。戶外公共集會空間，也是活動中心的一個重要元素。

辦公空間包括基礎與非基礎就業空間兩者，其面積逐漸增加是因為辦公就業人數增加，以及辦公室員工平均每人辦公面積增加所致。辦公建築通常是座落在中心商業區、辦公或商業園區、主要的市郊辦公室節點，和在其他沿著交通路線的聚集地點或廊道上。都會區約一半的辦公空間是位在中心商業區，或在其他地點建築品質最好的建築物當中 (Gause 1998, 3-15; 332-33)。

運輸設施及活動包括快速道路及街道、大眾運輸路線及車站、停車設施、自行車路徑與車道，人行步道與路側人行道。不論是區域尺度或是活動中心的尺度，中心內及連結各中心間的運輸服務與設施，它們的區位及設計對土地使用和運輸設計整體性是重要的。此外，運輸路權、車站，特別是停車空間，會在活動中心內及周遭地區使用大量的空間；基本上，會佔地表面積約百分之二十五到五十。停車空間的需求和供給對活動中心的形式及密度有相當大的影響，尤其是在沒有良好大眾運輸系統支援的城市。運輸設施與服務之管理多是依賴大眾運輸系統，和道路——快速道路——高速公路系統；停車空間所佔的比例，除提供地面停車格外，也可以利用立體停車場，和用停車費率來管理。這些選擇應

該是社區協調土地使用——運輸設計觀念的一部分。

除了這五類的活動外，住宅和開放空間也必須適當地納入到活動中心當中。其中可以包括，如公共廣場及公園，或水濱開放空間；住宅也會合併在活動中心當中或位在其邊緣，特別是在地面層以上的樓層。

活動中心的形式

活動中心是較大數量開發集中的地點，包括了相當廣泛的形式；它們展現出各種土地使用活動的混合，一般來說都是高密度的。中心商業區通常包括最廣泛的土地使用混合，有最大的服務範圍，也是商業、零售業、金融、政府及市民活動的傳統聚集中心。在大都會地區的都市郊區商業活動中心，也有相同的多用途土地使用。綜合的機構設施，如大學校園及鄰近商業中心，或醫學中心，只包括較小範疇的活動類型。都市娛樂中心提供餐飲、娛樂，及在行人徒步區提供零售服務，這是另一種新近出現的活動中心類型。

然而，大多數的活動中心也能用簡略的方式來區分：主要就業地區，和主要是商業和市民活動的中心。雖然金融及一些批發活動會位在主要商業中心，包括了中心商業區；經濟基礎活動則傾向座落在主要就業地區。消費者服務活動更傾向於座落在商業地區，雖然某些消費者及商業服務可能會位在混合使用的就業中心。

主要為就業地區的中心

土地使用面積多半是用在容納就業，包括工業地區、工業園區、辦公園區、辦公室廊道，及在交流道附近聚集的辦公室、規劃的就業中心，及各式各樣的「其他」類別 (Beyard 1988; Lochmoeller et al. 1975; O'Mara 1982; Urban Land Institute 2001)。就業地區的形式與功能已經從二十世紀時基本上是製造業驅動的經濟，轉型為二十一世紀，以服務、資訊、金融，和科技帶動之經濟，但上述各種形式仍存在於大多數都會區中。許多就業地區會定期在硬體或功能上進行更新，期能維持其競爭力。其他的則已經惡化成工業貧民窟，需要在土地使用設計策略中提出再開發的行動。

工業地區或是工業廊道，有時稱為製造業區，基本上是由同屬工業

分區的分類所組成的。早期的工業地區通常是座落在港口及鐵路沿線，較高的建蔽率和高樓層建築物。它們常呈現出像是即將廢棄的建築物，以及不相容的土地混合使用 (例如，可能摻雜著住宅)，有必要在土地使用設計策略中提出再開發行動。較新的工業地區，基本上是包括製造工廠、研究開發實驗室、批發倉儲，和一些辦公建築物所混合組成的。

商業園區也能被稱作工業園區、商業中心、商業校區 (business campuses)，如果是研究或科技相關活動導向的，可能會被稱作研究園區、研發園區 (R&D parks)，或科技園區。近年來越來越多的商業園區不再強調其土地使用之工業特性，包含的類型就更為廣泛了，如輕工業、倉儲 / 配銷、展示廳和創新育成空間，及利用辦公室或多功能建築物的相關商業活動。

如何在工業地區中區別出工業園區或商業園區，則取決於園區之規劃和開發是要做為工業活動，或是做為辦公及相關服務活動的環境。園區也經常需要符合街道、公共設施系統、建築物退縮、建蔽率、建築材料、路外停車、景觀、招牌，及一般外觀等設計標準。工業園區或商業園區也通常會在專責管理之下，需要審查其設計、執行對活動設定之限制，及套用環境之標準 (Lochmoeller et al. 1975; Urban Land Institute 2001)。

工業園區可以分為三大類別，這是依照它們建設標準來區別的 (Conway et al. 1979, 37-39)。最不受限制的類別是用來做為重工業使用的工業地區，它的特色是大規模的開發，可以連接到鐵路、區域公路，甚至可能是港口。第二種工業園區就是運銷中心、工業——辦公混合及辦公——運銷中心。它對於下列項目有較嚴格的限制：噪音、排煙，及其他排放物；建築物退縮、做為視覺緩衝之景觀；路外停車及貨車裝載；和戶外儲存管制等。第三種園區有最高的基地規劃標準，包括辦公室、研究與發展實驗室，及輕工業。它會特別強調景觀、建築、設施、裝載及儲存區等的美化，構成如校園般的場景。

辦公園區是基於整體規劃及管理，由許多獨立的辦公室建築物、支援性土地使用、開放空間，和停車空間所組成的。它們依據工業與商業園區為範本，不同之處是它們限定只能包括辦公室，而非工業建築物。這些辦公室可以是出租給單一承租人的建築物，或冒著投機風險分

租給多位承租人的建築物。承租者的範圍從企業總部、後勤辦公室服務中心 (譯者註：如企業之人事、會計部門)，到執業醫生的辦公室。建築物的形式包括了從高樓層建築物，到低樓層花園辦公室與連棟街屋式的設計。關鍵的特徵就是，它們都在受管制的環境中提供使用者的基本設施、能見度高及有名氣的區位、在主要街道和公路沿線附近。容積率 (floor-area ratios; FAR) 的範圍一般是從 0.25 到 0.4，但有時在都市混合使用中心 (見以下的說明) 及中心商業區會超過 1。都市郊區的辦公室開發的趨勢，是朝向與都市類似的特性，有時辦公室會與混合使用開發結合在一起。基本上，在辦公園區中每 1,000 平方英尺的出租辦公空間，就要有 4 個停車空間；如果在有方便的大眾運輸服務地點，這個數字會略低一點；在有高顧客流動率的辦公室，就會較高一些，例如醫療辦公室 (Gause 1998)。

　　規劃的商業中心或規劃的就業中心，都是規劃之多用途開發。它們容納著混合的活動和建築類型：倉庫 / 配銷；製造及組裝；彈性規格的高科技產業辦公室 (flex/high-tech)；辦公室；展示廳；育成空間；通訊、旅館業、會議中心等服務性商業；以及便利零售活動與員工福利設施。這些全部、或多或少是受管制的，但在具有彈性的環境中，園區才得以調整其形式和功能以符合市場變遷 (Urban Land Institute 2001, 3-6)。規劃的商業園區是自足的，並在中心之內促進活動間的互動，包括分享停車空間與其他設施，及原料的處理。它們通常比工業園區及辦公園區還大上許多。它們座落在鄰近市場及運輸的地點，被設計成在中心之內減少使用汽車之需求，有時候還會是公私部門的聯合投資。與其他類型中心相比，規劃的商業中心比較可能包括商業服務，及提供給員工的消費者服務，甚至包括能走路上班的住宅。它們或會包括具交互關聯工業活動的複合建築群，例如研究及科技園區、空運倉儲工業建築群，及石化業建築群。石化業建築群包括化學處理場，用管線來輸送其產品。這個類別中也包括生態開發建築群，將工業活動再結合了廢棄物處理、資源回收，和能源利用。

　　對於需要在同個屋頂下容納辦公室及工業活動空間的彈性工作空間需求，已經在新的工業、辦公室，及商業園區造成了「彈性空間」(flex space) 建築物 (Urban Institute 2001, 3)。這種就業中心提供了廠商在同一

個地點成長與擴張的機會。舉例來說，藉著選擇不同類型、大小，和不同價格的建築物，這些全部都座落在同一個商業園區中，一個公司可以從經營一個小規模的育成中心開始，縱使爾後成長為知名企業的總部，也無需變更原來的地址。

工業地區、工/商業園區及規劃的就業中心，應該要能容納所有的製造、倉儲、辦公室，及配銷活動。近年來辦公室逐漸出現在各類型就業中心增加，不只是辦公園區，更出現了製造辦公室、配銷辦公室、展示辦公室，及科技業的彈性辦公室等各種組合。同時，對員工及訪客提供的服務，包括旅館、汽車旅館、餐廳、美髮沙龍、藥房、健康中心、娛樂中心，也都成為就業中心的重要元素。

工業園區的平均面積介於 300 到 350 英畝之間 (Lochmoeller et al. 1975, 29-31)。然而，園區面積大小差異很廣，大約三分之一園區的面積小於 100 英畝，超過 500 英畝的園區也比比皆是。商業園區似乎面積會比較大，根據 Urban Land Institute 在一系列的案例研究中發現，即使中等尺寸的商業園區也都遠超過 800 英畝 (這是根據 Urban Land Institute 2001, 175-288 個案研究中的計算)。然而，只有特定區位才會允許興建大型的園區，如重要的都會區，鄰近主要運輸設施如大型機場，並在平坦的大面積土地上。土地使用設計時為了提供人民充分選擇、縮短旅行路程，與避免工業及通勤交通過度集中，最好是讓面積大小、區位，及就業地區種類分配的變化越大越好，如此才能更妥善的服務公共利益。各種中心之混合，也可包括棕地上的再開發計畫及其他都市再開發地點。任何特定地點的面積大小，應依市場需求的園區種類、是否允許擴張，和能否取得土地為基礎。在表 12-1 中提供了一些對於工業及辦公園區的大小、密度，及停車需求等統計數據。

就業中心有其區位和空間之需求，這些都必須在土地使用設計中反映出來。它們包括：

- 要連結到附近的快速公路系統，甚至到鄰近機場；對某些產業而言，鐵路和港口都是必要的。辦公園區最好能連結到鄰近的教育和技術訓練設施、娛樂設施，及零售服務。若是從高速公路、交通幹道，或從大眾運輸設施能看得到，這種高能見度也將成為其資產。

表 12-1 |
工業及辦公園區的一般特性

特性	工業園區	辦公園區
平均面積	300 英畝	40 英畝
建議的最小面積	35 英畝	沒有特別建議
一般的容積率	0.1-0.5	中心商業區，平均 5.7；其他 0.25-0.4
一般的員工密度	10-30 英畝	無資料
平均每名員工的停車空間	0.8-1.0	中心商業區，平均 1.6；其他 4.1

資料來源：工業園區部分，摘錄自 Lynch and Hack 1984；辦公園區部分，是從 O'Mara 1982 和 Dewberry and Matusik 1996 的 12 個案例研究計算所得。

- 適當的實質特徵。基地上最好是以沒有突出岩壁、泥炭地，和濕地為宜，未受到毒性廢棄物質污染。工業一般是需要平坦的土地，但是辦公室開發則偏好座落於讓人感到有趣的地形及植被，基地上若有水景特色尤佳。
- 充足的公共設施，包括自來水、污水處理、瓦斯、電力，及通訊系統 (Beyard 1988, 82-100)。

主要服務人民及商業活動中心

　　就和就業中心一樣，這些活動中心是居民導向的。它們是零售交易、消費者服務、金融與政府活動，及文化、娛樂、市民活動之中心。它們也是各種民眾移動與聚集之場所。這些中心是建築及人民最密集的地點、最高的土地價值，以及土地使用間有最高程度的交互關聯影響。這些中心要能讓周邊鄰里的消費者，能方便地前往這個中心的交易地區；要能方便地銜接到其他中心，並容易地連接到地方與區域運輸系統。對於規劃轄區內應該要有多少商業活動中心，又分別是哪些種類，這要視服務地區內的人口多寡和計畫中的土地使用設計概念而定。對於都會地區、區域，和較大的城市，服務人群的混合商業中心通常包括下列形式：

A. 中心商業區，混合著消費者導向的使用 (例如：百貨公司，以及律師事務所)，和商業辦公室及市民活動；

B.衛星商業中心：

1. 中心都市的舊商業區，及早期的市郊地區，有時呈現的形式是沿街商業區開發，或商業廊道；

2. 購物中心，有時是由單一業主持有的；它基地內的停車位和該中心的設置類型與規模有明確的關係。可按照賣場規模和該規模之交易地區區分其類型：

a. 鄰里購物地區和中心，包括便利購物中心

b. 社區尺度的折扣購物中心

c. 區域購物中心

d. 跨區域性、多功能的購物中心，大型購物園區 (power centers)

e. 混合使用開發 (mixed-use development; MXD) 通常是座落在中心商業區內，除了購物外，還包括辦公服務、其他就業、娛樂、旅社，甚至配合著購物的居住和公共 / 市民使用；

C.公路導向的地區，通常是在城市的邊緣，包括：

1. 公路服務區 (服務旅客)，和

2. 公路導向之特殊目的地區 (例如：群聚在一起的汽車銷售點、家具店、折扣商店 / 暢貨中心)；

D.其他便利商店、帶狀商業地區、名品中心、工業購物中心 (混合著零售、批發、商業服務活動，可能是處理如照明與水電材料供應、建材、木工製品、目錄商品倉庫，或關於汽車的特定服務)，以及獨立的消費者商品與服務業。

相對於其他類型的購物中心，中心商業區服務的交易地區面積最大，通常是超過了規劃轄區。在大多數的規劃案例中，中心商業區早已存在，在計畫中必須處理的課題是其未來的開發和再開發。計畫之目的通常是要讓它保持密集，整合辦公室、停車場和大眾運輸，以及連續零售店面之小街廓。

除了區域及跨區域性的購物中心之外，衛星中心在更小的交易地區容納商業行為，它也有可能超越其小型中心商業區的交易地區，並接納購物外的活動——娛樂、文化設施、社會及政府服務，辦公就業甚至市民集會等活動。根據報告，新購物中心的成長在 90 年代開始有減緩的

趨勢，成長的反而是購物中心的翻新和擴張 (Beyard and O'Mara 1999, 33, 354)。購物中心也逐漸地加入了娛樂與餐飲活動 (Beyard and O'Mara 1999, 343-47)，並且有些採用了「主要街道與城鎮中心」的格式 (Bohl 2002, 17)。衛星中心為了廠商尋求價格更低的地點，遠離市中心區的擁擠，這種區位對郊區零售市場是更方便的。

鄰里中心包括的不是只有便利商店，而且還有如乾洗店、理髮廳、雜貨店、熟食店和其他的用餐地點等必要服務。對於周邊的鄰里來說，不論使用車輛、步行、自行車，都要能方便地連接到鄰里中心；它包含垂直和平行混合的零售活動、辦公室，甚至居住使用；把建築物沿著街道排成直線；在建築物後面的街道提供停車；行人能步行前往公共運輸車站及巴士站；可能會加入社區的寧適設施，如設置公園和禮拜堂。

混合使用開發通常是座落或鄰近中心商業區，高層結構物的開發強度較高 (平均容積率是 5.0)，有更多的垂直使用並且更關注人行通道之連通。表 12-2 表示出購物中心特徵的原則類型，包括典型中可以出租的總面積、購物中心位置的大小、可服務的人口、市場範圍的半徑，及主要承租人。

公路導向的商業地區比較不會被刻意規劃出來，也不像衛星中心那麼集中。其中一類是提供商品與服務給使用汽車的旅客和其他人士。這些土地使用包括速食及其他餐廳、車輛加油與服務，和汽車旅館。另一種公路導向的商業地區聚集了一群零售商，他們需要寬廣的展示區讓消費者比較商品後購物，例如汽車銷售及服務區、家具及大型電器商店、建材中心和大型連鎖零售業。因為他們需要大面積的賣場，但是又無法負擔中心商業區、購物中心，和其他衛星中心按平方英尺計算的高昂租金；使用較少空間的商店 (例如服裝店)，才負擔得起這些地點的租金。大宗零售業如折扣商店，及可開車進去交易的商業，如銀行、餐廳和藥房等，都會設置在這些公路導向的商業地區。

都市土地使用規劃

表 12-2
購物中心種類和特性

中心類型	全部可出租的樓地板面積（平方英尺）		地點一般的最小面積（英畝）	服務人口數	市場半徑範圍		主要承租戶	商店數量	一般停車空間（平均每一千平方英尺）
	範圍	典型			車行時間，分鐘	距離，英里			
便利型	<30,000						小商場 個人的服務		
鄰里型	30,000-100,000	50,000	3-10	3,000-40,000；平均 10,000	5-10	1.5	超級市場或藥房	5-20	4-5
社區型	100,000-450,000	150,000	10-30	30,000-100,000；平均 50,000	10-20	3.5	小型百貨公司或大型綜合商場	15-40	4
區域型	300,000-900,000	450,000	10-60，通常是 50+	150,000+	20-30	8+	一個以上的大型百貨公司	40-80	4.0-4.5
跨區域型	500,000-2,000,000	800,000	15-100+	300,000+	30+	12+	三個以上的大型百貨公司	100+	5.0-5.5
混合使用中心 (MXD)	500,000-2,000,000	1,000,000，100,000-200,000 為零售	7-50，平均 15	--	大部分是依計畫而定，並且是在附近的；有些是服務遊客和區域性的	--	辦公室；一個以上的大型百貨公司；旅館	--	在中心商業區是 1.0-2.5；在其他地點是 3.0-5.0

注意：停車空間在小型的中心應該要增加，以容納電影院或餐飲服務；在市中心區則需減少。

資料來源：摘錄自 Beyard and O'Mara 1999; Dewberry and Matusik 1996; Edwards 1999; Goldsteen et al. 1984; Livingston 1979; Lynch and Hack 1984; Schwanke 1987; 和 Witherspoon et al. 1976.

土地使用與活動中心形式的調配

　　土地使用設計應該要推動包含各種規模、類型的活動中心網絡之開發，這是藉由適當地混合活動與設施，和結合就業、零售活動、辦公室、市民使用、運輸設施、某些混合使用的居住地區，而塑造出城市、都會，或郡的空間結構。土地使用類型和活動中心類型間的混合和配對，對旅行需求和運輸系統、土地使用與運輸設計之永續，都是有關聯的。調配土地混合使用和活動中心形式的概念，可用辦公空間為案例來進行說明。與製造業及批發活動不同，這兩者通常全部都是座落在就業中心；和零售使用也不同，它幾乎全都是位於商業中心，辦公空間則分散在這兩類的開發中心。

　　辦公空間的使用者，分成五大類 (O'Mara 1982, 39 and 214)：

- 專業和主要的機構，會試圖尋求在樞紐位置的優秀基地，通常是位於中心商業區附近，以得到能見度、聲望和便利性。這一類的使用者包括：許多銀行和其他金融機構，公關公司與廣告公司、法律和會計事務所，或是全國或全球公司的總部辦公室。

- 一般商業辦公空間，無須位在極佳的區位，但仍會尋求前往市場和運輸的良好可及性。通常，郊區辦公園區和其他鄰近高速公路的地點會是適當的區位，也會需要具備適當的停車空間。

- 醫療辦公空間 (包括牙醫)，通常會尋求接近醫院的區位，若不是在醫療辦公園區，就是在獨立的宗地上；需要適當的停車空間。

- 半工業辦公園區，經常是座落在工業園區或是規劃就業中心，在這些地點的績效標準會排除不相容的重工業。這種辦公空間可以被鄰近的工業使用，這些使用混合著倉儲、運銷設施和輕工業中心。當然，停車空間還是重要的。

- 純工業辦公空間，是由大型工業公司所建造的，通常是位於工業區或工業園區公司持有之工業土地上。

　　這些類別中敘述了兩種辦公空間的定位。其一，例如公司的後勤辦公室的空間，它們和一般民眾不會有頻繁的接觸，因此若位在就業中心會比位在服務大眾的商業空間好。另一類辦公空間則是專注於地方性消

費者和產業 (許多法律和會計事務所就是屬於這一類)，比較可能座落在商業中心，使它們能夠更直接接觸消費市場。土地使用計畫應提供包括各種類型與區位的活動中心，藉以滿足所有辦公使用，以及零售、工業和批發就業，和社區設施的需求。

規劃社區就業與商業活動中心的空間結構

商業和就業中心之規劃是個三方向的挑戰，設計讓以下三者在兩兩間能夠互相配合：(1) 預測未來土地使用活動之類型和數量；(2) 活動中心的類型，容納各種適當的混合使用活動；及 (3) 各個活動中心之區位，和它們與運輸系統間之關係。因此，規劃師首先必須估計未來就業和商業土地使用行為 (如未來經濟預測中各類型的製造、批發、辦公，或零售活動)，及需要在活動中心容納的其他活動 (例如市民活動、娛樂) 之區位和空間需求。第二，規劃師分派這些土地使用及其空間需求，至適當的活動中心類型 (依照這些土地使用的區位偏好，分派至中心商業區、辦公園區、工業園區、購物中心和鄰里中心)。第三，規劃師必須配置這些土地使用和活動中心之組合，並讓它們能夠與區域運輸系統、勞動力市場、消費者市場互相配合。在圖 12-1 中的三角形顯示出，同時在三個方面之配合對長期土地使用計畫的主要活動中心是必備的。這個工作中，在適當區位配置各類的都市中心地點，這些地點再以多運具運輸系統連結，就設計出了合適的空間結構或網路。此工作不僅是個在都市地區分派充分土地給工業、商業，及相關土地使用的步驟；

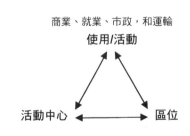

圖 12-1 設計互相配合之使用、活動中心，及區位時，三個方向的挑戰

這個空間結構的設計，也同時反映了私人市場的偏好與動態，和公共的利益，例如交通投資和商業與就業中心開發之間的配合。它也建構出各種開發的可能性，接下來就交由不動產開發產業的開發決策來完成。

唯有社區經濟利害關係人的主動參與，才能創造出平衡的活動中心系統；這些利害關係人包括：經濟基礎部門的代表、非基礎(主要是零售業)的商業人士、開發商業地區的代表，及商會等產業組織、公私部門的經濟建設參與者、勞工運動者，和現有活動中心附近的鄰里。這個工作需要協調經濟建設規劃和運輸規劃，也要配合其他社區設施和基磐設施規劃。

設計活動中心的空間結構，提出的構想是著重在社區和區域的尺度。雖然鄰里零售、小規模私人或公共設施也都是土地使用設計的一部分，但我們必須把對這些地方尺度設施之關注延後到下一章居住社區，和後二章小地區計畫時再來討論。現在介紹的是一種一般性的方法。規劃師必須視其規劃的特定都市地區，其相對規模、主要中心的傳承，和地方政府未來的經濟策略，來調整方法。

就業及商業空間形式的設計過程，是從第十章討論的一般方法修改後得到的。主要的工作包括：準備分析、擬定就業和商業中心的區位原則、套繪這些中心土地供給的適宜性變化地圖、設計就業及商業中心的概略空間結構，以經濟推計和經濟建設計畫為基礎計算中心內各種土地使用的空間需求、評估預期中心區位的容量，最後是平衡分派之空間需求和概略設計的容量。結果會是一份能滿足未來經濟中各種就業和商業中心空間需求的設計，這些中心座落在適當的地點，彼此以運輸系統相連接，並通達勞動力與消費者市場

執行準備研究

規劃師和社區規劃團隊通常一開始會先檢討在第五、第七、第八章中探討的都市經濟、土地使用，和運輸之研究結果；第九章討論的課題和境況；第九章、第十章討論的願景、目標，和一般政策；假使已經完成了地區土地使用政策計畫的話，也應把其加進去。他們也會檢討社區的經濟建設與資本改善計畫，和所有商業地區的小地區計畫。其中尤其重要的是：推計的基礎就業和經濟結構變遷、推計人口和其對零售與消

費服務之影響、經濟建設策略，及運輸與公用事業之課題及計畫。

在需求面上，規劃師最關注的土地使用和經濟研究，這是關於現有和即將出現的就業與商業中心中，現有和未來的工業、零售，與辦公使用。對基礎就業部門而言，這個研究可以分析經濟結構、生產過程、商業組織，和其他因素變動，這些會如何影響到未來經濟之區位和空間需求。即將出現之產業、經濟建設策略，和改變生產與運銷的技術和組織，可能就會造成與現況產業不同的區位和空間需求。舉例來說，1993年馬里蘭州的 Montgomery 郡的計畫，是基於該郡所鼓勵之產業——企業總部、知識產業、生物科技研究、公 / 私機構、聯邦研究和管制機構、小型商業與創新育成產業——而不是將既有產業按過去的趨勢外推 (Maryland-National Capital Park and Planning Commission 1993, 55)。

在土地供給面，規劃師應分析就業與商業中心的實質與經濟特性，與未來趨勢；並分析這些中心未來要如何調合社區經濟和生活方式。以就業地區而言，這個研究工作包括：界定在鄰近地區之潛在擴張範圍；分析既有中心的空間使用、閒置，與趨勢；評估是否有足夠的基磐設施與空間；估計在就業中心內外之連結；以及，評估它們與既有和建議的運輸設施、其他公共設施，和勞動力市場之連接。透過這些研究，規劃師除了能考慮到就業地區的問題和機會，還能建構出一幅現況和即將出現之就業與商業中心的景象。

在此時，平行地進行商業 (服務民眾的) 活動和中心之研究。規劃師研究現況與推計之零售使用及消費者服務，及現況各個商業活動中心階層之狀況、趨勢和潛力。最需要注意的就是運輸 (包括交通流量、停車、公共運輸和行人流量)，和與消費者市場 (交易) 地區的連繫；這對商業地區的重要性是大於就業地區的。最後，協調就業與商業導向中心的整體空間結構、未來供給需求的預測和期望境況、詳實地了解未來將要面對的課題，製作一份彙總的分析。

圖 12-2 顯示馬里蘭州 Montgomery 郡商業中心的規劃分析簡圖。若進一步地把就業中心加到這張圖中，再加上評估現況與潛在未來變遷之文字與表格，和各個中心間之開發，這就是一份就業與商業活動中心的空間與功能結構之彙總分析。它能進一步地延伸，創造未來這個空間結構變動之境況。

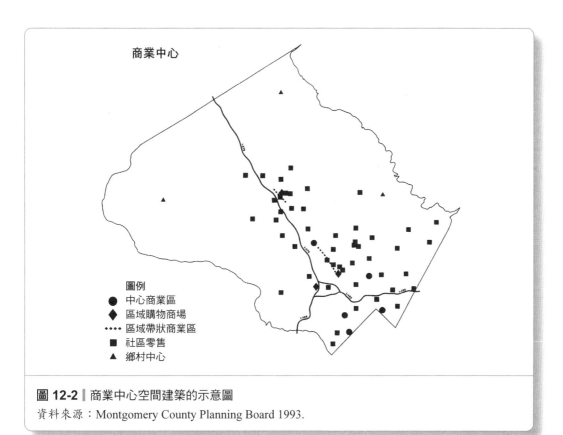

商業中心

圖例
● 中心商業區
◆ 區域購物商場
···· 區域帶狀商業區
■ 社區零售
▲ 鄉村中心

圖 12-2 ▌ 商業中心空間建築的示意圖

資料來源：Montgomery County Planning Board 1993.

工作一：研擬區位原則

接續著準備研究，規劃團隊研擬區位原則與標準，用來配置土地使用設計中之就業與商業中心。區位原則反映出社區的目標和一般性政策，以及在準備研究中發現的產業偏好與趨勢。區位原則不只反映特定的社區，也反映出大多數美國社區共同的考量。因此，在第十章中敘述的社區土地使用設計區位原則，和以下介紹更詳盡的原則，或許都能適用於許多的社區。雖然這些例子都是用在一般的就業及商業中心，其實也能針對些特定中心類型和特定社區量身打造其區位原則與標準。舉例來說，Montgomery 郡在都市外環 (鄰接哥倫比亞特區) 和 I-270 廊道，尤其是鄰近特定公共運輸車站的地點，使用將高密度就業地區集中的區位原則與政策 (Maryland-National Capital Park and Planning Commission 1993, 59)。規劃師甚至要說明土地使用設計中就業地區和商業中心大致的混合類型，和每種類型的基地數量；在稍後過程中得到適宜性與容量

研究結果後，就能決定在適當地點的潛在供給量。

就業地區的區位原則

下列區位原則顯示規劃師必須考量的要點。規劃師大致依照社區的目標和關切、地方經濟特性和實質地理環境，調整這些原則。

- 合適的地形。洪水平原範圍外，排水良好的平坦土地。它的坡度不能大於百分之五。有時區位較佳的基地，即使有較陡的坡度還是能合乎經濟的開發。例如，部分平坦、部分略有起伏的地形，有樹木、小溪，和吸引人的景觀特徵，這會是開發辦公園區和低密度研發園區的適當地點。

- 容納各種類型和區位的中心。數量較多的中型就業中心基地，比數量較少但大面積基地好；因為其空間分佈廣泛，能提供企業主和開發者較多的選擇，也能提供員工較佳的可及性。

- 不同類型的基地搭配不同的就業中心類型。每一種就業中心都會有其特定區位需求。因此，就必須要有地點來容納所謂「嫌惡」(nuisance) 的產業，例如：垃圾場、施工機具和材料廠商、儲油區，和發電廠；做為工業園區、辦公園區，和規劃混合使用的產業中心基地，會有較高的設計標準。

- 找出面積夠大的土地。就業中心必須大到能夠容納具擴張性的一樓廠房建築，再加上附屬的儲存、裝卸，和停車面積。就業地區的面積應該是介於 50 英畝到 500 英畝，甚至可能更大。有些就業地區可能會是因為現有就業中心擴增而形成的。

- 提供前往運輸網絡的通道。每一類就業中心與就業導向的土地使用，希望使用之運具及通道都不一樣，這些差別包括如：到大眾運輸車站的距離、高速公路交流道、鐵路、港口，或機場。舉例來說，做為倉儲和運銷的地點，最好是能直接連接到讓貨物出入的貨車路線和鐵路運輸服務。通往高速公路的基地，應該要提供離道路或鐵路 800 至 2,000 英尺 (或更多) 縱深的土地坵塊。如果有必要，還必須設置安全的人行步道和自行車道。應該要用規劃的運輸改善措施來提供此通道。

- 提供通往勞動力的通道。規劃師應說明居住人口特徵，和他們期望之可及性。某些經濟部門需要對藍領勞動力可及性，然而有些會需要對辦事職員和專業人力可及性。特別是對於低收入和少數族裔，可及性有其公平性之考量。規劃之運輸系統對於決定區位未來之潛在可及性是很重要的。

- 提供具有大眾能見度之地點。某些使用和某些就業中心種類，例如，企業和總部辦公園區，為了公關之目的，需要座落在高速公路沿線的顯眼位置。

- 確認有可供使用的公用設備。除了自來水、污水處理、電力和瓦斯外，規劃師應說明特定工業和工業地區類型在公用設備方面之需求。有些機構會開挖自己的水井以取得水源供給，或是建造它們自己的自來水和污水處理設施，因此就不需要用到公共的自來水或污水服務。有些用電量大的消費者，電力公司會願意幫他們把電力配送到偏遠的地點。

- 確認與周遭土地使用之相容性。這個準則尤其適用在可能要容納工業製造程序的開發基地上，會對基地外造成噪音、閃光、臭味、煙霧、交通、危險排放物質，或是在工業製造程序中需要儲存廢棄物的地區。相容性對輕工業來說比較不重要，如倉儲和運銷、辦公室使用，或高效率的工業園區。就業中心產生的卡車和汽車交通流量，不應穿越住宅區。

- 鼓勵與自然環境之相容性。應該避免把工業設置在環境敏感地區，和受到自然災害威脅的地區，例如洪水。

商業中心的區位原則

雖然下列清單中會提到特別的標準，規劃師還是應依據計畫中擘畫的社區願景和目標，和零售及服務中心的規模，訂出與社區狀況一致的標準。

- 取得到市場地區與直接連結交通之可及性：雖然各類型中心的需求都不同，可及性絕對是商業中心的第一優先。例如：
  - 中心商業區 (CBDs) 需要臨近高汽車流量、大眾運輸車站和行人交通，能方便地容納零售、專業、金融，與相關服務，要能立即

連結公共運輸、停車和區域高速公路。因為中心商業區對多數的規劃案例是早就存在的，這些準則一般是應用在中心商業區的擴張地區。

– 衛星商業中心需要臨近公共運輸，和服務該層級商業中心交易地區人口 (從 40,000 到 300,000 人) 的主要交通幹道與快速道路。

– 高速公路導向的商業中心座落在都市外圍地區，臨接主要高速公路，能適當地連接至高速公路與區域公路路網。

– 低收入族群和少數族裔的交通可及性，應該特別的進行考量。

• 適合的地形：基地必須是在洪水平原範圍外，排水良好的平坦土地 (中心商業區和其他既有的中心可能無法符合這個準則，但是未來的擴張方向應該要考量地形和寧適設施的可及性，例如能看到或能親近的水景，以及其他的都市設計特徵)。

• 找到適當規模之基地：基地必須要大到能夠容納零售、辦公，和其他商業空間所需的量，這樣才能形成中心，再加上一些附屬使用，如停車、公共運輸車站，和通往其他運輸網路的通道。社區型購物地區需要約 10 英畝面積的土地，區域購物中心需要 50 英畝，跨區域購物中心則會超過 100 英畝 (見表 12-2)。

• 公用設備服務之取得：自來水和污水處理是其中最重要的。這個準則是特別適用在尚未得到自來水和污水服務，都市外圍地區的新開發基地。

工作二：繪製區位適宜性地圖

這個步驟利用了先前決定的區位和基地規模原則，分析土地的供給；這些原則就是在工作一中所敘述的，以及在本章第一部分中討論過的。依據每一類中心在區位原則中列出之評估準則組合，分別為各類的中心製作適宜性地圖。例如，適宜性地圖會顯示出達到整合原則要求的一些基地：比較接近快速公路、交流道及鐵路；現有，或能容易得到污水處理和自來水的服務；適當的地形；以及適量的交通流量 (這是商業活動中心的例子)。適宜性地圖或會包括交通運輸、自來水供給和污水處理範圍擴張，和人口分佈的設計選項，以掌握未來設計選項潛藏的影響；參考第六章的繪製適宜性地圖之方法。然而，在這個例子，方法當

中會應用到如前述所說明的廣泛評估準則，而非僅著重在環境特徵上。

 對工作五的初步探討：繪製土地使用設計的草案

在此階段，探討過區位原則和適宜性地圖之後，但是在導出就業中心和商業中心空間需求之前，規劃師應該為配置所有中心之功能和空間結構，創造出幾個設計草案。這些設計草案的重點是在為每個可能的中心找出適合的區位，同時應考慮中心之間的關係、到未來勞動力和消費市場的連結，和既有的與規劃的運輸系統，來配置每個中心的位置。最後，設計草案還須能容納潛在的居住區、交通系統，和下一章會討論到的社區設施。

這個草案設計之工作成果，是一張用抽象符號代表各種中心形式的地圖。它劃出了區位(但並不是真正的面積大小和形狀)，以及類型(例如區別就業與零售、辦公園區與工業園區、區域性與社區規模的零售中心)。這張地圖將用於計算預定地點的空間需求和容量，和居住地區、運輸、社區設施等設計架構上。只要規劃師對規劃的中心數量、區位、種類，和大致規模有所了解，就能更有效地進行設計工作。然而，這是個重複操作的過程；當規劃師對居住的變遷、未來運輸，和社區設施有更好的構想時，就能再次提出、修改，與微調就業和商業空間結構之設計。

圖 12-3 描繪出活動中心的空間結構和交通系統設計草案，這是以簡圖呈現出北卡羅萊納州 Charlotte 市的大眾運輸 / 土地使用形式。

工作三：計算空間需求

相較之下，估計就業地區的未來空間需求是與商業中心有些不同。

就業地區

估計土地使用設計中就業地區所需之土地量；一般來說這是以預期要容納員工數為依據，循著以下次工作進行：

- 次工作 3.1：為預定的中心類型與區位，估計要容納的員工數。
- 次工作 3.2：建立預定中心的未來就業密度標準；也就是說，整個就業中心之每英畝的員工數。

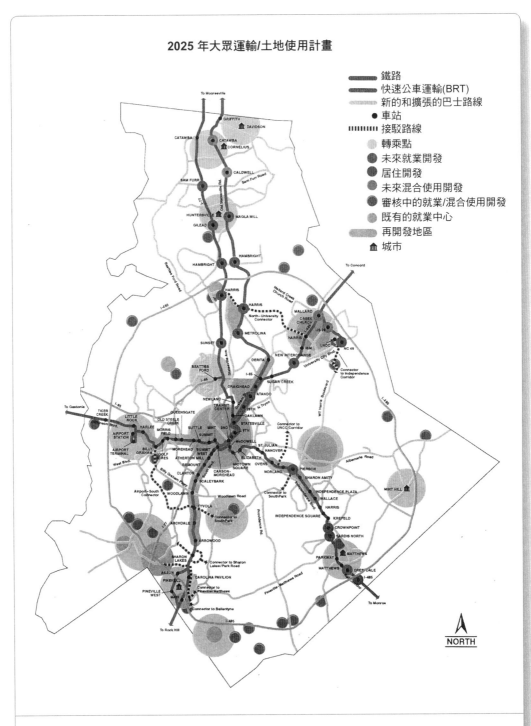

圖 12-3 ┃ 北卡羅萊納州 Charlotte 市之就業、商業中心和交通系統的設計草圖

資料來源：City of Charlotte 1998.

- 次工作 3.3：用未來員工數除以密度標準，估計特定區位的某中心類型需要多少英畝。
- 次工作 3.4：加入安全係數，藉以遷就以下的幾種可能：經濟建設比預期的快、密度比預期的低，並且確保計畫目標年之後，特定的重要基地還會有土地能容納額外的就業。

這些工作三的次工作決定了空間需求，如以下之說明。

次工作 3.1：依據就業的推計和經濟建設政策，決定未來土地使用計畫中將要容納的就業數。

傳統上，土地使用規劃者大多依賴經濟推計，來估計就業的土地需求。然而，在過去二十年間，許多規劃師不再認為未來就業數是在人們的控制之外，因此未來就業就成為由主觀政策選擇，和基於趨勢之推計共同決定的。因此，未來就業水準、它們在經濟部門間的分佈、它們的區位需求、空間需求，都反映著社區之經濟建設政策和經濟趨勢。這個方法主張要在土地使用規劃團隊中，加入經濟建設規劃師和產業領導人士。例如，在芝加哥的「芝加哥都會 2020 計畫」(Chicago Metropolis 2020; Johnson 2001) 的經濟發展中，一間公私合資的企業提議將該區域推向高科技就業，結合私人企業和政府管制、處理社會中的不公平、吸引比較合乎環境永續的經濟建設 (見第一章對於該計畫更多的討論)。在馬里蘭州的 Montgomery 郡的計畫當中，刻意地引導該郡不再延續過去頗具特色之高度工業使用類型，而是邁向世界級的商業和科技中心 (Maryland-National Capital Park and Planning Commission 1993, 55)。

按照重要的經濟部門，和整體經濟來進行就業推計。最基本的區分方式就是基礎和非基礎就業。此外，細分就業還可以將最大的地方經濟部門，和經濟建設政策最注重的部門 (見第五章) 劃分出來。最後，如果規劃轄區很大，如大都會區，不論是推計或設計，或許可以按區域之地理區劃來分派未來就業。舉例來說，就業可能被分派到不同方位 (如北、東、南、西區)、同心圓的每個環形地區 (如中心都市、郊區，及城鄉交界)，或是依照區域土地政策計畫或經濟建設計畫所定義之政策地區。表 12-3 是一個假想都市，針對設計草案中大致的區位和各類型就業中心，分派未來就業的工作表格。要注意的是，在表格中的重點是

表 12-3

利用預期的就業中心與就業種類分派未來的經濟基礎就業

就業類型	土地使用設計中預期之基礎就業中心									
	中心商業區	工業區		工業園區		辦公園區	混合使用中心	其他		總計
		A	B...	A	B...	A...	A...	A	B...	
製造業	0	700	300	500	300	0	100	0	100	2,000
批發業	100	100	300	200	0	100	200	100	0	1,100
辦公室 (總部 /後勤辦公室)	500	0	100	200	0	300	200	100	0	1,400
其他 (如政府)	0	0	0	0	0	0	100	100	0	200
總計	600	800	700	900	300	400	600	300	100	4,700

表中數字是代表員工數,僅做說明之用。

在經濟基礎就業,而非直接服務規劃轄區居民的就業 (如零售業,和服務民眾導向的辦公就業),在商業中心部分會再討論。

次工作 3.2:建立未來就業的密度標準

　　規劃師估計未來的就業密度,是依據各產業和各類型就業中心在研究地區、區域,和全國現行密度,和社區的經濟建設與土地使用政策。為了規劃前置作業之目的,就業密度通常是用定義之粗密度 (gross density),而非淨密度。粗密度是將就業中心的全部面積做為分母之比值。淨密度則僅包括建築基地位置和戶外儲存區、停車場和裝卸貨區;不包括基地內尚未開發的部分、地區內和臨基地界線的街道、鐵路支線,或無法使用的畸零地,而這些都會包括在計算粗密度的整體面積中。淨密度也包括在基地上用於擴建的狹小空間。

　　為決定現況粗密度,雖然有其他被廣泛應用、簡單方法,但最好還是要做個調查。在比較簡單的各種方法中,規劃師使用手邊的土地使用資料 (各經濟部門的樓地板或土地面積)、現況就業資料,將員工數除上該種使用之英畝數。如果可行的話,這份資訊再用下列項目加以補充:按產業與區位,現有空間短缺和過剩的資料;現有實質設施用於預期未來經濟活動 (加工處理、組裝、儲存等) 之適當性;工廠可能搬

遷、擴張、減縮的資訊；和停車、運輸，和其他公私服務的適當性資訊。了解地區現有產業密度、產業適當性，和區域與國內趨勢之必要性，是需要經濟建設規劃師與企業領袖加入土地使用規劃團隊的另一個理由。

如果可能的話，為每個重要的經濟部門分別計算密度，再將剩下的歸類為「其他」，用平均數來計算。在這些部門中，密度也可能依照就業中心類型 (如工業地區、工業園區、多功能就業中心)，和 / 或一般都市區域的區位 (如都市內部、郊區、邊緣地區) 來分類。因此，規劃師可以估計整體平均密度、不同類型就業中心的密度、隨著區位與都市中心關係之密度變化，或是把產業分成低密度或高密度等級。檢查過既有的就業密度特性後，規劃師就能建立未來的密度標準。對既有的產業而言，大致上是依照趨勢和最近的開發案例來調整現況密度。舉例來說，批發產業中的倉儲自動化趨勢，會增加未來每名員工所需的土地量 (員工密度降低)；然而「即時」配送的趨勢又會減少儲存空間的需求。新型產業的密度估計，則是以研究已經具有該產業活動之都市，和該產業之趨勢而定。

可供選擇的類型與密度等級之數目，要視以下因素而定：經濟的組成 (是否有大型辦公部門或大型製造部門)、就業中心的各種類型，和土地使用計畫設計草案預定之區位。在未達 100,000 人口的地區中，詳細區分經濟部門、就業中心類型和區位，經常是不切實際的；此時不妨特別為土地使用設計包括的少數幾個就業中心估計密度即可。對於較大的地區，規劃師可以從 2 到 5 個密度等級開始。如果用的是兩個等級，舉例來說，可以把它們定為密集就業區 (高密度) 和擴張就業區 (低密度)。或是可以依照就業中心類型來區分。

由 Urban Land Institute 所提出之密度標準，是以 1970 年代的趨勢為基礎，範圍從大面積產業 (如批發交易) 的每英畝 8 名員工，到次密集產業的每英畝 10 名員工 (如木材和木製品，或化學業)，最後到密集產業的每英畝 20 名員工 (如電動設備，儀器)(Lochmoeller 1975, 166-68)。請參考表 12-1。

再次強調，密度會隨著不同的地方而變化。因此，估計密度的標準是個地方性工作，並將此密度配適到前述社區於表 12-3 中的產業細

分、中心，和一般的區位。這並不是說表格中每個項目都會有不同的密度；舉例來說，某個密度可能會適合許多的就業中心類型與區位。表12-4與表12-3是同一個假想的都市，按照相同就業中心類型所假定的就業分佈密度標準。

次工作 3.3：估計空間需求

下個次工作是將設計草案中各就業中心的未來就業，除以每個等級之密度標準；這些資料如表12-3和表12-4所示。所得到的結果就是在土地使用設計中，必須容納的經濟基礎就業總面積估計值。對未來總開發面積之估計，最簡單的方法就是將現況經濟之就業機會，和未來目標年各分類預期新增的就業成長相加總。之後，規劃師就可以用未來總就業之空間需求估計，減去現有就業中心的土地面積，來估計在既有就業中心容納未來就業所需增加(或減少)的面積。因為並不是所有的現有廠房和其他設施，都會在規劃期程中用未來密度標準(通常較低)重建，實際應用這個方法時，會採用一個內建的安全因子數讓實質成長大於原先之預測值。另一個方法就是假設現有就業會持續以現有密度，使用既有的設施；只針對新的就業成長套用未來的密度標準。第三種，也是較為繁複的方法，是用兩個新的密度來取代現況密度：其一，是反映

表 12-4 |

預期就業中心和就業類型之密度標準範例

就業類型	土地使用設計中預期之基礎就業中心								
	中心商業區	工業區		工業園區		辦公園區	混合使用中心	其他	
		A	B...	A	B...	A...	A...	A	B...
製造業	NA	20	15	12	10	NA	15	10	10
批發業	10	10	10	8	8	15	15	10	10
辦公室(總部/後勤辦公室)	50	25	25	20	20	40	40	20	20
其他(如政府)	30	10	10	10	10	10	10	10	10
總計	600	800	700	900	300	400	600	300	100

表中數字是代表每英畝員工數之粗密度，僅做說明之用。

現有結構物擴張、遷移，和轉換使用，或是在現有基地上的設施擴建；第二個標準，反映在新結構物中之就業。表 12-5 顯示出空間的需求，是以表 12-3 的假想的就業分派和表 12-4 的密度標準為計算基礎。

次工作 3-4：加入安全係數

增加一個安全係數以容納就業成長大於預期，或以較低密度開發的可能性，並預留產業的土地。對於較小型的都市地區，往往只要多出一、兩個全新的大型產業就會使經濟預測全然失效，安全係數在此時就更顯重要了。此外，保護土地使用設計預期未來二、三十年土地需求以外的優良產業基地，也是睿智的做法；特別是在適合產業使用的土地已經很稀少時。舉例來說，在多山的地區中，一大片適合經濟開發的平坦土地可能會是相當稀少的；就長遠來看，保護這些土地就是相當重要的工作了。否則，這些可以做為經濟建設的稀少土地，在短時間內面臨到被其他使用佔用的威脅，破壞了能做為更好、更適合長期經濟開發土地的使用。決定因預測錯誤和產業保留地所需求的土地數量，是屬於地方性的判斷；這沒有標準的操作方式。

表 12-5

土地使用設計中規劃之就業中心空間需求（以英畝計）估計

就業類型	中心商業區	工業區		工業園區		辦公園區	混合使用中心	其他		總計
		A	B...	A	B...	A...	A...	A	B...	
製造業	0	35	20	42	30	0	7	0	10	144a
批發業	10	10	30	25	0	7	14	10	0	106a
辦公室（總部/後勤辦公室）	10	0	4	8	0	8	5	5	0	40a
其他（如政府）	0	0	0	0	0	0	10	10	0	20a
估計之總量	20	45	54	75	30	15	36	25	10	310a
增加，關聯因子	4	9	10	15	6	5	7	5	3	64a
規劃之總量	24	54	64	90	36	20	43	30	13	374a

表中數字是表示在表 12-4 的密度條件下，容納表 12-3 所示的就業員工數所需之土地面積。

可以在若干種計算安全係數方法中，選擇其中一種加入到空間需求
計算中。它可以加到特定的就業中心類別之中，就是如在前面的表 12-5
中，表格最下方再新加上一列；或是，完成設計草案並已計算這些區位
的容量之後，加到特定的中心與區位上。關於後者，安全係數的面積會
先被加到地圖上，爾後再換算到彙總的表格中 (下面將會討論到)，或
許就會如重新改寫表 12-5，在表格下方加上新的一列。

在此必須要指出，前面的表格僅是供做參考用的；對許多規劃轄區
而言，尤其是小一點的地方，這張表格的行數與列數比實際需要的行列
數還多。將行數與列數減少，再加上不同中心類型與區位的組合就已足
夠了。

商業中心的空間需求

為了土地使用設計目的，通常用粗略的方法估計商業空間需求就已
經綽綽有餘了。更詳細的研究，通常是要讓土地使用設計計畫和小地區
計畫中的商業區更精緻化。從需求面來看，空間需求的估計關係到了零
售、服務、辦公室、批發，和其他商業功能之研究，其中還包括了市場
研究和購買力研究。從供給面來看，它牽涉到樓地板面積的分析，計算
地面層和地面以上的樓層；它可針對單獨的中心，也可以針對整個研究
地區；有時候再輔以特定商業中心的建築物、停車、運輸，和城市設
計等研究。然而，就長期土地使用設計，規劃師可以將商業中心空間
分為四大類別——零售、辦公、某些基礎就業 (如金融和州政府)，及
公共設施 (市民中心或體育場、開放空間、教育和文化設施、運輸車站
等)。

為商業中心導出零售和辦公使用未來需求的方法，和對就業中心所
用的方法是不同的。它們並不是依據就業推計的估計；反之，它們是基
於對各個中心的交易地區人口預測，和經濟中的辦公部門經濟預測。這
個邏輯是零售和辦公空間 (除了地方經濟基礎部門之總部和後勤部門就
業，這些在之前已經估計過了) 多半是服務在地人口的。這些商業中心
所需樓地板空間之增加，預期是會與交易地區人口增加呈現比例關係。
因此就能利用最簡單的方法，例如，如果預測目標年的總交易地區人口
成長為百分之三十五，零售面積和辦公空間也預期會有百分之三十五成

長。如果專業醫療、法律、金融、房地產，和與辦公相關就業類型之預測是可以取得並且可信的，它們比人口更適合用來做為辦公空間需求的依據。同時，高速公路服務空間的需求，可以用觀光人口做為估計的依據，尤其是當觀光業是社區的重要經濟部門時。其他要考慮的乘數，就是購買力 (它是人口、家庭收入，和支出形式的整合)、推計商業機構的成長數量，和中心商業區與主要中心推計的日間人口數。

　　表 12-6 中的各個步驟，顯示出計算未來零售樓地板面積之需求，及將它們分派到土地使用計畫草案規劃的各種商業和就業中心之程序。步驟一，用人口成長做為乘數，估計整個研究地區總零售、總辦公空間樓地板面積之需求。步驟二，接下來分派該總量值到土地使用設計草案所預計的中心。各中心的空間分配是依據下列幾項因素，包括：現有的各中心間的空間分配比例 (參見第一部分步驟二的比例計算)、土地使用計畫草案、社區目標和一般政策、經濟建設計畫，對地方、區域，和全國消費行為和交易實務趨勢之判斷、運輸計畫，和鄰里與社區的購物和服務之便利性標準。就與本章先前的表格相同，表 12-6 的數據純粹是對於假想地點的舉例而已。分派辦公空間的方法也是類似的 (參見表 12-7)。

　　在土地使用設計的草案中，分派各種商業中心的零售和辦公樓地板面積之需求，意味著需要額外的空間做為停車、裝卸貨空間，和造景等用途。同時，有些推計的樓地板面積可以是在地面層以上還有若干層樓，這些不會佔用到土地使用設計中的地表空間。表 12-8 建議了一個將未來零售和辦公樓地板面積 (計算於表 12-6、表 12-7) 換算為需求地表面積的程序，這些需求說明了相關空間需求，與有些樓地板空間是在地面層以上的狀況。最後，地面層樓地板空間需求 (平方英尺) 轉變成以英畝計算的土地面積。表 12-8 顯示的是應用在中心商業區的方法，但類似的表格可以用在土地使用設計中每個中心之計算工作中。在步驟一 (零售空間) 和步驟二 (辦公空間) 中，總樓地板面積被轉換成地面層樓地板的需求面積，也就是建物足跡所需之土地。從步驟三到步驟五估計停車、裝卸和造景所需之額外土地面積，及考量不確定的因素。步驟三，支援零售和辦公樓地板面積需求的停車土地面積，這是用樓地板空間與停車空間之預期或假設的比例為基礎 (根據無需要到地表面積之

表 12-6
商業和就業中心的零售樓地板面積需求分派範例

步驟一：估計目標年的總空間需求

1. 規劃轄區基年的總零售樓地板面積..910,000　平方英尺
2. 成長乘數 (1 加上人口成長，或是用其他的基準)..............................假設為　1.9
3. 目標年的總零售樓地板面積，XXXX......................................1,730,000　平方英尺

步驟二：在土地使用設計草案的各中心之間分派總零售樓地板面積

目前既有中心分別的數字 (從平方英尺開始，之後轉換成比例，該比例可以做為在各中心間分派未來零售活動的起始基準)

	比例	平方英尺
中心商業區	0.67	610,000
衛星中心 A	0.22	200,000
高速公路群聚 (都歸為一級)	0.06	50,000
鄰里購物 (歸為一級)	0.04	40,000
其他	0.01	10,000
總計	1.00	910,000

分派各中心在計畫年的零售面積
(先按照比例來分配，之後再轉換成為平方英尺)

	比例	平方英尺
中心商業區	0.55	951,000
衛星中心 A	0.12	208,000
衛星中心 B	0.10	173,000
混合使用中心 A	0.15	260,000
辦公園區 A	0.0	0
高速公路群聚 (都歸為一級)	0.02	34,000
鄰里購物 (都歸為一級)	0.05	87,000
其他	0.01	17,000
總計	1.00	1,730,000

數字以平方英尺計。

表 12-7 ▌
商業和就業中心、服務人口的辦公室樓地板面積需求分配範例

步驟一：估計目標年的總空間需求

1. 規劃轄區基年的總辦公樓地板面積..300,000 平方英尺
2. 成長乘數 (1 加上人口成長，或是用其他的基準)..............................假設為 1.9
3. 目標年的總辦公樓地板面積，XXXX...570,000 平方英尺

步驟二：在土地使用設計草案的各中心之間分派總辦公樓地板面積

目前既有中心分別的數字 (從平方英尺開始，之後轉換成比例，該比例可以做為在各中心間分派未來辦公活動的起始基準)

	比例	平方英尺
中心商業區	0.8	240,000
衛星中心 A	0.2	60,000
高速公路群聚 (都歸為一級)	0.0	0
鄰里購物 (都歸為一級)	0.0	0
其他	0.0	0
總計	1.00	300,000

分派各中心在計畫年服務地方人口之辦公面積
(先按照比例來分配，之後再轉換成平方英尺)

	比例	平方英尺
中心商業區	0.6	342,000
衛星中心 A	0.11	63,000
衛星中心 B	0.09	51,000
混合使用中心 A	0.09	51,000
辦公園區 A	0.05	28,500
高速公路群聚 (都歸為一級)	0	
鄰里購物 (都歸為一級)	0.05	28,500
其他	0.01	6,000
總計	1.00	570,000

數字以平方英尺計。

表 12-8

計算土地使用設計中的中心商業區與其他商業中心地表面積需求

步驟一：零售地面層樓地板面積需求

估計之零售樓地板面積需求 (與表 12-6 之數值相同)	951,000 平方英尺
除以假設未來的零售使用平均樓層數 (假設為 1.1)	<u>1.1</u>
得到零售使用地面層樓地板面積需求 (也就是「足跡」)	865,000 平方英尺

步驟二：辦公室地面層樓地板面積需求

估計之辦公室樓地板面積需求 (與表 12-7 之數值相同)	342,000 平方英尺
乘上所假設的位於辦公建築物之百分比 (相對於位在前述零售建築物 地面層以上之樓層)	0.4
得到辦公室建築的辦公空間	137,000 平方英尺
除以假設未來的辦公建築平均樓層數	<u>2.8</u>
得到辦公建築地面層之樓地板面積需求 (也就是「足跡」)	49,000 平方英尺

步驟三：零售和辦公使用的停車地表面積

期望的零售使用停車比例 (乘上總零售樓地板面積)	0.75
零售使用所需之停車面積	713,000 平方英尺
期望的辦公使用停車比例 (乘上總辦公樓地板面積)	0.70
辦公使用所需之停車面積	239,000 平方英尺
零售與辦公使用的總停車面積 (加總)	952,000 平方英尺
減去地下層和地面層以上之面積	200,000 平方英尺
得到停車之足跡所使用地表面積	752,000 平方英尺

步驟四：直接與零售和辦公使用相關的裝卸貨區、造景，與戶外公共空間之額外空間

假設是零售和辦公空間地面層樓地板面積的某個百分比 (或許是用現有相關使用之空間比例修正值，如百分之二十五)	0.25
得到額外空間需求	229,000 平方英尺

步驟五：其他的不確定因素，廢棄/閒置空間和錯誤的空間推計及假設

假設是步驟一到四總和之某個百分比 (如百分之二十)	0.20
得到偶發因素之額外空間需求	379,000 平方英尺

步驟六：摘要敘述，零售和辦公使用預期區位必須容納之總地面層面積需求

零售使用的地表面積 (來自步驟一)	865,000 平方英尺
辦公使用的地表面積 (來自步驟二)	49,000 平方英尺
停車的地表面積 (來自步驟三)	752,000 平方英尺
裝卸貨區、造景等額外空間 (來自步驟四)	229,000 平方英尺
處理不確定因素的額外空間 (來自步驟五)	<u>379,000</u> 平方英尺
零售和辦公相關的總需求面積，平方英尺	2,274,000 平方英尺
面積轉換計算為英畝 (每英畝 43,560 平方英尺)	52 英畝
街道、公共運輸等額外的空間需求 (假設百分之二十五)	13 英畝
該中心所需容納的零售和辦公使用總面積，英畝	65 英畝

1. 這些計算中沒有說明該中心必須容納之新開放空間、市民和社區設施、住宅、基礎就業，和其他使用的空間需求。
2. 在土地使用設計中，可以幫每個規劃中心建立類似的表格。
3. 這張表格中的數字是為了舉例用，為簡化之目的，所以皆予以四捨五入。它會隨著不同的社區而改變，也會隨著不同的中心而改變。應用時，它們應該要以特定中心和社區的詳細分析做為根據。

地下和地上停車空間做調整)。步驟四，加入裝卸貨、服務、造景，和戶外公共空間的地表面積，這是零售和辦公樓地板面積的某個百分比值。步驟五，加入某個不確定因素的百分比值，以說明可能對零售和辦公使用的低估，和可能對停車、裝卸，和造景的假設錯誤。最後，在步驟六中，加總先前步驟的結果，並轉換成為在目標年容納零售和辦公空間需求的土地英畝數，包括停車。特別針對新的中心，要加上使用於街道的額外面積。從估計得到的未來總空間需求中，減去中心商業區及其他中心現有的零售、辦公，及相關停車空間之英畝數，得到的就是依據設計草案容納成長所需之土地淨增量估計值。同樣的，表 12-8 中的相關數值僅是做說明之用。

　　未來計畫中，其他商業中心的地表空間需求，也能夠用類似方法來進行估計，但是對未來總體樓地板面積比例、停車比例、裝卸貨、造景，和其他不確定空間之假設，中心與中心之間、社區與社區之間都會是不同的。舉例來說，通常區域購物中心的停車比例至少要到 1 比 1，經常會接近到 2 比 1；中心商業區大致提供的比例則較低，尤其是在具備完善大眾運輸系統的地點。以高速公路導向的中心，計算其空間需求要依賴區域內與跨區域之交通研究；使用其交易地區的人口，或許是大幅超出製作計畫的轄區範圍。因為在高速公路導向之使用上，每一位消費者使用的空間較大，所以它們應該分別來預測。

　　中心商業區和某些其他的商業中心，會包含除了零售和辦公用途以外的活動與設施。如市政廳、體育場、住宅，批發和工業、運輸，和開放空間，也都經過估計後加入整體的空間需求中。同時，某些零售使用和人口服務的辦公室應被安排在就業為主的中心，例如混合使用的產業園區，零售和辦公活動的空間量就必須加到這些就業地區的空間需求當中。為其他使用估計空間需求的技術，例如位於商業中心的住宅，會在其他的章節中討論，也可以進一步地修改表 12-8，以加入這些空間需求。為每個中心加總所有的需求量，就構成了商業中心和就業中心之空間需求估計。

工作四：容量分析

　　再回到供給面的分析，規劃師測量在計畫草案中 (對工作五的初步

探討)，預定做為就業或商業中心的每個區位之適宜土地面積 (從工作二)。就現有的中心，這個分析使用了之前討論的一些準備研究。它著重在中心內閒置和低度使用的空間、可能轉變為商業和就業使用的鄰近地區，特殊的所有權個案，或因提出搬遷意願而出現的未來空間供給 (如低度使用的倉儲空間，可能適合辦公、零售、或居住空間之用)。為了紓解擁擠的現況會需要用到額外的空間，這就使可用在新成長的空間減少。若商業中心擴張會需要侵入鄰近地區時，就必須對居住存量、其他土地使用，和這些地區空地減少做出反應；其中，住宅與其他使用的空間需求會在稍後的工作中估計出來。現況商業中心的最後一個分析，就是對空間不足、過剩，和對現有中心的機會進行分析，製作成一份容納額外之辦公、零售，和其他適當使用的評估。

為土地使用設計中每個預定新中心的區位，測量出適當的面積數量。這些基地可以用地圖展示出來，並且在地圖上用註解說明它們的特殊狀況，例如是否有公共設施和運輸服務可供利用。每個區位的適宜土地數量可以用一張表格來整理，表格中也可說明何以這些土地的特性適合做為商業或就業中心。

回到工作五：為土地使用設計草案進行嘗試性的空間需求分配

規劃師在此接近完成的工作中，要調合以下兩者：在設計草案中規劃的各式各樣就業與商業地區的適宜土地供給，與基礎就業、零售、辦公、社區設施、運輸設施、開放空間，和其他預期要配置在這些地區土地使用的空間需求。換言之，在設計草案中每個地區，都要空間需求和容量達到平衡。這個工作是下列各項工作之結合：將期望之土地使用配置在可供使用的適宜空間上 (就如設計草案和容量分析所示)；轉移某些使用到有多餘容量的中心 (需要合乎設計的概念)；藉由改變預計之邊界或在假設中增加密度，來調整容量和適宜性；增加運輸和公用事業服務；以及，調整設計概念來增加或減少中心。

在提出現存商業和就業中心擴張的地點時，務必小心地評估對鄰近鄰里的影響。中心商業區和其他建設完成中心之擴張，可能會與鄰里的保育標的相衝突，所以土地使用設計必須解決此爭議。商業和就業中心可以會利用強度更高的開發，來避免其向外擴散到住宅地區；或商業使

用、就業，和社區設施可以被融入至鄰里設計中。

　　空間需求嘗試性分配之結果，可以利用類似如表 12-9 的表格進行摘要概述。除了基礎就業、零售，和辦公空間外，這張表反映出在草案設計中，社區設施、市民使用、開放空間，和居住使用可能的空間量分派。

　　在都市的外圍地區，經常是指定出大致的區位做為中心，而非特定基地位置。在地圖上標示出的預定中心只是一個象徵符號，例如一個適當大小的圓圈。這些中心的空間需求從中心座落的規劃地區中扣除。然而，確定的基地配置留待未來進行更詳細的規劃，或是在審查開發者提出之特定開發方案時，在都市開發程序中再來決定。

表 12-9

利用工作表格形式彙總就業和商業中心之空間分派

中心類型和使用	分派		樓地板地區：零售與辦公
	英畝	就業	
就業中心			
工業區 A			
工業使用	××	×××	
其他	××	×××	
總計	××	×××	
工業園區 B			
製造	××	×××	
批發	××	×××	
總計	××	×××	
工業園區 C			
製造	××	×××	
批發	××	×××	
辦公室	××	×××	
總計	××	×××	
規劃之就業中心			
製造	××	×××	
批發	××	×××	
辦公室	××	×××	×××

都市土地使用規劃

表 12-9 ┃ (續)
利用工作表格形式彙總就業和商業中心之空間分派

	分派		樓地板地區：
中心類型和使用	英畝	就業	零售與辦公
零售	××	×××	×××
總計	××	×××	
商業中心			
中心商業區 CBD			
零售	××	×××	×××
辦公室	××	×××	×××
批發	××	×××	
市民活動	××	×××	
運輸	××		
開放空間	××		
其他	××	×××	
總計	××	×××	
衛星中心 A			
零售	××	×××	×××
辦公室	××	×××	×××
其他	××	×××	
總計	××	×××	
衛星中心 B			
零售等	××	×××	×××
以公路導向的聚集地 A			
零售等	××	×××	×××
其他 (散佈的，會在所附的			
地圖中呈現)			
製造	××	×××	
批發	××	×××	
辦公室	××	×××	×××
零售	××	×××	×××
市民活動	××	×××	
運輸轉運站	××	×××	

英畝的數值是總體 (粗) 英畝數；它包括街道和其他路權、停車、裝卸貨、造景，和與這些使用相關的荒廢土地。總體英畝數包括不確定的空間，來處理錯誤的假設，和估計未來零售、工業、批發和辦公空間需求之誤差。

結論

在社區性土地使用設計的層級，就業、商業，和其他多用途活動中心之設計，就是在一個活動中心的空間系統之下，協調若干類型的未來就業、商業、市民土地使用活動，和其他社區設施與活動。

為了承擔起這份設計工作，規劃師首先必須了解現有的、即將出現的，和偏好的經濟結構境況及相關之土地使用，以及現有的、即將出現的，及構想的就業和商業活動中心空間結構。規劃師務必了解活動中心類型的層級，和與每個中心類型相關的土地使用活動與設施類型。基於這些了解與分析，規劃團隊的任務是設計一個能妥善調和三個向度的計畫，包括 (a) 土地使用活動和設施的類型與數量；(b) 活動中心的類型；(c) 它們在空間上的區位。所有的土地使用活動和設施，都必須在適當的活動中心找到屬於它的適當位置；每個中心都必須包含適當的土地使用和設施組合與數量；而且每個中心必須與其他中心、交通系統、該地區的居住社區適當地座落排列。

土地使用設計團隊應納入來自基礎經濟與非基礎經濟的代表、經濟開發政策的制定者，支持產業、勞工，和活動中心的推動者，當然也包括了土地使用規劃師。在這一章中建議的設計過程，透過能夠平衡許多考量的繁複工作，協助規劃團隊得以系統性地推動工作；這些工作包括系統性地平衡空間需求與適宜區位之空間供給。工作順序和前述的範例表格，應配合特定社區需求來進行修改；在整個規劃過程中，它們就是用來幫助規劃師記錄設計假設的方法。這些表格很適合利用電腦化的試算表，如此就能快速地追蹤假設密度與空間分佈之變動，對空間需求和容量的空間分佈形式所造成的影響。同樣地，土地使用設計過程和計算適當區位容量的適宜性分析，適合套用到電腦化的地理資訊系統。利用地理資訊系統的疊圖技術就能套繪出適宜的土地範圍，之後還能自動計算這些地區的面積。地理資訊系統也使測試各種加權的適宜性因素變得更容易，可以判斷它們對空間形式和適宜土地數量的潛在影響。

所產生的社區土地使用設計，藉由在適當類型的中心、適當區位，提供適當的土地數量，這些土地又能得到適當的運輸系統和基磐設施服務，為基礎和非基礎經濟提供了成長和發展的機會。實際上，私人部門將在此過程中制定許多決策並且投資，來充實並調整土地使用設計；公

部門則利用公共投資來支援。土地使用設計對未來情景提供了各種的機會，也能避免稀少的土地資源被不當開發所佔用。

本章討論了土地使用設計中之就業、商業，和多用途中心的空間結構設計；接下來，就需評估能否取得剩下來的空地和更新地，以及這些土地做為居住和社區設施的適宜性；這個工作會在下一章提到。這些土地供給可以標註在地圖和表格上。此外，應該要為轉變成為就業和商業空間而減損的現有住宅數量、土地數量，和其空間形式進行摘要彙總。在規劃工作中必須說明這些減損的空間，並再以居住地區取代之。當然，本章中所討論的活動中心空間結構其實尚未結束。它還可能會需要修改，來反映居住社區之設計，這會在下一章討論到；小地區計畫也可能會對特定的活動中心，再做一些額外的調整。

在進入到下一章討論的居住社區之前，還需先討論一種可以從土地使用地區著手的進展方式。之前提到的設計進程，暗示著規劃師在接下來考量居住用地 (residential habitat) 的部分之前，活動中心空間結構之設計須經五項工作的全部過程來完成的。也就是說，上述的討論暗示著規劃師必須完成空間需求和容量分析 (工作四和工作五)，之後再把這些分析套用在空間結構的設計草案中，這必須在進行到居住地區的工作前完成。然而，還有另外一個同樣是正確有效的方法。規劃師可能只需完成設計活動中心的空間結構的前三個工作，就是：制定設計原則、繪製適宜性地圖，與研擬設計草案 (無需詳細分析空間需求與容量之平衡)。之後，規劃師可以在分析空間需求與容量之前，就開始進行土地使用設計的居住用地的部分。依據這個方法，規劃師先是把焦點放在活動中心、居住用地的「區位」的設計向度上，再加上開放空間之後，工作就回到計算空間需求和容量，以充實整體的土地使用設計。也就是說，區位考量和空間考量的平衡、需求和供給考量之平衡，會在所有土地使用部門以區位導向的計畫草案完成後才會出現。

最後，本章討論到了社區尺度的土地使用設計。它著重在就業、商業，和市民活動中心的整體安排設計。在中心內塑造地點的工作，務必要從小地區計畫中著手，並依據公部門與私人開發商提出的計畫。這就是設計建築、街道和通道、停車和運輸系統、大眾集會地點，和它們的連結之所在。

參考文獻

Beyard, Michael D. 1988. *Business and industrial park development handbook*. Washington, D.C.: Urban Land Institute.

Beyard, Michael D., and W. Paul O'Mara, eds. 1999. *Shopping center development handbook*, 3rd ed. Washington, D.C.: The Urban Land Institute.

Bohl, Charles C. 2002. *Place making: Developing town centers, main streets, and urban villages*. Washington, D.C.: Urban Land Institute.

City of Charlotte, 1998. *2025 integrated transit/land-use plan for Charlotte-Mecklenburg County*. Charlotte, N.C.: Department of Transportation.

Conway, H. M., L. L. Listen and R. J. Saul. 1979. *Industrial park growth: An environmental success story*. Atlanta, Ga.: Conway Publications.

Dewberry, Sidney O., and John S. Matusik, eds. 1996. *Land development handbook: Planning, engineering, and surveying*. New York: McGraw-Hill.

Edwards, John D., Jr., ed. 1999. *Transportation planning handbook*, 2nd ed. Washington, D.C.: Institute of Transportation Engineers.

Gause, Jo Alien. 1998. *Office development handbook*, 2nd ed. ULI Development Handbook Series. Washington, D.C.: Urban Land Institute.

Goldsteen, Joel, et al. 1984. *Development standards for retail and mixed use centers*. Arlington, Tx.: Institute for Urban Studies, University of Texas at Arlington.

Johnson, Elmer W. 2001. *Chicago metropolis 2020: The Chicago plan for the twenty-first century*. Chicago: University of Chicago Press.

Livingston, Lawrence, Jr. 1979. Business and industrial development. In *The practice of local government planning*, Frank So, Israel Stollman, Frank Beal, and David Arnold, eds., 246-72. Washington, D.C.: International City Management Association.

Lochmoeller, Donald C., Dorothy A. Muncy, Oakleigh J. Thorne, and Mark

A. Viets, with the Industrial Council of the Urban Land Institute. 1975. *Industrial development handbook*, Community Builders Handbook Series. Washington, D.C.: Urban Land Institute.

Lynch, Kevin, and Gary Hack. 1984. *Site planning*, 2nd ed. Cambridge, Mass.: MIT Press.

Maryland-National Capital Park and Planning Commission. 1993. *General plan refinement of the goals and objective for Montgomery County*, 135. Author.

Montgomery County Planning Board. 1993. *General plan refinement: Goals and objectives, then and now, supplemental fact sheets*. Montgomery County, Md.: Montgomery County Planning Department.

O'Mara, W. Paul. 1982. *Office development handbook*. Washington, D.C.: Urban Land Institute.

Schwanke, Dean, for the Urban Development/Mixed-Use Council of the Urban Land Institute. 1987. *Mixed-use development handbook*, Community Builders Handbook Series. Washington, D.C.: Urban Land Institute.

Urban Land Institute. 2001. *Business park and industrial development handbook*, 2nd ed. ULI Development Handbook Series. Washington, D.C.: Urban Land Institute.

Witherspoon, Robert E., Jon P. Abbett, and Robert M. Gladstone. 1976. *Mixed-use developments: New ways of land use*. Washington, D.C.: Urban Land Institute.

第十三章
社區土地使用設計：住宅社區

在社區土地使用設計中，到目前為止，你已經至少完成了開放空間與活動中心這兩個部分之設計草案（區位導向的）。接下來你要如何將住宅的部分加進去？住宅社區必須具備哪些功能？構成社區的組成成分包括哪些？土地使用設計可能會應用哪些設計概念模型與設計原則做為基礎？下列各項工作的適當程序為何：繪製潛在鄰里地點與鄰里擴張的適宜性地圖；估計未來人口所需的居住單元數；鄰里間的住宅分派；增設地方性支援設施以創造社區？

在前面兩章探討了兩種社區土地使用設計的重要成分——區域性開放空間系統，與就業／商業／市民活動中心的網絡架構。這一章的內容是關於住宅鄰里單元的設計，與所有鄰里單元的整體配置，以及如何將它們整合到社區土地使用設計之中。人們的實際生活就是在這些住宅社區當中進行的。對許多人來說，都市是鄰里所構成的；居民對自己鄰里的認同，就如同對他們居住都市的認同是一樣的 (San Francisco Planning and Research Association 2002, 12)。對當今許多都市居民而言，現代的都市中心似乎並不是市中心的商業區，而是他們居住的鄰里。家戶中的成員，不論老少，他們的生活就是從這個中心點開始的，

藉由步行、自行車、開車,或搭乘公車與捷運前往各個目的地,創造出屬於自己的都市。

優質居住用地之設計,是要在若干個不同尺度下進行的。在此先由社區尺度為起點,應用社區尺度說明組成住宅鄰里單元的一般特性,與所有特性間的關係,和其與更大尺度社區之就業/商業/開放空間的關聯。然而,接下來,住宅社區中許多的重要細節是要透過小地區計畫才能處理,這是因為人們對空間和尺度的認知,決定了永續三稜鏡模型中的適居性特性。因此,本章討論的社區土地使用設計是建立較高層級的形式,小地區計畫(在下一章討論)則建立下個層級的居住地區形式。透過這些形式引導敷地規劃與建築,於是建築師、景觀建築師、開發者、建商、公務官員,加上居民、地方廠商與機構,就能據以建立實質的與社會的社區。最後,住宅社區能否成功之關鍵,還需依賴在都市設計向度中優良的小地區計畫、優良的敷地規劃,和優良的建築物。因此,本章討論的社區土地使用設計雖然對建造整體社區是重要的,但它只是在第一、二、三,與十章中提及「計畫網絡」當中一部分而已。

本章包含兩個主要的部分。第一部分,探討的是構成永續、聰明,與適居的人類住宅用地之願景。這些願景包括對社區功能與目的之敘述;各種土地使用與其他住宅社區組成成分之規格;最後是設計的原則與實質環境模型,說明如何組織這些組成成分來建造出高適居性、公平、對環境敏感,與追求經濟效率的社區。擬定一個或多個能夠說服人的願景,是土地使用設計過程的起點。

第二部分,說明依循上述願景之社區協力規劃過程。在這個過程的一開始先擬出一份設計草案,其中包括多種住宅社區的類型或模型,將這些住宅社區按照彼此間、與其他的社區設計元素——商業中心、就業地區、開放空間,與公共運輸系統的關係,在空間上組織起來。之後,就開始藉由第十章所討論的五項一般性土地使用設計工作,執行設計草案之設計工作。這些工作分別是:研擬原則;繪製適宜性地圖;調整住宅社區模型,以配合規劃轄區之地理環境;導出空間需求;計算容量;分派未來所需之居住單元到設計草案提議之鄰里。產出之結果是能夠平衡前面所列各項目的一份設計,這份設計能將住宅社區整合到商業與就業中心、開放空間、運輸,及社區設施之中。

提出住宅社區的願景

提出願景的工作中，關係著探索與決定住宅社區設計的三個面向：

1. 住宅社區的功能；
2. 適當的住宅社區組成成分；
3. 劃定一個或多個可遵循的實質模型，與相關的設計原則；

換言之，規劃團隊與社區要試著回答下列三個問題：一個住宅社區應該達到什麼目的？為了達到這些目的，哪些社區的組成成分是必要的？住宅社區現行的實質環境概念模型包括哪些？哪些設計原則是與這些模型相關的？

住宅社區之功能

住宅區要能滿足居民的適居性需要；同時，也要促進其他在永續三稜鏡模型中的社區目標，這些目標如環境保護、經濟效率與公平性。規劃團隊可能會透過探索住宅社區之功能，開始建立社區願景。居住地的功能雖然強調適居性，但是也包含所有永續三稜鏡中的其他向度。以下是提供考慮之功能 (Brower 1996; Grant, Manuel, and Joudrey 1996; Marans 1975; Nelessen 1994; Richman 1979, 450-52)：

- **庇護**——提供堅固、價格合理的住宅，符合居民的生活方式與預算，還要有自來水、污水處理等基本服務，與天然氣、電力、有線電視等公用設備。
- **安全**——提供安全的環境，無交通安全上的威脅、暴力、犯罪，與其他災害之疑慮。
- **健康**——提供能增進個人與集體健康與福祉之環境。
- **社交互動／整合**——透過敦親睦鄰、社會網絡、組織、教育系統，與實體設施，提供人與人交往的機會。
- **戶外活動服務**——在鄰里之內，並利用多元運具連結到鄰里以外，提供讓人放鬆情緒、遊憩、社交、就業、購物等各種地點，提升能滿足各種生活形式與各種年齡層之服務。
- **認同**——提供居民地點感、歸屬感、榮譽感，與滿足感。

- **其他可能的功能**——提供隱私、接觸大自然的機會，居民可遠離都會環境的壓力，並享受社交活動。

除了適居性導向目的外，住宅社區也要能滿足永續三稜鏡中經濟效率的向度：

- **財務投資穩定性**——保護住戶在其住宅之財務利益。
- **公共服務與基礎設施效率**——針對自來水與污水系統、垃圾收集、消防與警察服務、教育、遊憩，與大眾運輸系統，將公共之建設與維護成本降至最低

此外，住宅社區也要能達到環保目的：

- **維護生態過程**及功能，將對它們的衝擊減到最小。
- **保育自然資源**，與高生產力的農地

住宅社區也可以促進平等：

- **容納多元的特色**——多元的居民、生活形式、文化，與收入。

住宅社區：不同規模和不同的組成成分

住宅社區的尺度有其階層順序。最小的尺度就是居住單元與居住單元的簇群，像是公寓的開發方案。下個尺度是在步行距離範圍內的社區，通常被稱為鄰里，包括許多個居住單元，以及下面會討論到的其他組成成分。組合許多的鄰里之後，就形成了第三層的社區尺度；例如在鄰里聚集後，可能會成為都市村落 (urban villages) 甚至市鎮。再下個層級則是在區域網絡的市鎮與都市。居住用地 (residential habitat) 在任何的尺度下都要能妥善地運作；土地使用設計必須應付上述各種尺度，但是會將焦點特別著重在鄰里、村落、市鎮，和都市尺度上。

最基本的尺度，是個人居住單元及小型居住單元簇群。這對家戶是最基礎的尺度，屬於建築與基地設計的工作範疇。超越其他的考量因素，人們尋求的居住單元要能滿足其庇護與空間需求，並且要在能負擔的價格範圍內；此外，還需妥善地連結到街道與鄰里等公共空間。這是在社區土地使用設計中鮮少直接討論到的尺度。小地區計畫 (參見第

十四章) 對於這個尺度的居住用地設計方針有較詳盡的討論。開發管理計畫 (參見第十五章) 也能提升居住單元與方案的設計與施工品質。

下一個居住用地的尺度是在居住寓所外，用步行能夠抵達的環境範圍。除了居住單元簇群外，它混合了三種組成成分：

1. 支援地方性的使用與設備，如商店、餐廳、金融與法律諮詢服務；社區建築物如學校或社區中心、托兒所等。
2. 動線系統；包含路側人行道、自行車道、街道，與公共運輸車站 /公車站等多元運具路網。
3. 公園、綠地、公共空間、廣場、綠道、步道、街景、墓園，與水體等形式的開放空間。

換言之，這種居住用地的尺度就是「生活社區」(community for living)，包含的不只是一群居住單元而已；它的組成成分還包括了商店、辦公室、托兒所、公園及其他開放空間、教堂與俱樂部、街道與街景，還有其他維繫居民日常生活的元素。在這尺度中，住宅社區就是住宅單元的延伸，包含了居住單元，還有住宅以外與家庭生活相關的設施，以滿足家戶的居住需求 (Brower 1996, 21ff)。

居住單元與居住單元簇群仍然是「鄰里」尺度基礎的組成成分。在鄰里內與鄰里之間，包括各種類型、面積，與成本的居住單元與居住單元簇群，但另外三個組成成分也是很重要的 (Nelessen 1994)。在鄰里設計中，會考慮其他相關組成成分的概念。舉例來說，它會論及公共空間組成成分，以及其與私人空間組成成分間的關係。此外，它也與實質環境組成成分之特性與條件有關，如結構物與街道，也處理土地使用活動的組成成分。

在社區土地使用設計第三個尺度，鄰里本身就變成了組成的成分；鄰里是與其他的鄰里、活動中心、開放空間系統，和區域運輸系統間的關係共同組織而成。舉例來說，鄰里簇群或許會先被組織成為「村落」，再組織成市鎮或都市，進而在區域規模組織成都會社區。另一方面，設計草案可能根本不會用到這種中介規模，而是將步行範圍大小的鄰里直接組織成市鎮或都市。

就像自然生態棲息地一樣，居住簇群、鄰里簇群，和村落簇群不需

完全一樣。居住單元類型、居住簇群 (基地設計) 類型、鄰里的尺度與類型，甚至村落的類型都會有各種變化。居住用地的設計不能用「一體適用」的方式來操作。就像自然生態系中的植物、地形與巢穴一樣，人類社區用地的形式也是不同的。住宅「棲地塊區」(habitat patches) 之面積、形狀、區位、組成成分、關聯性，與居民的組成都會不同；而社區與區域應該要做的，就是將這些區塊適當地混合。

在鄰里或更高層級的尺度中，「生活社區」必須有多元運具的運輸路網，範圍包括從鄰里或村落的徒步與健行路線，到開車或搭乘大眾交通工具連結較大社區、區域、國家，與世界。因此，生活環境的自治程度是有限的，絕對不是自給自足的。為了要形成都市尺度的社區，各種生活環境彼此間務必要有空間的關聯，並與就業與商業中心、區域開放空間系統，和多元運具運輸系統維繫著這種關聯性。

住宅鄰里的設計概念

許多實體設計的概念在過去曾被用來提升居住用地功能，與組織居住用地的各種組成成分。這些概念做為土地使用設計與分析社區設施需求之模型，提供了相當大的助益。其中有些概念的影響力已經維持了將近一世紀之久，而有些概念是最近才出現的。它們包括：

- 都市郊區主要——規劃的社區模型 (suburban master-planned community model)，
- 鄰里單元 (neighborhood unit) 模型，
- 新都市主義 (New Urbanism models) 模型——包含新傳統鄰里概念 (neotraditional neighborhood concept) 與運輸導向開發 (transit-oriented developments)，
- 其他模型，如社會學模型或西雅圖的「村落」類型學 (typology of "villages")。

都市郊區主要規劃的社區模型

這個模型可能是美國最早規劃居住用地之範例 (Garvin 2002)。1868年，Olmsted 與 Vaux 在為伊利諾州 Riverside 市的設計中所提出之原則，它成為下個世紀數以百計開發案的指導方針，這個模型至今仍然具有影

響力。它用曲線式的街道，在交叉路口設計成三角形具有景觀的開放空間；街道路網與鄰接的前院草地都被納入開放空間網路。因為在私人土地上強制留設了大縱深、沒有圍籬的前院草地，在視覺上模仿出如同開放空間般的感受；不論走路、騎馬，或搭乘馬車，居民沿著樹木排列的道路行進，期望在這個林木延綿排列的彎道盡頭能看到不一樣的景緻。Des Plaines 河岸也被轉變成為公園。Olmsted 事務所、曾經在該事務所工作的專家們，及 Frederick Law Olmsted, Jr. 推廣這一項傳承，將曲線狀有樹木排列道路，配上前院草地，再利用地方景觀特性襯托的組合，提升到藝術的境界。這些社區有可供購物的小型零售核心，和通勤的火車站；有些社區的特色則是景觀大道，有時在路中央分隔區還會有輕軌電車行駛 (Garvin 2002)。

　　二次大戰後都市郊區的開發，部分是傳承自 Olmsted 模型，持續地吸引消費者之注意。其中的變化包括了低密度、同質的鄰里，大多是由獨棟獨戶的居住單元、草地、彎曲之街道，和囊底道 (cul-de-sacs) 共同組成的。開車到學校、辦公園區、購物中心，與遊憩地點都非常便利；同樣地，開車通勤上班也很方便。於是，因為能方便的使用車輛，加上路外停車空間與車庫的設置，再於購物中心、就業中心、學校，及其他的迄點提供大量停車空間，這個模型就因而提升了機動性與可及性。這個模型的設計，或多或少是為了中產階級家庭特性所設想的：有子女，和一輛以上的汽車。有人批評它造成了人們對汽車的依賴，孤立了小孩、老人，和其他不會開車或買不起汽車的人。

鄰里單元模型

　　這個模型最早是由 Clarence Perry (1929) 所提出的想法，至今已經影響美國土地使用規劃超過七十年。鄰里單位有明確的界線，其中包括的行人動線網路將住宅連結到小學、遊憩設施，在地方上有些許零售的機會，再將開放空間網路納入；這些全都是在可步行到達的範圍中。鄰里單元可容納 1,000-5,000 人。在圖 13-1 中以簡圖表示 Perry 與 Stein 的鄰里單元概念。

　　新澤西州 Radburn 的設計，是 Clarence Stein 與 Henry Wright 應用調整過的鄰里單元概念所完成的。在 Radburn 的住家前門面對著開放空

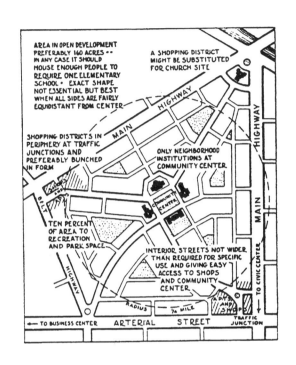

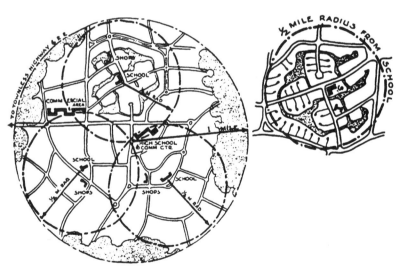

圖 13-1 ║ 鄰里單元概念的兩種版本

摘錄自 Arthur B. Gallion and Simon Eisner, The urban pattern: City planning and design. 5th ed. (New York: Van Nostrand Reinhold Company). ©1986 by the Van Nostrand Reinhold Company. 經使用授權。

間和行人步道路網；它們的後門對著停車場與街道。因此，它擁有分別的兩個動線系統；臨著基地的街道與停車場不再需要路側人行道；行人地下道能讓居民能以步行前往商店、學校，與遊戲場，而不用擔心行人與車輛間的交通意外風險；囊底道或服務車道都可以做為遊戲區。Stein 與 Wright 試圖將 Radburn 變成一個超級街廓的聚合體，每個街廓都有景觀的開放空間／行人動線軸線，如此就可以減少穿越交通與人車間的衝突。主要道路繞著鄰里的外圍，而不是從中間穿越。居民開車到囊底道或停車場去停車，之後再走進家門。他們從另外一邊出門的時候，便進入公共「花園庭園」(garden court)、「村落綠地」(village green) 的生活環境，從這兒可以前往小學、遊憩設施，甚至到附近的商店。早期的 Olmsted 模型將樹木排列的街道設想成公共開放空間／動線系統的一部分，同時也視為社區的互動場所；Stein 則期望設置內部的開放空間系統，做為活動與互動的空間，並設置步道以利使用。街道是依循著階層式系統所組織成的，分成服務巷道 (service courts) 或囊底道、收集道路 (collectors)、幹線道路 (thoroughfares)，與高速公路，主要的功能是為了讓車輛移動，並將鄰里單元連接到購物與就業場所。圖 13-2 為 Radburn 計畫。

　　鄰里單元概念中的某些觀點過去一直遭受批評：街道上不再有行人活動，因而遏制了傳統都市鄰里式的社交生活；此外，暗示了人們理想的鄰里就是在子女學校周遭，形成了具高度同質性的家戶族群。並且在今日多數新開發密度大多偏低的情形下，除了中心都市的填入式開發與更新地區，鄰里中的孩童數都不足以支持教育者們偏好之小學規模。如果要增加可步行前往的學校、鄰里以學校為中心的設計可行性，就要增加住宅密度、降低學校的規模，以及將學校設置在能服務多個鄰里的位置。

新都市主義模型

　　新都市主義運動提供了若干的模型，包含新傳統 (neotraditional) 鄰里與運輸導向的開發模型。

　　就像 Perry 與 Stein 的鄰里單元概念一樣，新傳統鄰里模型 (neotraditional neighborhood model) 中提出的是要合乎人類尺度、對行

圖 **13-2** ▌新澤西州 Radburn 計畫

摘錄自 Regional Survey Vol. VII, 1929. 使用以上資料經 Regional Plan Association 授權。

人友善,有公共空間與公共設施的實質環境,來鼓勵社會互動與社區意識。然而,這種新傳統概念卻退回到如十九世紀傳統小鎮、都市,和都市郊區的配置。這種設計的特色是個相對自給自足的徒步環境,房屋圍繞著社區設施與商店形成的核心地點來配置。格子狀的街道形式讓行人與車輛對路徑有最多的選擇;為了行人、自行車、遊戲所設計的狹窄街道,也可以讓汽車使用。房屋從街道路權線的退縮距離小,把街道圍繞起來形成開放空間,房屋前廊緊臨著街道兩側的公共人行道。車庫在基地後方,可以從房屋經走道連接,這樣就大幅減少私人車道沿著街道截斷人行道的情形。新傳統鄰里還有另外一個特色,鄰里核心是由商店、市民活動的建築,與辦公室所形成的,也有可能是用綠地或廣場做為鄰里中心,而非學校。它有混合的建築類型,較高的住宅密度。最後,這個概念更延伸到了設計的風格,與建築物之間、建築物與街道的關係;

它利用極度明確近乎建築標準的開發規範，規定了最低密度與混合使用，和商業、市民活動，與就業活動最起碼的土地面積。圖 13-3 說明 Andres Duany 與 Elizabeth Plater-Zyberk 如何利用了新傳統原則，重新塑造鄰里單元。

從實證中發現，新傳統的鄰里鼓勵徒步的旅行。街道之配置、路側人行道，與臨近非住宅之土地使用，刺激居民利用步行前往非關工作之目的地，如雜貨店。最近的研究顯示，新傳統鄰里居民的步行與自行車旅次，是傳統都市郊區居民的兩倍 (Rodriguez et al. 2006)，其中有些旅次取代了過去可能是私家汽車的旅次。同樣地，新傳統鄰里的所有旅次中，20% 是鄰里內部的旅次，這個數字在都市郊區的社區中，則只有 5% (Rodriguez et al. 2006)。

華德狄斯耐公司 (Walt Disney Company) 在靠近佛羅里達州 Orlando 的歡慶村 (Celebration Village)，就是根據新傳統模型建造的。狹窄的街道組成的曲線方格路網，在街道上不時出現的公園是視覺與社交的焦

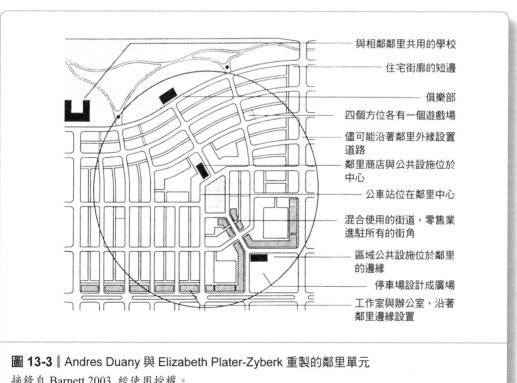

圖 13-3 ┃ Andres Duany 與 Elizabeth Plater-Zyberk 重製的鄰里單元
摘錄自 Barnett 2003. 經使用授權。

點，利用小巷道連接到車庫，用多條寬敞的景觀大道連接各個鄰里、鎮中心，和區域高速公路系統。鄰里被組織成為幾個村落，村落中的所有住宅只要沿著街道路網或步行綠道系統，步行十分鐘就能抵達鎮中心。鎮中心是個密集的、行人導向的環境，將市民活動、零售，與消費者服務混合在多樓層的建築中，在建築較高的樓層中會有公寓，汽車是停在建築物的後方。其中包括了各類型的住宅，如公寓、出租的公寓大廈，和獨戶獨棟住宅。在其「社區形式與景觀報告」(community patterns and landscape book) 中，提供了關於房屋和其他建築間，它們與街道，和鄰里之間如何建立起關聯性的指導綱領。它的「建築形式報告」(architectural pattern book) 說明了建築量體的選項、門窗比例與外觀，以及六種不同門廊與立面的建築風格 (Gause 2002, 50-59)。

運輸導向的開發 (Transit-oriented development; TOD) 是另外一種新都市主義的概念構想 (Kelbaugh 1989; Calthorpe and Associates 1990; Calthorpe and Fulton 2001)。TOD 有時也被稱為「行人的口袋」(pedestrian pocket)；一個 TOD 是在車站四分之一英里距離內，混合著住宅、零售與辦公室空間，和開放空間。典型的 TOD 面積規模是約 50 至 100 英畝，包括 1,000 － 2,000 個各類型的居住單元，但大部分是公寓與連棟街屋；約 750,000 平方英尺辦公空間的就業中心；約 60,000 平方英尺的鄰里購物中心；一到兩所的托兒中心，社區設施包括如市政廳式的集會空間、警局、郵局，圖書館和教堂；若干英畝的公園與遊憩設施；並且以公共運輸車站為其核心。這種開發的重點就是要將目前都市郊區各自孤立的土地使用組成，編織成步行尺度的開發方案，居民們可以步行到公共運輸車站。它刻意要提供不同收入團體與不同住戶類型的住所，包括：年輕未婚男女、已婚夫妻、有子女的家庭、空巢期的夫婦，和老年人。第一章的圖 1-7 說明了 TOD 的概念，第十四章也將探討這個模型。

在某些歐洲都市如斯德哥爾摩和哥本哈根，它們的區域開發策略強調密集的成長、開放空間，與永續性，而 TOD 就成為它們的策略中心 (Cervero 1998)。TOD 受到高品質軌道運輸服務之催化，這些都市採取策略是與 Ebenezer Howard 的願景一致，利用公共運輸服務把開發的節點串連起來。在美國，TOD 主要還是依附在輕軌與公車運輸服務上。

村落模型 (the village model) 出現在 Randall Arendt 「十字路口、小村莊、村落、市鎮」(2004) 一書中，作者詳述了小規模鄰里形式的設計原則，指出鄰里形式的住戶數量太少，無法支持許多在新傳統鄰里構想中設想的非住宅使用。雖然支持新都市主義的人強調更緊密之開發型態與都市街景，但是 Arendt 卻較著重在景觀特性，將之視為塑造都市形式、保護重要環境特性、謹慎安排小尺度綠色開放空間，與建立可步行環境之指導方針。

其他模型

許多其他的鄰里概念，對土地使用規劃師而言都是重要的。舉例來說，Brower 根據住宅環境的社會研究提出了多個模型。他表示鄰里單元與新傳統鄰里模型都假設全部的人都想居住在小型社區當中，但是卻沒有什麼是所謂的最佳解決方案 (1996, xii)。他的結論是，不同的模型適合不同的生活方式、不同的生命階段。因此，好的計畫與好的都市應提供多樣的住宅鄰里類型。然而，對所有鄰里而言，以下三項品質是最重要的：氣氛 (ambience)、融入 (engagement)、選擇性 (choicefulness)。氣氛，是指妥善混合的土地使用、混合的本質，與實質環境在空間上的安排，這可以賦予地區獨特的樣貌與感受。融入，是關於鄰里促進實質與社會互動的方式，這些互動中包括了購物。選擇，是指居民能選擇居住地點、如何選擇，選擇和什麼人共同生活，以及選擇不同住宅類型的範圍。

Brower (1996, 121-30) 區別出四種截然不同的鄰里類型。第一類鄰里充滿了活力；鄰里中有很多事物可供欣賞與參與，混合許多不同的人，各式各樣的購物地點，並且其娛樂與文化地點吸引了來自都市其他角落或都市以外的訪客。這些地方應該要有最棒的餐廳、商店、文化與娛樂之選擇，遠超乎它們的基本需求。它們也應該要有方便的動線系統。街道在晚上依然忙碌，燈火通明。還有廣場與公園以供集會。居民們在自家附近就能擁有積極的社交生活，還能認識新的朋友。Brower (1996) 稱它們為中心鄰里 (center neighborhoods)。這些鄰里比較會吸引年輕的單身男女、夫妻，和其他沒有學齡子女的家戶。第二類鄰里給予人們如小鎮 (small town) 般的感受，居民們都彼此認識，有明確的中央

核心地區，包括了地方性的公共設施、聚會地點，與購物場所。新傳統鄰里就是類似這生活模式的地方。有子女的家庭與老年伴侶們如果想要找尋長期居住的鄰里，感受到歸屬感與參與感，就會被這些鄰里吸引。第三類鄰里比較寧靜，全部都是住宅使用。居民珍惜自己的住所及周遭的環境，因為都是適於養育子女的。它們與都市其他部分沒有什麼關聯，雖然在鄰里中或許會有私人的遊憩設施，但是居民還是會為了購物、娛樂，工作的目的，開車到都市的其他地點。它們吸引了找尋同質鄰里的住戶。Brower 稱之為*居住夥伴* (residential partnerships)，它可能會是優良都市郊區鄰里或大規模公寓大廈計畫根據的模型。第四類鄰里實際上就是個*隱居住所* (residential retreats)，在那裡的居民感覺受到保護，可以在愉悅的環境中放鬆心情，遠離人群和活動。隱私在這種鄰里中是很重要的，人們都是獨立的個體，彼此互不干擾。鄉村俱樂部社區、遠離塵囂的低密度開發，和農村簇群開發都適用這類模型。

Brower (1996) 也定義了*複合鄰里* (compound neighborhood)，舉例來說，它是由若干的中心鄰里組成的，其中的每個鄰里都有自己的特性，但是共同分享分佈在各個鄰里的設施。或是如一個小市鎮鄰里的地點是鄰近市中心區的中心鄰里，在其小鎮街道上的核心並不需要太多設施，反而是會更依賴市中心的設施。較為封閉的小塊住宅地區，例如公寓大廈鄰里或公寓鄰里，或應能與中心鄰里結合；如此，居民會擁有自己的遊憩俱樂部，但是其他的設施仍然可以依賴中心鄰里。若干個住宅鄰里或許各自擁有小規模休閒設施，但可以共用其他大型的社區設施，例如鄉村俱樂部或小型零售中心。

西雅圖的綜合計畫 (1994，至 2002 之修訂) 提出了「都市村落」(urban villages)，這是一種更集中、更都市導向的手法。都市村落的鄰里藉由西雅圖市既有都市特色中成功的面向來容納成長與變遷，持續開發密集的、對行人友善的，和各種不同密度的混合使用鄰里。該計畫提出若干都市村落的類別，從包括零售與就業活動、較高密度的混合使用鄰里，到密度較低、較少非住宅土地使用的鄰里：

- 都市中心村落 (密度較高，使用的混合程度較高)，
- 樞紐都市村落，

- 住宅都市村落，
- 鄰里重心村落 (密度較低；幾乎全為住宅使用)

都市中心村落 (urban-center village) 將就業與住宅集中在一個區位，足以支持並能直接通往區域性高運量公共運輸系統。它涵蓋的範圍不到 1.5 平方英里，有明確的邊界，分區後至少能容納 15,000 個工作機會，每英畝至少有五十個工作機會，整體住宅淨密度是每英畝至少十五個家戶。在西雅圖的計畫中，約有十二個這種的都市中心村落。

樞紐都市村落 (hub-urban village)，是座落在沿著運輸路網的策略性區位，規模較小，住宅與就業的密度也略低；商業服務、就業，與住宅組成了村落核心，它的密度能支持步行與使用公共運輸。樞紐都市村落同時是周圍鄰里的公共運輸樞紐。大量的空地或低度使用的土地提供了再開發的機會，至少三分之一以上的土地面積可以用來做為就業與混合使用活動。此外，它可以直接通往緊臨的公共開放空間。在核心地區淨密度是每英畝十五到二十個住宅單位，每英畝二十五到五十個工作機會；核心地區外的住宅密度為每英畝八到十二個住宅單元。

住宅都市村落 (residential-urban village) 的功能主要是做為小型居住鄰里，包括各種類型的住宅，整體淨密度為每英畝八到十五個居住單位，這種密度高，足以支援公共運輸的使用。可以騎自行車或徒步前往公共開放空間，或是到一個或一個以上支持當地及鄰近鄰里居民的混合使用核心。此外，它也能方便地通往都市中心村落或樞紐都市村落。只要不牴觸整體的住宅功能及村落特性，村落中能容納各種就業活動。住宅都市村落是座落在重要的都市路網上。

鄰里重心村落 (neighborhood-anchor village) 包括數個線型的商業活動街廓，為周邊地區和混合住商活動之節點提供服務，外圍是大面積的低密度住宅區。公共運輸服務通往最近的樞紐或者中心村落，也可以利用自行車或徒步路網連結至鄰近鄰里。圖 13-4 說明了其中兩個鄰里類型：住宅都市村落與鄰里村落。

住宅社區設計概念之異同

所有模型都強調著公共空間構成的架構，一個成功社區就要按照這個架構來開發。對 Olmsted 而言，公共空間的骨架包括了彎曲的、樹木

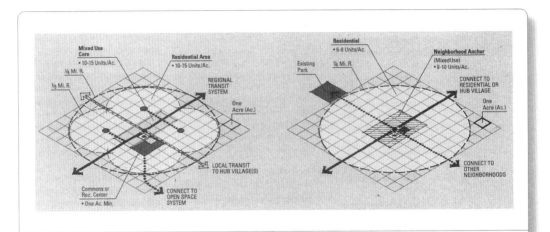

圖 13-4 西雅圖的村落概念：住宅都市村落與鄰里村落的範例
資料來源：City of Seattle 1994, 修訂至 2002 年。

林立的街道，由大縱深的前院與公園，可能還會以車站與小型零售中心做為邊界。對 Stein 來說，公共領域的架構包括開放空間／步行路徑，使用者為周邊的居民，和區別層級的街道系統。對新傳統鄰里來說，公共領域為格子狀的街道，街道的路側人行道讓居民可以步行前往商業混合使用的核心，公共綠地或廣場，和車輛的動線。所有的模型都指出，私人空間範圍──住宅、商店……等──都應與公共的空間範圍之間有積極的建設性關係，讓部分的私人空間，如草地、前廊，或展示櫥窗，要對公共空間範圍具有補強的作用。

　　所有模型提出之密度，都比傳統都市郊區開發高，住宅類型與土地使用的混合程度也較大。舉例來說，新澤西州 Radburn 的住宅粗密度是每英畝 4.5 個居住單元，淨密度為每英畝 7.9 個居住單元。Kentlands 為華盛頓特區北邊的新都市開發，它的住宅密度也差不多：住宅粗密度為每英畝 4.5 個居住單元，住宅淨密度為每英畝 7.7 個居住單元。Radburn 獨戶獨棟住宅比例比較高，每戶的基地面積較小。Kentlands 的居民走路到學校的時間稍短，但走路到地方性購物地點的時間稍長。Kentlands 的動線網路連結性較高，但是行人與車輛的潛在衝突點也較多 (這是根據 Lee and Ahn 2003 之比較)。

　　表 13-1 為幾個鄰里居住用地模型當中，若干個特性之比較。

表 13-1

某些模型之鄰里居住用地特性

住宅用地類型	約略之規模 (英畝)	約略之居住單元數	約略之總人口數	粗鄰里密度
鄰里單元概念		<500	1,000-5,000	4.5
Radburn	139	674	2,900	4.5
Kentlands	356	1,600	5,000	4.5
行人的口袋	50-100	1,000-2,000	3,000-5,000	20

資料來源：摘錄自 Lee and Ahn 2003; Nelessen 1994; Vander Ryn and Calthorpe 1991.

社區的居住用地：組織一大群可供步行之鄰里

住宅功能不只是限於身邊、可以步行的居住用地，還要更延伸到其他的鄰里與活動中心。社區土地使用設計可以用簡圖說明這種針對區位的空間架構較大、一般性的邊界範圍，及各種鄰里規模組成成分間的模矩式連結。這種較大規模的空間架構不僅包括了各類型鄰里的混合，也包括了多元運具的運輸系統、多用途開放空間系統，和一大群商業 / 公共 / 就業中心，這就幾乎是整個都市社區的大小了。

馬里蘭州 Columbia 新鎮的階層式模型，就是利用整體社區的概念架構，將鄰里規模的組成成分編織成為社區居住用地的範例。這個計畫中最小的組成成分是居住單元簇群，它們通常是配合囊底道或環道 (loop road) 配置的。在居住用地中高一個層級，就是混合居住單元簇群，結合了開放空間與遊憩元素 (如遊戲場與游泳池)、公共設施如學校或社區中心，和社區運輸系統 (如收集道路，或幹線道路與公車路線) 來構成一個「鄰里」。一個「鄰里」的直徑約為 0.5 至 1 英里。鄰里組織成為「村落」；村落中的商業中心有藥局、雜貨店，與其他的商店；更多的市民活動 / 公共設施 (如國中或高中、教堂或猶太教堂)；一個開放空間 (如大遊戲場、村落的綠地，與湖泊)；此外，在村落中心或鄰近村落中心的住宅密度也較高。步行 / 自行車動線系統將鄰里之間互相連結，並將鄰里與開放空間、村落中心相連結。村落中心是街道與公共運輸系統上的一個節點。將村落簇群組合後就形成了市鎮，其中包了村落和鎮中心；鎮中心包括了層級較高的零售、辦公，及市民活

動與公共設施使用。徒步、自行車、汽車，與公車的動線網路，加上市區綠道及開放空間網路，將鎮中每個部分都連接到一起 (Hoppenfield 1967)。

運輸導向開發也可以視為新都市主義於區域尺度中的基本建構材料 (Calthorpe and Associates 1990; Calthorpe and Fulton 2001)。第一章的圖 1-8 說明了 TOD 如何像項鍊串珠一般的沿著都會區域運輸系統分佈，可用來闡述這個概念。

西雅圖運用了另一種方法，它是在運輸系統的周邊組織各種類型的都市村落，成為都市的居住用地，這也關聯到了該都市的就業與商業地區 (參見圖 13-5)。

另一種將各種鄰里類型組織成社區結構的模型，稱為「橫斷方法」(參見 Duany and Talen 2002；參考第七章)。一個都市地區的橫斷政策，就是人類居住地的政策分區階層：從都市核心，向外拓展到都市——鄉村交界處。此時，土地使用設計面臨的挑戰是要設計適合不同政策分區的居住土地。舉例來說，具較高密度、混合使用、中心鄰里類型 (Brower 1996)，或會適合橫斷上的「都市中心分區」(參見第七章的圖 7.3)；如 Randall Arendt (2004) 所建議的，具備較低密度、簇群式設計的住宅村落，最適合做為「都市郊區」或「鄉村區域」。「市鎮鄰里」的新傳統鄰里設計 (根據 Brower 的分類)，則可能最適合於橫斷中的「一般都市分區」。因此，橫斷概念基本上是主張各種鄰里類型都會有合適的分區；每個居住土地都應該有適合它自己的分區；居住土地及其區位需相容於規劃之社區空間結構。然而，可步行之尺度、行人導向的氣氛、多樣化地混合居住單元與住宅服務使用，和具機能性吸引人的公共領域，這些原則適用於每一種鄰里用地的類型。

Duany 與 Talen 表示，橫斷所衍生之居住用地設計方針，就如同自然生態的原則 (Van der Ryn and Cowan 1996)。首先，在整體生態地景中，各個不同的生態系統會出現在最適合它們發展的地方。第二，每個棲息地都會有適當的實質環境成分之混合比例，這些成分可以支持居住在那裡的生物。第三，每個棲息地都有某種程度的內部多樣性或複雜性，藉以能夠適應環境的變遷。第四，人類生態原則不僅適用內部鄰里尺度，也適用於社區或區域的尺度。舉例來說，鄰里與較大的都市地點

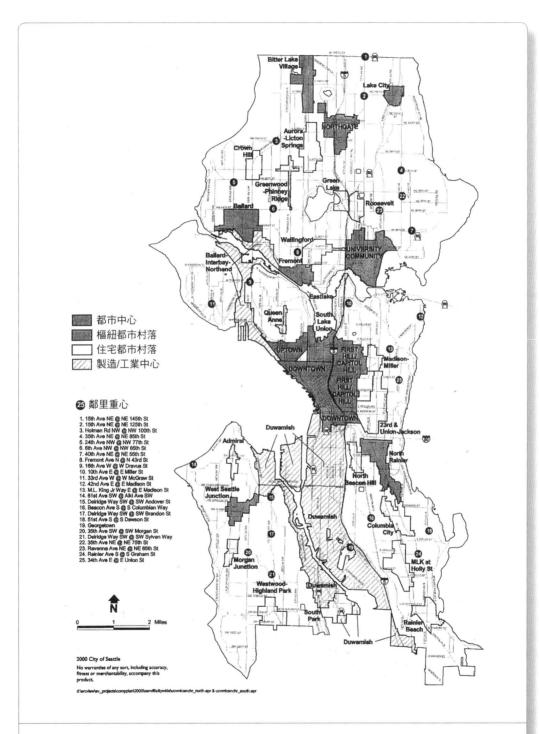

圖 13-5 ▎西雅圖的「村落」群

資料來源：City of Seattle 1994, 修訂至 2002 年。

都應該納入一個或多個核心 (活動節點)、多運具的動線系統、多用途開放空間系統,和公共與私人的空間領域。也就是說,住宅社區設計必須要在兩種規模下進行:鄰里規模,即在多樣鄰里中進行;以及更大的社區與區域尺度。

居住用地的規劃過程

　　在第十章已經解釋過土地使用設計程序的五項工作,應用在設計社區土地使用計畫的居住用地時,就如應用在開放空間與活動中心一樣,五項工作需要做些修改。修改後結果是在三個主要階段中納入這五項工作的程序,但是它們的順序改變了。

　　第一個階段,就是要製作縮小尺度的設計草案,利用圖示說明展望之未來社區居住用地。這個設計或會根據之前討論的一些概念,和規劃團隊訂定的設計原則 (這是在一般設計程序中的工作一)。它不但要包括整個社區的設計草案,還要包括在社區計畫草案中,若干種鄰里類型的內部配置設計草案。這個最起始的階段,可視為三次探討在第十章說明一般設計程序的第五項工作 (設計都市形式) 中的第一次,它也包括了研擬設計與區位原則 (這是一般設計程序的工作一,參見圖 10-1)。

　　在第二階段中,規劃師調整這個簡圖版本的計畫,讓它能配合規劃轄區的特性。這是個兩階段的工作。首先,規劃師針對第一階段設計草案展望的各種鄰里類型,應用第一階段訂定的設計與區位原則,繪製可利用土地之適宜性分析地圖 (這是一般設計程序中的工作二)。完成了這個工作之後,接下來就是第二次探討都市形式的設計 (一般設計程序的工作五)。利用這個方式,規劃師調整計畫草案使草案能夠符合各項要求,包括:規劃轄區特定的地理特性、暫訂之未來運輸系統、自來水與污水服務範圍的擴張方案、預定各類活動中心之整體配置,和土地政策計畫中指出的成長範圍。這個階段至此,得到的設計成果包括一般鄰里區位、它們暫定的邊界,和它們與社區多元運具運輸系統、社區開放空間系統之連結。這個預定的設計尚未調整出設計所暗示的容量,也還沒有平衡未來人口之空間需求。

　　第三個階段包括評估未來住宅與相關設施的空間量需求 (一般設計程序中的第三項工作)、評估第二階段設計草案中各種鄰里的容量分析 (第四項工作)，及應用設計草案中各種預定鄰里之空間需求分派 (再次回到工作五)。此階段調整與確認應用社區設計草案，確保有充分與適當的空間容納計畫之人口、經濟活動、社區設施，和基磐設施。

　　完成的土地使用設計提供未來住宅社區公私部門開發的指引。這個計畫強調兩點：第一，它是社區規劃團隊共同的努力成果。規劃師只是團隊中的一員；團隊之中，還需包括開發產業的代表，與鼓吹鄰里利益的人。第二，這個設計並不是要左右特定鄰里的設計，而是提出一般鄰里類型的架構，及鄰里在社區住宅 / 設施 / 運輸網路中的區位。該計畫可以指導社區設施與基磐設施、小地區計畫，與開發管理方案的公部門投資；更重要的是它也能指引私部門調整策略，以迎合市場偏好。

 第一階段：製作居住用地願景的草案模型

　　第一階段要替未來社區想望的居住用地製作無比例尺的草圖。這個設計基於規劃團隊從社區參與的探索中對社區功能之詮釋、組成社區的成分、前述各種模型，再加上擬訂的設計原則 (如以下之討論)。此設計有兩種尺度：整體社區的設計草案，和社區設計草案中若干個鄰里類型的內部配置草案。這些鄰里設計，就很類似接續的小地區規劃過程的第一步。

社區居住用地的設計與原則

　　需要將許多鄰里組織成圖案形式或整體配置，形成全社區的設計，因此才能具備超越鄰里所能提供之住宅功能。本章第一部分所提到的住宅概念，提供規劃團隊初步的想法，規劃團隊也能在相關文獻中找尋其他的構想。此外，第十章所所提到一般性原則，和以下將提到的具體原則，都建議出適用於社區設計的指導方針類型。最後，參與個別社區規劃過程的人員，需要訂立自己的設計原則。他們或許會從下列幾點開始著手：

- 社區應該要包括多樣化的鄰里類型，以容納所有家戶類型之住宅需求與偏好，並能讓家戶能選擇居住的地區。

- 社區尺度之設計，應成為鄰里尺度居住用地在區位劃定、一般邊界，和連結性之依據。

- 此設計應該要能改造現有的建成環境，使用的方法包括：填入式開發、保護具生命力的現有鄰里、活化機能不彰的鄰里、非住宅空間轉變為住宅，並且加入新的能以模矩式擴張部分。

- 現有鄰里的變遷應該要能反映社區各項需求，包括住宅類型、商業服務，與公共設施；也要能敏銳地隨著鄰里居民的價值觀、生活方式與活動模式，與既有實質環境特性，與區位之象徵價值做調整。

- 鄰里居住土地的系統應整合多元運具運輸系統，便利性與可及性之衡量方式並非僅與車輛有關，而是要將選擇徒步、自行車，或大眾運輸系統等之便利程度列為考量。

- 社區設施的地點，要能提供合理的服務範圍——有些是為了都會的規模，有些是為社區的尺度，有些是為鄰里服務——並能提供現有鄰里與新鄰里適當之可及性。

- 住所與居住用地的座落地點，需要有多餘的社區設施與基磐設施容量；以及延伸或擴大既有設施，或全新的設施都能有效提供服務之地點。

- 未來社區的任何地點都應能得到社區設施之服務；公平地提供公共設施、服務、購物，及就業地點至所有的鄰里，並能達到社區目標界定之服務水準與可及性。

- 鄰里尺度的居住土地系統應與開放空間網絡整合，創造出鄰里的邊緣、遠景 (vistas) 與全景 (panoramas)；在避開危險區位與脆弱生態系統的同時，還能夠通達主動和被動的遊憩地點。

- 用階層狀或格子狀的空間系統來排列鄰里。舉例來說，鄰里或會聚集並連結成為「村落」；村落在連結後或會形成「鎮」或「市」。於是各種鄰里類型在橫斷面上就會有階層高低的差異；考量其與市中心與其他的活動中心的關係，每個鄰里都會有其適當的位置。

- 鄰里應座落在適宜實質條件的土地上，並配合該土地的形狀，以保護開放空間，減少負面環境衝擊並保育自然資源。

- 設計中應該考慮設施之共同使用，可將設施分派到各個鄰里，或配置在分別的地點以供多個鄰里使用。舉例來說，若干個中心鄰里聚

集商業核心周邊，或是數個城鎮鄰里圍繞在村落中心附近。

- 提供居民能前往自然環境、公園，與開放空間的路徑。

鄰里內部的居住土地設計原則

這個原則是用來指導鄰里內部之設計，對於小地區計畫與開發管理方案特別重要。然而，這些原則在社區尺度土地使用設計中也扮演關鍵角色。它們對鄰里規模、要納入的土地使用與設施、實質環境特性，及綠地和運輸間的關係提出建議。以下所列的原則再加上第十章的一般設計原則，都是規劃時可以引用的參考。在此提出的原則，是根據相關鄰里設計的文獻及前述之模型，然而參與特定規劃的工作人員還是應研擬自己的原則。一個鄰里單元，應該要：

- 設計成居住單元、支援住宅生活的土地使用(商店、餐廳、銀行、托兒所等)、地方社區設施(學校、兒童遊戲場等)、多運具動線設施，及地方開放空間(公園、社區綠地等)的組合，如此才能支援所有的住宅活動，包括娛樂與遊憩、社交、購物與顧客服務、教育，甚至就業。

- 包括各種類型、面積，與居住時間的住宅，配合許多生命週期與收入的家戶。

- 人類尺度的設計。這意味實質動線系統與尺度，都要能適合人們步行。換句話說，走道必須連接良好的連續路網，直接連到住宅、學校、零售設施、社區建築、工作、遊憩、開放空間，與公車站，並且提供著舒適的徒步氣氛。自行車道對徒步路網也有正面的輔助作用。採用人類尺度同時也意味著設計開放空間網路時，應注意到人體比例、身體安全、感受的安全、徒步的寧適，和人與人接觸的機會。為了要滿足人類的尺度，也就是說要納入了不同層級的徒步分區；每個分區以適合一般居民的步行距離劃分。對小規模鄰里來說，這個徒步分區是五到十分鐘的步行範圍，可以前往鄰里的核心區或通勤的接駁地點。五分鐘的步行距離可以從核心區走到鄰里的外圍，大約是 1,500 英尺；涵蓋面積約為 160 英畝。稍微大一點的徒步分區會再增加 1,000 英尺的步行距離，也就是加入穿越核心區的距離或是在核心區內的步行距離，所根據的假設是人們可能會想

在安全、舒適的環境中多走個 1,000 英尺，把商業的核心區也納入步行的範圍中。這兩個徒步分區加起來，大約是 230 英畝。更大的徒步分區是以孩童們走到鄰里學校之距離來定義的，安全的步行環境約是 0.5 英里或十分鐘之步行距離，涵蓋面積約 500 英畝。以下是建議劃分徒步距離的標準 (Nelessen 1994, 156)：

社區核心	直徑 1,000 英尺
鄰里核心與鄰里邊緣之距離	1,500 英尺
住家與公共運輸車站的距離	1,300-1,500 英尺
住家與社區設施、學校，或遊憩地點的距離	1,500-2,000 英尺

這個距離在某些情況下會更長。舉例來說，如果有自行車與汽車流動，從鄰里核心到邊緣之距離可以從 400 英尺延長到 5,000 英尺。然而，80% 到 90% 的居住單元應位於距核心地區 1,500 英尺的步行距離內 (Nelessen 1994, 157)。如果提供公共運輸，徒步範圍還會擴大。

- 與社區運輸系統要有著絕佳的連結，但應避免起、迄點不在鄰里內的交通干擾。

- 將公共空間系統 (public-space system) 綜合地納入設計之中，包括街道與其他路徑系統、廣場、綠地等等；公共與私人空間的關係 (規模 / 尺度，與街道和其他公共空間之位置)；視覺 / 意象創造元素，如地標、目的地、路徑、遠景、邊緣、本質，與各組成成分間的連結。

- 能容易地通往開放空間系統，包括了私人開放空間 (庭院、花園)；鄰里內部公共使用的開放空間，如遊憩公園、社區綠地，與公共區域、都市廣場、綠道 / 林園道路、街道路權範圍，與生態系統、社區外緣、緩衝區，與視覺資產 (visual assets) 等在鄰里周邊的開放空間。

- 街道不但是公共環境的中心，也是人、車使用的多用途公共空間。因此，街道包括車道、停車空間、路側人行道，和自行車道，提供建築物與社交、遊玩等活動的場景。因此，街道必須視為公共開放空間系統的一部分。街道、路側人行道，與自行車道要連結成密集

的路網。

- 鄰里的原則與標準要配合鄰里類型與居民來研擬。因此，理想的鄰里面積會隨其狀況而有不同，期望的土地使用與設施之組合也會不同。舉例來說，中心鄰里並不需要容易地通往學校，區域邊緣低密度住宅鄰里中的居民，可能也不會步行一大段路去使用大眾運輸。
- 具有能適應條件變遷與居民變遷之能力。
- 有強烈的地點感。這就是說，鄰里要有其核心或其他社區焦點，這是整個鄰里中最重要的。核心應位於中心位置，能便利地通往鄰里各個角落。它應該要包括均衡的商業、市民活動、社交、與住宅使用；綠道或廣場等開放空間；或許還包括公共運輸車站。

Anderson (2000)；De Chiara 與 Koppelman (1982)；De Chiara, Panero 與 Zelnik (1995) 提供了鄰里設計的標準，這個標準中包括密度、可及性與動線。

 ## 第二階段：調整草案，以符合規劃轄區之範圍

第二階段是前後的兩項工作，包括繪製適宜性地圖 (一般設計程序中的工作二)，接下來是製作所謂「適用的設計草案」(這是對工作五的第一次調整)。換句話說，規劃師在之前第一階段居住用地願景中提出的設計草案，配合規劃地區的特定地理特性、暫定之運輸系統、擴張自來水與污水服務範圍計畫、預定的活動中心群落之配置；假使有的話，再加上土地政策計畫指定的成長範圍。事實上，的確有可能將第一、二階段合併，方法是藉由適宜性分析和設計原則，直接製作出設計計畫；而不是在第一階段先製作簡略的願景草圖後，才進行入到第二階段。無論如何，第二階段的成果應該是個鄰里的社區配置，包括鄰里類型、大致的區位、暫定的界線，社區多運具運輸系統，與開放空間系統之連結。雖然該設計能配合特定的規劃地區，但是它仍然只是個設計草案，因為此時它尚未調整以平衡空間之需求與容量。

繪製住宅地區的適宜性

運用類似開發商業與就業中心的作法，規劃師針對已開發地區、開發中地區，和未來將開發的新規劃地區繪製空地與更新土地的相對適宜

性分佈圖。適宜性的分佈形式是根據前階段設計原則中各因素之地理分佈形式決定的。依據設計原則,各種適宜性因素會包括可及性、免於災害之危害、鄰近服務與社區設施、都市服務延伸的成本、基磐設施的剩餘容量,和可供利用的空間等。在適宜性分析中評估規劃的地景特性,為各類型與規模的鄰里繪製適宜性等級。這個工作包括修正既有之鄰里、完成已部分開發的鄰里,和在都市邊緣或現況不是住宅的地區開發新的鄰里。適宜性分析會考量預定的活動中心區位、社區設施、運輸系統、計畫的開放空間網絡,有效率的基磐設施擴張,和環境保護。

設計一份適用的土地使用設計草案

在完成了設計原則、未來要納入的標準鄰里類型清單,和每一種鄰里類型的適宜性地圖後,規劃師就調整大致的設計草案,使其能夠符合規劃地區的特性、各個活動中心網絡之設計、運輸與社區設施和開放空間。可以開發出多種替選的方案,每個方案都顯示出各鄰里類型在空間上的配置,並在替選方案中標註計畫要容納的家戶類型、條件之優缺點、已開發與部分開發鄰里的支援設施,與運輸系統、商業與就業中心、開放空間的關聯等。這個設計應該要提供各種住宅類型、區位與鄰里類型,並提供充分土地以容納預計的未來人口數(雖然後者在以下第三階段才會討論)。

第三階段:配置草案的調整與確認

第三階段是要為未來的住宅與相關住宅設施,進行量化空間需求評估(一般設計程序中的工作三)、分析前述設計草案中各鄰里之容量,應用設計草案將空間需求分派到各計畫鄰里之居住用地(這是一般土地使用設計過程中的工作三、四,五)。這個步驟是要確保有足夠與適當空間,以容納預計未來之人口、經濟活動,與基磐設施。

估計未來人口所需之居住單元數

在空間需求分析(工作三)中,計算土地使用設計為了容納未來人口所需之居住單元數與各種居住單元的比例,和其他鄰里設施,如購物、學校,和公園。這些空間的需求是設計草案中分派所需空間至各個鄰里的基礎,能在暫定之分派中,與土地使用設計草案每個鄰里之土地

供給達到平衡。Anderson (2000) 也對各類土地使用與設施，提出估計空間需求之標準與方法。

　　估計未來住宅需求的第一步，是要先估計未來的家戶人口數——這是住宅需求的基礎。住戶就是一群在同一個居住單元中的人們。它通常是家庭 (因血緣、婚姻或夥伴關係或認養關係，使兩個或兩個以上的人住在一起)。家戶也可能是單獨的一個人、一群沒有關係的人共同使用一個居住單元，或一個家庭再加上一個沒有特別關係的人 (如寄宿、員工、寄養子女)。基本上，未來家戶數之估計是從人口估計轉換計算。轉換計算的關鍵因素就是估計的未來平均戶量，這是根據地方、區域，及全國趨勢所決定的，可清楚地反映出未來生活模式 (如婚姻行為、團體生活) 與家庭規模之假設。將人口預測數字除以平均戶量，就得到未來需要住宅之預測家戶數。該數字就是在目標年「未經調整」之住宅需求。

　　接下來，規劃師為了反映空屋存量，將推計值向上調整，使住宅市場能容納居住之變動性 (residential mobility)。空屋率之調整是先以 1.0 減去假設的未來空屋率，再將家戶數除上這個調整係數。舉例來說，如果空屋率預估為 4%，這個調整係數就是 1.0 減去 0.04，得到 0.96。舉例來說，如果推計之家戶數為 7,407 (表 13-2 的第三列)，調整的住宅需求估計就是 7,407 除上 0.96，得到 7,716 個居住單元。這個數據是目標年 7,407 家戶所需之居住單元數。

　　下一個工作是，規劃師估計目前住宅總量中繼續做居住使用的數量。目前住宅總量會因為種種原因在規劃期程中減損；舉例來說，如火災或其他災害、廢棄、鄰里更新或公共建設計畫、轉換為辦公室等非住宅使用，或合併成較大的單元。規劃師利用對趨勢之觀察、土地使用設計中的商業與就業中心提案、其他再開發計畫和判斷，估計現有住宅總量預期的減損數。從現有的住宅總量中扣除這些減損數量，就得到「留存的現有住宅總量」估計值。如果目前總量為 3,700 個居住單元，規劃師估計其中會損失 350 個單元，結果就是現有存量中將會保留 3,350 個居住單元 (參見表 13-2 的 6-8 列)。總數 7,716 居住單元減掉 3,350，得到的估計值是 4,366，取整數是 4,350；這個數字就是規劃目標年所需之新居住單元數。表 13-2 例子中，其中第 10 列是在目標年的土地使用設

表 13-2

所需新居住單元總數之計算，20×× 年

步驟之順序	舉例之數字
1. 20×× 年人口預測	20,000 人
2. 除以未來平均家戶戶量	2.7 人 / 家戶
3. 結果：規劃年期結束時之家戶數估計值	7,407 家戶
4. 除以空屋調整比率	空屋率調整為 0.96
（等於 1 －空屋率；如，1 － 0.04 ＝ 0.96）	
5. 結果：規劃年期結束時所需住宅總量之調整後估計值	20×× 年，居住單元數為 7,716
6. 規劃初期之現有住宅數估計值	3,700 個現有居住單元
7. 減去規劃期間住宅減損數	減損 350 個單元
火災等　　　　　　100	
鄰里更新　　　　　50	
轉換成非住宅使用　125	
廢棄　　　　　　　50	
其他　　　　　　　25	
8. 結果：20×× 年存留的現有房屋數	3,350 個存留的居住單元
9. 結果：20×× 年需要增加住宅數的調整估計值	20×× 年，增加 4,366 個新居
（所需總數減去現有住宅之存留數）	住單元，取整數為 4,350
10. 結果：土地使用設計未來需要容納之住宅總量	7,716 個居住單元，取整數為 7,700

計中，需要容納的總居住單元數，取其整數為 7,700。

　　假使規劃資訊系統能針對未來人口提供充分的資訊，規劃師或許可以將未來住宅總量依消費者類別來區分。舉例來說，他們或會估計未來各種家戶類型與規模的人口比例。如果能按此操作，就可以將居住單元總數按照家戶類型來區分居住單元類型（獨戶獨棟、連棟街屋、公寓）、按密度區分，或是照最適合該家戶類型之鄰里類型來區分。

鄰里組成成分之容量分析

　　規劃師計算在設計之中，各個鄰里單元可用的土地供給量（一般設計程序的工作四）。這些估計值代表未來用來容納人口之土地面積。之後，結合這些可用的土地與假設之未來密度，就能決定鄰里的容量——鄰里容納居住單元與人口之上限值。

分派未來所需之住宅，至土地使用設計草案中之居住用地

在此工作中，規劃師分派未來所需之居住單元至土地使用設計草案中的各個鄰里，分派規模不應超過那些鄰里所估計的容量。工作中，規劃師不僅要估計分派的居住單元所需之土地面積，還需要估計支援居住地區土地使用與設施之土地面積。土地分派應該要能反映在高度開發鄰里中，其他使用土地之填入與轉換；填滿正積極開發中的鄰里空間；以及在轉換地區的非都市土地中，開發全新的鄰里；同時，也會考慮到繼續使用既有之住宅。

規劃師或會運用類似如表 13-3 的試算表，來建構這個工作。此試算表之設計，是將未來所需之居住單元數量分派至住宅鄰里的居住用地，並確保各個居住用地有適當的土地規模容納分派的居住單元。在第一欄列出了適用設計草案中所預定的居住用地，或鄰里之組成成分。

居住用地可區分成為幾種類別。在表格中說明了其中的兩類：(1) 在已開發住宅地區設置計畫之鄰里，這包括在預定再開發的地區保留大部分的住宅，會加蓋新的住宅，或許還會增設一些鄰里性的支援設施；(2) 新的鄰里。欄中所列出辨識居住用地的名稱，應該要與土地使用設計草案地圖上的名稱一致，如此規劃師就能輕鬆地將表格中各橫排的資訊，連結到土地使用計畫中規劃的鄰里。

在第二欄中，規劃師開始分配土地使用設計中未來會保留的現有住宅。幾乎所有在這一欄的住宅都是第一類的鄰里，並反映在表 13-2 之中所估計「減損」居住單元之地理分佈。此欄中鮮少或不會有住宅是在計畫的新居住用地中。在第三欄，規劃師分配新的居住單元至設計草案中預定的現有及新居住用地。第四欄記錄了土地使用設計中，各居住用地的居住單元總數，當中包括了新的及保留的居住單元。要注意的是，分派的保留住宅數、新住宅數與住宅總數是在第二、三、四欄的最下方。這些總數應該要與下面的控制總量一致。控制總量是從表 13-2 取得的。

接下來這兩個部分的欄位 (範例表格中的第五到十三欄) 幫助規劃師執行兩件工作。第一部分說明各種不同住宅類型之細分；第二部分則記錄了容納這些居住單元所需的土地面積。在新居住用地的部分，這些土地包括了支援設施與運輸所需之土地。每個居住單元類型都有個平均

表 13-3
分派未來的新居住單元與土地面積至預定的居住用地，20XX 年

住宅地 (1)	居住單元			20XX 年各類型新居住單元數			新住宅地所需大小				保留住宅地面積 (12)	總需求土地 (13)	土地使用設計中可用土地 (14)
	保留單元數 (2)	新單元數 (3)	總單元數 (4)	公寓 (5)	連棟街屋 (6)	獨戶家庭 (7)	轉換 (8)	公寓 (9)	連棟街屋 (10)	獨戶家庭 (11)			
已開發或開發中地區的鄰里													
中央鄰里	200	100	300	60	10	0	3	2	2	0	20	27[a]	25
東區鄰里	1000	200	1200	100	60	20	5	15	9	5	145	179	200
西南區鄰里	700	500	1200	100	50	350		10	10	100	140	260	280
西北區鄰里	500	200	700	40	60	100		5	10	30	160	205	220
北區鄰里	900	100	1000	25	25	50		5	5	20	220	250	260
小計	3300	1100	4400	325	205	520	8	37	36	155	685	921	985
新住宅用地													
A. 步行（公共運輸混合使用）	40	600	640									70	70
B. 新傳統鄰里	10	1400	1410									320	350
C. 都市郊區鄰里	0	650	650									150	175
D. 都市郊區鄰里	0	600	600									200	220
小計	50	3250	3300									740	815
總計	3350	4350	7700									1661a	1800a
控制總量	3350	4350	7700										

[a] 代表商業與辦公室空間以上樓層的 100 個居住單元

的密度，可將分派的單元數轉換計算為空間需求。這兩個部分的欄位數，反映出規劃師分類居住單元的詳細程度。

藉著應用密度的假設，第一部分分派的居住單元轉換成為所需的土地面積；其中，土地使用設計中會假設密度是隨居住單元而改變，或許也會隨著鄰里類型而改變。也就是說，相同的住宅類型 (如獨戶住宅) 會因座落的鄰里區位與類型，假設會有不同的密度。表格中的某些欄位中，規劃師或會用淨密度；而在其他的欄位則會用粗密度。也就是說，對已開發地區 (表格較上方的部分) 使用淨密度或許比較恰當，因為街道和大多數的支援設施都已存在。住宅淨密度是指實際住宅使用每英畝的居住單元數，沒有包括街道與鄰里社施之土地。住宅粗密度較適合目前尚未完全開發的居住用地。粗密度中包括了做為淨住宅使用的土地面積，再加上街道、巷弄，和其他路權範圍，以及剩餘不可開發土地。在計畫中提出的全新居住用地 (表格靠下方的類別) 較適合應用鄰里粗密度，它不僅包括了街道和其他計算住宅粗密度的土地，也包括地方性購物、學校、鄰里公園、街道與人行道、停車場，與永久性開放空間。對新居住用地而言，規劃師可為每一種預定的居住用地，套用一個平均的「居住用地類型」鄰里密度，把這個鄰里密度運用在分派所有居住用地的居住單元 (例子參見表 13-1) 上。換句話說，針對特定的住宅用地組成部分，規劃師應用最適合的密度概念。

使用不同密度概念背後，是具深層涵義的。淨密度或許比住宅粗密度高出了 20%；而後者或許會比鄰里粗密度再高出 20%。舉例來說，連棟街屋的淨密度或許是每英畝二十個居住單元；粗密度會是每英畝十六至十七個單元；鄰里粗密度就是每英畝十三個居住單元。需要注意的是，鄰里粗密度並沒有包括在地區規劃目的中，計算「都市密度」(city density) 之項目；這些項目包括就業與非地方性商業中心、區域設施、開放空間，和區域運輸等。表 13-4 是都市地區中的典型密度，但規劃師依特定條件來選擇適合的密度。舉例來說，小型都市與城鎮，密度通常會比表格中的數字為低，而這種情況也同樣發生在都會區的邊緣。規劃師應該調查地方、區域，與全國密度及住宅類型之趨勢。表 13-3 的欄 13，記錄了在前面欄位執行土地分派所需之總面積。

表 13-4

典型的居住密度

居住單元類型或鄰里類型	各種密度概念 (每英畝居住單元數)		
	淨密度	粗密度	鄰里密度
獨戶家庭	最高到 8	最高到 6	最高到 5
零地界線,獨棟獨戶家庭	8-10	6-8	6
兩戶家庭,雙併	10-12	8-10	7
連棟房屋	15-24	12-20	12
連棟街屋	25-40	20-30	18
無電梯的公寓	40-45	30-40	20
六層的公寓	65-75	50-60	30
高樓公寓 (十三層)	85-95	70-80	40
混合使用鄰里 (如 Kentlands、Radburn)			4.5
較高密度之運輸導向鄰里 (TOD)			20.0

資料來源:摘錄自 Calthorpe and Associates 1990; Lee and Ahn 2003; Lynch and Hack 1984, 與各種混合使用鄰里計畫中之估計。

　　規劃師比較預定居住單元所需的總面積,與土地使用設計草案中居住用地可用之土地面積。土地使用設計草案預定居住用地可用之土地,請見表 13-3 最右側的欄 14。這些可用土地是從土地使用設計草案中測量出的。這些土地不包括已被暫時預設為開放空間、基礎就業、商業中心,及社區設施使用之土地。所需之土地面積 (欄 13) 應該要接近、最好是少於可用的土地面積 (欄 14)。如果所需土地與可用土地之大小差異過大,規劃師就需要改變各個居住地區之的分派量、住宅類型的混合、預定之密度、增減居住用地的數量與規模,或針對設計與居住單元分派合併使用前述各種調整措施。

增設地方性支援設施以設置住宅社區

　　如之前建議的,土地使用設計需要在居住用地中提供區位與空間來容納地方購物與銀行;美容;娛樂;社區設施,如學校、兒童遊戲場、社區中心、警察與消防局等;教堂、猶太教堂、清真寺,與俱樂部等機構;以及相關遊憩與環境保護的開放空間。對預定新鄰里而言,計算時利用鄰里密度,就能提供充分空間以容納上述設施。然而,當規劃師在

計算中利用住宅淨密度與粗密度，來填滿現有鄰里及社區未完全開發的空間時，就需再增加這些土地使用的空間。鄰里類型草案及特定鄰里的小地區計畫中，也應該要提到這個部分。規劃師需要仔細清查都市中各鄰里或地區對這些設施之需求，並且在適當區位，分派充分的空間給這些設施。

地方性商業使用

地方性商業使用之空間需求評估，應根據下列三點：既有鄰里與社區尺度中心的形式、居民對購物機會之滿意度，和稍早完成的商業空間結構初步設計。在表 13-5 中提供了一些空間需求標準。對每個居住用地模矩單元 (鄰里、村落，或其他住宅設計單元) 而言，規劃師應估計空間需求，並指派區位給地方性企業。為了計算空間需求，規劃師可以將分派的居住單元數乘上平均戶量，估計居民人口數。在土地使用設計中指定地方性的購物地區，可以用個圓圈或其他圖案指出一般、非特定之位置。對全新的住宅用地來說，選定地方購物地區的特定位置，可能要延後到小地區計畫或開發提案時才會處理。

學校

雖然未必是所有居住用地概念類型都會考量的，但學校仍是個重要的考量項目，尤其是服務住戶有小孩的地區。學校類型與決定其區位，混合著教育政策與土地使用原則；其中是以教育政策為主。舉例來說，教育政策決定了學校提供的年級範圍 (如幼稚園到六年級、七年級到八

表 13-5
地方性零售空間之需求

在住宅社區的鄰里人口規模	結合社區與鄰里的購物地區，每 1,000 人之停車比例[*]		
	1:1	2:1	3:1
5,000	0.5	0.7	0.9
2,500	0.6	0.8	1.0
1,000	0.9	1.1	1.5

[*] 在此處停車比例之定義，是停車空間 (平方英尺) 與樓地板面積 (平方英尺) 之比值。
摘錄自 DeChiara, et al. 1995.

年級，九年級到十二年級)，及每種學校類型的理想招生人數與設施。舉例來說，教育和一般公共政策決定學校基地內適合的活動類型，包括非關學校之遊憩活動、社區聚會，與成人教育。每個學校所需之土地面積決定於註冊人數、希望設置之設施，和學校系統之標準，這可以透過學校董事會來取得。然而，各學校學區劃分，多少受到了土地使用的影響，這包括學齡人口密度、住宅密度，及教育土地使用規劃之傳統可及性標準。校方董事會採用校車接送與其他評估標準，也必須一併考量，因為它們會造成更多的區位選擇。因此，規劃學校設施的程序涵蓋現有學校的研究、招生人數推計、開發區位與空間需求標準，及董事會之意見。為平衡這些考量項目，土地使用規劃師可能會強調區位、步行 / 自行車分區之可能性，以及相較於最小基地規模，做為戶外遊戲空間與社區聚會地點等多用途使用之可能性。

地方規劃團隊是受學校董事會的指導，有時還依據全州的指導方針，根據地方住宅密度及預期不同鄰里類型的平均每戶學齡兒童數，對入學人數、校地面積、服務範圍，及校地數目，建立土地使用的指導方針。表 13-6 的標準就是個被普遍採行的標準，可做為設定地方標準的參考。規劃師或許會考慮採用 Engelhardt (1970，如表 13-1)、Council of Educational Facility Planners, International (1991)，及各州教育單位提出的學校地點的評估標準。如果想要進一步討論預測學校註冊人數的方法，及其對學校設施規劃之影響，請參見第八章。

遊憩與開放空間

遊憩土地使用涵蓋了各種設施種類，每項設施都有獨立的區位與空間需求。服務地區範圍小的遊憩設施，對居住用地的規劃特別重要，例如幼兒遊樂區、遊戲場、地方性停車場，與遊憩中心。然而，服務範圍擴及全社區與區域的遊憩設施，也是整體土地使用設計用來補強地方遊憩的重要考量。舉例來說，棒球場、體育場、運動場等體育與文化活動的展覽場地設施，會吸引大批觀眾，需要可直接通達公共運輸與主要高速公路的區位。其他區域遊憩設施，如高爾夫球場、商展場地、植物園、動物園、森林保護區，和國家公園，尤其需要適當的實質環境及良好通道。郊遊、登山、自然環境中的健行、划船、趣味競賽等，供個

表 13-6
選擇學校基地之建議標準

假設的人口特性	幼稚園	小學	國中	高中
	每 1,000 人或 275-300 個家庭中，有 60 個幼稚園學齡兒童	每 1,000 人或 275-300 個家庭中，有 175 個小學學齡學童	每 1,000 人或 275-300 個家庭中，有 75 個初中中學齡學生	每 1,000 人或 275-300 個家庭中，有 75 個高中中學齡學生
學校規模				
最小	四班 (60 個兒童)	250 名學童	800 名學生	1,000 名學生
平均	六班 (90 個兒童)	800 名學童	1,200 名學生	1,800 名學生
最大	八班 (120 個兒童)	1,200 名學童	1,600 名學生	2,600 名學生
服務人口				
最小	四班；1,000 人 (275-300 個家庭)	1,500 人	10,000 人 (2,750-3,000 個家庭)	14,000 人 (3,800-4,000 個家庭)
平均	六班；1,500 人 (425-450 個家庭)	5,000 人	16,000 人 (4,500-5,000 個家庭)	24,000 人 (6,800-7,000 個家庭)
最大	八班；2,000 人 (550-600 個家庭)	7,000 人	20,000 人 (5,800-6,000 個家庭)	34,000 人 (9,800-10,000 個家庭)
需求面積				
最小	四班：4,000 平方英尺	7-8 英畝	18-20 英畝	32-34 英畝
平均	六班：6,000 平方英尺	12-14 英畝	24-26 英畝	40-42 英畝
最大	八班：8,000 平方英尺	16-18 英畝	30-32 英畝	48-50 英畝
服務範圍				
理想	1-2 個街廓	1/4 英里	1/2 英里	3/4 英里
最大	1/3 英里	1/2 英里	3/4 英里	1 英里
一般區位	鄰近小學或社區中心	鄰近住宅區的中心；鄰近其他社區設施	鄰近居住單元集中的地區，或住宅區的中心；遠離主要幹道	位於交通便利之處；最好是能鄰近其他的社區設施；臨接停車場

注意：這些標準是當設定地方性標準的基礎。但是，仍應適當地調整以反映地方性教育政策、土地使用計畫中預定的住宅密度，以及平均每戶學齡兒童數。

摘錄自 DeChiara and Koppleman 1982, 374-75, and DeChiara, Panero, and Zelnik 1995, 208-14.

人、家庭，與其他較大團體的主、被動戶外休閒活動，會需要較大的地點並投入充分的資金。

由 National Recreation and Park Association (NRPA) 制定的標準，是最廣為地方政府所接受的 (Lancaster 1983; Mertes 1995)。NRPA 為了遊憩設施系統的層級提出指導方針：迷你公園 (minipark)、鄰里公園、社區公園、區域公園等，再搭配某些地方或區域的開放空間類型，如帶狀公園、保育區、特殊用途的公園 (如高爾夫球場、遊艇碼頭，或歷史遺址)。在系統層級中任何一個組成成分，都會分別提出理想的最大服務面積、最小的基地規模、每 1,000 人口至少需要的面積，及理想的基地特性。在此系統層級中，同一個基地能夠容許一個以上的組成項目。

NRPA 建議了一般的最小值，為社區中每 1,000 人就要開發 6.25 至 10.5 英畝開放空間；再加上區域中，每 1,000 人要有 15 至 20 英畝區域遊憩與開放空間。表 13-7 為 NRPA 指導方針之大綱。

NRPA 強調，雖然它們的建議被稱作標準，但社區規劃團隊應將之視為訂立自己標準的「指導方針」。非正式的公園空間需求，未被納入在它們的建議之中。地方的標準應該反映特定社區居民的需求與價值觀，應該是實際上可以達成的，民選官員、派任官員，與大眾能接受的。NRPA 提出評估居民對遊憩需求與機會的程序，並強調在規劃過程中整合這些評估的重要性 (Lancaster 1983; Mertes 1995)。Kelsey 與 Gray (1986) 準備了一份指引以評估特定的遊憩概念與方案。Richman (1979) 則提出了一份社會性的績效標準方法。

在選用了規範基地數量與類型、最小面積，與各設施區位需求的地方標準後，可能會在土地使用設計中包括一張既有與預定的遊憩基地、開放空間地圖。適宜性分析應著重在把剩餘的公共土地、廢棄的學校基地，與扣押的土地做為潛在的地點。開放空間與遊憩地點的需求，也應整合至開發管制中。遊憩設施的區位，尤其是那些未來要開發的新地點，在地圖上就用一個符號來標示設施的類型，與大致的區位。

其他地方性服務設施

為了建造更適居的住宅地區，圖書館與社區中心等設施、警察與消防等公安設施，及教堂與俱樂部等私人機構也都是關鍵。適合這些設施

表 13-7 ▌
National Recreation and Park Association 建議全國遊憩之遊憩與開放空間標準

組成項目	使用	服務範圍	理想的規模	每 1,000 人英畝數	理想的基地特性
地方的、家附近的					
迷你公園	為特別的設施，專門服務某個集中或限定的人群，特定團體	不到 1/4 英里半徑	等於或小於 1 英畝	0.25-0.5	在鄰里之內，靠近群集的公寓、連棟街屋，或老人住宅
鄰里公園／遊戲場	為田徑、球類運動、划船、溜冰、郊遊等激烈的遊憩活動地區，同時也是戲水池與器械式的兒童遊戲區。	1/4 至 1/2 英里半徑，服務人口最多可達 5,000 人（一個鄰里）	15+ 英畝	1.0-2.0	適合密集的開發；鄰里人口容易到達；具有安全的自行車與步行路線之位置；或鄰之中心位置；或能發展成學校——公園設施。
社區公園	具備多元環境品質的地區，可包括適合劇烈遊憩設施的地區，例如體育園區或大型游泳池；也可能是具備自然特性之地區，適合散步、觀景、閒坐、郊遊等戶外遊憩活動；或是以上地區的混合，端視基地的適宜性與社區需求而定。	多個鄰里；1-2 英里半徑	25+ 英畝	5.0-8.0	或許會有自然的景緻，例如水體等，並適合密集開發之地區；能方便地通住所服務之鄰里

住家附近的空間＝每 1,000 人 6.25 至 10.5 英畝

表 13-7（續）
National Recreation and Park Association 建議全國遊憩之遊憩與開放空間標準

組成項目	使用	服務範圍	理想的規模	每 1,000 人英畝數	理想的基地特性
區域空間					
區域/都會公園	具備自然與觀賞價值之地區，適合郊遊、划船、釣魚、游泳、露營、與健行的戶外遊憩活動；可能包括遊戲地區。	數個社區，一小時車行距離	200+ 英畝	5.0-10.0	鄰近或擁有自然的資源
區域公園保留區	具備自然品質之地區，適合觀賞與研究自然環境、野生動植物棲息地、保育區、游泳、郊遊、登山、釣魚、划船、露營、與健行等自然導向的戶外遊憩活動；可能會包含遊戲活動的場地。一般來說，80% 的土地留設為保育與自然資源管理，僅有少於 20% 的土地為遊憩之用。	多個社區；開車一小時距離	1,000+ 英畝，足以涵蓋需要保護與管理的資源	不定	湖泊、小溪、濕地、動植物、與地形等多元、特殊的天然資源

區域總面積＝每 1,000 人 15 英畝

表 13-7 (續)
National Recreation and Park Association 建議全國遊憩之遊憩與開放空間標準

組成項目	使用	服務範圍	理想的規模	每 1,000 人英畝數	理想的基地特性
可以是地方性或區域性的空間，對每個社區都是特有的					
帶狀公園	為登山、自行車、雪車、騎馬、越野滑雪、獨木舟、與兜風等一種或多種遊憩活動的地區；或許會包括遊戲活動場地：所引述的任何活動，都有可能在此帶狀公園中同時出現）	無可用之標準	足以保護資源，並提供最大限度的使用	不定	延著自然的廊道設置，如公用設備讓路的路權線、模糊的界線、植被的形式與道路，它們會連結至構成社區設施中遊憩系統的其他成分，如學校、圖書館、商業區、與其他的公園。
特殊使用	專門或單一用途的遊憩活動地區，如高爾夫球場、自然中心、遊艇碼頭、動物園、植物園、展覽花園、保育區、田徑場、戶外劇場、射擊場、或下坡滑雪場或具備考古重要性之建築物、遺址、與古蹟；也包括落在商業中心、與商業中心或附近的廣場或方場、大道、或景觀園道。	無可用之標準	隨理想大小而改變	不定	位於社區內
保育區	保護與管理自然或文化環境，遊憩的使用是次要的標的	無可用之標準	足以保護資源	不定	視受保護之資源而定

註：雖然被稱爲「標準」，但 NRPA 強調社區應該將之視爲「指導準則」，用來發展出自己的標準。
資料來源：NRPA 建議之分類系統 (Lancaster 1983, 56-57)。

區位之空間，應該要成為整體居住用地設計的一部分；此外，支援這些住宅設施的需求與誘因，也應該是開發管理計畫一部分。

在初步的社區土地使用設計之後

在以上所述的分析層級與設計，是適合用於研擬一般土地使用計畫之用途。更進一步的研究與小地區規劃，需要應用到更精確的估計技術。一般來說，它們需要受過住宅分析與社區設施規劃訓練的人員貢獻出他們的技能。例如，後續的規劃工作可能會包括更完整的住宅市場分析、評估房屋存量的狀況，尤其是為那些老舊的鄰里辨識出不足的鄰里設施。研究可能會更具體地辨識並劃定特定地區，以進行社區重建與再開發。遊憩需求之研究可能會採用參與的手段，納入對使用者的調查。對學校而言，規劃師可能會更詳細地預測學齡人口，更謹慎地分析現有的學校設施。對於地方性購物來說，規劃師要詳細調查地方性企業使用的樓地板空間並研究未來購買力。

結論

進行社區土地使用設計的程序至此，已經將暫定的居住用地設計加入到先前完成的開放空間系統與商業、就業活動中心之空間結構中。替選的住宅設計不僅處理了鄰里內部的組織，還考慮與其他鄰里、運輸路網、開放空間網路，和更大社區商業及就業中心連結的空間關係。就鄰里而言，土地使用設計不僅分派居住單元，還包括了支援的土地使用——公、私部門的基礎設施與服務，如地方購物、遊憩與休閒、運輸、學校與就業。整個設計是希望能照顧到私人與社區整體在永續建成環境中之利益，在此環境中融入公平價值、環境價值，及健全的地方經濟價值，並與適居的社區價值間達到均衡。

土地使用設計在劃定上似乎是要非常明確的。然而，不應該把設計成果看得過度嚴肅，因為它並不是由採納此計畫的地方政府直接執行的。接下來的小地區計畫，或會修正、或會增加計畫中各種活動中心與住宅鄰里設計的特定性。規範、誘因、資本改善，與政府方案在執行時，不見得會與此計畫是一致的。更具影響力的是各種都市開發產業，

他們詮釋這一份計畫並在市場力量的變動中做出回應，因而決定了在土地市場賽局中的開發類型與區位。因此，社區土地使用設計與開發管理計畫，基本上是建立了引導政治政策制定、改善公共資金，與市場的過程，帶領公、私部門的利害關係人參與這些過程；它並不是個過度特定的架構。

　　至此，我們已經討論過了綜合土地使用政策計畫的兩種類型，它們或許就是一個社區計畫網絡架構中的一部分——地區土地政策計畫，與社區土地使用設計。後續的兩章討論另外兩種計畫的類型——小地區計畫，與開發管理計畫。

參考文獻

Anderson, Larz. 2000. *Planning the built environment*. Chicago, Ill.: Planners Press.

Arendt, Randall. 2004. *Crossroads, hamlet, village, town: Design characteristics of traditional neighborhoods old and new*, rev. ed. PAS Report Number 523/524. Chicago, Ill.: American Planning Association.

Barnett, Jonathan. 1982. *An introduction to urban design*. New York: Harper and Rowe.

Barnett, Jonathan. 2003. *Redesigning cities: Principles, practice, implementation*. Chicago, Ill.: Planners Press, American Planning Association.

Brower, Sidney N. 1996. *Good neighborhoods: A study of in-town and suburban residential environments*. Westport, Conn.: Praeger.

Calthorpe, Peter, and Associates. 1990. *Transit-oriented design guidelines*. Final public review draft, September 1990. Sacramento, Calif: Sacramento County Planning and Community Development Department.

Calthorpe, Peter, and William Fulton. 2001. *The regional city*. Washington, D.C.: Island Press.

City of Seattle. 1994, amended through December 2002. *Seattle's comprehensive plan: Toward a sustainable Seattle: A plan for managing growth 1994-2013*. Seattle, Wash.: Department of Design, Construction and Land Use.

Cervero, Robert B. 1998. *The transit metropolis: A global inquiry*. Washington D.C.: Island Press.

Council of Education Facility Planners, International. 1991. *Guide for planning educational facilities*. Columbus, Ohio: Author.

DeChiara, Joseph, and Lee Koppelman. 1982. *Urban planning and design criteria*, 3rd ed. New York: Van Nostrand Reinhoid.

DeChiara, Joseph, Julius Panero, and Martin Zelnik. 1995. *Time saver standards for housing and residential development*, 2nd ed. New York: McGraw-Hill.

Duany, Andres, and Emily Talen. 2002. Transect planning. *Journal of the American Planning Association* 68 (3): 245-66.

Eisner, Simon, Arthur Gallion, and Stanley Eisner. 1993. *The urban pattern: City planning and design*, 6th ed. New York: Van Nostrand Reinhoid.

Engelhardt, Nickolaus L. 1970. *Complete guide for planning new schools*. West Nyack, NY: Parker.

Garvin, Alexander. 2002. The art of creating communities. In *Great planned communities*, Jo Allen Cause, ed., 14-29. Washington, D.C.: Urban Land Institute.

Cause, Jo Alien, ed. 2002. *Great planned communities*. Washington, D.C.: Urban Land Institute.

Grant, Jill, Patricia Manuel, and Darrell Joudrey. 1996. A framework for planning sustain-able residential landscapes. *Journal of the American Planning Association* 62 (3): 331-44.

Hoppenfeld, Morton. 1967. A sketch of the planning-building process for Columbia, Maryland. *Journal of the American Institute of Planners* 33 (6): 398-409.

Kelbaugh, Doug, ed. 1989. *The pedestrian pocket book: A new suburban design strategy*. Princeton, N.J.: Princeton Architectural Press.

Kelsey, Craig, and Howard Gray. 1986. *The feasibility study process for parks and recreation*. Reston, Va.: American Alliance for Health, Physical Education, Recreation and Dance.

Lancaster, Roger A., ed. 1983. *Recreation, park and open space standards and guidelines*. Alexandria, Va.: National Recreation and Park Association.

Lee, Chang-Moo, and Kun-Hyuck Ahn. 2003. Is Kentlands better than Radburn? The American garden city and new urbanist paradigms. *Journal of the American Planning Association* 69 (1): 50-71.

Lynch, Kevin, and Gary Hack. 1984. *Site planning*, 2nd ed. Cambridge, Mass.: MIT Press.

Marans, Rober W. 1975. *Basic human needs and the housing environment*. Ann Arbor: Institute of Social Research, University of Michigan.

Mertes, James D., and James R. Hall. 1995. *Park, recreation, open space, andgreenwayguidelines*. Arlington, Va.: National Recreation and Park Association.

Nelessen, Anton Clarence. 1994. *Visions for a new American dream*. Chicago: Planners Press.

Perry, Clarence. 1929. *Neighborhood and community planning: The neighborhood unit*. New York: Regional Plan of New York and Its Environs.

Richman, Alan. 1979. Planning residential environments: The social performance standard. *Journal of the American Planning Association* 45 (4): 448-57.

Rodriguez, D., A. Khattak, and K. Evenson. 2006. Can neighborhood design encourage physical activity? Physical activity in a new urbanist and a conventional suburban community. *Journal of the American Planning Association* 72 (1).

San Francisco Planning and Research Association. 2002. *Vision of a place: A guide to the San Francisco general plan*. San Francisco, Calif.: Author.

Van der Ryn, Sim, and Peter Calthorpe. 1991. *Sustainable communities:*

A new design synthesis for cities, suburbs, and towns. San Francisco: Sierra Club Books.

Van der Ryn, Sim, and Stuart Cowan. 1996. *Ecological design*. Washington, D.C.: Island Press.

第十四章
小地區計畫

　　社區計畫雖然涵蓋較廣，但是卻太過一般性了；因此，規劃主管要你再進一步，提出一份小地區的規劃方案，著重於處理重要策略地區之課題與機會。這個方案應該要指出小地區計畫之目的、小地區或特定地區的類型、計畫的具體形式與重要組成成分，以及和社區「計畫網絡架構」中其他計畫間的關係。它也應概略地鋪陳將受影響範圍居民與利害關係人納入之規劃過程；同時，還需要嚴謹地分析，並謹守規劃的原則。

　　小地區計畫把焦點從尺度較大、較一般性的社區計畫，縮小到在規劃轄區中特定的重要策略地區。在社區的「計畫網絡」(network of plans) 中，小地區計畫把政策轉變成更特定的實質設計與行動，以執行社區計畫；同時它也是個處理課題之方式，其考量範疇或許較廣，但對於這個小地區及地方性利害關係人而言，是尤其的關鍵與獨特。

　　小地區計畫也有其他的名稱：舉例來說，特定計畫 (specific plans, Barnett and Hack 2000; California Government Code, section 65450-65457)、次計畫 (subplans; Meck 2002, 7-175)、政策地區計畫 (district plans; Sedway 1988)，及地理區計畫 (geographic area plans; Kelly and

Becker 2000)。它們也用更具體的名稱，藉以說明特定的計畫重點，略舉數例，如鄰里計畫、廊道計畫、運輸站區計畫，及自然資源地區計畫。這些更具體的小地區計畫類型會在稍後討論。

　　本章之目的是要探討小地區計畫的本質，及其對社區計畫網絡之貢獻，並解釋小地區計畫的研擬過程。第一部分將定義小地區計畫，解釋它的目的，及其在整體計畫網絡中扮演的角色。第二部分討論各種小地區計畫的類型，範圍是從鄰里計畫到自然資源地區計畫；從較大規模的政策地區計畫，到較小規模的鄰里設計計畫。第三部分討論優良的小地區計畫應具備的內容，並以鄰里計畫與公共運輸站區計畫為例來說明。最後一個部分則說明小地區計畫研擬過程，包括建立縝密的計畫研擬基礎、敘述「小地區的狀態」、微調設定方向之架構，和擬定這個小地區的實質設計與執行方案。

小地區計畫的本質與目的

　　雖然小地區計畫與社區計畫的本質大略是一致的，但是它們在計畫網絡中的貢獻卻不盡相同。

 在計畫網絡中給小地區計畫一個角色

　　理想上，小地區計畫是在計畫網絡的架構中進行；理想上，社區會先採用一個或多個綜合社區計畫，在規劃委員會與地方立法單位審核並批准小地區計畫之後，利用小地區計畫來修正綜合計畫。舉例來說，在聰明成長立法指導方針(Growing Smart Legislative Guidelines; Meck 2002)中建議，Meck所稱的次計畫，應以地方性綜合計畫為依據，並將之視為綜合計畫的修正。小地區計畫也需連結至網絡中的其他相關計畫，如經濟發展計畫、資本改善與社區設施計畫，和運輸計畫等。

　　另一方面，在小地區計畫之前要預先備妥社區計畫。舉例來說，社區計畫會在設計草案階段，就先建立了小地區計畫的「標準範型」；也可能劃出需要關注的策略地區，利用小地區計畫對這些地區提出詳細的規劃支援。某些社區跳脫社區綜合計畫，製作特別的全市鄰里計畫，作為個別鄰里計畫的大架構。這種計畫中需體認到各個小地區的獨特性

與其價值，把小地區視為整體都市馬賽克拼貼的一部分，說明各小地區彼此間的關係，和其與地區活動中心、運輸路網，與開放空間之關係。全市的計畫也可能建議小地區規劃過程與計畫內容。此外，利用這樣的涵括性的上位計畫分析相關課題與需求，減輕鄰里計畫的工作負擔；之後，就開始為特定的鄰里進行規劃。相對地，當完成了一份鄰里計畫後，這份計畫也能些微地調整全市的鄰里計畫。如田納西州的 Nashville、奧勒岡州的波特蘭市，與加州的 Davis 市等計畫，就是採用這種方法。

Jones (1990, 4-5) 建議這一類全市鄰里計畫，內容應包括：

- 各鄰里的界定與範圍；
- 根據各鄰里保存工作類型的需要 (如再開發、整建、保育等) 實施鄰里分類；
- 確認各鄰里範圍中應保留、增加、移除、禁止設置之事物；
- 找出一個整合的城市——鄰里規劃組織，擬訂並執行這個計畫。

某些都市在階層性的計畫網絡中，讓小地區計畫具有清晰的角色。舉例來說，除了整體地區 (區域性) 與全市的計畫外，田納西州 Nashville 都會規劃轄區中劃定了十四個次地區計畫 (subarea plans)，在這些次地區計畫中有許多面積較小的廊道計畫、鄰里設計計畫，及商業區計畫。通常在全市計畫與次地區計畫中劃定小地區 (如，鄰里)，再針對這些地區利用規劃方式為正在進行的改善工作注入一股推動的力量 (Nashville 2004)。加州 Davis 市有階層式的計畫三部曲——地區土地政策計畫、都市土地使用設計計畫，及中央核心地區的特定計畫 (City of Davis 2001)，請參考第三章，圖 3-5、圖 3-6，和圖 3-7。奧勒岡州波特蘭市的都會地區是另外一個例子。除了都會地區計畫與波特蘭市綜合計畫外，它的階層式計畫網絡中包括了都市內十個都市分區、社區，與廊道之地區計畫；每個地區的鄰里計畫由鄰里協會負責研擬 (Kaiser and Godschalk 2000, 163-167)。

小地區計畫不需涵蓋到社區設計計畫或地區政策計畫中所有的地理範圍，也無需同時研擬這些計畫，因為計畫研擬是根據浮現出的課題、出現之機會而定的，在時程上會跨越好多年；此外，在社區或地區計畫

中提到的優先順序,是研擬小地區計畫之重要考量。最後要提的是,雖說小地區規劃最好能在綜合計畫的架構下進行,但是它也可以是處理立即需求或機會的方法,此時規劃工作要與計畫網絡的其他成分協調配合,而非依循全市的綜合性計畫之指導。

 ## 小地區計畫之目的

在都會、郡,或都市規劃方案中,小地區計畫能滿足多種目的。

- 在規劃轄區中,小地區計畫是詮釋社區計畫,並將社區計畫運用至指定地區之工具;同時,無法在社區計畫中突顯出的小地區課題、機會,與優先順序,也可以用小地區計畫來探討並揭露。

- 小地區計畫超越了傳統綜合計畫的課題,擴大了考量與處理課題的潛在範圍。參與市民在選擇小地區的課題時,事先不會先預設要納入或排除哪些課題。因此,舉例來說,課題中可能包括社區開發、經濟發展,或社會議題,或會討論確切的社區設施地點、出入通道等課題。

- 小地區計畫提供了增進永續三稜鏡模型之適居性中「地點塑造」之機會,尤其是商業區、歷史區、鄰里與公共運輸站區的小地區計畫。

- 小地區計畫,特別是鄰里計畫,提供了讓市民參加和他們鄰里息息相關的地方性規劃與執行之途徑。較小的地理規模,意味著人們將針對著影響他們日常生活的地區著手,以充分了解這個地區。

- 在承諾運用地方政府資源於執行計畫提案上,小地區計畫提供了更縝密的事實根據與市民支持,尤其是資本改善或開發規範。

- 小地區計畫所提出之建議,比都市綜合計畫更明確。舉例來說,預定實質環境的改善項目會更具體。以地方的課題與問題為焦點,自然而然地就能衍生出改善的建議。小地區計畫的執行方案也比較具體,因為可以更直接、簡單,與快速的執行。

小地區計畫的類型

　　小地區計畫的應用範圍很廣,因此它會有各種不同的形式。某些計畫類型會把焦點放在規劃轄區中已開發地區的再開發工作。其他則適用在都市邊緣的新都市地區,與都市郊區的開發工作。甚至有些計畫的重點並不是開發,而是要保護自然資源免於開發威脅。有些類型是所有類似小地區計畫當中的一部分,遵循著在內容與程序上一致的指導原則,大致上能系統性地涵蓋整個規劃轄區。而有些是針對特定地區課題而特別設計的,帶有因地制宜的意義。較常見的類型如下:

- **政策地區或部門計畫**　這個類型的特定地區計畫規模,是介於社區計畫與鄰里尺度計畫間;事實上,有時較小尺度的鄰里計畫也會是政策地區尺度計畫的一部分。

- **運輸廊道計畫**　這一類計畫在尺度上可能是與政策地區或部門計畫相當,或是較商業活動中心小的尺度;

- **鄰里計畫**　或許是小地區計畫中最普遍的類型;一般是用在居住地區,有時也會用於地方導向的商業中心

- **商業中心整建計畫**　這類計畫適用於市中心區、衛星商業地區、購物中心,或其他混合使用的商業地區,甚至市中心區主要街道的整建。請參見 Bohl (2002) 關於城鎮中心、主要街道,與都市村落的概念。

- **再開發地區計畫**　這類的計畫是用在零售、辦公,與相關住宅活動及投資正在衰退中的商業地區;窳陋的住宅鄰里;或生產設施棄置、閒置,或嚴重低度使用的工業地區,以及受到環境污染的地點,也就是所謂棕地 (brownfields)。參考資料 14-1 為科羅拉多州丹佛市,過去 Stapleton 機場用地的兩個再開發計畫案例;

- **公共運輸站區計畫**　此類計畫著重的是緊臨著既有或規劃的公共運輸車站周邊地區,一般來說就是略大於 1/4 英里半徑範圍而已;

- **歷史或形象地區 (appearance district) 計畫**　此計畫的焦點是具歷史或建築價值的鄰里或商業區;

- **綜合性設施 (facilities complex) 計畫**　此類計畫或會涵蓋機場與其周邊地區,或是政府中心;

都市土地使用規劃

- **自然資源地區計畫**　此計畫可能會包括自來水供應集水區、野生動植物棲息地，或其他具重要環境考量地區，例如需要保護的高生產力農地等。這類的地區通常面積不小，不過就地區計畫而言也還是個「特殊」的地區。
- **特殊開發計畫**　這個類型的計畫是為了計畫界定之政策地區提供開發規範。它就是一份規則，而非政策與設計之聲明。它納入了一份執行措施方案，除了規範外，還包含工務計畫與財務的措施。依此觀點，它在本質上是個小地區開發管理計畫與規範的結合。對規定要執行環境影響分析的州 (例如，加州)，其開發者具有的優勢是：小地區計畫的環境影響評估已經完成了，個體開發商只要遵守特殊開發計畫之政策地區規範，就無需撰寫分別的環境審議報告 (Barnett 2003; California Government Code, section 65450-457 on "Specific Plans")。第三章圖 3-8，就是加州 Davis 市中心區的特殊開發計畫範例。

參考資料 14-1
科羅拉多州丹佛市 Stapleton 機場土地再開發計畫

　　這兩張圖顯示科羅拉多州丹佛市的 Stapleton 舊機場，兩個層級的再開發地區計畫。一個為整個 Stapleton 地區的地區尺度計畫；另一個是該區某部分的鄰里設計計畫。第一張圖是地區尺度的計畫，面積 4,700 英畝；在其土地使用設計中整合了住宅、就業與遊憩，是由連結的可步行鄰里、混合使用的城鎮中心、區域零售使用，和就業中心的開放空間系統所塑造成的。它預計容納 12,000 個居住單元及 10,000,000 平方英尺的商業開發。在這個較大尺度的計畫中，包括若干的較小尺度的計畫，其中之一就如第二張圖所示。在這個特別的計畫中實際涵括了三個鄰里 (如需了解更多的資訊，請參見 City and County of Denver 2000)。

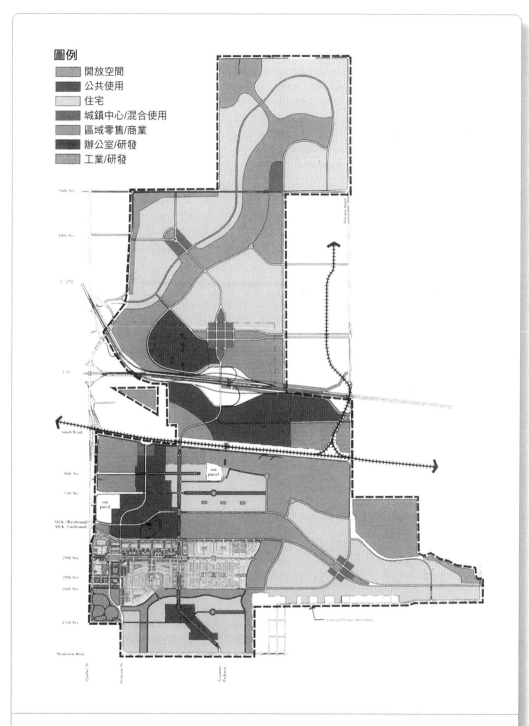

圖例
- 開放空間
- 公共使用
- 住宅
- 城鎮中心/混合使用
- 區域零售/商業
- 辦公室/研發
- 工業/研發

參考資料圖 14-1a ▍ Stapleton 舊機場，地區尺度的計畫
資料來源：Forest City Development 2000.

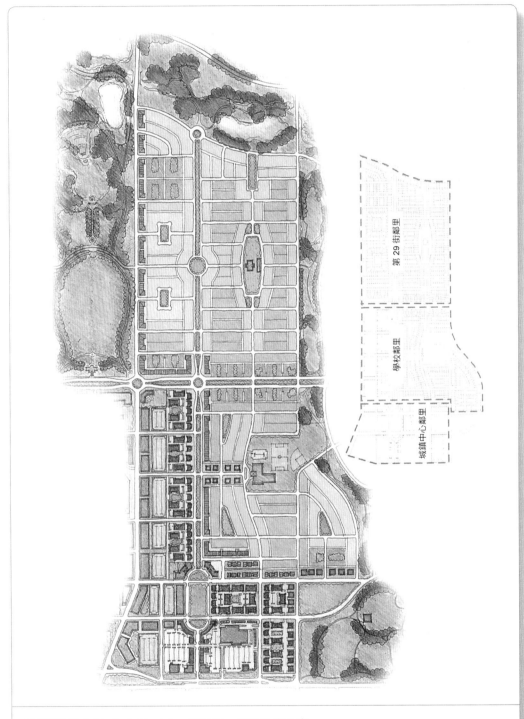

參考資料圖 14-1b | Stapleton 舊機場，鄰里尺度計畫

資料來源：Forest City Development 2000.

小地區計畫是長的什麼模樣？

　　小地區計畫包含了所有優質土地使用計畫的組成成分：在方向設定成分中辨識課題，說明願景及目標標的；縝密的事實基礎；該地區的實質環境設計；以及，執行的方案用以監督執行工作與政策產出之結果(參考第三章討論的計畫品質評估準則)。計畫中運用了文字及圖表，劃出現況及解決方案的空間及實質環境範圍。它涵蓋土地使用，包括開放空間；動線／運輸；社區設施及基磐設施；引導開發與自然資源保育的標準及準則；一份包括規範、資本投資、政策、正負面誘因，及其他計畫執行行動之方案。

　　雖說是著重特定的地區，但小地區計畫還是要解釋與社區計畫和其他相關功能計畫間的關聯；例如，與這個小地區有重要關聯的資本改善計畫或經濟建設計畫，以及地區之中任何更小地區的計畫。如 Seattle 鄰里規劃方案(參見第二章)的例子，一般而言，小地區計畫比社區計畫更重視規劃與執行的參與，更廣泛地納入經常是主導計畫製作之非營利組織及其他地方團體。此外，比起社區計畫，小地區計畫在空間設計與執行上是更明確的。

　　參考資料 14-2 是個假設性小地區計畫的內容。這是根據過去多年來，各種不同的小地區計畫類型製作出來的。

　　特殊類型的小地區計畫在涵蓋範圍和強調重點上會有些變化，甚至計畫組成成分的類型也會不同。例如在 American Planning Association 的聰明成長立法手冊 (Growing Smart Legislative Guidebook; Meck 2002) 中，分別規定了以下計畫之內容：鄰里計畫、公共運輸導向的地區開發

參考資料 14-2
小地區計畫的目錄範例 (從實際計畫中彙整之摘要)

1.行政摘要

　a.目的、背景，與願景

　b.計畫之重點

　c.執行——管理架構

　d.初期的行動方案

2.引言

  a. 計畫之目的與範圍

  b. 規劃過程——夥伴關係、諮詢團隊，市民顧問委員會

  c. 社區的歷史

  d. 一般的社區背景——位置、周邊地區、市場地區、運輸

  e. 運用計畫的方式

  f. 與綜合計畫及其他計畫之關係

3.課題與願景

  a. 主要的問題與課題

  b. 願景：未來意象——關鍵特色 (機動性、連結性、服務水準等)

  c. 目標與標的

  d. 指導原則——社會公平、環境責任、經濟機會、適居性、實質設計、執行
   工作

4.既有與浮現出的狀況、威脅與機會、優勢與劣勢

  a. 環境

  b. 人口結構與社會狀態

  c. 地方的經濟基礎

  d. 土地使用與結構

  e. 產權

  f. 動線

  g. 基礎設施

  h. 社區設施與服務

  i. 都市設計特色與資源

  j. 狀況分析與課題辨識

5.開發計畫

  a. 實質建構的元素——土地使用、都市設計與街景、開放空間與公園、運輸
   與動線；社區設施與服務

  b. 社會與經濟方案——工作與就業、安全

  c. 開發管理——規範與市場機制、再開發管理之結構、分階段策略、初期之
   行動項目；責任、時間表，及監督、評估，與更新等規定

計畫,與再開發計畫。我們將說明兩種類型的小地區計畫內容——鄰里計畫,與公共運輸站區計畫。

鄰里計畫

　　一般來說,鄰里計畫著重在特別劃定出的地區,這些通常是已開發地區,並且幾乎都是住宅區(與商業地區、市中心區計畫是不同的)。它們常會運用鄰里參與式規劃過程,這與社區計畫、綜合計畫,與政策導向計畫的參與過程是分別進行的。由於這種鄰里計畫規劃過程之本質、相對較小的面積,並且是已開發的現實狀況,所以鄰里計畫常將工作重點放在高能見度的問題,及特定的實質設計提案。它強調短期的行動方案,時限大約是兩年左右,其中包括了非政府組織與政府機構將要採取的行動。實際上,這一類的計畫經常被稱為鄰里賦權計畫 (neighborhood empowerment plan)。

　　更具體地說,一份鄰里計畫基本上會包括:

- 解釋規劃過程,並確認計畫之合法性,包括:任務說明、需求評估、市民參與程序、執行時之鄰里組織結構、邊界線之劃定,及地方立法單位同意採納計畫之聲明。
- 輔助之研究,包括人口、就業、土地使用、住宅的狀況與分佈、非住宅結構物與公共基磐設施的狀況、零售與消費者服務市場的狀況、財產價值、建築與重要古蹟、環境課題、鄰里服務與設施之評估、運輸服務、動線(汽車、行人、自行車)、停車場、生活品質的課題,與自然災害條件。
- 目標、標的、政策,與行動方針,這些都是關於土地使用、動線與運輸、住宅、公共基磐設施、社區設施,或許再加上鄰里導向之經濟建設、安全與犯罪預防、人群服務,與教育。
- 一份實質設計,其中說明鄰里的邊界線、預期未來之土地使用、既有與預定的社區設施、既有與預定的運輸設施與動線方案;及其他能在地圖上展現出的重要鄰里事物(如綠道);通常會包括設計草圖與速寫。
- 著重在短期行動的執行方案,也可能會涵括鄰里組織的行動,及其

他非政府組織與鄰里 / 都市之協力合作行動。執行計畫中可能會包括資本改善、鄰里服務、開發規範修訂，與其他的行動。

也可以參考 Gregory (1998)，其中說明了鄰里計畫中共通的元素與基本特性。

運輸導向之開發計畫 (TOD)

TOD 計畫的焦點，是集中在既有或預訂的公共運輸車站附近，或沿著公共運輸廊道地區，建立一個能同時享受與支持大眾運輸服務的開發形式。TOD 原則包括了密集的開發、舒適與安全的步行環境、改進的步行動線並連接至公共運輸車站、混合的土地使用，與各種式樣的住宅類型。因為公共運輸服務正是為都市邊緣地區規劃的，這種計畫適合用在都市邊緣的新開發基地，也適合在既有公共運輸節點之重整開發；它同時適用於都市郊區城鎮，及中心都市。

理想上，支援 TOD 計畫的前置研究包括針對社區計畫中既有的土地使用、建築物、社區設施與公共基磐設施 (包括街道與停車設施)、未來土地使用之提案、社區設施，與社區基磐設施的研究；開發規範能否支持公共運輸服務的適宜性評估；公共運輸之使用者，居民、員工，及企業老闆對公共運輸的意見與起 / 迄點之調查；各種開發類型的市場分析；分析既有的與需求的汽車、停車場、徒步與自行車動線，與公共運輸服務之連結；土地合併 (land assembly) 與再開發的產權與機會之分析 (適用已開發之地區)。

TOD 計畫格式的特性，包括 (參見 Meck 2002, 7-183 to 7-188)：

- 目標聲明、政策，及行動方針，利用地圖、圖示，及文字，來說明像是土地使用強度，與公共運輸及徒步活動相容之混合使用等議題；環境品質的實質與美學感受；步行動線；和在不同運輸模式間的轉換能力，以及其他類似的課題；

- 在計畫圖中說明了地區的邊界範圍；公共運輸車站的敷地計畫，與相關的運輸、停車設施，與步行路徑；未來的土地使用類型與強度；社區設施 (尤其是那些用來服務公共運輸使用者的設施)；

- 一份執行方案，其組成的成分包括：能促進相容於公共運輸開發

形式之開發規範；資本改善 (尤其是能提升公共運輸動線及連結設施者)；對公部門或非營利組織執行工作之分工指派；一份財務方案，可使用的方法包括增值稅 (tax-increment financing)、特別課徵 (special assessments，譯者註：受益費)，與開發衝擊費 (以及能減少某些開發類型之措施)；土地收購；主要大道與其他運輸計畫之修正；以及一份在計畫中對公共運輸服務之說明 (包含預定的時間表與路線)。

加州在其政府法中訂出專章，「運輸村落開發計畫」(transit village development plans; California Government Code, section 65460, "Transit Village Development Act of 1994")。這個計畫在公共運輸車站周邊指定出運輸村落的開發地區，這個地區包括的宗地距運輸車站座落地點不超過 1/4 英里。這個設計概念強調利用公共運輸旅行之便利；混合的住宅類型，零售與公共使用 (如托兒所、圖書館) 都配合著運輸車站的運作；徒步與自行車的路徑都能通到車站；公共運輸的設計與操作，可以推動各運具間的轉運服務；並且關注其他的公共利益，如紓解交通壅塞；提升公共運輸的營收；平價住宅；針對務必使用公共運輸的族群，在居住——旅行之間能有所選擇；再開發與填入式開發；安全、具有吸引人，並對行人友善的環境；並且，在運輸車站內或車站附近提供商品與服務，減少再一次旅行的必要。

在 Barnett 與 Hack (2000, 328) 文中：「每個運輸車站的地區，都需要有它們自己的都市設計計畫，計畫中劃定高密度開發地點、運輸車站的進、出口地點，及運輸車站與公車的轉乘站。這種計畫也要包括轉乘停車設施的設計。」奧勒岡州波特蘭市的 Goose Hallow 車站社區計畫，就是個都市設計導向的公共運輸站區計畫範例。第三章對這個計畫有概略的說明，圖 3-5 就是該計畫的實質設計。

加州 Oakland 市 Fruitvale 村落公共運輸站區計畫是另一個例子。這個計畫的規劃師從地方、州，乃至聯邦層級挑選出各式各樣的元素，出人意表地將它們結合在一起。這個計畫值得注意的部分，是它將永續三稜鏡模型的公平價值及環境價值整合在一個地區的再開發方案中，重新開發都市內部的公共運輸車站周邊。它試圖減低車輛排放的污染 (增加

輕軌公共運輸的乘客數量) 以提供良好空氣品質，並提供能支援社會服務的土地使用、平價的住宅，與商業及零售活動混合使用之公共運輸村落，以刺激社區投資並創造工作機會。請見參考資料 14-3。

　　一般而言，公共運輸站區開發計畫的密度，是比社區的平均住宅密度高出很多。它的範圍從每英畝 9 個居住單元 (如聖地牙哥與聖荷西輕軌運輸的 TOD)，到每英畝 30 個居住單元 (如華府、邁阿密、亞特蘭大，與舊金山等具備重軌或高速鐵路系統的 TOD)。緊臨公共運輸車站的地區的密度最高。華府 Metro 地鐵系統沿線的老舊車站附近，密度大約是每淨英畝 40 個居住單元，其中某地點的密度還高達每英畝 162 個居住單元。沿著舊金山灣區 BART 系統，各車站附近的密度一般是每淨英畝 30 個居住單元 (Knack 1995)。

　　公共運輸站區計畫所面臨的挑戰，是要整合鄰里尺度零售使用與區域尺度辦公室及商業使用，同時還要維持著能讓通勤者使用的通道及停車標準。維吉尼亞州 Arlington 採用 CO 區 (商業辦公大樓、旅館、多戶家庭居住地區；Commercial Office Building, Hotel, and Multiple Family Dwelling District) 進行公共運輸導向開發。維吉尼亞州 Fairfax 郡則在特定開發的審查過程中，納入停車標準、設計指導方針，及其他的標準 (Knack 1995)。

製作小地區計畫的過程

　　此處討論的程序可以適用於一般的小地區計畫。然而，為了不要讓討論太過抽象，會將它套用在鄰里計畫來解釋此程序，並從鄰里計畫中舉例說明之。

　　小地區規劃最好是在社區規劃的背景中進行，但是它不只是個縮小規模的社區規劃過程而已。也就是說，小地區計畫要與社區計畫中較大的環境有所關聯，包括動線、開放空間、土地使用活動中心、自然環境，與社區設施。小地區計畫最好是由規劃委員會與地方立法單位來審查、批准與採用，將之視為綜合土地使用計畫的修訂版。

　　在此同時，小地區規劃也有它自己的規定。例如，它應該要能將特定社區居民和利害關係人間的關係拉得更近。因此應修改一般的土地使

參考資料 14-3
加州 Oakland 市 Fruitvale 通勤村落

願景：指導原則

　　其願景是要用公共運輸來刺激社區開發，改善一個由低收入、少數族裔組成社區之環境。主要計畫中，基地之規劃與設計過程指導原則包括：

1. **有效的夥伴關係**。計畫的規劃師建立了幾乎不可能成形的結盟：中心都市的拉丁裔鄰里團體 (聯合會；The Unity Council)、區域之大眾運輸及空氣污染管制權責單位、都市商會、地方性平價住宅委員會，和負責不景氣的中心都市賦權地區 (empowerment zones) 之都市與聯邦管理機構。
2. **由下而上的鄰里管制**。社區組織扮演著領導組織與計畫開發者的角色，確保社區對此計畫能掌握自己的願景，而不是典型由上而下的都市機構與私人開發者之操控管理。
3. **鄰里資產為建造社區之工具**。大眾運輸投資被用來刺激地方經濟發展、加強社區之社會服務，並推動空氣品質改善。

整合新都市設計與環境正義概念

　　Oakland 的 Fruitvale 社區，人口 53,000 人，主要都是少數族裔與低收入者。為了因應區域運輸機構在當地的多層停車場提案，計畫是從 1999 年開始建構。

　　主要計畫中的關鍵特色混合了新都市主義與環境正義原則。設計這個計畫是用來吸引經濟投資、提供住宅給地方居民，及減少社區交通流量與污染；如此一來，居民就能輕鬆地從通勤車站步行到各種商品與服務的供應地點。

　　公共運輸村落的設計是將行人的舒適度、安全度，和到達地方商業的可及程度提到最高。最重要的特色就是排列著樹木的行人廣場，將運輸車站與距離一個街廓的第十二街商業區連在一起。在廣場周邊，餐廳與商店林立，成為鄰里慶典與音樂會的舉辦場所。周圍的地區包含了許多新土地使用之混合，包括了零售開發、228 個新的平價住宅單元，與社會服務設施——診所、托兒設施、鄰里圖書館，與老人中心。

重新分區並改變傳統的街道

　　為維持徒步為主的特質，Oakland 市修訂了它的分區管制條例，禁止該地區範圍內建造新的停車空間。除此之外，該都市同意縮小街道寬度，並拋棄計畫附近街道的路權。

資料來源：Unity Council 1999.

用規劃過程，以配合小地區的特別狀況。

小地區之規劃過程，包含了五個步驟：

1. 為小地區計畫建立適當的基礎
2. 說明小地區的狀態
3. 微調制定決策的架構
4. 研擬計畫
5. 採納並執行這份計畫

參考資料 14-4「小地區規劃過程之步驟」中，說明及整理了這些步驟。也可以參考第二章圖 2-2，其中說明在西雅圖的四步驟鄰里規劃過程中，應用了理性規劃技術、共識建立技術，與都市設計技術。

 步驟一：為小地區計畫建立適當的基礎

為小地區計畫的製作過程建立適當基礎，涉及了許多工作及課題：

- **建立適當的計畫研擬組織**　這個工作關係著建立或指定計畫製作組織，在這個組織中納入居民、社區組織、負責基磐設施 (如公共運輸) 機構之公務員、會對該地區進行投資的都市與聯邦機構 (如住宅權責單位)、開發者，可能還會包括學校、商業團體，與社會機構 (Jones 1990, 5-12)。通常是會由一個社區組織擔任規劃與後續工作的領導組織，協助公、私部門投資決策並參與開發管理 (Jones 1990)。

  某些社區會提供制度化的支援系統，來協助小地區之規劃。例如田納西州 Nashville 市的「鄰居規劃鄰里」(Neighbors Planning Neighborhoods) 團體，為了讓鄰里組織能建立與執行自主的計畫並能執行方案，提供了訓練與支援的服務。此項工作是透過該市的鄰里資源中心 (Neighborhoods Resource Center)、市長的鄰里辦公室 (Mayor's Office of Neighborhoods)，及都會開發與住宅署 (Metropolitan Development and Housing Agency) 之間的夥伴關係進行的 (Nashville 2004)。

- **建立適當的參與過程**　比起社區尺度的規劃工作，小地區規劃對規

參考資料 14-4
小地區規劃程序之步驟

1. 為研擬小地區計畫建立適當的基礎
   - 建立適當的計畫研擬組織
   - 建立適當的參與過程
   - 了解計畫之目的
   - 建立計畫內容的範圍與焦點
   - 劃定適當的規劃地區
   - 界定與其他計畫及方案間的關聯
   - 製作規劃過程流程圖，或工作方案
   - 辨識初步的工作課題並說明願景
2. 說明小地區之狀態
   - 小地區的歷史
   - 人口
   - 經濟
   - 自然環境特性
   - 土地使用
   - 社區設施與基礎設施
   - 運輸 / 動線 / 行人通道
   - 都市設計特性、資源、問題
   - 評估既有的計畫、政策與規範
3. 微調方向設定的架構
4. 研擬計畫
   - 製作一份概念的計畫
   - 製作一份概念結構的計畫
     - 土地使用的元素──活動中心、住宅地區、特殊地區、開放空間
     - 運輸的元素
     - 綠道與開放空間網絡
     - 都市設計的元素
   - 製作一份執行計畫
5. 採納計畫，並持續依據執行

劃區居民利害關係的影響是更直接、具體的；因此，應該要有更高
參與程度。重要的是，這個過程的設計應涵蓋整個社區，不限於前
述所列的規劃團隊人員；還要為計畫的開發訂定時間表。參與式小
地區規劃程序的範例，請參見第二章最後面的參考資料，其中敘述
西雅圖所使用之方法。也請參閱該章圖 2-2，這是西雅圖鄰里規劃
程序的整合模型，其中說明了西雅圖如何用它自己的方法整合各
種參與技術，建立共識並完成都市設計。也可以參照第九章「社
區狀態報告」，特別注意其中的幾個部分：利用共識建立來引導
規劃資訊系統之資料分析、建立社區共識、協力規劃、分析利害
關係人的形式與其利益、測試境況、設定目標、提出願景，和計
畫修正。亦請參考 Jones (1990, 第二章之 "Democratic Neighborhood
Planning")。

- **了解計畫目的** 小地區計畫之目的，是由民選與派任官員、小地區
  規劃組織成員，與規劃工作人員共同決定的。在規劃準備階段之前
  就應完成這份工作。舉例來說，這個計畫目的影響小地區政策之程
  度為何？這個計畫目的能影響利害關係人參與鄰里規劃與執行工作
  的程度如何？這個計畫目的能幫助地方政府建立合乎邏輯、政治，
  及法律的政策，並願意投入地方資源執行計畫提案，尤其資本改善
  部分的程度如何？這份計畫能否讓政府官員當作參考資源，在未來
  制定相關基磐設施及開發許可決策？這個計畫能否將社區政策與其
  邏輯，傳達給決策者與一般民眾？這個小地區計畫對規劃區中特定
  地區提供詳細的實質設計與執行方案，是否就因而成為詮釋與應用
  社區土地使用計畫的主要工具？還是它應該是探索獨特的小地區課
  題、問題、機會，及重要事務之工具，這些是在社區計畫中未能彰
  顯出的？

- **建立計畫內容的範圍與焦點** 實質的計畫範圍與焦點應取決於小
  地區的類型（如商業區，相對於住宅鄰里）與該地的特殊課題；然
  而，一般來說，規劃過程應涵蓋土地使用、社區設施、運輸及都市
  設計。組成計畫的成分應該要包括本書中不斷提到的一般組成成
  分：規劃過程與任務之說明；願景與課題說明；目標、標的、政
  策，與行動指導方針之說明；狀態與趨勢的研究；顯示實質提案之

計畫地圖；和一份執行方案。

- **劃定適當的規劃地區** 如果沒有在全市保育計畫或行政分區尺度計畫中劃出小地區邊界，那就要由鄰里規劃組織來劃定這個邊界，爾後還能再做調整。這工作通常不複雜也不具爭議；許多鄰里的邊界就是鐵道、高速公路、河川，或大型公園等大型的阻隔物。然而，某些地區是否是小地區的一部分，或者到底應如何劃分該地區的邊界，經常不能達成共識。規劃組織會需要收集下列資料：該地區的活動形式、居民如何使用這個地區、在什麼地方他們會或不會步行、到哪裡購物、居民會使用哪些社區設施，及居民會如何劃定鄰里邊界。

- **界定與其他計畫和方案間的關聯** 就和小地區的邊界一樣，都市綜合計畫、行政分區尺度的計畫，或都市鄰里保育計畫或會說明小地區計畫與相關計畫及方案間的關係。假使沒有，鄰里的規劃組織就需在規劃過程一開始，就先界定這些計畫間的關連性，並利用一系列支援研究評估這個小地區計畫潛在的影響。相關計畫包括了：運輸計畫、開放空間與綠道計畫、平價住宅方案、社區設施計畫，與社區改善方案，及其他各種方案。

- **製作規劃過程流程圖或工作方案** (Jones 1990, 13) 這是用圖示和說明文字來解釋規劃過程，其中的敘述包括：什麼人，在什麼時候該做什麼事，解釋各團體能提出的貢獻，及各步驟與整體過程之間的關係。圖上方標示時間，側面列出各項工作；在行列間的方格中，用打勾來註記工作進行的時間，圖上也可以有許多代表工作的方格，方格間用箭頭連接代表工作之間的關係與順序，這些方格都對照著上方的時間標示。這張圖中還附上工作清單，標註負責單位、開始日期、結束日期，及說明工作之內容，包括工作成果之說明。參見參考資料 9-2。

- **辨識初步的工作課題並說明願景** 在規劃過程初始，也就是在設定計畫目的時，初步了解這個小地區與規劃團隊所面臨的重要課題是對規劃團隊有助益的。同樣地，研擬初步的願景陳述也對規劃團隊及這個小地區有所幫助。規劃團隊必須了解這些都只是初步的宣示，接續的規劃過程中還會有相當程度的修正。這個工作之目的是

要幫助團隊及工作人員開始分析現況與逐漸浮現的狀態，也讓社區參與者開始全面地探索社區課題及價值觀。

步驟二：說明小地區的狀態

這個資料收集與分析的步驟極度地仰賴規劃人員之協助，也要小地區規劃組織成員廣泛地參與資訊的詮釋。在這個步驟中強調利用文字、表格、草圖，及地圖等方式記錄並詮釋小地區的狀況條件。鄰里規劃師有時候會使用 SWOT 方法 (優勢、劣勢、機會，與威脅) 說明小地區內、外部的重要條件。雖然在此專門針對小地區，說明與評估這些條件通常是與社區規劃過程類似。它們包括：

- **小地區的歷史**　鄰里與其他次地區計畫中通常會敘述該地區歷史，以幫助居民與決策者建立自我特質及社區意識。

- **人口**。包括了年齡、種族、特殊族群、戶量、職業、收入等變量的分佈，並利用社會分析說明這些人是住在什麼地點；此外，也會包括對生活品質之評估——滿意與不滿意、有無便利設施、社區意識等。

- **經濟**。這一項對商業性小地區而言尤其重要，包括一份對商業狀況、趨勢，與潛力之研究；商業區臨路面的行人與車流量分析；及，交易地區人口與購物形式的分析。

- **自然環境特性**。即使在小地區的尺度，環境特性與條件仍然是重要的鄰里特質決定因子 (擁有之優勢、需要克服之問題與劣勢)。它包括了土地形式 (坡地、溪流、地形)、災害 (沖積平原、空氣品質、災害物質，與其他污染)、景觀 (樹木、公園)，或許還包括野生動物。

- **土地使用**。繪製既有土地使用、結構物及其狀態的地圖，並評估之；尤其是按照：住宅類型、密度，與狀態；需求與開發機會之推計；分析土地開發、再開發，或保育方面之潛力；以及，文化與歷史資源。

- **社區設施及基礎設施**。針對那些能滿足某特定鄰里寧適水準之實質建築與服務，套繪其網絡與區位、容量、條件，與計畫之地圖。其

中設施包括了學校、圖書館、社區中心、社會服務設施、健康服務設施、公園與遊憩中心、警察局及消防局、郵局、教堂、社交俱樂部與相關的服務方案等。此外,也應繪製並評估雨水與污水下水道、自來水及天然氣管線、電力與電話,及有線電視纜線的地圖。

- **運輸／動線／步行通路**　這個研究的重點是關於地區內、外,與周邊動線的形式及設施。它涵蓋了所有的運具,包括步行、自行車、汽車和大眾運輸等。此外,也包括了設施的形式(街道、小路、停車場、鐵路)、容量及狀況,和移動模式與動線的各項問題。

- **都市設計特性、資源與問題**　研究中以清單列出並評估決定地區特質之鄰里特性。該研究中辨識出地標、路徑與動線路網、活動節點、邊界、小地區中的政策地區、入口處、空間及建築物的尺度、顏色與質感、因歷史或現況活動對居民的意義,及讓實質環境具意象、吸引力,與機能性的其他特性(參考的例子如 Hall and Porterfield 2001, 11-21; 72-76; Lynch 1960; and Naser 1990)。這個研究應該要對居民進行調查,找出規劃師可能遺漏、但卻又是對地方居民重要的特性。這個工作之目的就是要發掘資源與機會(吸引人的條件),及待解決的問題(讓人反感的條件)。

- **評估既有的計畫、政策,及規範**　除了在此地點上已出現的、人們認知的以外,基本資訊中也應包括一份……相關規範、政府政策,及特別計畫的調查與評估,它們都是影響地區變遷的力量。這包括:土地使用分區管制規範、建築技術規則等;社區設施的資本改善方案;維護與服務政策;及社區設施、運輸路網、基磐設施、地方景觀的各項計畫。評估時要納入正反兩面的影響,因為它們可能是構成問題的部分原因,也有可能是潛在的解決方法。

除了收集、詮釋小地區資訊,並清楚地呈現出來之外,「小地區報告」也應交叉比對找出利害關係人在資訊與詮釋上潛藏的課題。計畫接下來的工作,就是將焦點放在這些課題上面。

 步驟三:微調方向設定的架構

計畫的這個部分,是要微調從建立基礎工作和小地區報告中的課

題、願景陳述、目標、標的,及一般策略。方向設定架構之組織方式,可依循小地區報告中概略敘述之課題,也可以採用交叉比對的方法。舉例來說,Jones (1990, 81) 就提出 PARK 方法:

- 保留 (Preserve, 既有的正面事物,該保留並強化的)
- 增加 (Add, 我們現在沒有的事物,但卻是需要的、想要的)
- 移除 (Remove, 既有的負面事物,應該要去除的)
- 遠離 (Keep out, 是我們想要避免之威脅)

 步驟四:研擬計畫提案,將之組織成計畫

　　與社區計畫一樣,小地區計畫不僅要涵蓋實質設計,還要包括一系列行動。在此過程中的建立替選方案,包括替選的設計與替選的行動,將它們整合後進行評估與微調,最後就成為一份結合實質設計與執行方案的計畫,還能得到社區及決策者的支持。

　　在計畫中的實質設計部分,經常是以密集規劃設計會議為開始。小地區規劃設計會議的主要成果就是概念計畫 (concept plans),之後會被精煉成為概念結構計畫 (concept structure plans)。都市小地區的概念結構計畫通常會利用簡圖與地圖,圖中包括了 (a) 土地使用元素,包括住宅地區、活動中心、特定地區,與開放空間;(b) 都市設計元素,包括節點、路徑、邊界、地區、地標、開放空間,與結構物特性等;(c) 運輸元素,徒步、自行車、汽車,和公共運輸的路徑與設施;(d) 開放空間 / 綠道元素,包含地點、空間,與網路。這四項元素被繪製成政策分類地區 (policy classification district),與地區土地政策計畫中的政策地區觀念類似。在此,每種政策分類地區都有分別的建議政策,可能還會有建議的開發管理方案。這種概念結構方法可以應用在任何小地區規模的都市規劃工作——可以到地區的大尺度,也可以小到如鄰里或商業地區的尺度。圖 14-1 為田納西州 Nashville 的 Buena Vista 地區之概念結構計畫,其中包括若干個小鄰里和一個村落中心。請注意在這個計畫中包括的土地使用、都市設計、運輸,與開放空間 / 綠道等各種元素。

　　對地區尺度的規劃而言,概念結構計畫後可能接續著一份更詳細的社區結構計畫 (community structure plan)。它的組成成分與概念計畫是

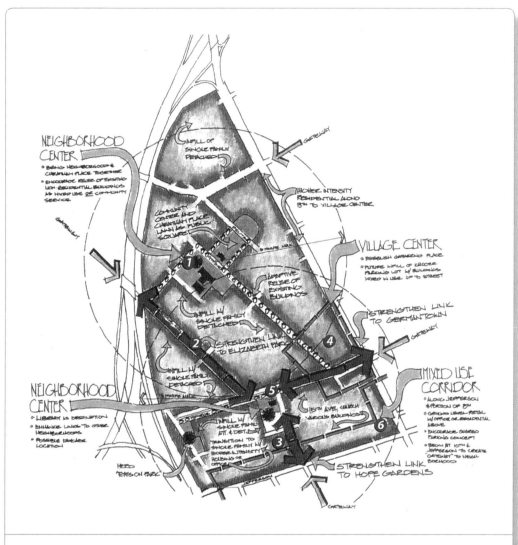

圖 14-1 田納西州 Nashville 市的 Buena Vista 小地區之概念結構計畫

資料來源：Nashville, Tennessee 2004.

一樣的——土地使用政策分區圖、都市設計元素、運輸計畫，和綠道計
畫。然而，土地使用政策地區是這些概念計畫組成成分中比較特殊的政
策地區類型。舉例來說，開放空間元素可能會被區分成自然保護區、
其他開放空間 (潛在的保育地區)、鄉村用地，和潛在的公園用地。住
宅地區可能會被區分為低密度與高密度住宅鄰里政策地區，在主要街道
旁還有混合使用的廊道。活動中心可能會被分為商業混合使用中心及鄰

參考資料 14-5
田納西州 Nashville 市政策地區尺度結構計畫中之圖例

土地使用政策地區分類

NCO	自然保育
OS	開放空間
RLM	中－低密度住宅
RM	中密度住宅
RH	高密度住宅
NG	一般鄰里
Ml	主要機構
NC	鄰里中心
CC	社區中心
RAC	區域活動中心
CMC	混合集中的商業
RCC	零售集中的社區
IN	工業
PP	潛在的公園
PS	潛在的學校

特定地區——大眾運輸密度

運輸計畫

主要道路——既有的、預定的，與預定之選項

收集道路——既有的，預定的

人行步道——路側人行道、多用途路徑

自行車道

其他運輸

潛在的鄰里 (半徑約 1/4 英里的圓形地區)

綠道特性

綠道

綠道之步道——既有的，與預定的

已規劃共用鐵路路權之步道 (rail with trail)

綠道廊道

資料來源：Nashville, Tennessee 2004.

里中心。特殊地區可能會劃分為辦公地區、零售地區，與工業地區。在結構計畫中也可以指定特定的都市設計地區 (社區中的鄰里與商業地區)。

在運輸元素中，顯示出收集道路與地方街道、主要街道與街道重新定線，和公共運輸路線 (例如鐵路或公車)。其中也呈現出綠道與步道。以下參考資料是田納西州 Nashville 市的 Bordeaux-Whites Creek 社區結構計畫的圖例，藉以做為社區結構計畫內容的案例。請注意在這個計畫中包括了運輸系統與綠道，和土地使用的政策地區。

圖 14-2 為 Buena Vista 地區結構計畫中的土地使用元素，這個例子是根據圖 14-1 的概念計畫。請注意到它不僅顯示出未來的土地使用，還包括了開發政策分區，如「廊道中心」(在此應用至概念計畫的村落中心) 規定這個活動中心適當之土地使用與設計原則，涵蓋的課題如建物類型與退縮、人行步道，和地表鋪面處理等。其中也會包括運輸元素，或是綠道與人行步道等元素的結構計畫，來補強土地使用的元素。

在鄰里尺度，組成實質設計計畫的成分，延續著政策地區尺度之結構計畫。它也強調在運輸元素中的內部動線與步行通道。一般來說，鄰里設計計畫會在土地使用、運輸，與綠道等元素當中，加入較強的都市設計元素。圖 14-3 的鄰里設計的立體透視，就是利用圖形與利害關係人、決策者溝通。圖中的計畫是在猶他州 Provo 市規劃火車站周邊地區之再開發計畫。它顯示出在緊鄰車站周邊的各種高密度住宅、公共行人廣場，與商業大樓。然而，在這個地區的北側仍然維持穩定的獨戶住宅，能與再開發地區取得平衡；這是利用較高的密度讓土地使用與運輸能夠相容，並達到既有鄰里對維持穩定之期望。

鄰里設計計畫是透過居民參與程序製作的，在程序一開始會先介紹、討論，並評估替選方案，之後選取其中一項方案，接下來再由規劃人員進行計畫的調整。執行方案也是採用相同的參與方式形成的，先由鄰里規劃組織討論與評估替選方案，再由參與人員微調方案之內容。在執行方案中，應包括一份監督、評估與更新的操作方式。製作概念結構計畫的過程，尤其是對土地使用元素而言，仍應遵循在第十章所述之五項工作程序 (參照圖 10-1)；但是因為此處更關切的是前述步驟二小地區狀況研究和步驟三方向設定建立的課題與問題、優勢與劣勢、機會與

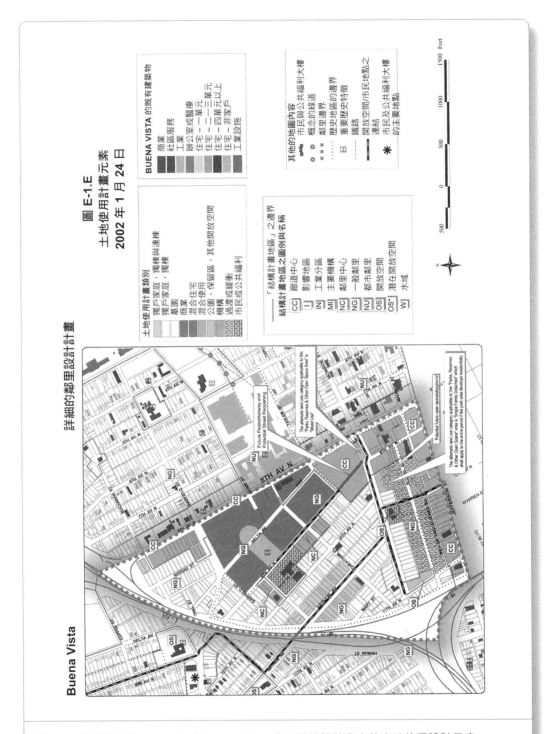

圖 14-2 田納西州 Nashville 市 Buena Vista 小地區結構計畫中的土地使用設計元素

資料來源：Nashville, Tennessee 2004.

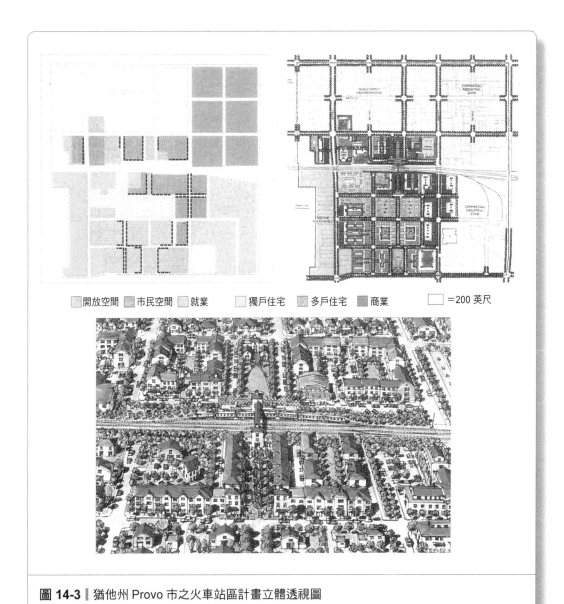

開放空間　市民空間　就業　　獨戶住宅　　多戶住宅　　商業　　　□ = 200 英尺

圖 14-3 | 猶他州 Provo 市之火車站區計畫立體透視圖

摘錄自 The Regional City by Peter Calthorpe and William Fulton. Copyright © 2001 by the authors.
使用以上圖形資料經 Island Press, Washington, D.C 授權。

威脅,所以就據以修正五項工作的程序。

此程序包括下列工作:

- 開發出可依循的設計原則 (第十章中敘述的一般土地使用規劃過程,工作一);

- 套繪出適宜性 / 課題 / 問題 / 優勢 / 機會之地圖——例如應用前述原則進行地圖繪製，就如適宜性分析疊圖的方式 (工作二)；
- 做出研擬，稍後再微調概念結構地圖，將之做為設計草案 (第一次觸及工作五)；
- 按照目標、機會、境況，和概念的設計，分析各種類型空間之需求 (工作三)；
- 分析小地區之容量，特別是在概念結構計畫中的小地區 (工作四)；
- 微調結構設計地圖 (回到工作五)。

與社區計畫相同，實質的設計應搭配著開發 / 再開發 / 保育管理方案。研擬開發管理計畫的指導方針將會在第十五章中討論。

即使計畫完成了之後，小地區規劃還是持續在進行的。在某些地點的綜合計畫，會納入巢狀的階層式社區計畫、地區計畫，與小地區計畫；因此，每年都要呈報進度報告給規劃委員會或市議會，也就是綜合計畫中的監督與評估部分。據此，計畫工作人員就能持續協助執行計畫中的開發管理方案。小地區計畫也可以做為規劃委員會與立法機構的工作指引，幫助他們制定土地使用許可、建築規則修正，與資本改善支出之決策。當修正社區計畫與地區計畫時，也應檢討小地需計畫。因此，小地區計畫是小地區開發與再開發的起點。為了要達到效果，鄰里、商業社區、開發者與地方政府機構，都務必持續的、一致的應用小地區計畫。

結論

藉著遵循本章提出的指導方針，規劃師不僅能設計一份小地區計畫，而且能設計出配合社區計畫網絡與開發管理方案的小地區規劃方案。這些計畫在推動社區土地使用與開發政策的同時，還能有效地處理重要地理範圍內的特定課題。小地區在計畫網絡中的角色包括了多種計畫的類型——如，政策地區尺度和鄰里尺度的計畫；都市開發地區，和環境資源地區的計畫。都市地區的各種計畫應包括：土地使用、運輸，

和綠道元素；機能性設計與都市設計元素；實質環境設計，和開發管理。

到本章為止，我們已經強調了都市土地使用計畫的實質設計面向，以及其如何成就永續的未來，建立公平的、具環境活力的、經濟健全的，和高度適居的環境。這些計畫的焦點是要以具體形式刻劃出未來的社區願景。然而，為了要成為一份有效、具願景的計畫，就需要有強力的執行元素——也就是，開發管理方案。這是下一章討論的主題。

參考文獻

Barnett, Jonathan. 2003. *Redesigning cities: Principles, practice, implementation*. Chicago, Ill: Planners Press, American Planning Association.

Barnett, Jonathan, and Gary Hack. 2000. Urban design. In *The practice of local government planning*, 3rd ed. Charles Hoch, Linda Dalton, and Frank So, eds., 307-40. Washington, D.C.: International City/County Management Association.

Bohl, Charles C. 2002. *Place making: Developing town centers, main streets, and urban villages*. Washington, D.C.: Urban Land Institute.

California Government Code, section 65450-65457. n.d. Specific plans. Retrieved from http://www.leginfo.ca.gov/cgi-bin/, accessed March 2004.

California Government Code, section 65460-65460.10. 1994. Transit village development planning act of 1994. Retrieved from http://www.leginfo.ca.gov/cgi-bin/, accessed March, 2004.

Calthorpe, Peter, and William Fulton. 2001. *The regional city*. Washington, D.C.: Island Press.

City of Davis, California. 2001. *City of Davis general plan*. Davis, Calif.: Author.

City and County of Denver. 2000. *Stapleton design book*. Denver, Colo.: Author.

都
市
土
地
使
用
規
劃

Federal Highway Administration. The Fruitvale BART transit village, Oakland, California. Retrieved from fhwa.dot.gov/environment/ejustice/ case/case6.htm, accessed July 2004.

Forest City Development. 2000. *Stapleton Design Book*. Denver, Colo.: Forest City Stapleton, Inc.

Gregory, Michelle. 1998. Anatomy of a neighborhood plan: An analysis of current practice. In *The Growing Smart working papers*, vol. 2. PAS Report 480/48 1. Chicago, Ill.: American Planning Association.

Hall, Kenneth B., and Gerald A. Porterfield. 2001. *Community by design: New Urbanism for suburbs and small communities*. New York: McGraw-Hill.

Jones, Bernie. 1990. *Neighborhood planning: A guide for citizens and planners*. Chicago, Ill.: Planners Press, American Planning Association.

Kaiser, Edward, and David Godschalk. 2000. Development planning. In *The practice of local government planning*, 3rd ed. Charles Hoch, Linda Dalton, and Frank So, eds., 141-69. Washington, D.C.: International City/County Management Association.

Kelly, Eric D., and Barbara Backer. 2000. Planning for particular geographic areas. In *Community planning: An introduction to the comprehensive plan*, 323-38. Washington, D.C.: Island Press.

Knack, Ruth E. 1995. BART's village vision. *Planning Magazine* 61 (1): 18-21.

Lynch, Kevin. 1960. *The image of the city*. Cambridge, Mass.: M.I.T. Press.

Meck, Stuart. 2002. *Growing Smart legislative guidebook: model statutes for planning and the management of change*. Chicago, Ill.: American Planning Association. (See Subplans, 7-176-7-195; and A note on neighborhood plans, pp. 7-267-7-279).

Naser, Jack L. 1990. The evaluative image of the city. *Journal of the American Planning Association* 56 (1): 41-53.

Nashville, Tennessee. 2004. Retrieved from http://www.nashville.gov/mpc/ design_plans. htm, accessed July 2004.

Sedway, Paul H. 1988. District planning. In *The practice of local government planning*, 2nd ed., Frank So and Judith Getzels, eds., 95-116. Washington, D.C.: International City Management Association.

Unity Council. 1999. The Fruitvale BART transit village community development initiative. The Unity Council Website. Retrieved from http://www.unitycouncil.org/html/ ftv.html, accessed July 2004.

第十五章
開發管理

　　為了要擬定一份地方社區計畫之執行策略,指派給你的工作是主導開發管理計畫與方案的準備作業,這個工作包括了各計畫類型的開發管理專章、一份推動計畫執行之規範與政策誘因方案,和一套能持續監督計畫執行成效、評估計畫內容,與更新計畫項目之程序。你體會到:有效的執行計畫有賴於諸多團體與個人經年累月的行動與決策。因此,在準備開發管理策略和選擇開發管理工具時,你必須將整個社區納入到這個過程當中。你將會提出哪些參與性和技術性的行動呢?

　　致力於開發管理的社區,無非是希望計畫能被確實執行,而不只是在書架上蒙塵而已。因此,開發管理是個兼具技術和政治的過程。就技術而言,它關係著判斷未來的發展趨勢、界定期望的開發形式,並針對期望達成的未來社區目標,選擇政策、方案、誘因與規範。就政策而言,它「試圖採取一個能引導各種政治決策的策略和政策架構,否則就只是缺乏協調的政策在逐漸變動而已」(Porter 1996, 6)。

　　若期望開發管理能帶領社區朝向永續發展,開發管理就必須兼具動態與積極性,才能在土地使用賽局中協調地方和區域間的衝突利益,並使之達到均衡。在之前討論的圖 III-1 中,開發規範和公眾支出是連結

計畫網絡與未來永續社區之兩種規劃產出。在實務上，它們仍需結合開
發管理之政策、誘因與方案，形成完整的配套。

　　本章討論開發管理的最佳策略。其中，回顧地方層級在準備與執行
有效的開發管理計畫與方案時，所需之工作和工具。

開發管理的概念

　　開發管理，有時被稱為成長管理 (growth management)，它是為了
符合公共利益目標所設計的政府方案，以影響公、私部門開發的總量、
類型、區位、設計、速率，和公私開發成本 (Godschalk 2000a)。[1]管理
之目的，是按照社區願景和規劃目標積極地引導成長。以Cary鎮 (2000)
成長管理計畫為例，計畫中針對成長速率和時機、成長區位、成長量和
密度、成長的成本，和成長品質，確立了指導原則；接下來，Cary 鎮
擬定達成這些原則的執行策略，再擬定這些策略之執行工作。

　　引導成長的策略可以在配套後，製作成開發管理計畫的形式，也可
以讓它成為土地使用計畫 (地區土地政策計畫和土地使用設計計畫) 中
的一部分，或是制定出短期、分別的開發管理方案。為了達到最佳的
協調品質，開發管理計畫應與土地使用計畫同步進行，並整合為土地
使用計畫的一部分。例如在 City of Davis (2001) 的總體計畫中納入了土
地使用與成長管理的專章，其中將特定的成長管理目標與政策，與永
續社區願景間建立了密切的關聯 (請參閱參考資料 15-1 所摘錄的 Davis
Plan)。然而，社區或許會為了增修計畫策略、因應新的經濟和成長課
題，或採用新管理工具等等原因，建立一套獨立於土地使用計畫之外的
開發管理計畫。不論在任何情況，列於開發管理計畫中的相關規範、支
出和工具，都必須與年年更新的行政管理方案互相協調。

　　最佳的開發管理策略試著利用聰明成長原則和適居性評估準則，引
領規劃轄區未來的發展朝向長期永續。就概念而言，其間之關係是階層
性的。長期永續是開發管理計畫目標的基礎；這些目標是用一般的詞彙
來陳述的。要成就這些永續目標，就要達到根據聰明成長原則和適居性
評估準則所設定的中期標的；這些標的是行動導向的、可量測的，並列
在地方性的法令規範之中 (Tracy 2003)。接下來就用這些標的來指導管
理政策和行動方案，在日常工作中引導開發之進行 (請參閱圖 15-1)。

參考資料 15-1
摘錄自 CITY OF DAVIS 總體計畫的範例

總體計畫之願景：為所有社區居民創造出安全、永續、健康、多元，和具激勵性的生活環境 (City of Davis 2001, 41)。

成長管理目標 LU 1：讓 Davis 市環繞在農地、綠帶，和自然棲息地與保護區之間，維持其小型、以大學為主的城市 (City of Davis 2001, 87)。

> **政策 LU 1.4**：建立一個永久、獨特的城市外緣，在這個範圍中包括：開放空間、灌木林、樹林、風景區般的景色、被動式遊憩空間、包含過渡到農業活動之緩衝區，或其他類似的元素 (City of Davis 2001, 91)。
>
> **行動**：規定所有鄰接鄉村土地之開發方案，設計時要對鄰接土地之衝擊降至最低，避免這些土地轉變為其他使用 (City of Davis 2001, 91)。

成長管理目標 LU 2：配合鄰里、農業，和開放空間保留區政策，訂定填入式開發的類型、區位、進度和強度 (City of Davis 2001, 93)。

> **政策 LU 2.1**：在總體計畫通過後，就建立並執行填入開發與綜合車輛管理策略的指導方針；如此，就能夠在核准重要的、新的填入開發計畫前，就已備妥各種指導方針和策略 (City of Davis 2001, 93)。
>
> **行動**：制定分區管制規範之修訂，在鄰近公共設施和服務的地點，如公車站，提供住宅開發方案之密度獎勵 (City of Davis 2001, 94)。

值得注意的是，「Davis 市總體計畫」(Davis General Plan; City of Davis 2001, 41, and 7) 將願景定義為廣泛之哲學層次說明，敘述人們期望的最終狀態；將目標視為對特定議題期望的最終狀態；將政策視為對價值觀或方向的說明，藉以制定一致的決策與分派資源；將行動當作貫徹政策所採取的特定工作。從目標、標的，和政策這些經常用在規劃中的詞彙看來，Davis 市的願景和目標，與典型的目標大同小異；Davis 市的政策與典型之標的相仿；而 Davis 市的行動則是和典型的政策雷同。

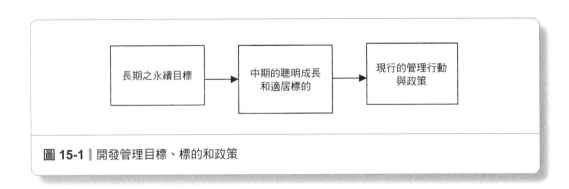

圖 15-1 開發管理目標、標的和政策

開發管理計畫與方案之設計

一份開發管理計畫的內容，必須包括地圖、表格，和文字，用以說明成長策略和工具的重要向度，包括：

- 計畫對土地使用類型、混合程度，和密度的影響 (例如，每英畝 10 到 20 戶的填入式連棟街屋住宅開發；或，容積率為 4 到 6 的零售店面和辦公混合使用的中型樓房)。
- 受影響土地使用之空間區位 (例如，政策地區的範圍、公共投資區位等)。
- 開發時機 (例如，與開發同步進行的支援性公共設施、成長速率之規定等)。
- 公共建設成本及經費來源 (例如，道路、學校、公園、公共設施等)。
- 設計標準和審查程序 (例如，土地使用和運輸系統之整合，規劃審查委員會等)。
- 管理工具與規範 (例如，土地使用分區管制、土地細分規定、資本改善方案、同時性開發規定、運輸改善方案等)。
- 執行責任 (例如，計畫中提出負責某些行動之機構、完成行動的時間等)。

因此，一個開發管理計畫不只是對一般性的政策進行討論，對所有的執行細節都要務求明確。這才能稱作是一份真正的計畫。

開發管理計畫與方案的設計成果，應該是一套能符合社區需要、獲得社區支持的計畫執行策略與整體配套措施。一份優質的開發管理計畫與方案，應該明白地展現出其中之策略與工具如何將永續開發目標、聰明成長，和適居性標的付諸實現。如此，一份試圖與自然環境維繫和諧、保護自然環境的計畫，就可以透過指定未來土地使用區，提供基磐設施與規範標準來支持並鼓勵這些地區成長；在其他地區則透過收購公共開放空間、允許開發權的移轉來保護重要的自然環境系統。例如第一章討論過的馬里蘭州 Montgomery 郡指定優先投注經費地區 (priority funding areas)，將支持開發行動之公共支出集中，就能維護具有自然系統的鄉村土地 (Godschalk 2000b)。

開發管理策略的主要特色，一般會在社區計畫中說明；但是這些策略執行工具之內容和細節，也要呈現在開發規範、政策說明、資本改善方案，或其他的部分中 (Kelly and Becker 2000)。例如，馬里蘭州 Montgomery 郡的開發管理工具包括：一份主要計畫、分區管制規定、規定之適當公共設施、每年度的成長政策，和開發權移轉方案。它所使用的土地供給監督工具包括了公共管線方案、核准之土地細分、建築許可執照、宗地資料、發展權移轉 (TDRs) 等電腦檔案 (Godschalk 2000b)。

為了有效達到目標，開發管理計畫一定要對開發工作領域參與者和他們提出的開發計畫皆具備制約的力量。就行為而言，這意味著鼓勵私人開發商取得土地、提出之開發區位與土地使用計畫的內容一致。它也鼓勵公部門參與者在規劃基磐設施和提出其他公共投資時，能以計畫之政策為圭臬。至於在開發方案部分，開發管理計畫試圖透過應用管理工具 (計畫、規範、誘因、公共支出)，同時管理開發計畫的巨觀層次特性 (開發總量、類型、區位、速率和時機) 和微觀層次之特性 (都市設計、公共空間、通道、活動中心、街道和路徑)。套句流行用語，這些管理工具是用「胡蘿蔔」來鼓勵自願地遵循計畫，和利用「棍子」藉以達到強制之要求。

為了要規範開發，社區可以在基於使用之分區管制規則 (use-based zoning codes)、基於形式的設計規則 (form-based design codes) 兩者間進行選擇，亦或是採納能綜合上述兩者的混合形式規則。在過去，標準的

選項就是採用傳統分區管制規則 (Euclidean zoning)[2] 和土地細分規範，有時會結合這兩者成為統一開發規則 (unified development ordinance)。另一方面，近年來常用的是基於形式的規則，有時稱為聰明規則 (smart code)、設計規則 (design code)，或傳統鄰里開發規則 (traditional neighborhood development code; TND)(Congress for the New Urbanism 2004; Rouse, Zobl, and Cavicchia 2001)。第三個選擇就是結合分區管制和基於設計的規則，形成的混合規則被稱為平行規則 (parallel code)，或新式統一開發規則 (modern unified development code)。

　　上述各種規則規範開發的手法是全然不同的 (圖 15-2)。主要的差異就在於，分區管制規則對土地使用之限制是「禁止性」的，亦即先指出哪些使用是不被允許的，所有不符合分區規範的開發都會被禁止 (雖然在設計上是會有彈性的)(Meck 2002, chapter 8)。另一方面，基於形式的規則規範建築類型、設計、公用領域的空間，是「指示性」的，也就是說先規定應如何完成設計，再要求開發依照設計標準來執行 (雖然在使用上是有彈性的)(Sitkowski 2004)。至於平行規則是將基於設計的特定地區，配合著基於使用的分區規範，這可以是寬鬆的浮動分區或固定地點的強制分區，讓兩者平行運作。

　　傳統以土地使用為基礎之分區管制規則，再加上土地細分規範，是用來管理開發的基本巨觀特性：總量、類型，和區位。若要管理開發速率與時機，除了分區管制規則與土地細分外，還要再輔以都市成長範圍、規定適當的公共設施、限制開發許可數量，和同時性開發要求 (concurrency requirements)。然而，奧勒岡州 Portland 和其他的社區都已發現，僅僅依賴巨觀層級的成長範圍，是不足以滿足微觀層級的適居社區之設計 (Song and Knaap 2004, 211)。要促進適居社區之設計，還得影響建成環境中的各項微觀的設計元素。

　　基於形式的規範中納入了微觀層級之設計，和開發需求與標準。在「新都市主義」[3]、「新傳統開發」(neotraditional development)，或「傳統鄰里開發」的旗幟下，許多私人擁有的新興社區已經採用了基於形式的設計規範，像是在佛羅里達州 Seaside 所初創之原型。既有的城市如德州 Austin、俄亥俄州 Columbus，和北卡羅萊納州 Huntersville，也都開始採用這些規範 (Sitkowski 2004)；在 CNU 網站上還可以查詢到一些

傳統分區管制規則	基於形式的規則	平行規則
規範土地使用	規範建築物與公共領域的設計	規範土地使用和設計
禁止性 (避免傷害；不確定的結果)	指示性 (說明形式；指定規劃的產出結果)	禁止性和指示性
法律條文的格式	設計導向的圖像形式	文字和圖像
對禁止的土地使用沒有彈性；在設計上是有彈性的	在設計標準上是沒有彈性的	視適用的規範而定
不一定會與土地使用計畫相關	與規範計畫 (regulating plan) 有關聯	與土地使用計畫和規範計畫相關
基於土地使用分區之應用	基於都市橫斷分區	基於土地使用分區和都市橫斷分區
分區變動和專案許可是由民選之組織來決定的 (公聽會的方式)	專案許可是由市鎮之建築師決定的 (行政管理的方式)	視適用的規範而定
漸進的變遷	一旦付諸行動，就不預期會有改變	結合各種變更的過程

圖 15-2 ｜ 三種規則之比較：分區管制、基於形式的規則，和平行規則

新近採用的城市 (www.cnu.org)。

基於形式的規則包括了各種計畫或元素 (Duany and Plater-Zyberk 1991；Lennertz 1991, 95-103)。譬如說，在規範計畫中決定街道類型、公共用地、私有土地，和建築類型。依據都市規範來管制各種與公共空間相關的私有建築。依據建築規範來管理建築材料、外觀，和建築的構造工法。在街道類型中勾勒出為行人和車輛所設計的公共空間特色。都市景觀規範則針對街道、廣場和公園，說明綠化植栽的內容。

基於形式的規則試圖用單一的法令規定來管理開發。例如，聰明規則 (SmartCode) 承諾在小村落、村莊，和城鎮 (簇群式的、傳統的鄰里開發，和公共運輸導向的開發) 推動聰明成長之社區模式，同時整合從部門、社區，乃至於個別建築的規劃尺度。[4] 在其行政摘要中指出，聰明規則成功地將環境保護、開發權移轉，和建築及都市景觀標準整合在

一起。它鼓勵使用行政專案許可，而非以公聽會制定決策；藉由政策誘因而非禁止來推動期望的產出。因此，聰明規則就被視為展現替選規範架構的規劃文件 (Sitkowski 2004)。

基於形式的規則對開發管理工作來說是個挑戰，對那些過去依照土地使用分區管制規範、高度開發的社區更是如此。許多規範元素很難利用圖示來說明，特別是那些界定出允許的土地使用。設計規範對建築形式和建築元素來說，是嚴密的、指示性的，但它對土地使用的約束相對較少。另一個課題是，基於形式的規則是為了未來期望之環境進行規範，但可能在採納使用後，會無法隨著未來人們的價值觀或對建築品味變遷而調整。最後一個值得關注的課題是，要將未來開發許可的控制權限交給建築師，這是在許多基於形式規則中都會提出之政策誘因，試著透過建立管理程序提高計畫效率並降低爭議，這是公聽會模式所不及的，也會得到遵循此規範開發者的大力支持。許多社區或許不願放棄公眾參與的機會，並希望透過公聽會和民選官員決策進行專案的審核，但許多開發者會樂於見到若他們依循規則中的設計標準，就意味著開發方案確定能得到開發許可，社區也會希望知道未來開發在此規則指導之下會長成什麼模樣。

最佳的開發管理策略包括了各種方法跟技術，各個方法適用與否，完全決定於面對狀況之條件。在本章中，我們把焦點集中在各個主要類別的方法 (參與、分析、策略 / 工具設計，與執行) 上，並在各類別中選擇某些最佳策略來討論。雖然我們以下是依順序討論，但它們在每個規劃階段中都一定會出現。就和準備綜合計畫是一樣的，開發管理計畫的前置作業會包括以下各種活動 (參閱圖 15-3)：

- 參與的過程；在準備計畫的作業期間，運用工作坊和其他技術使社區和利害關係人能共同參與，
- 技術性分析，評估社區開發管理之需求與適用之技術，包括對現今政策中的聰明成長進行稽核，和「逆向式規劃」(backward mapping；譯者註：先決定產出的成果，再決定應如何行動)，分析能讓開發者確實遵循計畫之必要行動，
- 替選策略與工具之設計、討論，與評估，引導選擇出期望之替選策略與配套工具，

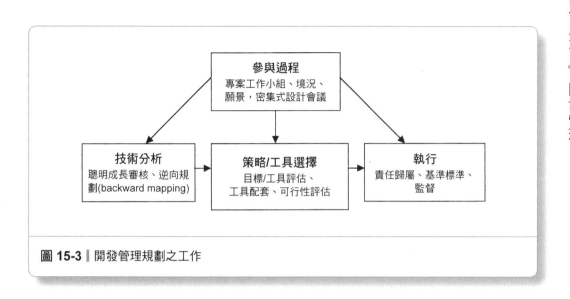

圖 15-3 ∣ 開發管理規劃之工作

- 執行和監督方案，以確保開發管理計畫能徹底實行。

上述各項活動皆包含許多的步驟。

參與的過程

　　有效的開發管理是要依賴規劃師與利害關係人在雙向溝通的參與過程中，獲得之社區理解與支持。主要的工作是——關鍵的成長課題論述 (專案工作小組、舉辦工作坊、利用網路工具、調查)，和模擬替選的產出 (境況、密集的設計研討會、願景、網路投票) ——這兩者是彼此關聯的。以佛羅里達州 Collier 郡社區特色計畫 (Community Character Plan) 為例，多元利害關係人所組織之委員會 (Select Committee) 與顧問和規劃工作人員在計畫中並肩工作。利用專業設計研討會吸引大眾的注意並參與意見提供，在社區意象調查 (Community Image Survey) 用幻燈片詢問了超過 300 名居民，再藉由討論找出期望的設計細節。

　　論述之目的是在於溝通與討論社區開發管理方法的現況。其標的是要經由技術性分析來呈現出課題和情報，並得到社區的回饋與反應。論述所使用的標準技術是舉行社區工作坊，在工作坊中先解釋重要的研究發現，再由參與者們討論並回應這些研究的發現。舉例來說，人口和經濟分析中或會發現未來成長率和變遷率大於社區過去的狀況。現行的開

發管理過程，像是傳統分區管制規則，可能不足以妥善因應預期的變遷速率。這些資訊對利害關係人是重要的，務必了解並討論這些研究發現，做為新管理策略建立因應之道的根據。網路工具，如線上問卷調查，可以作為工作坊面對面討論的輔助佐證資料。

除了論述探討現今使用的方法，也須社區共同策劃出更能反映未來需求之開發管理替選方法。此時就利用境況來描繪出人們可選擇的未來情境。以北卡羅萊納州 Cary，1996 土地使用計畫為例，在計畫中用計算完全開發後之土地需求與人口，建立了「一如往常」境況、「密集開發」境況，和「修訂的密集開發」境況 (Town of Cary 1996, 36-43)。Freilich (1999) 舉 Southern Washoe 郡為另一個例子，該郡考量下列四項替選概念：當今趨勢、重要地區、資本導向和生活品質。它們結合這四項之特色，做成的一份替選方案，稱為「階層成長」(tiered growth)。

在研提願景的工作坊中，與會人士收到依現行和潛在開發管理方法製作的開發成果照片 (一般來說，就是應用分區管制之「一如往常」與其他方法比較，如設計導向或聰明成長導向之方法)，要求參與者從照片中指出他們的偏好。彙整所有人偏好的方案，再回饋給參與者；接下來，參與者進一步討論、投票，修正調整他們的選擇 (Nelessen 1994)。可以在舉行工作坊時透過網路方式，或利用線上回應系統進行投票。第三種方法則是把參與者納入專業設計討論會，在會中他們與專業規劃人士共同工作，勾勒期望之未來社區。專業設計討論會是新都市主義規劃師喜歡使用的一種方法 (Lennertz 1991)。

在許多案例中，成長管理規劃仰賴標準的參與技術；例如，市鎮委員會藉著教會的退修會將規劃狀況與需求傳達給決策者、設定具共識之目標，接著由市民顧問委員會與規劃師共同草擬計畫。不論採用的參與形式如何，成功的計畫有賴於規劃工作者與顧問們提出之技術資訊與分析。

技術分析

一份有效的開發管理計畫或方案之準備作業，要依賴縝密的技術分析。技術分析的主要工作是：評估現況中制定開發管理決策之系統、審

視開發過程中能引導關鍵參與者未來行為的方法、備妥可行的開發管理工具，和測試替選策略可能的影響。

 ## 現況系統之評估

每個社區都有其影響社區成長與開發的政策、計畫、方案、規範和程序。由於長期以來，上述各項目是各自單獨運作的，而非系統性地形成一套連貫的配套計畫，因此我們若將這些不同的元素稱為一個系統是有些言過其實。然而，它們又決定了社區的成長路徑。若要評估現況開發管理系統中累積的影響效果和發現問題之所在，最好的方法就是執行聰明成長的稽核；如此一來，就能分辨出政府規劃的「基因密碼」是助長都市蔓延，還是聰明成長 (Weitz and Waldner 2003)。這稽核制度之執行，是需彙整分析現行成長政策、計畫、方案、規範與程序，也需要與成長管理決策工作領域的關鍵人士進行會談。稽核結果尚須經由規劃工作人員與其他人士的檢測和回應，以確認結果的精確度。以北卡羅萊納州 Charlotte Mecklenburg 為例，稽核人員先依據聰明成長評估準則建立評估標準；接下來與主要的利害關係人面談，並收集與分析現行的成長管理政策、計畫和策略，這是按照四種篩檢工具 (filters) 或準則 (Avin and Holden 2000, 29) 進行的：

- 概念之完整性：構想是有清楚的定義，是詳細的；構想之間交互參照，並具體呈現在多個計畫與文件之中；在構想中定義了目標與標的，以可測量的為佳。
- 分析之適當性：充分的資料以界定課題和問題；即期之資料；分析工具之組織，並能關聯到其他的課題。
- 執行的層級：能具體呈現在規則、規範和其他工具中，並能實際執行；能實證策略或標的達成之水準；能持續監督、回饋，與調整正在執行中的系統。
- 體制的完備程度：具有負責執行和監督達成標的之單位 (權責是明確的)；如有必要，機構間要建立適當協調機制；顯示在政治上會隨計畫進行持續地提供支援。

在 Charlotte Mecklenburg，稽核人員發現了計畫具有之優勢與劣勢。其中，劣勢包括：幾乎沒有區域間的規劃協調、缺乏計畫資料庫與追蹤資料變動的系統 (無小地區之推計)、低密度居住分區太多、未能追蹤土地變更與資源流失、開放空間與經費提供不足、填入式開發的政策誘因不足、中高密度居住或混合居住使用地區太少、過度重視大眾運輸的機動性而非可及性、回應式而非規劃式地提供公共基磐設施 (速率和擴張政策均被視為無影響的)、土地使用變遷時機未與基磐設施協調、對使用者不便的規範 (需要結合市——郡的分區管制和規劃)、未要求或不鼓勵使用大眾運輸之分區管制。這些劣勢在當今都會的開發管理方案中都是屢見不鮮的。

這些稽核人員對改善 Charlotte Mecklenburg 聰明成長之運作，提出以下建言 (LDR International et al. 1999, 2)：

1. 簡化並改進開發之規則和審核。
2. 建置積極的管制權力 (規範最小密度、財政) 以貫徹計畫願景。
3. 為建成 (buildout) 的結果制定計畫。
4. 建立 GIS 資料庫，與監測開發之系統 (關聯到小地區的人口和經濟推計)。
5. 執行現行計畫與政策產出之財務分析。
6. 建立一致的公園、開放空間，與環境之策略及經費。

對應關鍵參與者之行為

為了在實務中能推行開發管理計畫，規劃師應將決策過程中的關鍵參與者納入考慮，畢竟他們才是決定如何開發的人。一般來說，關鍵的參與者和他們的開發活動，包括：

- 未開發或低度開發土地之地主，他們的決定是要維持目前的土地使用，如農業使用，或是將土地賣給開發者另做他用。
- 私人開發商，他們收購土地、試圖重新將土地分區，並提出開發方案。
- 民選官員，他們採納計畫與政策，擁有改變法令規範和開發方案的同意權。

- 工務官員，負責碁磐設施的設計和配置，依據設計準則審核開發提案。
- 運輸規劃師，他們設計未來道路的網絡、公共運輸系統、停車場，和自行車與行人設施。
- 教育局官員，估計未來教育設施之需求，並決定其區位、類型和佔地面積。
- 環境機構的規劃師，負責提出並執行環境品質標準與規範。
- 規劃與設計專家，他們負責研擬計畫與開發方案之提案，送交地方政府裁決。
- 鄰里團體，針對成長與開發提案，提出贊成或反對的決定。

「逆向規劃」技術可用來協助辨識關鍵的參與者，和找出方法影響關鍵參與者未來的行為。在逆向規劃中，規劃師先假定預期目標，如都市居住地區之填入開發，然後由目標為起點回溯至達成目標所需採取之行為。於是他們著手建立開發規範或制定政策誘因，來推動這些期望出現的行為。逆向規劃的重點是要了解每個關鍵的參與者會如何決策，接下來要思考在開發管理計畫中，會有哪些誘因或負向誘因能影響他們的行為。舉例來說，想要讓開發者提出填入開發的計畫，他們必須先考慮如何克服這一類方案的獲利空間緊縮，取得開發許可的爭議等。如此一來，當他們提出與綜合計畫一致的都市居住地區填入開發方案時，他們可以得到密度獎勵，也能享有簡便快速的方案審核。亦或是，為保存農業用地，鼓勵農場主人繼續經營農場，透過開發權利移轉方案讓農場主人出售手中的開發權利。不是僅透過政府的行動去執行計畫，逆向規劃也要讓計畫資訊與規定對私人開發者、地主，和其他策略性參與者都是重要的，因此他們的決策也能夠支持計畫的整體策略。

在肯塔基州 Lexington 1973 年的污水策略 (Sewerage Strategy) 中，說明了如何運用逆向規劃來建構出開發管理政策 (Hopkins 2001)。為達到 Lexington 以密集開發做為未來都市形式的期望，就必須影響公共事業官員所做的公共設施擴建決策，及私人開發商的開發區位決策。因此，Lexington 規劃人員設計一套都市污水處理的服務策略，引導負責污水處理的公共事業官員制定公共設施擴張決策。在這份策略中提供獎

勵給在污水處理服務範圍內開發的私人開發商，這會影響到開發者選擇
開發地區之決策。此策略一開始是為了建立重力式污水收集網路，和有
效率的污水處理場，接下來開發就具備了有容量可供利用之優勢。在服
務範圍之內，污水處理管線是務必具備的；而服務範圍以外，10 英畝
以上的開發基地才允許使用化糞池。最初在 1958 年的都市污水服務範
圍，包括 6.6 平方英里已接受服務地區和污水處理場，和圍繞在周邊的
集水區上游土地 (請參閱圖 15-4a)。在 1973 年，政策介入的 15 年間，
新的污水壓力幹管與截流管線延伸到相鄰集水區。雖然部分的設計已經
改變了，密集開發策略的內在規劃邏輯始終如一，新開發引導至都市服
務範圍內；此計畫有效地成為再分區之決策基礎 (請參閱圖 15-4b)。

選擇工具

要設計開發管理策略和選擇執行工具，就必須先了解社區需求與能
力，也要知道每個工具和配套設計成長管理方案之執行效果。[5] 這一節
當中，我們討論說明適用於大社區和小社區之應用工具。我們首先回顧

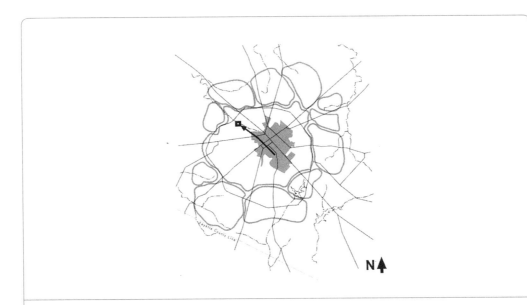

圖 15-4a ▏1958 年的 Lexington 服務策略

摘錄自 Lewis D. Hopkins 之 Urban Development. 使用以上圖形資料得到 Island Press, Washington,
D.C. 的同意。

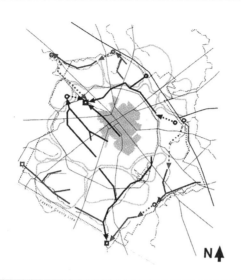

圖 15-4b 至 1973 年 Lexington 建置的系統
摘錄自 Lewis D. Hopkins 之 Urban Development. 使用以上圖形資料經 Island Press, Washington, D.C. 授權。

文獻中，開發管理對減緩都市蔓延負效果的研究發現。

 減少都市蔓延

開發管理計畫中最常被提及的目標，就是要減少都市蔓延的負效果 (例如，Calthorpe and Fulton 2001)，如第一章所述，低密度、都市蔓延的開發模式與一些負效果是有關的，這些包括過度地消耗農業土地、汽車交通量增加，到公共服務的支出增加，甚至像是肥胖症的公共健康問題的增加都涵蓋其中。

都市蔓延是個充滿爭議性的議題，正反支持者各執一詞。支持的一方單純地將都市蔓延視為自由市場機制創造的低密度土地使用模式。他們認為都市蔓延能提供更多的土地、較低的房價，因此消費者會有更多選擇，政府也比較不願介入干預，這些都是在市場動態中產生的正面結果 (Gordon and Richardson 1997)。反對者則是將都市蔓延視做因開發市場未受規範造成的負面產出。他們認為都市蔓延會導致公共碁磐設施成本上揚、土地消耗量增加、行車距離增長 (Ewing 1997)，也造成了不健康的社區 (Frumkin, Frank and Jackson 2004)。

Burchell 等人 (1998, 113-32) 審視文獻資料後歸納出：都市蔓延雖然會有許多正面影響，然而大眾將無法支付都市蔓延所增加的公共基磐設施。因此，若某規劃轄區關切著基磐設施的成本，就應採取能降低未來都市蔓延的策略，並選擇開發管理工具將此策略付諸實現。Burchell et al. (1998, 124) 採取一種分析性的方法，解析都市蔓延的特性；他們認為都市蔓延是都市開發的一種形式，其中包含的元素已經成為全美各地現行之土地使用與開發模式：

- 低住宅密度。
- 新開發無限制地向外擴張。
- 分區管制規範，造成了土地使用類別之空間區隔 (spatial segregation)。
- 蛙跳式的開發。
- 土地權屬或規劃開發，不是集中掌握在少數人手中。
- 以使用私人車輛為主的運輸。
- 土地使用的管轄權力，分散在許多地方政府中。
- 地方政府之間的財務能力是不同的，因為地方政府增加歲入的能力，與轄區內的財產價值與經濟活動直接關連。
- 帶狀商業區開發沿著主要道路擴散。
- 要靠下濾 (filtering) 或涓滴 (trickle-down) 的過程，使低收入家戶能有棲身之處。

Ewing, Pendall 和 Chen (2002) 研究都會層級的都市蔓延指標，分析了 83 個都會地區的都市蔓延。研究中結合了 22 個變數建立的蔓延指數，這是根據四個因子：居住密度；鄰里中住家、工作機會，與服務之混合程度；活動中心和市中心區的優勢；和街道路網的可及性。他們發現人們若居住在都市蔓延程度較高的區域，會有較長的行車距離、擁有汽車數量較多、吸入嚴重污染的空氣，人們遭遇較高的交通意外風險，較少步行與使用大眾運輸。

針對小地區層級，Song 和 Knaap (2004) 檢視 Portland 都會區 Washington 郡的鄰里如何隨著時間變遷。他們發現新開發鄰里中，內部道路連結性較佳；前往公園、商業區，和公車站的步道比較便利；密度

較高；但與外部的連結性較差。他們推測對外連結性較差的原因，可能是地方街道連接到幹道路網之限制。

多數的社區計畫不會嚴格地在計畫中先釐清：那些地區已經存在著都市蔓延，或預期將面臨都市蔓延，和是否這已經構成社區的問題。然而，在分析現在和未來的土地使用模式、探討開發管理策與方法的同時，如果能了解都市蔓延的狀況對規劃是有助益的。

策略與工具評估

一旦了解現行開發管理系統之優勢與劣勢，並對應出希望關鍵參與者未來會採取的行動，接下來就需選擇並配套開發管理工具，成為開發管理的工具套件。每個工具套件都應是下列主要工具類型之混合，包括：

- 規範 (如分區管制、土地細分規範、基於形式的規則、規定適當之公共設施、成長率的規定、成長範圍等)。
- 政策誘因 (如開發密度獎勵、加速開發方案審核、開發權轉移、簇群式開發等)。
- 小地區計畫 (如歷史特區、鄰里、都市中心、企業園區、水岸區、通勤廊道等)。
- 公共設施財務 (例如捐贈、衝擊費、由開發者提供公共設施、稅賦增額財務 "tax increment financing"、稅收等)。
- 行政管理程序 (如修訂規則、計畫核准、設計審核、與鄰居商議、爭議解決等)。

工具的選擇可以基於主要之規劃目的。舉例來說，對塑造出特殊的自然和文化景點周邊之成長，許多保育設計工具之效益已獲得了印證 (Arendt 1999)。Nelson 和 Duncan 等人 (1995, 149-50) 應用一份矩陣表，連結開發管理技術與資源土地保存、都市圍堵 (urban containment)、公用事業效率，和市場需求之滿足。Kelly (1993, 220-23) 則準備一份評估清單，將工具與公共服務、都市形式、社區特色、環境，和住宅連結起來。Kelly 的工具清單和 Nelson 及 Duncan 的矩陣表做為一般敘述和工作起點是都相當好用；但是對研擬一份開發管理計畫，以上兩項皆未能

提供夠詳細的內容，或工具配套的評估。

　　工具的選擇也可以基礎在管理工具和開發尺度之連結上。在巨觀尺度方面，管理新開發數量、類型，和區位的工具包括了分區管制和土地細分規範或基於形式的規則、都市成長範圍和開發權移轉；開發速率和時機的管理工具，包括規定適當的公共設施、開發許可數量限制，與基磐設施和道路是否能配合開發時間之同時性規定。微觀尺度的開發特色如都市和建築設計、敷地計畫的說明、結構外觀等，都是透過小地區計畫、設計規範、設計指導原則等工具來管理的。

　　工具的選擇也可基於是否管轄權限能超越都市郊區的開發，擴及外圍的綠野地 (greenfields)，或其成長是否多半是城市內的填入開發與再開發。丹佛市是個已經大致開發的城市，其成長的課題其實就是變遷管理。其關切之焦點是在於填入開發和再開發，和運輸廊道與區域之間連結的重要特質。在丹佛市藍圖計畫 (Blueprint Denver) 中鋪陳的開發管理策略中，城市被分為穩定地區 (Areas of Stability) 和變動地區 (Areas of Change)；前者最重要的是要保存既有特色，而後者則整合了新建築物的投資建設與各項運輸工具 (圖 15-5)。重新調整成長分佈是用來減少在穩定地區內的開發，增加變動地區內主要交通廊道沿線、都市中心附近的鄰里 (close-in neighborhoods)，和輕軌站周邊的開發。在計畫中建議：混合土地使用的開發、傳統街道分類配合相鄰土地使用類別所建構的多元運具街道，和新設計標準。其中最優先工作包括了重新組織分區管制規則、協調基磐設施與土地使用投資、經濟建設和小地區規劃。

　　文獻資料對開發管理工具之效用有不同看法 (Landis, Deng, and Reilly 2002)。在政治科學家的眼中，採用開發管理手段是為了因應高成長率。經濟學家則認為其是企圖使住宅和資產價值極大化。某些人會認為開發管理會導致房價飆漲，另一群人則認為房價高漲是源於消費者願意付出更高的金額，以居住在具吸引力和管理良好的社區。有些人相信開發管理會讓開發從嚴格管制開發的社區，轉移到管制鬆散的地區；其他人則主張某些類型的開發管理，像是規定設置適當公共設施的規則和開發費用，不但不會改變成長的區位，而且能促進密集的開發。其實，這個議題是錯綜複雜的，就是因為無法判定因果，也造成實證檢測的困難。

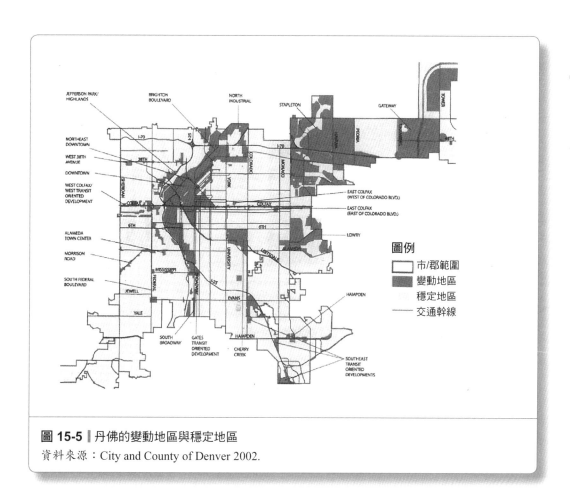

圖 15-5 丹佛的變動地區與穩定地區
資料來源：City and County of Denver 2002.

　　開發管理工具是否具排他性？一份針對全美前 25 大都會區進行的
研究中，Pendall (2000) 發現低密度的分區管制 (每英畝少於 8 個居住單
元) 中的出租住宅數量較少，也就限制了非裔和西班牙裔居民的數量。
規定建築許可的上限，會降低西班牙裔居民的數量。然而，都市成長範
圍、規定適當公共設施的規則，和暫時禁止土地的開發 (moratoria)，對
住宅類型或不同族裔分佈之影響是有限的。

　　Landis, Deng 和 Reilly (2002) 分析了各種策略和工具，是按照各項
目在影響開發總量、進度，或成長區位、影響住宅的價格、達成效果之
能力，及對鄰近社區的擴散效果 (spillover effects)。因此，他們關切的
是成長的巨觀特性，而非微觀的設計特性。由於加州地方層級的成長管
理是各州中最縝密的，所以他們研究著重在加州，但也回顧了其他州的
開發管理研究。以下是他們在加州的研究發現：

- 每年的住宅上限,這是最嚴格的成長管制,將人口成長抑制在未受管制的市場規模以下。
- 規定住宅區應有適當公共設施之規則,並未限制開發的總量,但使城市能夠「安全」地接受新開發增量。
- 都市成長範圍,成功地將開發從都市邊緣移轉到都市的內部地區。
- 合併新市地的上限,降低人口和住宅的成長率。
- 要求絕對多數之投票決議 (譯者註:如 2/3、4/5 的多數) 能減緩成長速率與開發。

可行性分析

　　不同於本質較一般性和諮詢性的綜合計畫,開發管理策略的設計是特定性的,在規範和公共支出的支持下引導開發。也因此要確認在計畫中提出的工具,從合法或管理角度來看都要是可行的。例如,倘使州的法律不同意使用開發權移轉,開發權移轉就不是個法律上可行的工具。或是,如果社區能執行開發權移轉方案的工作人力不足,從管理的觀點,開發權移轉是個不可行的工具。

　　審視建議的配套成長管理工具是否可行,就要進行法律和管理的可行性分析。這些分析的可以是針對簡單小轄區的標準工具,或大地區採用之創新、複雜的工具。分析之目的是審視這些工具的合法性,和估計它們對實質、經濟、環境,和財務方面的衝擊。例如,都市成長範圍是個廣泛討論的成長管理工具。但是,對某些州由於機制的限制,都市成長範圍可能是不合法也不實際的。為了中心都市、郊區,和多重管轄權力重疊的地區,和成長與衰退的地區,就應該考慮使用不同的工具。

　　一旦決定了可行的替選策略,接下來就需要分析它們潛在的影響。社區會想要知道,若採取某個特別策略會對未來開發有什麼影響。再者,視策略複雜與創新的程度,還需考量分別在社會、環境、經濟、財政方面不同程度與範圍的影響。這些影響大多無需正式地進行估計。然而,正式的財政影響評估 (Burchell et al. 1994) 不但可以記錄可能的財務衝擊,藉此建議必要的調整措施,也能先行告知社區可能出現的衝擊,協助社區比較各種替選策略。例如,若想要提出教育衝擊費的策略,則學校建設預算的財務衝擊,就要和成長管理策略替選方案一併討論。或

是，社區可以用衝擊分析程式，如第七章中提及的 INDEX 軟體來評估替選開發管理策略和工具的影響。

執行

開發管理之目的是在於確保計畫能被順利執行，這意味著在規劃階段要先完成一系列的行動。建議的行動包括在開發管理計畫中，透過行政管理方案來執行的。Meck (2002, 7-151 to 7-153) 建議執行的方案應該包括以下幾項：

- 各行動的時間順序。
- 指派政府各單位和其他組織行動的責任歸屬。
- 提出資本改善時間表。
- 基準 (benchmarks)，如空地變更比率、可建築用地和改良土地之比率、於再利用土地新開發之百分比 (與綠野地相比)、新住宅方案達到允許密度的比率、新增環境敏感地保護面積等。
- 一份採行之土地開發規範或政策誘因之說明。
- 說明其他在計畫中用來監督與評估之程序，例如監督可建築土地的供給、價格和需求。

隨著公、私部門決定如何開發、完成公共基磐設施，在計畫通過審核後，就開始計畫的執行工作了。這份執行方案要能確實分攤行動責任、辨識出執行基準，並監督開發的產出成果。

責任的分派

要靠許多政府與非政府機構的努力，才能將土地使用計畫付諸實現。訂定新開發規範與法令的責任，基本上是由規劃機關與市、郡的律師共同負責的。假使要執行基於形式之規範，這是由都市建築師來擔當規範的管理責任。至於公共基磐設施的規劃和建置，是需仰賴工務部門的主導。執行資本改善方案的工作，通常是由財務與預算部門、市或郡之經理人領導。若要收購開放空間和自然保育地區，可以是由某個政府單位或非政府組織如自然保育基金會，來共同負擔這個工作。

在執行成長管理計畫時，要先將計畫重新製作成一份按照工作與需求，指派工作責任和完成時間之方案。在 Collier 郡 (2001) 社區特色計畫 (Community Character Plan) 的執行專章中指出，開發商、環境人士、積極參與市政之公民，和政治領袖間之合作，是不可或缺的，而郡政府是擔任「願景的推手、催化劑，和守護者」。該章指出郡經理人應向郡委員會呈報指派給各部門的特定工作任務。它同時建議計畫顧問委員會負責的時限延長兩年，以利他們協助計畫之執行。同時該章也提及設置額外的資金以因應成長管理計畫和土地開發規則的變動。為了增進組織執行過程的效率，該章彙總計畫中所有的建議，依行動類型來安排，並列出原始頁碼做為參照討論之用。

北卡羅萊納州 Cary 鎮成長管理計畫的摘要矩陣中，建立了任務與執行原則、策略的關聯性，並在特定期間內標示每個任務的起迄日期。在各方對完成的時間表達到共識後，開發管理計畫的管理者就可依執行進程，採取必要行動以掌控計畫進行 (參考資料 15-2)。

參考資料 15-2
Cary, North Carolina 成長管理計畫

Cary 鎮在 2000 年一月通過「成長管理計畫」，成為該鎮綜合計畫中的一部分。按照鎮民代表會的說法，計畫指導原則是基於五項成長的屬性：速率和時間、區位、總量和密度、成本，與品質。透過鎮民代表會、居民、公務人員，和顧問團隊間的協力合作建立這個計畫。在計畫中提出實現這些原則的執行策略，和實踐這些策略的工作。

舉例來說，按照成長率和成長時間訂定之指導原則，是要確定基磐設施與服務能配合新開發計畫需求的時間。第一個執行的策略就是對成長訂定暫時的上限，確保新的開發計畫不會耗竭鎮上的自來水源。執行的工作是持續實施暫時性的水量配給系統。第二個執行策略則是採行長期政策和規範，以確保未來開發不會造成提供服務與基磐設施的負荷。執行的工作是針對道路採行配套的公共設施規定 (adequate public facilities ordinance)、與郡的學校系統合作提供適當的學校設施，再提出永續、長期成長率與開發執行機制；如此，開發就不會造成基磐設施與服務的負擔。

　　計畫工作和優先順序的綱要矩陣，指派了成長管理計畫之執行權責。這五項成長特色構成矩陣中的主要部分，每項都包括了互相關連的指導原則、執行策略，和行動工作。對每一項工作而言，這矩陣標示出方案的現況、開始執行的時間、負責單位，和預估工作完成的時間。矩陣中關於成長量和密度的部分，請見下表：

名稱	內容說明	現況	優先執行年	負責單位	預估完成時間		
工作 L2.2E	開發一套可以轉移密度的系統，此系統允許敏感地的地主能將座落於潛在開發區的資產轉讓，換到更好的區位。	在本計畫中提出	2001	開發服務單位	依立法中被授與的法律權限		
成長量和密度							
指導原則 A1	在較佳的成長地區內增加許可開發之密度，藉以鼓勵期望的開發形式						
執行策略 A1.1	檢討與修定鎮的政策和規範，確使在較佳地區允許較高密度的開發。						
任務 L1.1.A	修訂統一開發規定 (Unified Development Ordinance, UDO)，在較佳的成長地區規定較高的最小開發密度	進行中；預定於 2001 年初將採行此政策	1999	開發服務 (PZ) 單位	2001		
					第一季		
指導原則 A2	確保 Cary 鎮的整體開發量能與成長一致						
執行策略 A2.1	依開發類型，用開發與監督系統決定開發總量						
工作 A2.1.A	監督 Cary 鎮採用新計畫、政策和規範後，完全開發後的人口數，以確保該區最終的規模能符合開發管理目標	原始數字是源自於 1996 年的土地使用計畫；預定在此計畫中將提出修正案	2000	開發服務 (PZ) 單位	持續進行中		
工作 A2.1.B	為了要有適當之稅基，採用一套系統以監督住宅和非住宅開發是否能達到平衡	預定在此計畫中提出	2000	預算單位	每年		

參考資料圖 15-2 ▎ 摘錄北卡羅萊納州 Cary 鎮的成長管理矩陣

資料來源：Town of Cary 1996.

基準

　　在綜合計畫的開發管理元素中最常見到的缺點，就是缺乏一套能確實落實執行計畫建議的方法。「如果監督和評估進行得當，規劃師就能回答關於規劃策略之適切性與效果等棘手的問題：計畫和專案的績效如何？發生了什麼事，為何會發生？應如何改進我們的政策與方案？」(Seasons 2003, 437)。這需要仰賴設置相關進度的各種基準或指標。指標是從開發管理計畫或土地使用設計計畫之標的中導出的。對某些個案，如果一個標的是相對短期的、可以直接計算的，標的可能就等同於指標。對長期、複雜之標的，或許會需要好幾個指標才能掌握一個標的之內涵。

　　指標是評估達成計畫目標及標的進程之基礎。套裝軟體如加拿大環境 (Environment Canada; www.ec.gc.ca) 設計的永續社區指標程式，提供設計地方性指標之基礎 (Phillips 2003, 39)。指標提供了對社區永續的量化與質化測量方法。Maclaren (1996, 186) 認為都市永續指標是整合的 (連結環境、社會，和經濟等向度)，是前瞻的 (趨勢、目標)，是分配的 (在人口或區域之間進行分配)，和參與的 (多元社區利害關係人共同開發的)。

　　一個優質的計畫應該具備整套的開發管理基準與指標，監督這些基準與指標就能提出定期的執行報告。藉著出版狀態報告搭配這些基準指標值，就能持續監督計畫效果，並及時地為計畫進行必要之修訂。加州 Santa Monica 自 1994 年起持續地監督永續指標並訂定導向目標之進程。這個城市在某些項目已經成功達到若干目標，包括減少排放污染燃料的交通工具，使用數量增加了 75%。Santa Monica 永續城市計畫 (Santa Monica Sustainable City Plan) 中包含了一份目標 / 指標矩陣，它用一套綜合指標與計畫的八個目標地區進行連結 (Phillips 2003, 28-31)。

 監督

　　監督已開發的城市，在形式上是與監督市區外圍綠野地的成長不同。永續西雅圖 (Sustainable Seattle) 計畫自 1990 年起就持續以永續指標監督其發展 (Phillips 2003, 8-9)。這個西雅圖的計畫在其監督方案中，

追蹤其達成社區核心價值之趨勢，藉以分析西雅圖市在容納新成長時是否符合綜合計畫的規劃方向 (參考資料 15-3)。在此，當地居民與鄰里對計畫提案之反應是不可或缺的，會影響他們依循計畫所採取的行動。

參考資料 15-3
華盛頓州西雅圖市的計畫監督

西雅圖市依據華盛頓成長管理法案的要求，在綜合計畫更新時執行了兩項研究。其一是監督計畫進展：西雅圖市的綜合計畫 (Monitoring Our Progress: Seattle's Comprehensive Plan, Seattle 2003a)，運用了社區、經濟機會和安全、社會公平，和環境保護等指標，追蹤自 1994 年採納計畫之後的趨勢變遷。其二為都市村落個案研究 (Urban Village Case Studies, Seattle 2003b)，從 38 個以計畫策略引導開發和資本設備投資的都市村落中，挑選 5 個進行個案研究，分析開發與變遷之影響。

監督報告中運用了問卷、普查資料、和官方記錄，來檢核西雅圖市容納成長的方式是否與計畫預期的相同。就如對一個如此廣泛規劃目標能預期的，成就核心價值之結果是兼具著成敗的，請參閱如下的彙總表。例如，大眾運輸承載量雖呈現上揚趨勢，但尚未達到計畫目標。即便犯罪率下降且居民安全感增加，但擁有住宅的家戶數減少了。能源使用降低，但資源回收率亦同步下滑。都市村落策略成功地引導人口與就業的成長進入都會中心和村落。除了 2000 年到 2001 年間的工作機會減少外，1995 年到 2001 年這六年間，西雅圖市達成其 20 年就業成長標的之半數。

都市村落個案的研究是要詢問：是否都市村落的成長指導策略發揮了作用？是否已經達到了目標，至目前的進展如何？在研究中挑選的 5 個村落分別代表各種區位、規模與類型、土地使用，和成長的限度。研究結果顯示，這些村落成功扮演的角色，就是如計畫所界定之主要成長地點。在 1990 年到 2000 年間，研究中的 5 個研究村落個案人口成長率介於 14% 到 106% 之間，而全部都市村落 (共 38 個) 的人口成長為 19%；在此同時，都市村落以外的人口成長率為 5%。都市村落的成長率不但強化了他們的社區和商業地區，也帶動了那些具備可供利用都市服務和公共運輸地區的住宅成長。即使這個積極的鄰里規劃過程已經在 1999 年結束了，但居民的投入和積極的程度至今仍居高不下。

　　利用印製出版清晰易讀的表格，來說明監督指標變動的成果；以朝上和朝下的箭頭顯示自 1994 年以來趨勢之正、負向變遷，以水平箭頭代表些微的改變或沒有改變。

指標	自 1994 年以來的趨勢走向
社區指標	
擔任義工	→
開放空間	→
在鄰里間享受到安全	↗
犯罪率	↗
自用住宅持有率	↘
育有孩童的家戶數	↘
經濟機會和安全指標	
家庭收入	↗
民眾教育程度	↗
高中輟學率	→
青少年女性生產率	↗
低收入居住單位	↗
社會公平指標	
住宅價格	↘
收入分佈	→
不同種族人口分佈	↗
收入低於貧窮水準的人數	↗
有醫療保險的人數	→
環境保護指數	
水質	→
空氣品質	→
樹木覆蓋率	↗
能源消耗量	→
用水量	→
資源回收	↘
上下班通勤	↗
大眾運輸承載量	↗
替代的運輸設施	↗

↗ =正向趨勢　→ =些微改變／無改變　↘ =負向趨勢

參考資料圖 15-3 ┃ 西雅圖市指標之變動趨勢

資料來源：City of Seattle, 2003a.

需要在都市成長範圍所涵蓋的地點，監督可建築用地之供給，以確保範圍內能有充分的土地供預定規劃期間內使用。如 Meck (2002, 7-91 to 7-99) 所指出的，地方性規劃和開發的決策中，經常未將土地供給和需求列入考量。為了平衡土地市場之供給與需求，政府應監督土地市場資訊，以精確地預測都市空間和設施需求。

像是奧勒岡州要求地方政府建立都市成長地區的可建築土地清單，就是要判斷是否有足以應付長期住宅需求的居住用地。華盛頓州則要求各郡每五年依計畫標的和實際開發結果進行比較，決定郡和轄下的都市是否達到都市成長地區的開發密度 (請參考華盛頓州成長管理監督方案之都會研究暨服務中心之網站 www.mrsc.org/Subjects/Planning/gma/GMmonitoring.aspx)。

 ## 潛在之障礙

準備和執行有效的開發管理計畫與政策，不是個簡單容易的任務；其中的過程困難重重 (Seasons 2003)。這些潛在的障礙無須刻意掩飾；若能強調其中一些常見的障礙反而會有助益，如缺乏資源、缺少立法機關的支持、缺乏政治意願、沒有在區域間協調的能力，和懼怕興訟。

缺乏資源是個常見的問題；採用與執行有效的開發管理計畫會需要技術分析與共識建立活動，但一般的規劃預算中，通常不會提供資金執行這些工作。除非有地方人士的支持，對執行新開發管理手段的支持經常顯得薄弱。再者，許多複雜的工具會需要專業工作人力，因此社區欠缺工作人力資源也是使用創新工具之阻礙。

在多數的州，執行綜合計畫常受限於缺乏立法機關之奧援。佛羅里達州的州政府法律要求每個規劃轄區應規劃、採納，和執行綜合計畫；但是其他的州任由市與郡進行規劃與規範開發，沒有要求他們務實地執行這些計畫。佛羅里達州的市與郡還務必要在採用的計畫中，納入資本改善方案 (CIPs)，方案中詳述執行計畫所需之資本支出與資金募集機制。然而，美國其他多數地區管理成長之綜合計畫與立法行動，既非依賴法律支持，也不是依循既有實務慣例的。

缺乏政治意願是有效的開發管理最常被人提及的障礙。實際上，許多民選官員寧可對未來決策抱持模稜兩可的態度，也不願意致力於計畫

的執行。再者，許多公部門官員逃避承擔執行新措施的責任，因此若缺乏對執行力的授權，行政機關就會顧頡地反對創新的開發管理方案。

開發管理另一項嚴苛的障礙，是無法在區域尺度進行有效的協調和規劃。即使在積極主動、資金充裕的都會地區，如丹佛市，也難以讓所有地方政府達到共識。當包括區域內 80% 人口的幾個城市與郡都簽署了「一英里高的密集城市」(Mile High Compact)，同意都會區建立都市成長範圍，三個成長最快速的郡因為擔心私有財產權受威脅而拒絕簽署 (Hill 2003)。同時，科羅拉多州立法機關也駁回了開發管理計畫在丹佛區域之管轄權力。

擔憂可能面臨開發者和財產所有人在法庭上的訴訟，常會阻礙開發管理之創制提案。許多地方政府擔心若積極的干預開發過程，它們會憂慮因侵犯他人憲法權利而惹上官司。因此，就傾向於依賴傳統分區管制和土地細分規則等爭議較少、傳統諮詢性計畫，和回應式的開發規範。這種綁手綁腳的態勢經常是由市或郡的律師造成的，他們或許不熟悉開發管理法律，所以會採用這麼保守的姿態。

結論

要成為最佳的開發管理措施，開發管理計畫應結合永續發展目標和聰明成長原則。它們應慎選擇開發管理工具，來處理巨觀與微觀的開發特性。所採取之策略應著重在影響參與者之決策，因為這些決策會左右未來的成長；這些策略包括了民眾參與，和研擬計畫在技術上所需之縝密分析。

為了要具有效果，開發管理計畫務必要能周密完備，兼顧前瞻性與可行性。成功的關鍵是在於如何使一組工具能成為配套的、綜合的、與協調的工具組，讓管轄機關能依據執行 (Porter 1997, 13)。因此，規劃師的工作就是協助管轄機關決定開發管理策略，並規劃出契合未來需求和欲求之計畫。

讓我們回到第一章中探討的永續三稜鏡，開發管理計畫連結了社區價值和推動永續發展模式的計畫。開發管理在規劃的最後階段，結合策略、決策，與行動，以求在公平、經濟、生態，與適居性之間達到平

衡。一個成功的開發管理計畫，就是其能消弭不同價值觀間的張力，讓社區能展望永續之未來。

評估開發管理計畫的人們會詢問以下的問題：這份計畫對這個地點是合適的嗎？這計畫是基於大眾的了解及支持嗎？這計畫能順利執行嗎？計畫中是否有包括衡量目標達成程度之指標？這份計畫能否引導開發，達成永續的未來都市形式嗎？在計畫中有無應用最佳策略嗎？能否接受監督與更新，以因應新的狀況嗎？如果以上問題的答案皆為「是」，所規劃之開發管理方法就能得到效果。

註解

1. 在專業術語方面，我們偏好使用「開發管理」(development management) 而非「成長管理」(growth management)，原因是：土地使用規劃師的工具是以影響土地開發為目標，而非著重在更廣泛的整體都市成長觀點。然而在實務上，這兩個專業術語是互通的。

2. Euclidean 分區管制之名稱，是源自於 1926 年最高法院的知名判例，*Village of Euclid v. Ambler Realty Co.*，當時為了保障公共衛生、安全，和福利，將區隔不同土地使用的分區管制合法化。

3. 在「新都市主義憲章」(Congress for the New Urbanism 2000) 中主張，重新建構公共政策和開發實務，以支援土地使用和人口結構上的鄰里多元發展；設計以行人和大眾運輸為主的社區，並兼顧一般車輛；用實質特徵界定、所有人都能前往使用的公共空間與社區機構，所塑造出的城市和鄉鎮；用彰顯地方歷史、風土氣候、生態，和實體建築之建築和景觀設計，所架構出的都市地點。

4. 使用聰明規則 (SmartCode) 的市或郡，應支付 Municipal Code Corporation 美金 $10,000 以取得使用許可。

5. 明尼蘇達州規劃局訂定的成長管理模範規則，包括了都市成長範圍、農林保護地區、自然保育分區、收購和移轉開發權、市地合併協議、一般細分標準。請參閱「從政策至現實：永續開發展模範規則」(From Policy to Reality: Model Ordinances for Sustainable Development) 網站，www.mnplan.state.mn.us。

參考文獻

Arendt, Randall. 1999. *Growing greener: Putting conservation into local plans and ordinances*. Washington, D.C.: Island Press.

Avin, Uri, and David Holden. 2000. Does your growth smart? Planning 66 (1): 26-29.

Burchell, Robert, et al. 1998. *Costs of sprawl-Revisited*. Washington, D.C.: National Academy Press.

Burchell, Robert, et al. 1994. *Development impact assessment handbook*. Washington, D.C.: Urban Land Institute.

Calthorpe, Peter, and William Fulton. 2001. *The regional city: Planning for the end of sprawl*. Washington, DC: Island Press.

City and County of Denver. 2002. *Blueprint Denver: An integrated land use and transportation plan*. Retrieved from www.Denvergov.org.

City of Davis. 2001. *General plan*. Davis, Calif.: Planning and Building Department.

Collier County. 2001. *Toward better places: The community character plan for Collier County, Florida*. Naples, Fla.: Dover Kohl.

Congress for the New Urbanism. 2000. What's New About the New Urbanism? In *The charter of the New Urbanism*, 5-10, New York: McGraw Hill.

Congress for the New Urbanism. 2004. *Codifying new urbanism: How to reform municipal land development regulations*. PAS Report 526. Chicago: American Planning Association.

Duany, Andres, and Elizabeth Plater-Zyberk. 1991. *Towns and town making principles*. New York: Rizzoli.

Ewing, Reid. 1997. Is Los Angeles-style sprawl desirable? *Journal of the American Planning Association* 63 (1): 107-26.

Ewing, Reid, Rolf Pendall, and Don Chen. 2002. *Measuring sprawl and its impact*. Washington, D.C.: Smart Growth America.

Freilich, Robert H. 1999. *From sprawl to Smart Growth: Successful legal, planning and environmental systems.* Chicago: American Bar Association.

Frumkin, Howard, Lawrence Frank, and Richard Jackson. 2004. Urban sprawl and public health: Designing, planning, and building for healthy communities. Washington, D.C.: Island Press.

Godschalk, David. 2000a. State smart growth efforts around the nation. *Popular Government* 66(1): 12-20.

Godschalk, David. 2000b. Montgomery County, Maryland: A pioneer in land supply monitoring. In *Monitoring land supply with geographic information systems*, Anne Vernez Moudon and Michael Hubner, eds., 97-121. New York: Wiley.

Gordon, Peter, and Harry Richardson. 1997. Are compact cities a desirable planning goal? *Journal of the American Planning Association* 63 (1): 95-106.

Hill, David. 2003. Denver: High and mighty. *Planning* 69(1): 4-9.

Hopkins, Lewis D. 2001. *Urban development: The logic of making plans*. Washington, D.C.: Island Press.

Kelly, Eric D. 1993. *Managing community growth: Policies, techniques, and impacts*. Westport, CT: Praeger.

Kelly, Eric D., and Barbara Becker. 2000. *Community planning: An introduction to the comprehensive plan*. Washington, D.C.: Island Press.

Landis, John, Lan Deng, and Michael Reilly. 2002. Growth management revisited: A reassessment of its efficacy, price effects and impacts on metropolitan growth patterns. Working Paper 2002-02, 5-20. University of California, Institute of Urban and Regional Development.

LDR International, and Freilich, Leitner and Carlisle. 1999. *A smart growth audit for Charlotte-Mecklenburg County*. Charlotte, N.C.: Charlotte-Mecklenburg Planning Commission.

Lennertz, William. 1991. Town-making fundamentals. In *Towns and town making principles*, Andres Duany and Elizabeth Plater-Zyberk, eds., 21-24. New York: Rizzoli.

Maclaren, Virginia W. 1996. Urban sustainability reporting. *Journal of the American Planning Association* 62 (2): 184-202.

Meck, Stuart., ed. 2002. *Growing Smart legislative guidebook: Model statutes for planning and the management of change.* Chicago, IL: American Planning Association.

Nelessen, Anton C. 1994. *Visions for a new American dream: Process, principles and an ordinance to plan and design small communities,* 2nd ed. Chicago: APA Planners Press.

Nelson, Arthur C., and James B. Duncan et al. 1995. *Growth management principles and practices.* Chicago: Planners Press.

Pendall, Rolf. 2000. Local land use regulation and the chain of exclusion. *Journal of the American Planning Association* 66 (2): 125-42.

Phillips, Rhonda. 2003. *Community indicators.* PAS Report 517. Chicago, Ill.: American Planning Association.

Porter, Douglas R. 1996. *Profiles in growth management: An assessment of current programs and guidelines for effective management.* Washington, D.C.: Urban Land Institute.

Porter, Douglas R. 1997. *Managing growth in America's communities.* Washington, D.C.: Island Press.

Rouse, David C., Nancy L. Zobl, and Graciela P. Cavicchia. 2001. Beyond Euclid: Integrating zoning and physical design. *Zoning News* (October): 1-4.

Seasons, Mark. 2003. Monitoring and evaluation in municipal planning practice. *Journal of the American Planning Association* 69 (4): 430-40.

Seattle, City of. 2003a. Monitoring our progress: Seattle's comprehensive plan. Seattle, Wash.: Department of Design, Construction, and Land Use.

Seattle, City of. 2003b. Urban village case studies. Seattle, Wash.: Department of Design, Construction, and Land Use.

Song, Yang, and Gerrit-Jan Knaap. 2004. Measuring urban form: Is Portland winning the war on sprawl? *Journal of the American Planning*

Association 70 (2): 210-25.

Sitkowski, Robert J. 2004. New Urbanism: Legal considerations. Paper delivered at American Planning Association Annual Conference, Washington, D.C., April 25.

Town of Cary. 1996. *Town of Cary land use plan*. Cary, N.C.: Department of Development Services.

Town of Cary. 2000. *Growth management plan*, vol. 4 of the *Town of Cary comprehensive plan*. Cary, N.C.: Department of Development Services.

Tracy, Steve. 2003. *Smart Growth zoning codes: A resource guide*. Sacramento, Calif.: Local Government Commission.

Weitz, Jerry, and Leora Waldner. 2003. *Smart Growth audits*. Planning Advisory Service 512. Chicago: American Planning Association.

國家圖書館出版品預行編目資料

都市土地使用規劃／Philip R. Berke、David
R. Godschalk、Edward J. Kaiser、Daniel A.
Rodriguez著；薩支平譯. -- 初版. -- 臺北
市：五南圖書出版股份有限公司, 2009.03
　　面；　公分
譯自：Urban Land Use Planning (5E)
ISBN 978-957-11-5516-6 (平裝)

1.都市計畫　2.區域計畫　3.土地利用
445.1　　　　　　　　　　　　97025529

1K36

都市土地使用規劃

作　　者 ― Philip R. Berke、David R. Godschalk

　　　　　　Edward J. Kaiser、Daniel A. Rodriguez

譯　　者 ― 薩支平

發 行 人 ― 楊榮川

總 經 理 ― 楊士清

總 編 輯 ― 楊秀麗

主　　編 ― 侯家嵐

責任編輯 ― 侯家嵐

封面設計 ― 盧盈良

出 版 者 ― 五南圖書出版股份有限公司

地　　址：106台北市大安區和平東路二段339號4樓

電　　話：(02)2705-5066　　傳　　真：(02)2706-6100

網　　址：https://www.wunan.com.tw

電子郵件：wunan@wunan.com.tw

劃撥帳號：01068953

戶　　名：五南圖書出版股份有限公司

法律顧問　林勝安律師事務所　林勝安律師

出版日期　2009年 3 月初版一刷

　　　　　2022年10月更新版十刷

定　　價　新臺幣680元

經典永恆・名著常在

五十週年的獻禮——經典名著文庫

五南，五十年了，半個世紀，人生旅程的一大半，走過來了。
思索著，邁向百年的未來歷程，能為知識界、文化學術界作些什麼？
在速食文化的生態下，有什麼值得讓人雋永品味的？

歷代經典・當今名著，經過時間的洗禮，千錘百鍊，流傳至今，光芒耀人；
不僅使我們能領悟前人的智慧，同時也增深加廣我們思考的深度與視野。
我們決心投入巨資，有計畫的系統梳選，成立「經典名著文庫」，
希望收入古今中外思想性的、充滿睿智與獨見的經典、名著。
這是一項理想性的、永續性的巨大出版工程。
不在意讀者的眾寡，只考慮它的學術價值，力求完整展現先哲思想的軌跡；
為知識界開啟一片智慧之窗，營造一座百花綻放的世界文明公園，
任君遨遊、取菁吸蜜、嘉惠學子！